"十四五"职业教育国家规划教材

典型机械零件数控加工项目教程——首件加工与调试

第2版

编　著　顾　涛　吴少华　石皋莲
季业益　杨洪涛　周　挺
郑　伟　石勇军　段　林
主　审　吴泰来

机械工业出版社

本书为“十四五”职业教育国家规划教材（修订版）。

本书是作者团队从事机械零件首件加工工作和教学多年来的经验总结和知识积累，书中案例均源自企业真实产品，具有很强的专业性和实用性，是典型的产教融合教材实例。

本书采用模块化、项目式编写体例，内容设置体现职业教育特色，所选案例典型丰富，代表性和指导性强。案例讲解深入浅出，大大降低了学习门槛，易学易懂。书中内容与企业生产流程完全对接，并大量引入企业新技术、新工艺、新规范，具有很强的实用性。

全书共3个模块，模块1通过3个车削加工项目案例，重点介绍了车削类零件的数控加工工艺、编程、加工、检测和优化方法；模块2通过3个铣削加工项目案例，重点介绍了铣削类零件的数控加工工艺、编程、加工、检测和优化方法；模块3通过2个车铣综合加工项目案例，重点介绍了车铣综合类零件的数控加工工艺、编程、加工、检测和优化方法。

本书配套有信息化资源，书中针对各项目设置了微课和录屏资料，扫描相应二维码可观看。同时，配套提供案例模型文件、实训工作页和讲义。本书不仅可以作为职业院校数控技术专业、机械设计与制造专业、数字化设计与制造技术专业、机械制造及自动化专业以及相关专业学生的教学用书，还可以作为“1+X车铣加工”职业技能培训认证的参考用书。

本书配备电子课件、实训工作页、模型文件等教学资源，凡选用本书作为教材的教师，均可登录机械工业出版社教育服务网 www.cmpedu.com，注册后免费下载，咨询电话 010－88379375。

图书在版编目（CIP）数据

典型机械零件数控加工项目教程：首件加工与调试/顾涛等编著．—2版．—北京：机械工业出版社，2023.12（2025.1重印）

“十四五”职业教育国家规划教材：修订版

ISBN 978-7-111-74208-1

Ⅰ.①典…　Ⅱ.①顾…　Ⅲ.①机械元件－数控机床－加工－高等职业教育－教材　Ⅳ.①TG659

中国国家版本馆CIP数据核字（2023）第214761号

机械工业出版社（北京市百万庄大街22号　邮政编码100037）

策划编辑：王英杰　　责任编辑：王英杰　于奇慧

责任校对：潘　蕊　王　延　　封面设计：马若濛

责任印制：常天培

北京机工印刷厂有限公司印刷

2025年1月第2版第3次印刷

184mm×260mm · 15印张 · 1插页 · 368千字

标准书号：ISBN 978-7-111-74208-1

定价：49.80元

电话服务　　网络服务

客服电话：010-88361066　　机　工　官　网：www.cmpbook.com

010-88379833　　机　工　官　博：weibo.com/cmp1952

010-68326294　　金　书　网：www.golden-book.com

封底无防伪标均为盗版　　机工教育服务网：www.cmpedu.com

关于“十四五”职业教育
国家规划教材的出版说明

为贯彻落实《中共中央关于认真学习宣传贯彻党的二十大精神的决定》《习近平新时代中国特色社会主义思想进课程教材指南》《职业院校教材管理办法》等文件精神，机械工业出版社与教材编写团队一道，认真执行思政内容进教材、进课堂、进头脑要求，尊重教育规律，遵循学科特点，对教材内容进行了更新，着力落实以下要求：

1. 提升教材铸魂育人功能，培育、践行社会主义核心价值观，教育引导学生树立共产主义远大理想和中国特色社会主义共同理想，坚定“四个自信”，厚植爱国主义情怀，把爱国情、强国志、报国行自觉融入建设社会主义现代化强国、实现中华民族伟大复兴的奋斗之中。同时，弘扬中华优秀传统文化，深入开展宪法法治教育。

2. 注重科学思维方法训练和科学伦理教育，培养学生探索未知、追求真理、勇攀科学高峰的责任感和使命感；强化学生工程伦理教育，培养学生精益求精的大国工匠精神，激发学生科技报国的家国情怀和使命担当。加快构建中国特色哲学社会科学学科体系、学术体系、话语体系。帮助学生了解相关专业和行业领域的国家战略、法律法规和相关政策，引导学生深入社会实践、关注现实问题，培育学生经世济民、诚信服务、德法兼修的职业素养。

3. 教育引导学生深刻理解并自觉实践各行业的职业精神、职业规范，增强职业责任感，培养遵纪守法、爱岗敬业、无私奉献、诚实守信、公道办事、开拓创新的职业品格和行为习惯。

在此基础上，及时更新教材知识内容，体现产业发展的新技术、新工艺、新规范、新标准。加强教材数字化建设，丰富配套资源，形成可听、可视、可练、可互动的融媒体教材。

教材建设需要各方的共同努力，也欢迎相关教材使用院校的师生及时反馈意见和建议，我们将认真组织力量进行研究，在后续重印及再版时吸纳改进，不断推动高质量教材出版。

机械工业出版社

前　言

为了贯彻党的二十大报告中“推进新型工业化，加快建设制造强国”的精神，本书采用现代制造企业的真实产品为案例，详细描述了典型机械零件的数控加工工艺制定方法、数控加工程序编制方法，以及零件的数控加工和检测方法，拓展描述了多轴数控机床编程与加工过程。

本书是作者团队从事机械零件首件加工工作和教学多年来的经验总结和知识积累，书中案例均源自企业真实产品，具有很强的专业性和实用性，是典型的产教融合教材实例。本书不仅可以作为职业院校数控技术专业、机械设计与制造专业、数字化设计与制造技术专业、机械制造及自动化专业以及相关专业学生的教学用书，还可以作为“1+X车铣加工”职业技能培训认证的参考用书。

本书采用模块化、项目式编写体例，内容设置体现了职业教育特色，所选案例典型丰富，代表性和指导性强；对接企业生产流程，实用性强。全书共3个模块8个学习项目，模块1主要通过安全销、轴承套、单向轴套3个车削加工项目案例，重点介绍车削类零件的数控加工工艺、编程、加工、检测和优化方法；模块2主要通过侧导向块、滑槽板、锁紧板3个铣削加工项目案例，重点介绍铣削类零件的数控加工工艺、编程、加工、检测和优化方法；模块3主要通过锁紧螺钉和连接环2个车铣综合加工项目案例，重点介绍车铣综合类零件的数控加工工艺、编程、加工、检测和优化方法。本书充分体现以学生为中心，理实一体的职业教育特点，注重提高学生的岗位能力和职业素养；在每个模块前设置了学前见闻栏目，介绍数控行业内的劳模工匠和龙头企业的典型事迹，激发学生的专业自豪感，帮助学生树立技能报国的信念。

本书每个项目中都包括了教学目标、项目导读、项目任务、专家点拨、课后训练。在项目任务中重点讲解加工工艺制定、加工程序编制、零件加工及检测等，便于读者进行有针对性的操作，从而掌握学习重点和难点。每个项目后面都配有专家点拨、课后训练，提示和辅助读者加深理解操作的要领、使用技巧和注意事项。

书中引入信息化资源配置，针对各项目设置了微课和录屏资料，扫描相应二维码即可观看。同时，为方便教学，本书配套提供了案例模型文件、实训工作页和电子课件，供教师选择。

本书由校企人员联合创作编写。模块1的项目1.1、1.2由季业益撰写；项目1.3和模块2的项目2.1由吴少华撰写；项目2.2、2.3由顾涛撰写；模块3由石皋莲撰写；苏州扬明实业有限公司的技术总监杨洪涛、艾蒂盟斯（苏州）压铸电子技术有限公司的技术经理周挺、苏州精技机电有限公司的技术总监郑伟、昂拓科技（苏州）有限公司的技术总监段林、苏州市意可机电有限公司的技术总监石勇军等企业的工程技术人员参与了本书各项目的工艺制定、程序编制及操作视频等撰写工作。顾涛和吴少华负责统一教材的要求、编写大纲并进行统稿工作。强生（苏州）医疗器材有限公司生产运营厂长吴泰来担任本书的主审。

本书的编写得到江苏高校品牌专业建设工程项目（PPZY2015B186）和江苏省高等学校重点教材建设项目的资助，也得到机械工业出版社的大力支持，在此一并表示感谢。

限于编著者水平，书中如有欠妥之处，恳请专家和广大读者批评指正，并欢迎与编著者进行交流。

编著者

二维码索引

正文页码	名称	二维码	正文页码	名称	二维码
1	世界技能大赛数控车项目冠军黄晓呈的成长		133	2-2-2 滑槽板加工程序编制 2	
7	1-1 安全销加工程序编制		148	2-3-1 锁紧板加工程序编制 1	
22	蛟龙号载人潜水器装配专家——顾秋亮		154	2-3-2 锁紧板加工程序编制 2	
28	1-2 轴承套加工程序编制		167	北京精雕——将专注进行到底	
53	航空手艺人——胡双钱		183	3-1 锁紧螺钉加工程序编制	
59	1-3 单向轴套加工程序编制		215	3-2 连接环加工程序编制	
95	从追飞机的孩子到大国工匠——沈飞数控加工厂王刚		231	螺旋桨多轴编程与加工	
100	2-1 侧导向块加工程序编制		231	分流叶轮多轴编程与加工	
121	2-2-1 滑槽板加工程序编制 1				

目　录

模块1　车削零件加工与调试

学前见闻　世界技能大赛数控车项目冠军黄晓呈的成长

项目 1.1　安全销的加工与调试

1.1.1　教学目标

【能力目标】能编制安全销的加工工艺
能使用 NX 6.0 软件编制安全销的加工程序
能使用数控车床加工安全销
能检测加工完成的安全销

【知识目标】掌握安全销的加工工艺
掌握安全销的程序编制方法
掌握安全销的加工方法
掌握安全销的检测方法

【素质目标】激发学生的学习兴趣，培养团队合作和创新精神

1.1.2　项目导读

安全销是机械结构中常见的一类零件，这类零件的特点是结构比较简单，零件整体外形为台阶轴，零件的加工精度要求比较高。零件上一般会有台阶圆、外沟槽、倒角等特征，特征与特征之间的几何精度要求高，表面粗糙度要求也比较高。在编程与加工过程中要特别注意外圆的尺寸精度、表面粗糙度和几何精度。

1.1.3　项目任务

学生以企业制造工程师的身份投入工作，分析安全销的零件图样，明确加工内容和加工要求，对加工内容进行合理的工序划分，确定加工路线，选用加工设备，选用刀具和夹具，制定加工工艺卡；运用 NX 软件编制安全销的加工程序并进行仿真加工，使用数控车床加工

安全销，对加工成品进行检测，并根据检测结果对整个加工工艺和加工程序提出修改建议。

1. 制定加工工艺

（1）图样分析　安全销零件图样如图 1-1-1 所示，该安全销结构比较简单，主要由台阶、外圆、沟槽、倒角特征组成。

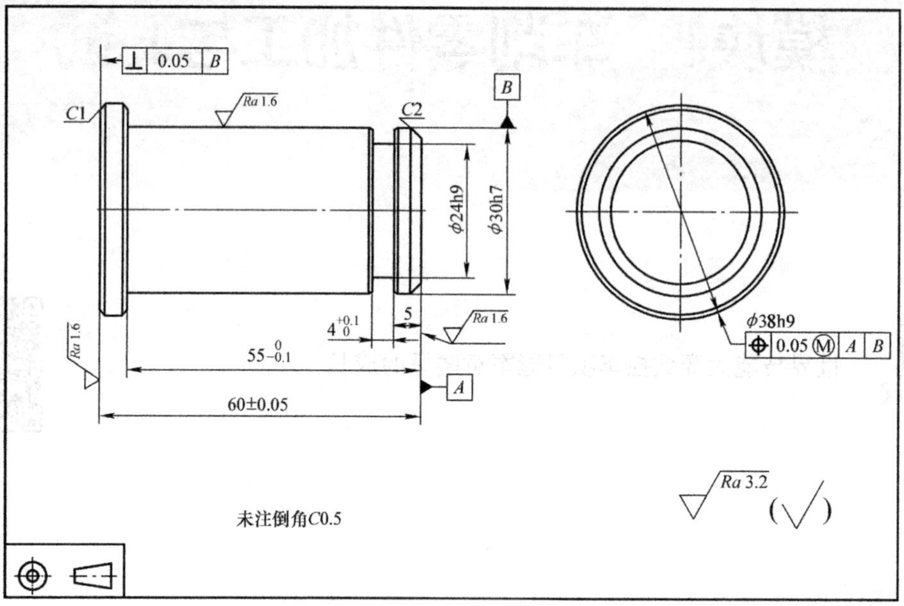

图 1-1-1　安全销零件图

零件材料为 42CrMo。材料硬度要求为 28 ~ 32HRC，属于中等硬度，可以采用切削加工。安全销主要加工内容见表 1-1-1。

表 1-1-1　加工内容

内容	要求	备注
ϕ30h7 外圆	外圆直径为 $\phi30{}^{0}_{-0.021}$mm；外圆长度为 $55{}^{0}_{-0.1}$mm	
ϕ24 ×4 外沟槽	槽底直径为 $\phi24{}^{0}_{-0.052}$mm；槽宽为 $4{}^{+0.1}_{0}$mm；沟槽距右端面距离为 5mm	
ϕ38h9 外圆	外圆直径为 $\phi38{}^{0}_{-0.062}$mm	
零件总长	总长 60 ±0. 05mm	
表面粗糙度	ϕ30mm 外圆、左端面、右端面的表面粗糙度为 *Ra*1. 6μm，其余加工面表面粗糙度为 *Ra*3. 2μm	
几何精度	ϕ38mm 外圆相对基准 *A* 和 *B* 的位置度公差为 0. 05mm；左端面相对基准 *B* 的垂直度公差为 0. 05mm	

此安全销的主要加工难点为 ϕ30h7 外圆的直径尺寸，ϕ38h9 外圆相对基准 *A* 和 *B* 的位置度，左端面相对基准 *B* 的垂直度，ϕ30h7 外圆、左端面、右端面的表面粗糙度。

（2）制定工艺路线

1）备料。直径 40mm 的 42CrMo 棒料，长 1000mm。

2）热处理。调质，毛坯硬度为 28 ~32HRC。

3）粗车右端。自定心卡盘夹毛坯左端，车零件右端面；粗车 ϕ30h7、ϕ38h9 外圆及倒角，留 0. 5mm 精车余量。

4）精车右端。精车 $\phi 30h7$、$\phi 38h9$ 外圆及倒角至图样尺寸。

5）切槽。切 $\phi 24mm \times 4mm$ 外沟槽至图样尺寸。

6）切断。切断零件，总长留 1mm 余量。

7）精车左端。零件掉头装夹，精车左端面及倒角，保证总长。

（3）选用加工设备　选用济南第一机床厂产的 CK6136I 数控车床作为加工设备，此机床为整体床身，刚性较好，性价比高，适合一般零件的大批量生产，机床主要技术参数和外观见表 1-1-2。

表 1-1-2　机床主要技术参数和外观

主要技术参数		机床外观
最大工件回转直径/mm	360	
机床顶尖距/mm	570	
主轴头/内孔锥度	A2 - 5/MT5	
主轴转速范围/(r/min)	150 ~ 3000	
主轴电动机功率/kW	变频：4.0	
通孔/拉管直径/mm	52	
刀架形式	电动四方刀架	
数控系统	FANUC 0i Mate - TC	

（4）选用毛坯　零件材料为 42CrMo，此材料为合金结构钢，切削性能较好。根据零件尺寸和机床性能，选用直径为 40mm，长度为 1000mm 的棒料作为毛坯，并对毛坯进行调质热处理，调质后要求材料硬度为 28 ~ 32HRC。毛坯如图 1-1-2 所示。

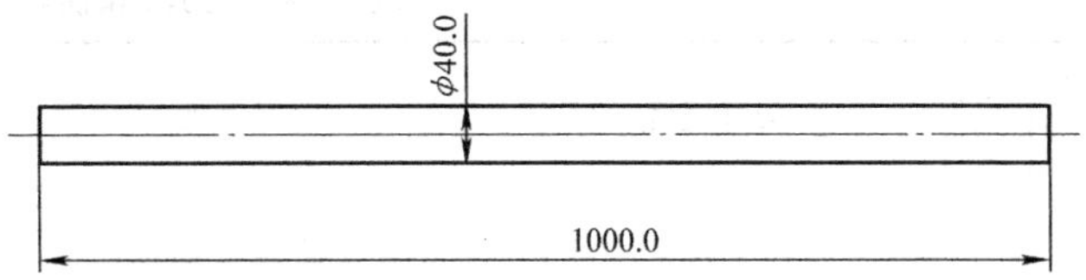

图 1-1-2　毛坯

（5）选用夹具　零件加工分 2 次装夹，加工右端时，以毛坯外圆作为基准，选用自定心卡盘装夹，零件伸出量为 68 ~ 72mm，装夹简图如图 1-1-3 所示。加工零件左端时，采用已经加工完毕的 $\phi 30h7$ 外圆及其台阶作为定位基准，为保护已加工面上表面粗糙度 $Ra1.6\mu m$ 不被破坏，保证左端面相对基准 B 有 0.05mm 的垂直度公差，加工时采用弹性套加自定心卡盘的装夹形式，装夹示意图如图 1-1-4 所示。

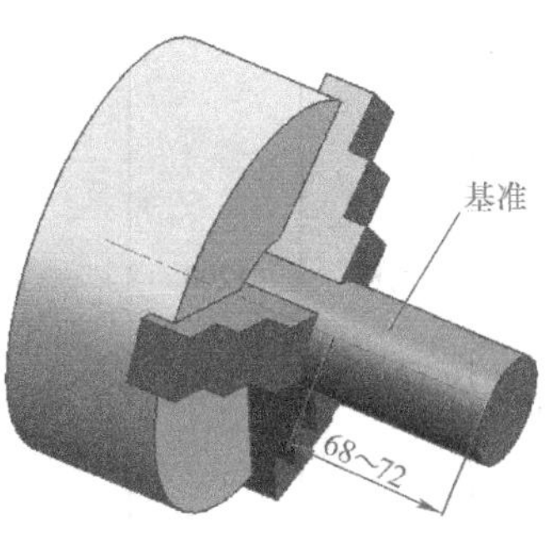

图 1-1-3　加工右端装夹

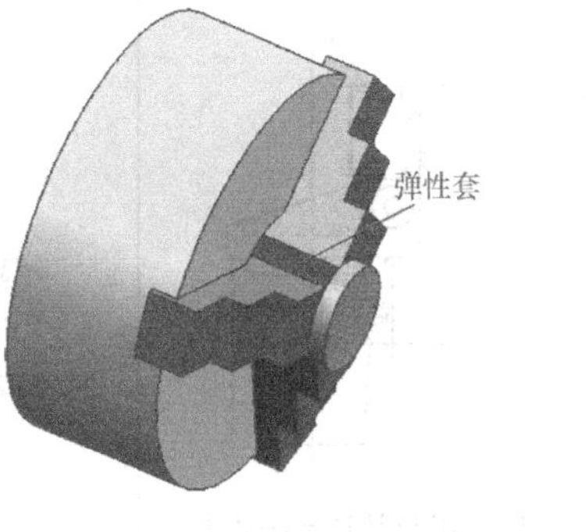

图 1-1-4　加工左端装夹

弹性套是一种在车削加工时常用的夹具，它主要能起到提高零件装夹时与车床主轴的同轴度的作用，并且能保护已加工表面不受到破坏，弹性套制作简单，一般就是一个开口的薄壁圆筒，此零件所用弹性套如图 1-1-5 所示。

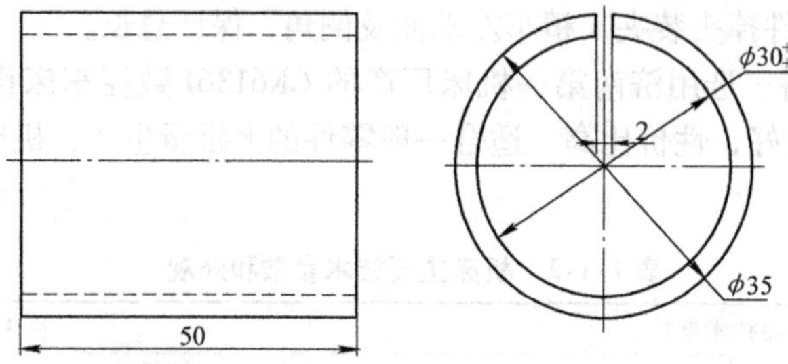

图 1-1-5　弹性套

（6）选用刀具和切削用量　选用 SANDVIK 刀具系统，查阅 SANDVIK 刀具手册，选用刀具和切削用量见表 1-1-3。

表 1-1-3　刀具和切削用量

<table>
<tr><th>工序</th><th>刀号</th><th>刀杆规格</th><th>刀片规格</th><th>加工内容</th><th>转速/(r/min)</th><th>切深/mm</th><th>进给量/(mm/r)</th></tr>
<tr><td rowspan="3">加工右端</td><td>T01</td><td rowspan="2">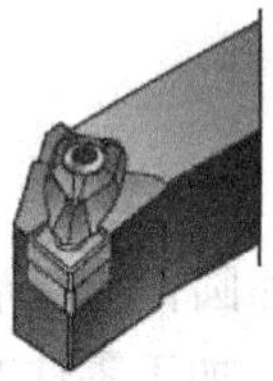
DCLNL2020M09</td><td>
CNMG090408 - PR</td><td>粗车</td><td>1200</td><td>2</td><td>0. 25</td></tr>
<tr><td>T02</td><td>
CCMT090404 - PF</td><td>精车</td><td>1500</td><td>0. 5</td><td>0. 1</td></tr>
<tr><td>T03</td><td>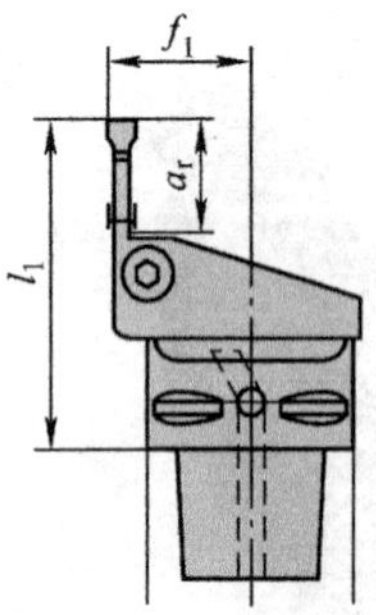

C3 - RF123E15 - 22055B</td><td>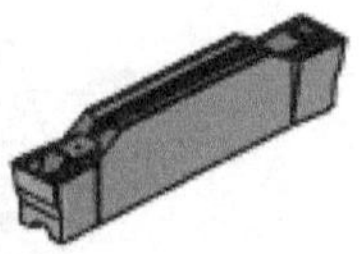
N123E2 - 0200 - 0002 - GF</td><td>切槽</td><td>1200</td><td></td><td>0. 1</td></tr>
</table>

（续）

工序	刀号	刀杆规格	刀片规格	加工内容	转速/(r/min)	切深/mm	进给量/(mm/r)
加工右端	T04	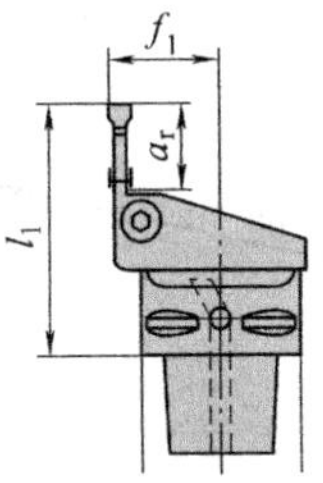 C6－RF123G20－45065B	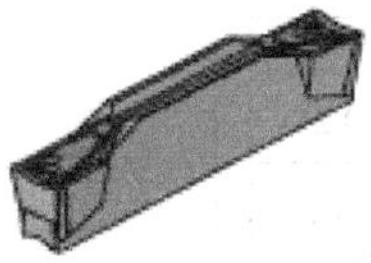 N123G2－0300－0001－GF	切断	800		0.1
加工左端	T01	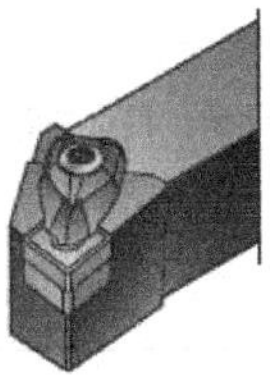 DCLNL2020M09	 CCMT090404－PF	精车	1500	0.5	0.1

（7）制定工艺卡　以一次装夹作为一个工序，制定加工工艺卡见表1-1-4～表1-1-6。

表1-1-4　工序清单

零件号: 4786582-0		工艺版本号: 0	工艺流程卡_工序清单			
工序号	工序内容	工位	页码：1		页数：3	
001	备料	外协	零件号：4786582		版本：0	
002	粗车/精车右端	数控车床	零件名称：安全销			
003	精车左端	数控车床	材料：42CrMo			
004			材料尺寸：ϕ40mm棒料			
005			更改号	更改内容	批准	日期
006						
007			01			
008						
009			02			
010						
011			03			
012						
013						

拟制：	日期：	审核：	日期：	批准：	日期：

表 1-1-5　加工右端工艺卡

零件号：4786582-0			工序名称：粗车/精车右端		工艺流程卡_工序单	
材料：42CrMo		页码：2		工序号：02		版本号：0
夹具：自定心卡盘		工位：数控车床		数控程序号：xiangmu1-01.NC		

刀具及参数设置				
刀具号	刀具规格	加工内容	主轴转速/(r/min)	进给量/(mm/r)
T01	DCLNL2020M09, CNMG090408-PR	粗车	1200	0.25
T02	DCLNL2020M09, CCMT090404-PF	精车	1500	0.1
T03	C3-RF123E15-22055B,N123E2-0200-0002-GF	切槽	1200	0.1
T04	C6-RF123G20-45065B, N123G2-0300-0001-GF	切断	800	0.1

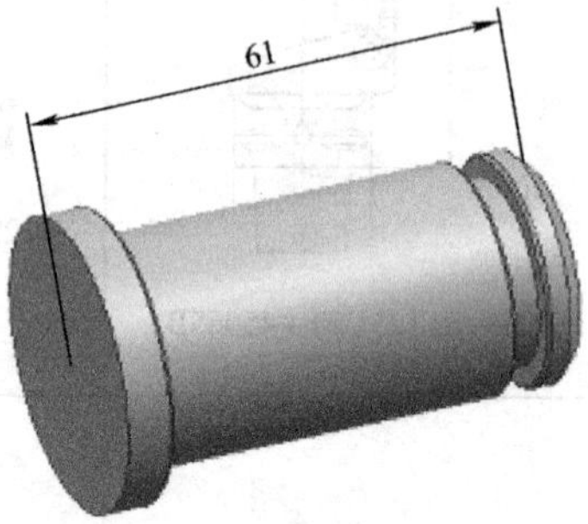

所有尺寸参阅零件图，锐边加0.3倒角

02					
01					
更改号	更改内容			批准	日期
拟制：	日期：	审核：	日期：	批准：	日期：

表 1-1-6　加工左端工艺卡

零件号：4786582-0			工序名称：精车左端		工艺流程卡_工序单	
材料：42CrMo		页码：3		工序号：03		版本号：0
夹具：自定心卡盘+弹性套		工位：数控车床		数控程序号：xiangmu1-02.NC		

刀具及参数设置				
刀具号	刀具规格	加工内容	主轴转速/(r/min)	进给量/(mm/r)
T01	DCLN2020M09, CCMT090404-PF	精车	1500	0.1

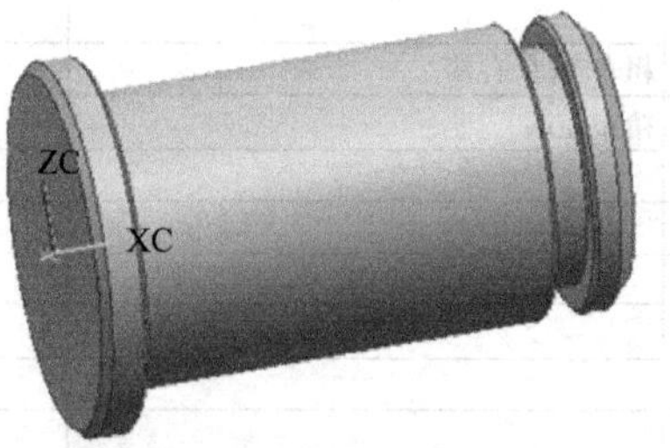

所有尺寸参阅零件图，锐边加0.3倒角

02					
01					
更改号	更改内容			批准	日期
拟制：	日期：	审核：	日期：	批准：	日期：

2. 编制加工程序

（1）编制加工零件右端的 NC 程序

1）单击【开始】、【所有应用模块】、【加工】，弹出加工环境设置对话框，CAM 会话配置选择 cam_general；要创建的 CAM 设置选择 turning，如图 1-1-6 所示，然后单击【确定】，进入加工模块。

2）在加工操作导航器空白处，单击鼠标右键，选择【几何视图】，如图 1-1-7所示。

3）双击操作导航器中的【MCS_SPINDLE】，弹出加工坐标系对话框，指定平面为XM - YM，如图 1-1-8 所示。

4）单击【指定 MCS】中的 CSYS 会话框，弹出对话框，然后选择参考坐标系中的 WCS，单击【确定】，使加工坐标系和工作坐标系重合，如图 1-1-9 所示。再单击【确定】完成加工坐标系设置。

5）双击操作导航器中的【WORKPIECE】，弹出 WORKPIECE 设置对话框，如图 1-1-10 所示。

6）单击【指定部件】，弹出部件选择对话框，选择图 1-1-11 所示为部件，单击【确定】，完成指定部件。

7）单击【指定毛坯】，弹出毛坯选择对话框，选择图 1-1-12 所示圆柱为毛坯（该圆柱在建模中预先建好）。单击【确定】完成毛坯设置，单击【确定】完成 WORKPIECE 设置。

8）双击操作导航器中的【TURNING_WORKPIECE】，自动生成车加工截面和毛坯截面，如图 1-1-13 所示。

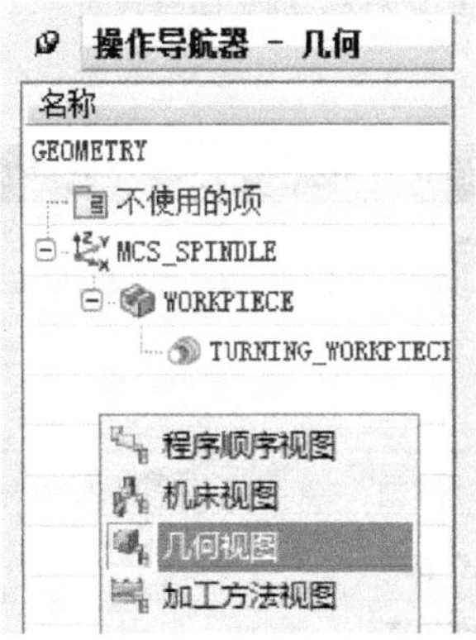

图 1-1-7　操作导航器

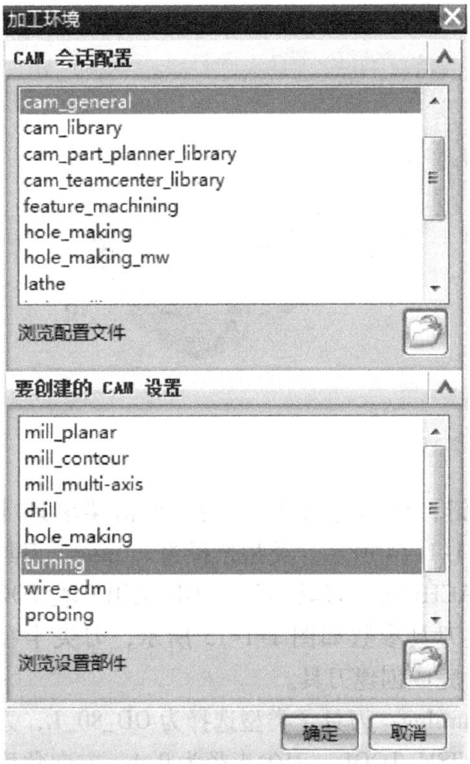

图 1-1-6　加工环境设置

图 1-1-8　加工坐标系设置

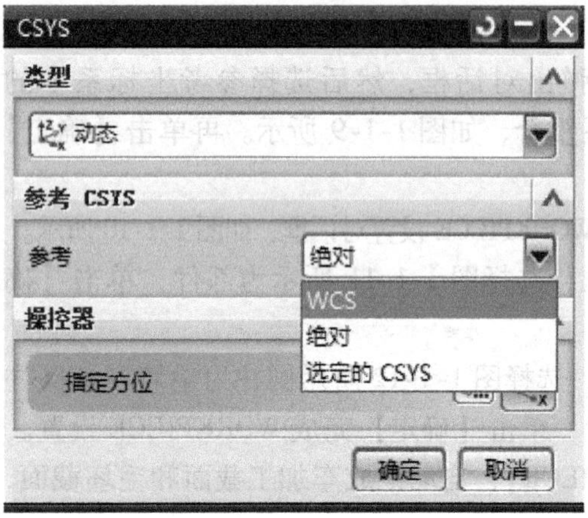

图 1-1-9　加工原点设置

图 1-1-10　WORKPIECE 设置

图 1-1-11　指定部件

9）在加工操作导航器空白处，单击鼠标右键，选择【机床视图】，单击菜单条【插入】，单击【刀具】，弹出创建刀具对话框，如图 1-1-14 所示。类型选择为 turning，刀具子类型选择为 OD_80_L，刀具位置为 GENERIC_MACHINE，刀具名称为 OD_ROUGH_TOOL，单击【确定】，弹出刀具参数设置对话框。设置刀具参数如图 1-1-15 所示，刀尖半径为 0. 8，方向角度为 5，刀具号为 1，单击【确定】，完成创建刀具。

10）用同样的方法创建刀具 2，类型选择为 turning，刀具子类型选择为 OD_80_L，刀具位置为 GENERIC_MACHINE，刀具名称为 OD_FINISH_TOOL，刀尖半径为 0. 4，方向角度为 5，刀号为 02。

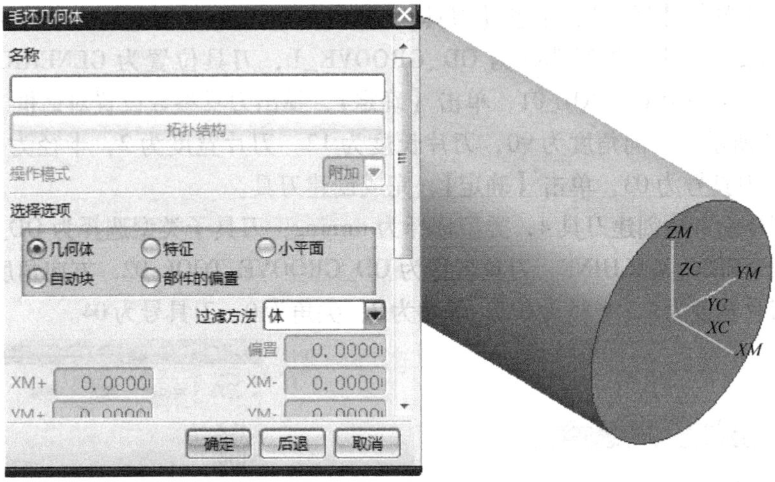

图 1-1-12　毛坯设置

图 1-1-13　车加工截面和毛坯截面

图 1-1-14　创建刀具

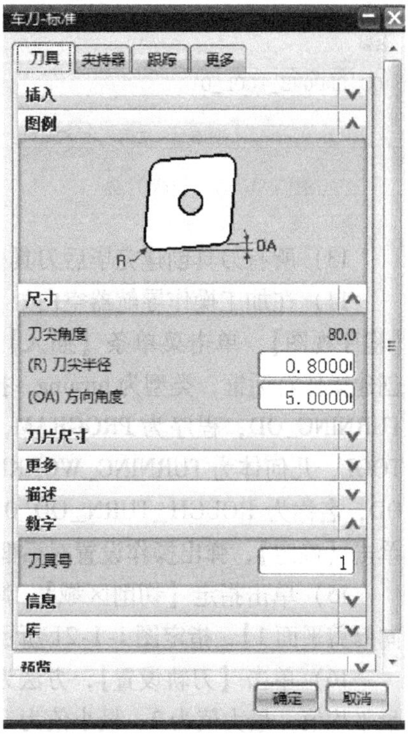

图 1-1-15　刀具参数设置

11）单击菜单条【插入】，单击【刀具】，弹出创建刀具对话框，如图1-1-16所示。类型选择为turning，刀具子类型选择为OD_GROOVE_L，刀具位置为GENERIC_MACHINE，刀具名称为OD_GROOVE_TOOL_01，单击【确定】，弹出刀具参数设置对话框。设置刀具参数如图1-1-17所示，方向角度为90，刀片长度为12，刀片宽度为2，半径为0.2，侧角为2，尖角为0，刀具号为03，单击【确定】，完成创建刀具。

12）用同样的方法创建刀具4，类型选择为turning，刀具子类型选择为OD_GROOVE_L，刀具位置为GENERIC_MACHINE，刀具名称为OD_GROOVE_TOOL_02，方向角度为90，刀片长度为22，刀片宽度为4，半径为0.2，侧角为2，尖角为0，刀具号为04。

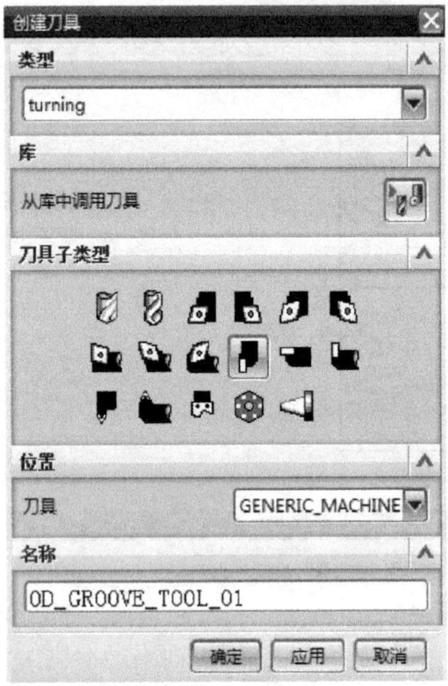

图1-1-16　创建刀具

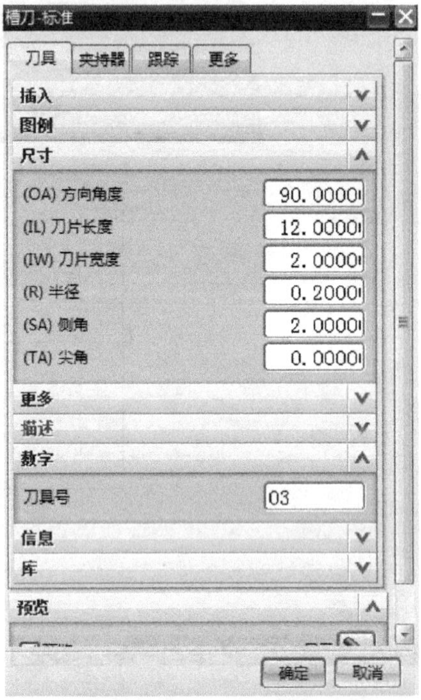

图1-1-17　刀具参数设置

13）所有刀具创建完毕后刀具列表如图1-1-18所示。

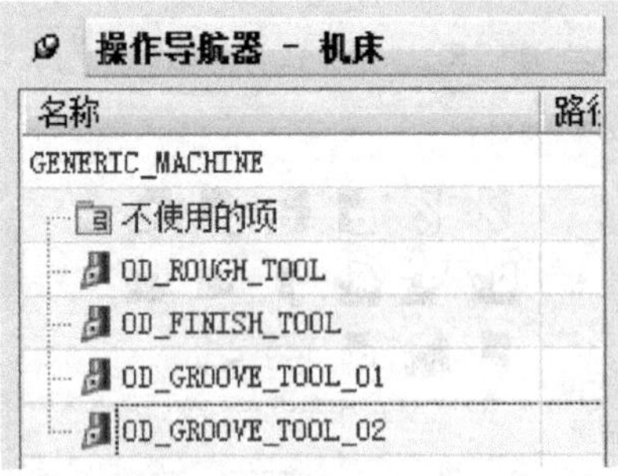

图1-1-18　刀具列表

14）在加工操作导航器空白处，单击鼠标右键，选择【程序视图】，单击菜单条【插入】，单击【操作】，弹出创建操作对话框，类型为turning，操作子类型为ROUGH_TURNING_OD，程序为PROGRAM，刀具为OD_ROUGH_TOOL，几何体为TURNING_WORKPIECE，方法为METHOD，名称为ROUGH_TURN_OD_01，如图1-1-19所示，单击【确定】，弹出操作设置对话框，如图1-1-20所示。

15）单击指定【切削区域】，弹出对话框，单击【轴向修剪平面1】，指定图1-1-21所示点，单击【确定】，完成操作。

16）单击【刀轨设置】，方法为METHOD，水平角度为180，方向为向前，切削深度为变量平均值，最大值为2，最小值为1，变换模式为根据层，清理为全部，如图1-1-22所示。

图 1-1-19　创建操作

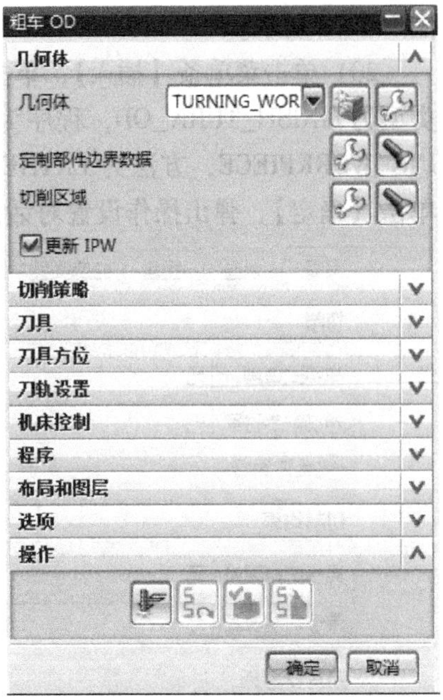

图 1-1-20　粗车 OD 操作设置

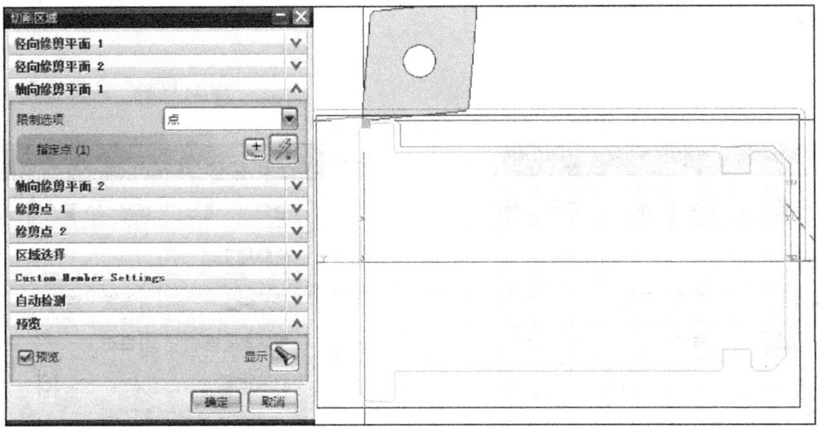

图 1-1-21　切削区域

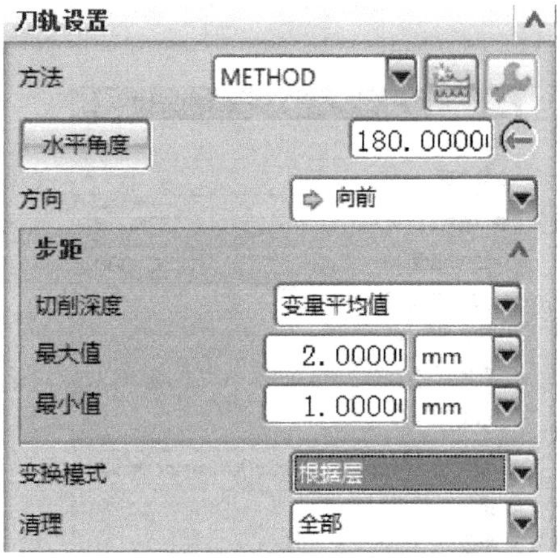

图 1-1-22　刀轨设置

17）单击【切削参数】，单击【策略】，设置最后切削边为5，如图 1-1-23 所示，设置面余量为 0.1，径向余量为 0.5，如图 1-1-24 所示，单击【确定】，完成切削参数设置。

18）单击【非切削移动】，弹出对话框，进刀设置如图 1-1-25 所示，退刀设置如图 1-1-26 所示，单击【确定】，完成操作。

19）单击【进给和速度】，弹出对话框，设置【主轴速度】为 1200，设置【进给率】为 0.25，如图 1-1-27 所示。单击【确定】完成进给和速度设置。单击【生成刀轨】，得到零件的加工刀轨，如

图 1-1-28 所示。

20）单击菜单条【插入】，单击【操作】，弹出创建操作对话框，类型为 turning，操作子类型为 FINISH_TURN_OD，程序为 PROGRAM，刀具为 OD_FINISH_TOOL，几何体为 TURNING_WORKPIECE，方法为 LATHE_FINISH，名称为 FINISH_TURN_OD，如图 1-1-29 所示，单击【确定】，弹出操作设置对话框，如图 1-1-30 所示。

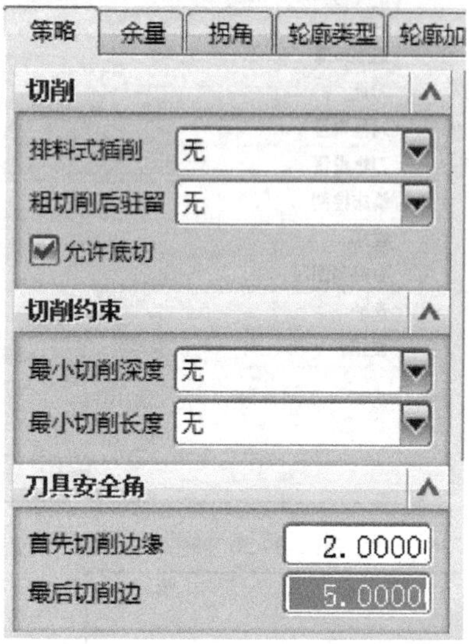

图 1-1-23　策略设置

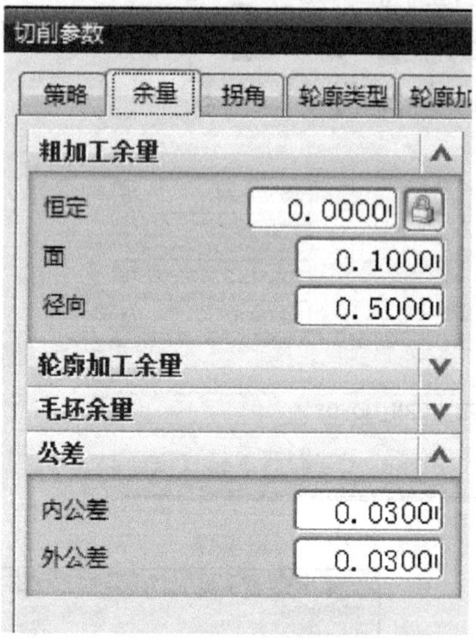

图 1-1-24　余量设置

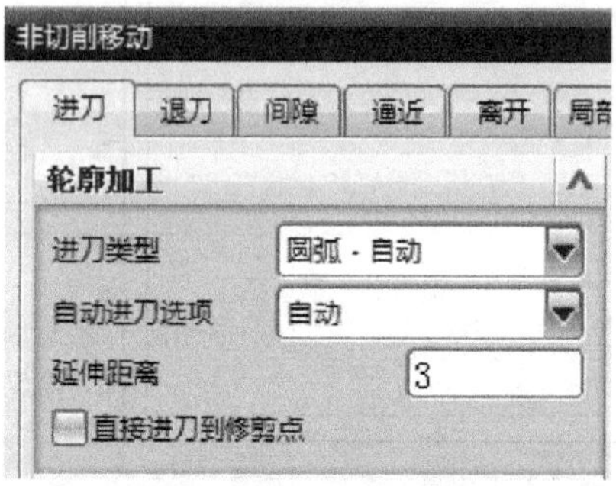

图 1-1-25　进刀设置

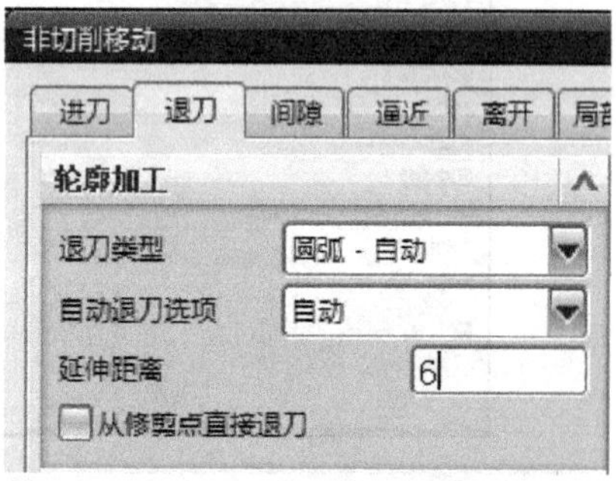

图 1-1-26　退刀设置

图 1-1-27　进给和速度

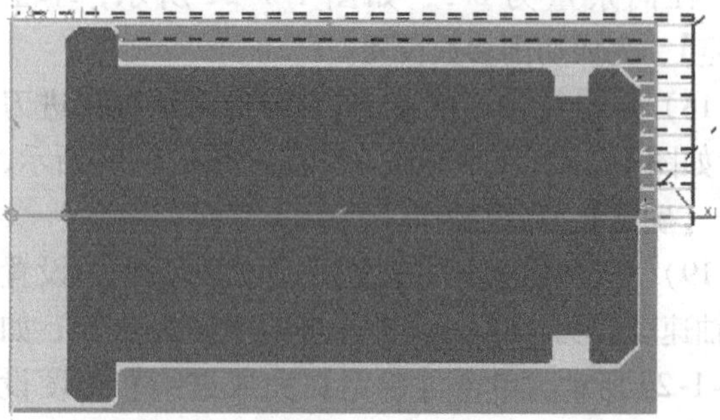

图 1-1-28　加工刀轨

21）单击【切削参数】，单击【策略】，设置最后切削边为5，如图1-1-31所示。

22）单击【非切削移动】，弹出对话框，进刀设置如图1-1-32所示，退刀设置如图1-1-33所示，单击【确定】，完成操作。

23）单击【进给和速度】，弹出对话框，设置主轴速度为1500，设置进给率为0.1，如图1-1-34所示。单击【确定】完成进给和速度设置。单击【生成刀轨】，得到零件的加工刀轨，如图1-1-35所示。

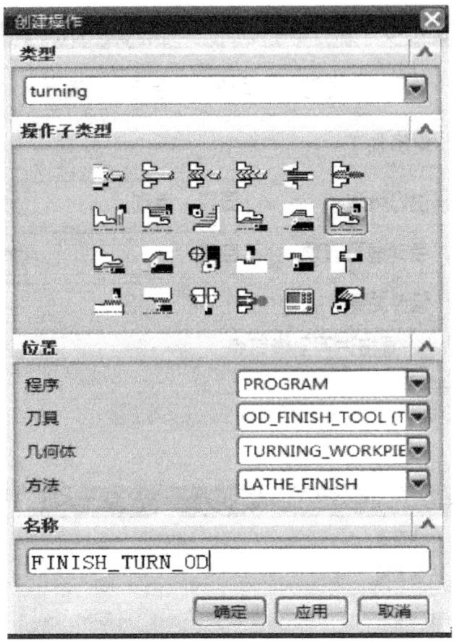

图1-1-29　创建操作

24）单击菜单条【插入】，单击【操作】，弹出创建操作对话框，类型为turning，操作子类型为GROOVE_OD，程序为PROGRAM，刀具为OD_GROOVE_TOOL_01，几何体为TURNING_WORKPIECE，方法为LATHE_FINISH，名称为GROOVE_OD_1，如图1-1-36所示，单击【确定】，弹出操作设置对话框，如图1-1-37所示。

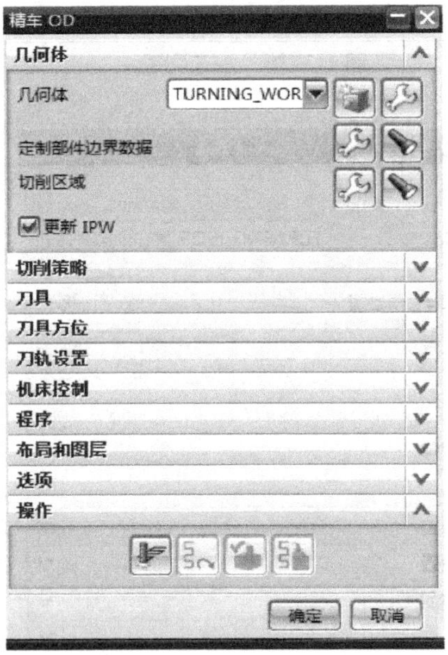

图1-1-30　精车OD操作设置

图1-1-31　策略设置

25）单击指定【切削区域】，弹出对话框，分别指定轴向修剪平面1和轴向修剪平面2，指定如图1-1-38所示点，单击【确定】，完成操作。

26）单击【非切削移动】，弹出对话框，进刀设置如图1-1-39所示，退刀设置如图1-1-40所示，单击【确定】，完成操作。

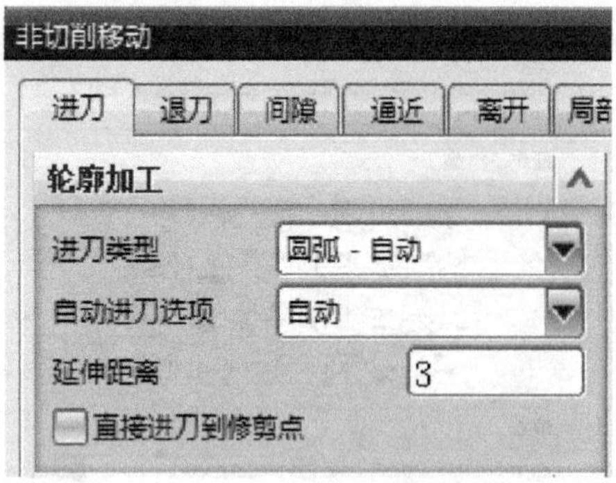

图 1-1-32　进刀设置

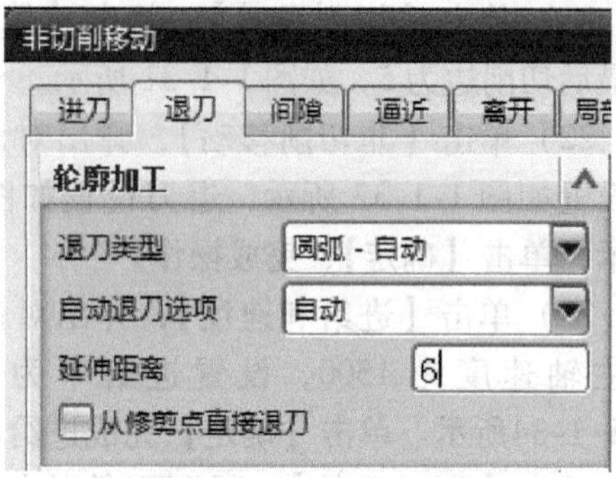

图 1-1-33　退刀设置

图 1-1-34　进给和速度设置

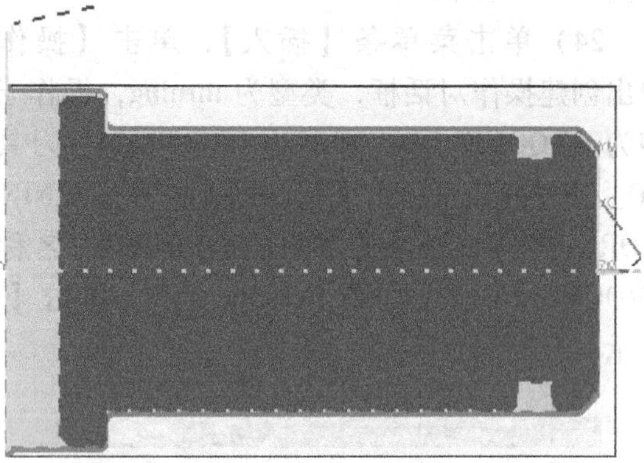

图 1-1-35　加工刀轨

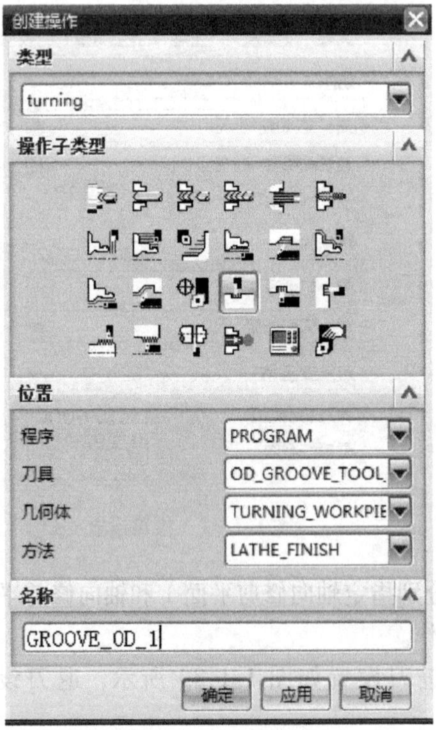

图 1-1-36　创建操作

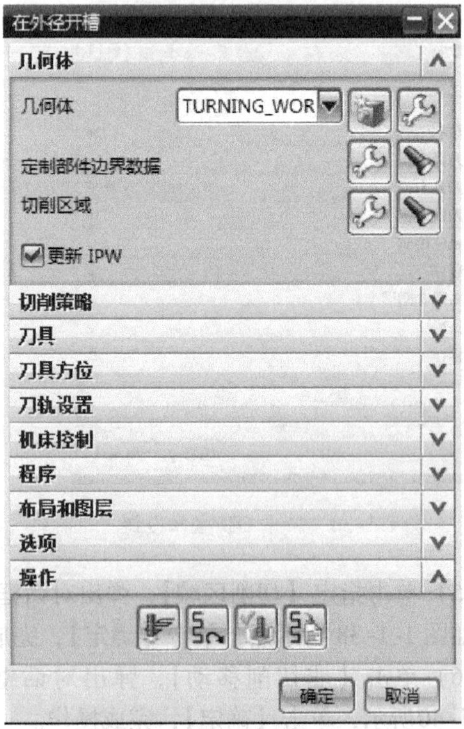

图 1-1-37　切槽操作设置

27）单击【进给和速度】，弹出对话框，设置【主轴速度】为1200，设置【进给率】为0.1，如图1-1-41所示。单击【确定】完成进给和速度设置。单击【生成刀轨】，得到零件的加工刀轨，如图1-1-42所示。

28）编制零件切断程序。由于切断时需要精确测量刀具宽度，所以切断程序可以现场手工编制。

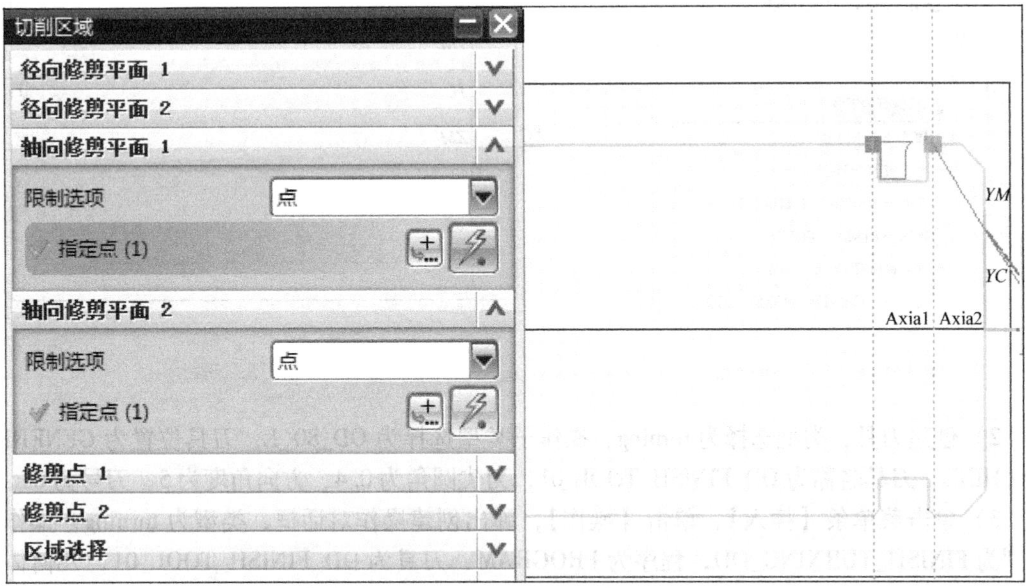

图1-1-38 切削区域

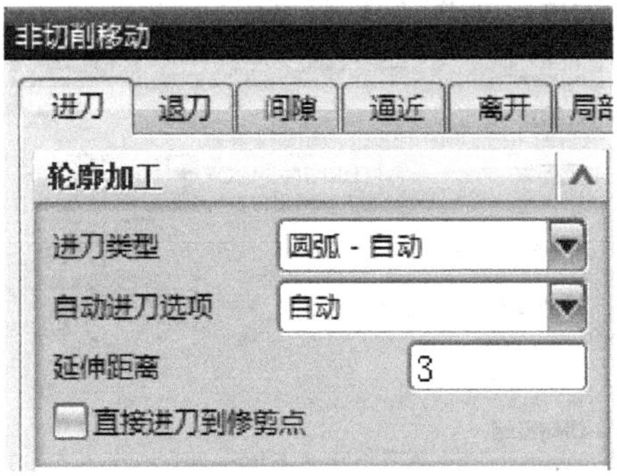

图1-1-39 进刀设置

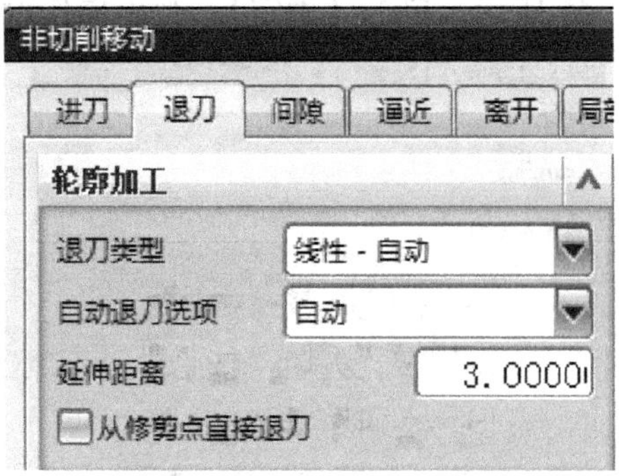

图1-1-40 退刀设置

图1-1-41 进给和速度

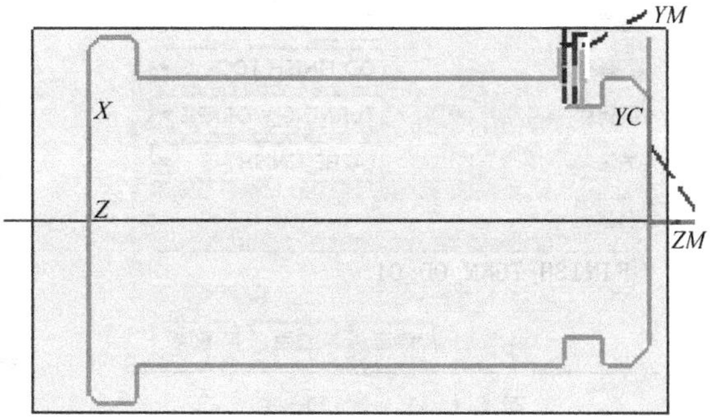

图1-1-42 加工刀轨

（2）编制加工零件左端的 NC 程序

1）在操作导航器中选中 MCS_SPINDLE，并复制，右键操作导航器空白处粘贴，得到新的加工坐标系，如图 1-1-43 所示。双击 MCS_SPINDLE_COPY，弹出对话框，设定加工坐标系的位置和方向如图 1-1-44 所示。

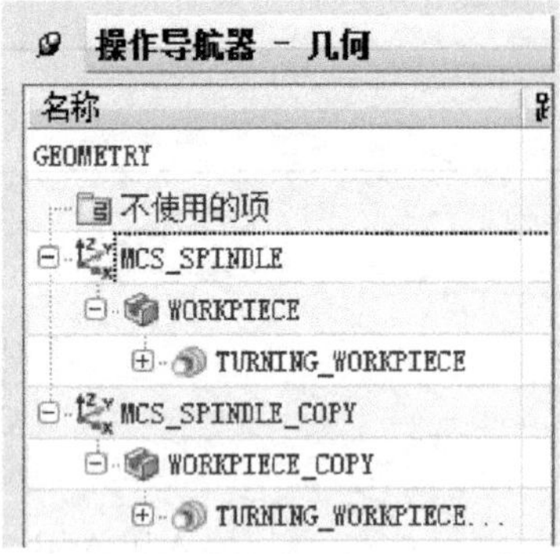

图 1-1-43 操作导航器

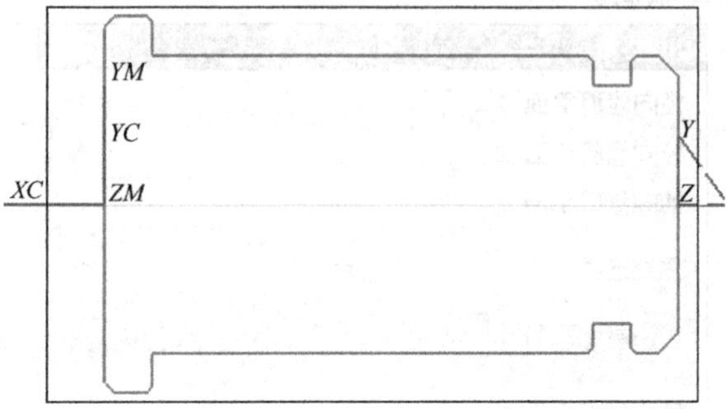

图 1-1-44 加工坐标系

2）创建刀具，类型选择为 turning，操作子类型选择为 OD_80_L，刀具位置为 GENERIC_MACHINE，刀具名称为 OD_FINISH_TOOL_01，刀尖圆角为 0.4，方向角度为 5，刀号为 01。

3）单击菜单条【插入】，单击【操作】，弹出创建操作对话框，类型为 turning，操作子类型为 FINISH_TURNING_OD，程序为 PROGRAM，刀具为 OD_FINISH_TOOL_01，几何体为 TURNING_WORKPIECE_COPY，方法为 LATHE_FINISH，名称为 FINISH_TURN_OD_01，如图 1-1-45 所示，单击【确定】，弹出操作设置对话框，如图 1-1-46 所示。

图 1-1-45 创建操作

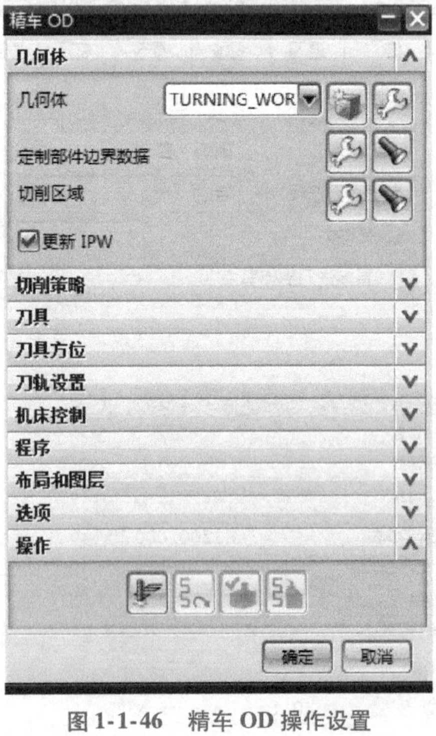

图 1-1-46 精车 OD 操作设置

4）单击指定【切削区域】，弹出对话框，单击轴向修剪平面1，指定图1-1-47所示点。单击【确定】，完成操作。

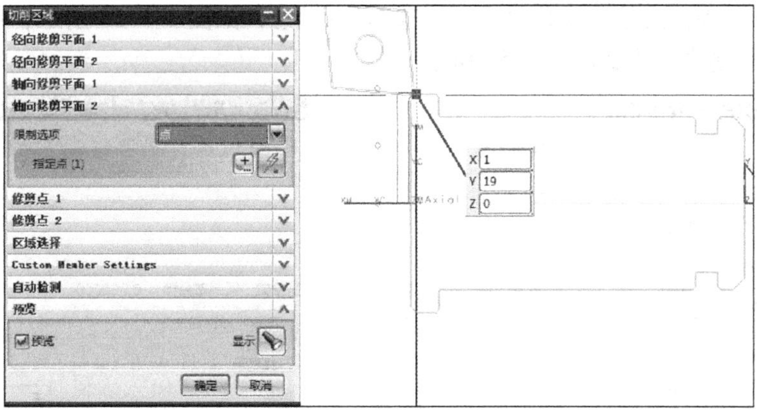

图 1-1-47　切削区域

5）单击【非切削移动】，弹出对话框，进刀设置如图1-1-48所示，退刀设置如图1-1-49所示。单击【确定】，完成操作。

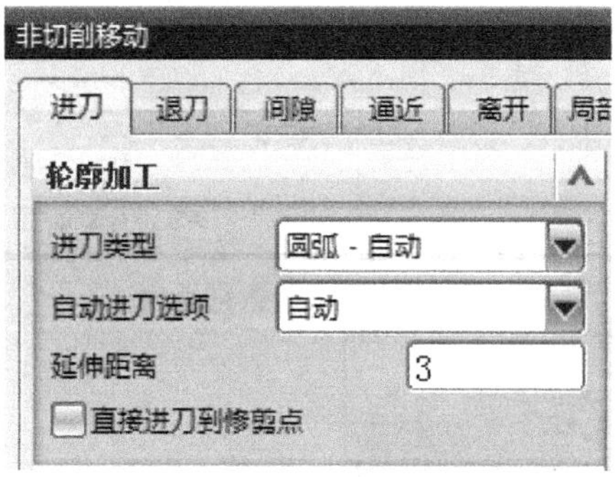

图 1-1-48　进刀设置

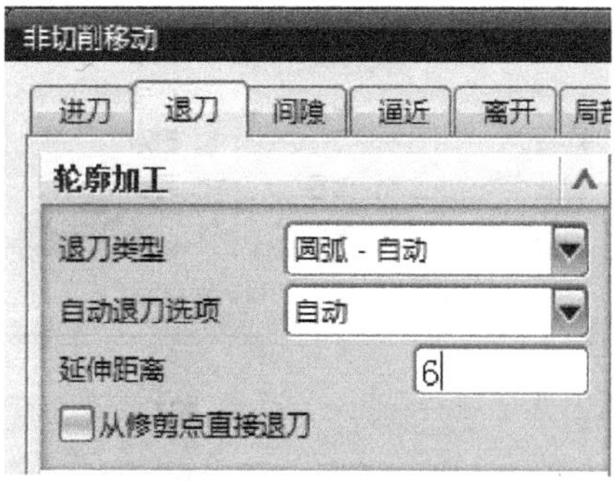

图 1-1-49　退刀设置

6）单击【进给和速度】，弹出对话框，设置主轴速度为1500，设置进给率为0.1，如图1-1-50所示。单击【确定】完成进给和速度设置。单击【生成刀轨】，得到零件的加工刀轨，如图1-1-51所示。

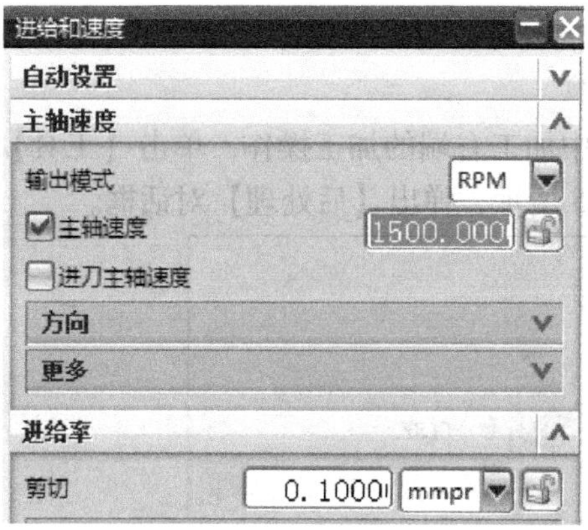

图 1-1-50　进给和速度

图 1-1-51　加工刀轨

（3）仿真加工与后处理

1）在操作导航器中选择PROGRAM，单击鼠标右键，选择【刀轨】，选择【确认】，如图1-1-52所示，弹出刀轨可视化对话框，选择3D动态，如图1-1-53所示，单击【确定】，开始仿真加工。仿真结果如图1-1-54所示。

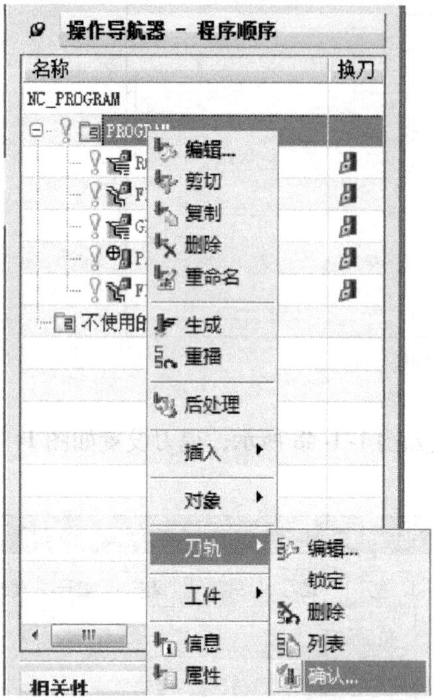

图1-1-52　刀轨确认

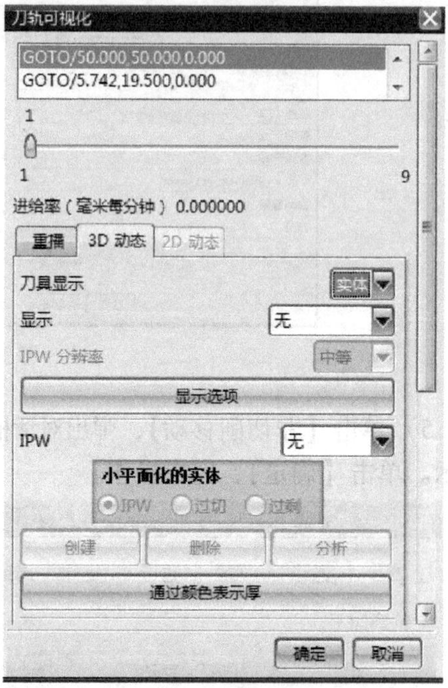

图1-1-53　刀轨可视化

图1-1-54　仿真结果

2）后处理得到加工程序。在刀轨操作导航器中选中加工右端的加工操作，单击【工具】/【操作导航器】/【输出】/【NX Post后处理】，如图1-1-55所示，弹出【后处理】对话框。

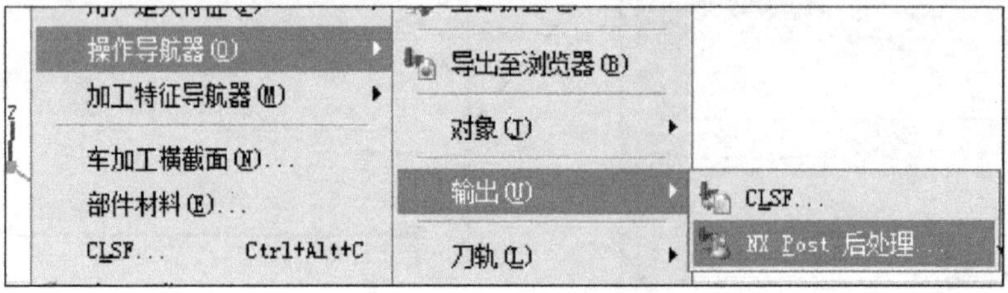

图1-1-55　后处理命令

3）后处理器选择 LATHE_2_AXIS_TOOL_TIP，指定合适的文件路径和文件名，单位设置为公制，勾选列出输出，如图 1-1-56 所示，单击【确定】完成后处理，得到加工右端的 NC 程序，如图 1-1-57 所示。使用同样的方法后处理得到加工左端的 NC 程序。

图 1-1-56　后处理

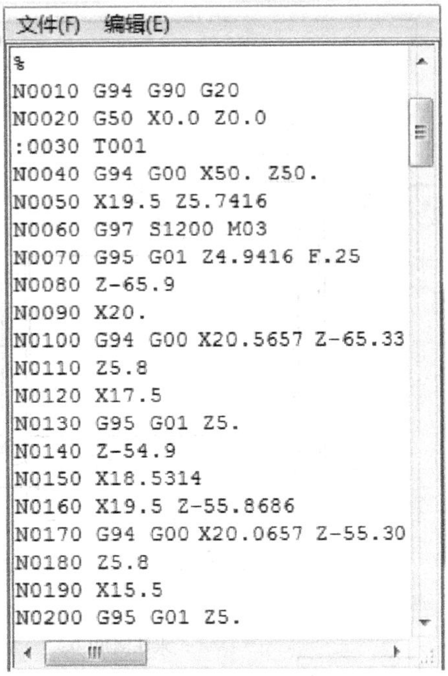

图 1-1-57　加工程序

3. 零件加工

（1）加工准备　对照工艺卡，将刀具安装到对应的刀位，调整刀具伸出长度，在满足加工要求的前提下，尽量减小伸出长度，调整刀尖高度，确保刀尖与机床轴线等高。加工右端时零件装夹要注意伸出长度，并确保零件无很大跳动，加工左端时由于要使用弹性套，所以弹性套一定要去除毛刺和锐边，零件装夹要注意装夹力度，避免损坏已加工面。刀具和零件安装完成后，对所有刀具进行对刀操作，并设置刀具补偿数据，零件编程原点为端面中心。对刀时要注意对刀精度，所有精加工刀要留 0.3mm 的余量，以供第一次加工后进行测量调整，防止首件加工报废。

（2）程序传输　在关机状态使用 RS232 通信线连接机床系统与计算机，打开计算机和数控机床系统，进行相应的通信参数设置，要求数控系统内的通信参数与计算机通信软件内的参数一致。

（3）零件加工及注意事项　对刀和程序传输完成后，将机床模式切换到自动方式，按循环启动键，即可开始自动加工，在加工过程中，由于是首件第一次加工，所以要密切注意加工状态，有问题要及时停止。在运行切断程序前，暂停加工，对零件进行检测，由于对刀时精加工刀在补偿数据中留了 0.3mm 的余量，所以第一次加工完毕，零件还有余量，进行检测，根据检测结果，调整精车刀的补偿数据，然后重新运行精加工程序，确保零件尺寸合格。在零件切断时要注意保护零件，防止零件掉下来时破坏已加工面。

（4）零件检测 零件检测是零件整个生产过程的重要环节，是保证零件质量、优化加工工艺的主要依据。零件检测主要步骤：制作检测用的 LAYOUT 图，如图 1-1-58 所示，也就是对所有需要检测的项目进行编号的图样；制作检测用空白检测报告，如图 1-1-59 所示，报告包括检测项目、标准、所用量具、检测频率；对零件进行检测并填写报告。

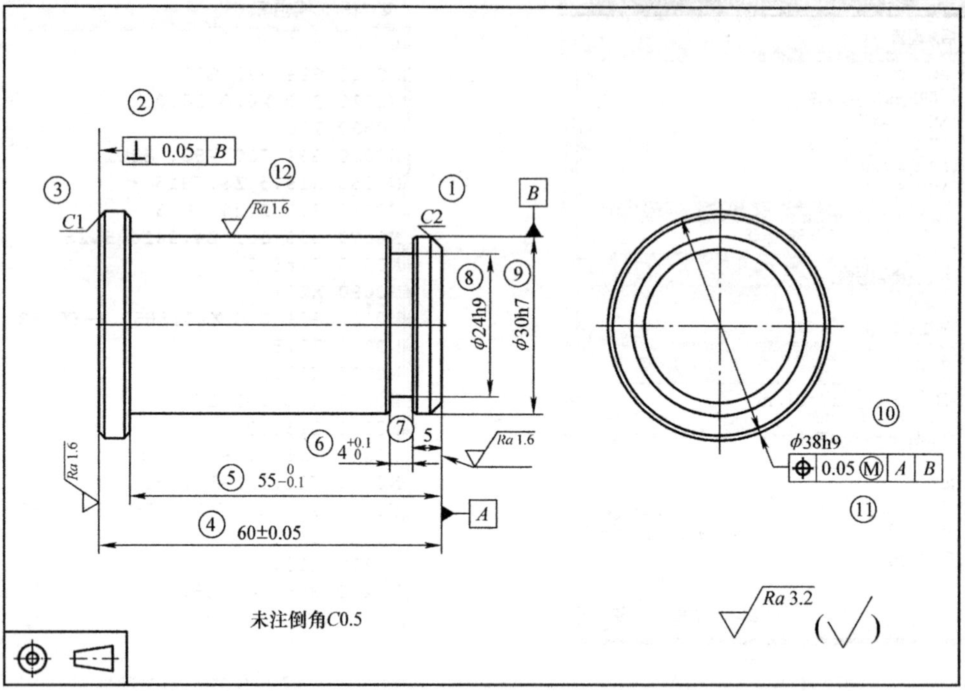

图 1-1-58 LAYOUT 图

检测报告(Inspection Report)											
零件名：安全销				零件材料：					送检数量：		
零件号：4786562-0				表面处理：					送检日期：		
DIM No	平面图样尺寸 CAD DATA BASE DIMENSION			测量 (Measurement) 测量尺寸 (Measuring Size)						测量工具 (Measurement Tool)	备注 (Remark)
	公称尺寸 3D Data-Size	上极限偏差	下极限偏差	1#	2#	3#	4#	5#	6#		
1	C2	0.25	−0.25							游标卡尺	
2	垂直度0.05	/	/							CMM	
3	C1	0.25	−0.25							游标卡尺	
4	60.00	0.05	−0.05							游标卡尺	
5	55.00	0	−0.1							游标卡尺	
6	4.00	0.1	0							游标卡尺	
7	5.00	0.25	−0.25							游标卡尺	
8	φ24h9	0	−0.052							外径千分尺	
9	φ30h7	0	−0.021							外径千分尺	
10	φ38h9	0	−0.062							外径千分尺	
11	位置度0.05	/	/							CMM	
12	表面粗糙度1.6μm	/	/							对比样块	
外观 碰伤 毛刺										目测	
是/否 合格											
测量员：						批准人：				页数：(1/1)	

图 1-1-59 检测报告

（5）编制及完善相关工艺文件　根据加工中的实际情况和检测结果，对零件加工工艺和加工程序进行优化，最大限度地缩短加工时间，提高效率。主要是删除空运行的程序段，并调整切削参数。

1.1.4　专家点拨

1）在数控车床上进行零件加工时，必须严格遵守安全操作规程，并做到严谨规范、精益求精。

2）车床加工零件时，为了保证总长和两端面的表面粗糙度，在工艺上一般都要掉头加工，所以一个零件最起码要两次装夹。

3）车削加工时，为了保护已加工面不被破坏，为了保证掉头装夹后的同轴度，一般会采用弹性套作为夹具。

4）在确定刀具切削参数时，一般都可以查阅刀具供应商提供的刀具手册，手册上会注明每种刀片的推荐切削参数，为了保护刀具寿命，可以采用推荐值的85%使用。

5）在使用软件进行编程时，两端程序可以分开编制，即建立两个文件。

1.1.5　课后训练

完成图1-1-60所示零件的加工工艺编制并制作工艺卡，完成零件的加工程序编制并仿真。

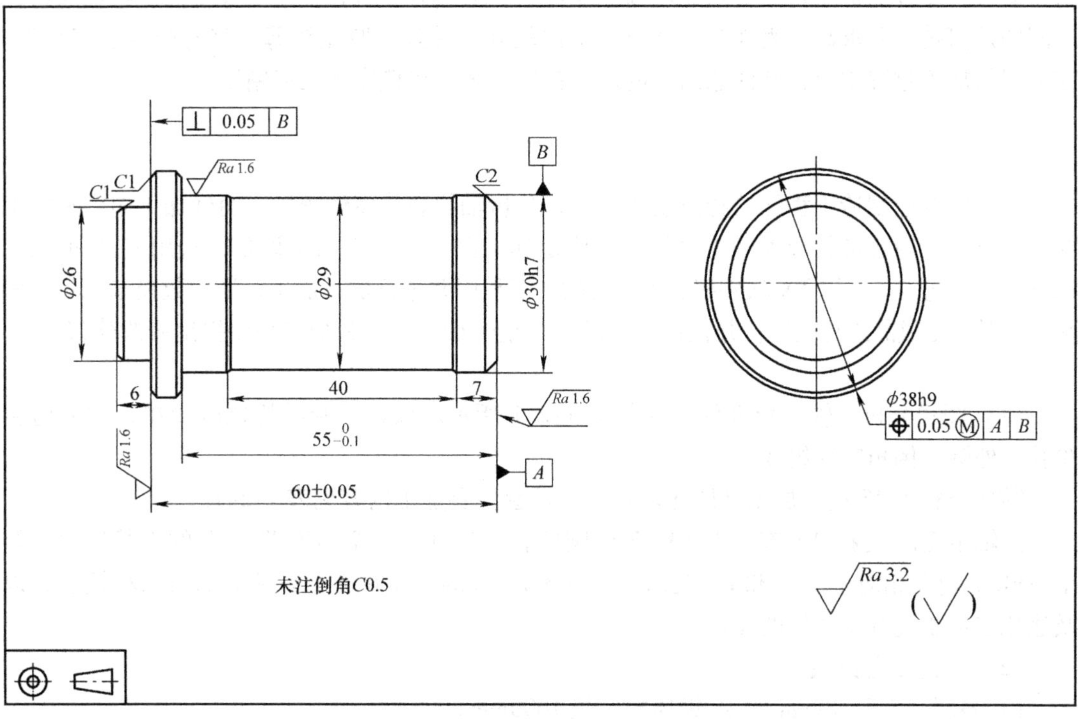

图1-1-60　销

学前见闻　蛟龙号载人潜水器装配专家——顾秋亮

项目 1.2　轴承套的加工与调试

1.2.1　教学目标

【能力目标】能编制轴承套的加工工艺
能使用 NX 6.0 软件编制轴承套的加工程序
能使用数控车床加工轴承套
能检测加工完成的轴承套

【知识目标】掌握轴承套的加工工艺
掌握轴承套的程序编制方法
掌握轴承套的加工方法
掌握轴承套的检测方法

【素质目标】激发学生的学习兴趣，培养团队合作和创新精神

1.2.2　项目导读

轴承套是机械结构中常见的一类零件，这类零件的特点是结构比较简单，零件整体外形为一套管，零件的加工精度要求比较高。零件上一般会有台阶孔、端面等特征，特征与特征之间的几何精度要求高，表面粗糙度要求也比较高，并且壁厚比较薄，容易产生加工变形。在编程与加工过程中要特别注意内孔的尺寸精度、表面粗糙度和几何精度。

1.2.3　项目任务

学生以企业制造工程师的身份投入工作，分析轴承套的零件图样，明确加工内容和加工要求。对加工内容进行合理的工序划分，确定加工路线，选用加工设备，选用刀具和夹具，编制加工工艺卡。运用 NX 软件编制轴承套的加工程序并进行仿真加工，使用数控车床加工轴承套，对加工成品进行检测，并根据检测结果对整个加工工艺和加工程序提出修改建议。

1. 制定加工工艺

（1）图样分析　轴承套零件图样如图 1-2-1 所示。该轴承套结构比较简单，主要由台阶孔、外圆、倒角特征组成。

零件材料为 45 钢，加工性能比较好。轴承套主要加工内容见表 1-2-1。

此轴承套的主要加工难点为 ϕ38h7 外圆的直径尺寸，两个 ϕ30H7 内孔的直径尺寸，两个 ϕ30H7 内孔相对基准 A 和 B 的位置度，ϕ38h7 外圆、左端面、右端面的表面粗糙度，以及避免在加工过程中产生的变形。

（2）制定工艺路线

1）备料。直径 40mm 的 45 钢棒料，长 1000mm。

2）钻孔。自定心卡盘夹毛坯左端，钻 ϕ22mm 孔，孔深度为 60mm。

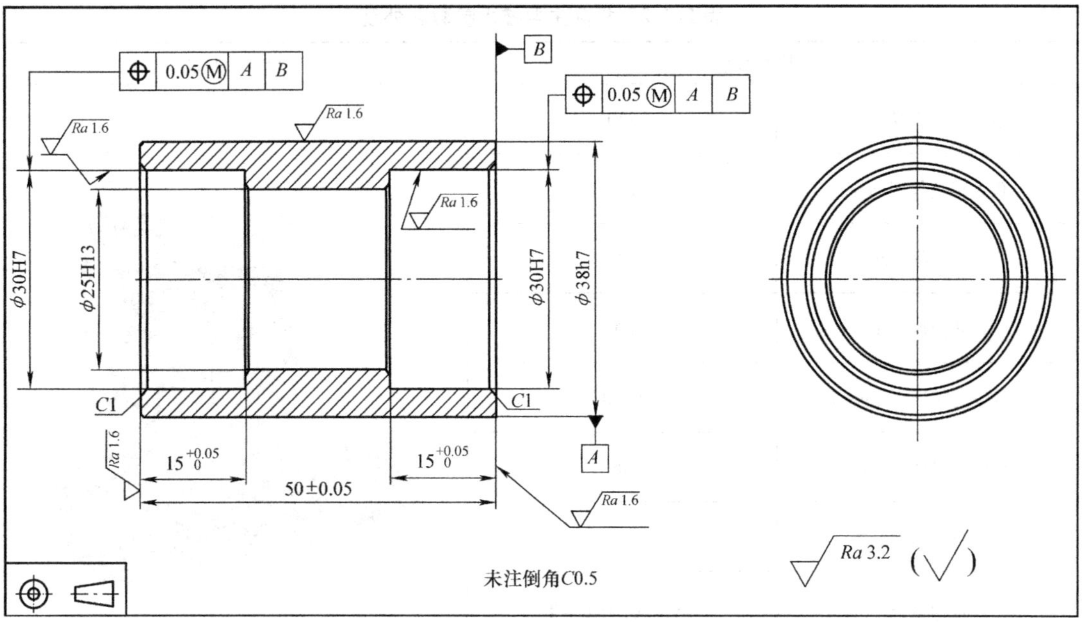

图 1-2-1　轴承套零件图

表 1-2-1　加工内容

内　容	要　求	备　注
ϕ38h7 外圆	外圆直径为 $\phi38_{-0.025}^{\ 0}$mm	
ϕ30H7 内孔	内孔径为 $\phi30_{\ 0}^{+0.021}$mm；孔深度为 $15_{\ 0}^{+0.05}$mm	
ϕ30H7 内孔	内孔径为 $\phi30_{\ 0}^{+0.021}$mm；孔深度为 $15_{\ 0}^{+0.05}$mm	
ϕ25H13 内孔	内孔径为 $\phi25_{\ 0}^{+0.33}$mm	
零件总长	零件总长为（50±0.05）mm	
表面粗糙度	ϕ38h7 外圆、左端面、右端面的表面粗糙度为 *Ra*1.6μm，2 个 ϕ30H7 内孔表面粗糙度为 *Ra*1.6μm	
位置度	2 个 ϕ30H7 内孔相对基准 *A* 和 *B* 的位置度公差为 0.05mm	
去锐边	所有锐边倒角	

3）粗车右端。自定心卡盘夹毛坯左端，车零件右端面；粗车 ϕ38h7 外圆、ϕ30H7 内孔，ϕ25H13 内孔，留 0.5mm 精车余量。

4）精车右端。精车 ϕ38h7 外圆、ϕ30H7 内孔，ϕ25H13 内孔及倒角至图样尺寸。

5）切断。切断零件，总长留 1mm 余量。

6）粗车零件左端。零件掉头装夹，车零件左端面，保证零件总长，粗车 ϕ30H7 内孔，留 0.5mm 精车余量。

7）精车零件左端。精车 ϕ30H7 内孔及倒角至图样尺寸。

（3）选用加工设备　选用杭州友佳集团生产的 FTC－10 斜床身数控车床作为加工设备，此机床为斜床身，转塔刀架，液压卡盘，刚性好，加工精度高，适合小型零件的大批量生产，机床主要技术参数和外观见表 1-2-2。

表 1-2-2 机床主要技术参数和外观

主要技术参数		机 床 外 观
最大车削直径/mm	240	
最大车削长度/mm	255	
X 轴行程/mm	120	
Z 轴行程/mm	290	
主轴最高转速/(r/min)	6000	
通孔/拉管直径/mm	56	
刀具位置数	8	
数控系统	FANUC 0i Mate – TC	

(4) 选用毛坯 零件材料为 45 钢，此材料为优质碳素结构钢，切削性能较好。根据零件尺寸和机床性能，选用直径为 40mm，长度为 1000mm 的棒料作为毛坯。毛坯如图 1-2-2 所示。

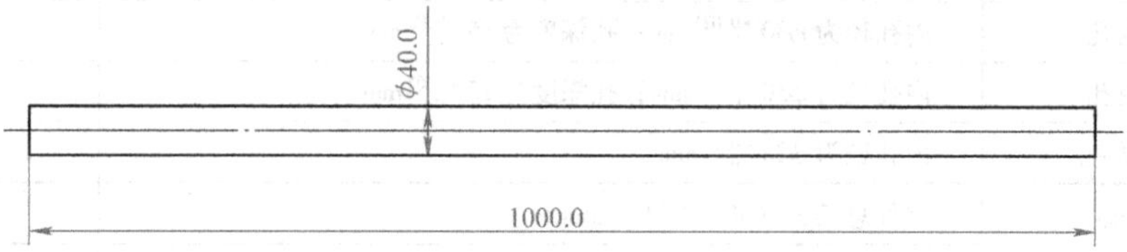

图 1-2-2 毛坯

(5) 选用夹具 零件分两次装夹，加工右端时，以毛坯外圆作为基准，选用自定心卡盘装夹，零件伸出量为 68 ~ 72mm，装夹简图如图 1-2-3 所示。加工零件左端时，采用已经加工完毕的 ϕ38h7 外圆及其端面作为定位基准，为保护已加工面上 *Ra*1.6μm 表面粗糙度不被破坏，为保证左端孔相对基准 *A* 和 *B* 的位置度，加工时采用弹性套加自定心卡盘的装夹形式，装夹示意图如图 1-2-4 所示。

弹性套是一种在车削加工时常用的夹具，它不但能起到提高零件装夹时与车床主轴的同轴度的作用，保护已加工表面不受到破坏，而且可以实现零件的轴向定位，保证多个零件加工时的长度一致性。弹性套制作简单，一般就是一个开口的薄壁圆筒，该轴承套所使用的弹性套底部和顶部各加一个台阶，可实现零件轴向定位。此零件所用弹性套如图 1-2-5所示。

(6) 选用刀具和切削用量 选用 SANDVIK 刀具系统，查阅 SANDVIK 刀具手册，选用刀具和切削用量见表 1-2-3。

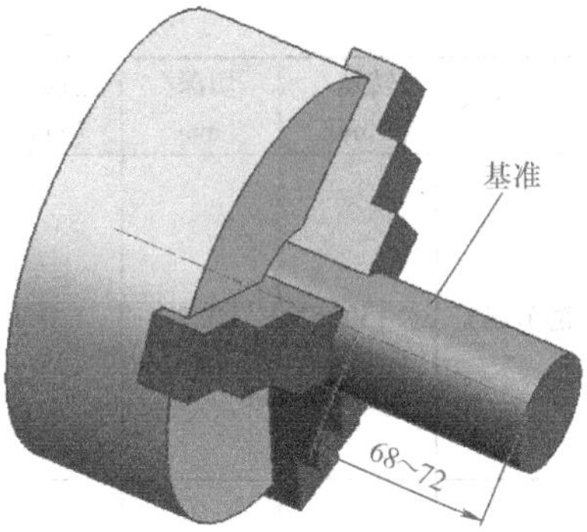

图 1-2-3　加工右端装夹

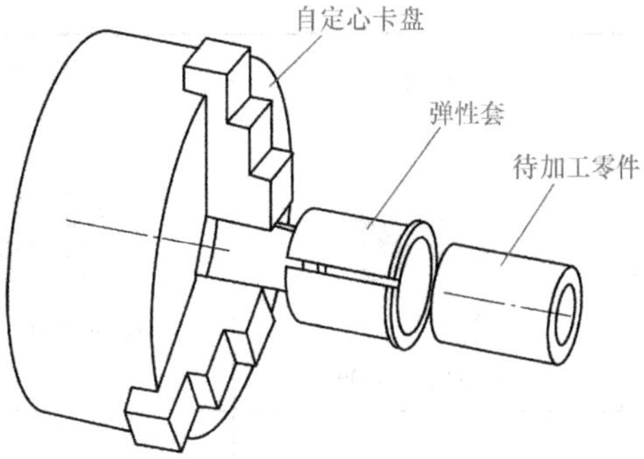

图 1-2-4　加工左端装夹

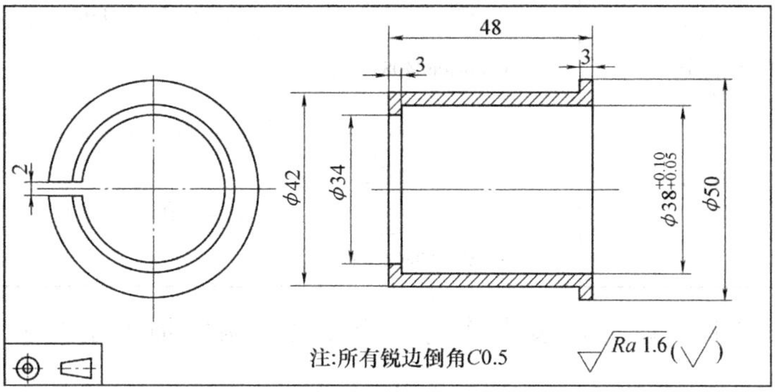

图 1-2-5　弹性套

表 1-2-3　刀具和切削用量

<table>
<tr><th>工序</th><th>刀号</th><th>刀杆规格</th><th>刀片规格</th><th>加工内容</th><th>转速/(r/min)</th><th>切深/mm</th><th>进给量/(mm/r)</th></tr>
<tr><td rowspan="5">加工右端</td><td>T01</td><td rowspan="2">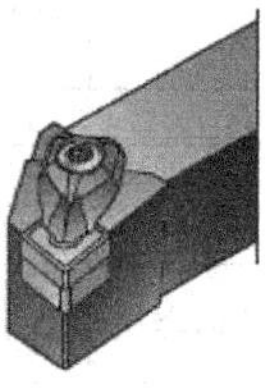
DCLNL2020M09</td><td>
CNMG090408 - PR</td><td>粗车外圆</td><td>1200</td><td>2</td><td>0. 25</td></tr>
<tr><td>T02</td><td>
CCMT090404 - PF</td><td>精车外圆</td><td>1500</td><td>0. 5</td><td>0. 1</td></tr>
<tr><td>T03</td><td rowspan="2">
S20M - SCLCR06</td><td>
CNMG060408 - PR</td><td>粗车内孔</td><td>1500</td><td>2</td><td>0. 2</td></tr>
<tr><td>T04</td><td>
CCMT060404 - PF</td><td>精车内孔</td><td>1800</td><td>0. 3</td><td>0. 1</td></tr>
<tr><td>T05</td><td>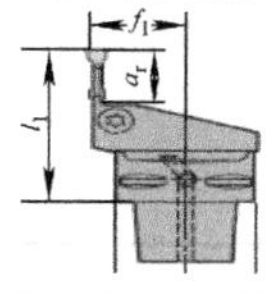
C6 - RF123G20 - 45065B</td><td>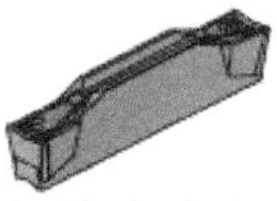
N123G2 - 0300 - 0001 - CF</td><td>切断</td><td>1200</td><td></td><td>0. 1</td></tr>
</table>

（续）

工序	刀号	刀杆规格	刀片规格	加工内容	转速/（r/min）	切深/mm	进给量/（mm/r）
加工左端	T02	 DCLNL2020M09	 CCMT090404 - PF	精车端面	1500	0.5	0.1
	T03	 S20M - SCLCR06	 CNMG060408 - PR	粗车内孔	1500	2	0.2
	T04		 CCMT060404 - PF	精车内孔	1800	0.3	0.1

（7）制定工艺卡 以一次装夹作为一个工序，制定加工工艺卡，见表1-2-4～表1-2-6。

表1-2-4 工序清单

零件号: 278316-0		工艺版本号: 0	工艺流程卡-工序清单			
工序号	工序内容	工位	页码:1		页数:3	
001	备料	外协	零件号: 278316		版本:0	
002	粗车/精车右端	数控车床	零件名称: 轴承套			
003	粗车/精车左端	数控车床	材料: 45钢			
004			材料尺寸: ϕ40mm棒料			
005			更改号	更改内容	批准	日期
006						
007			01			
008						
009			02			
010						
011			03			
012						
013						
拟制:	日期:	审核:	日期:	批准:	日期:	

表 1-2-5 加工右端工艺卡

零件号: 278316-0		工序名称: 粗车/精车右端		工艺流程卡-工序单	
材料:45钢		页码:2	工序号:02		版本号:0
夹具:自定心卡盘		工位:数控车床	数控程序号: xiangmu3-01.NC		

刀具及参数设置				
刀具号	刀具规格	加工内容	主轴转速/(r/min)	进给量/(mm/r)
T01	DCLNL2020M09, CNMG090408-PR	粗车外圆	1200	0.25
T02	DCLNL2020M09, CCMT090404-PF	精车外圆	1500	0.1
T03	S20M-SCLCR06, CNMG060408-PR	粗车内孔	1500	0.2
T04	S20M-SCLCR06, CCMT 06 04 04-PF	精车内孔	1800	0.1
T05	C6-RF123G20-45065B, N123G2-0300-0001-CF	切断	1200	0.1

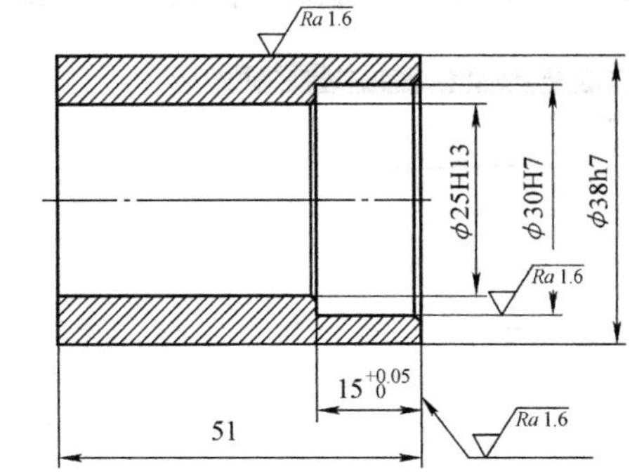

锐边加0.5倒角

02						
01						
更改号	更改内容			批准	日期	
拟制:	日期:	审核:	日期:	批准:	日期:	

表 1-2-6 加工左端工艺卡

零件号: 278316-0		工序名称: 粗车/精车左端		工艺流程卡-工序单	
材料:45钢		页码:3	工序号: 03		版本号: 0
夹具: 自定心卡盘+弹性套		工位:数控车床	数控程序号: xiangmu3-02.NC		

刀具及参数设置				
刀具号	刀具规格	加工内容	主轴转速/(r/min)	进给量/(mm/r)
T02	DCLNL2020M09, CCMT090404-PF	精车端面	1500	0.1
T03	S20M-SCLCR06, CNMG060408-PR	粗车内孔	1500	0.2
T04	S20M-SCLCR06, CCMT060404-PF	精车内孔	1800	0.1

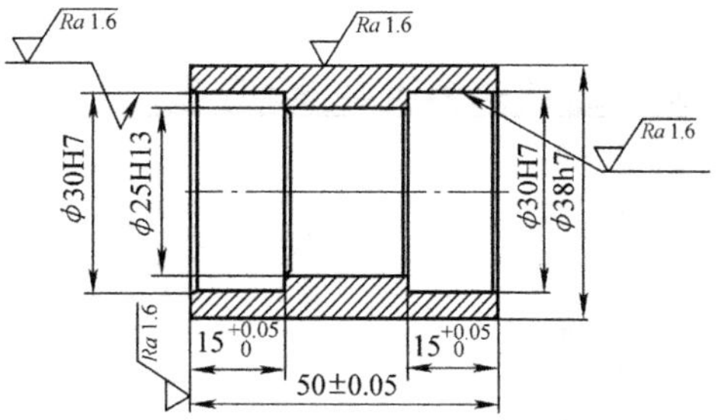

锐边加0.5倒角

02						
01						
更改号	更改内容			批准	日期	
拟制:	日期:	审核:	日期:	批准:	日期:	

2. 编制加工程序

（1）编制加工零件右端的 NC 程序

1）单击【开始】/【所有应用模块】/【加工】，弹出机床环境设置对话框，CAM 会话配置选择 cam_general；要创建的 CAM 设置选择 turning，如图 1-2-6 所示，然后单击【确定】，进入加工模块。

2）在加工操作导航器空白处，单击鼠标右键，选择【几何视图】，如图 1-2-7 所示。

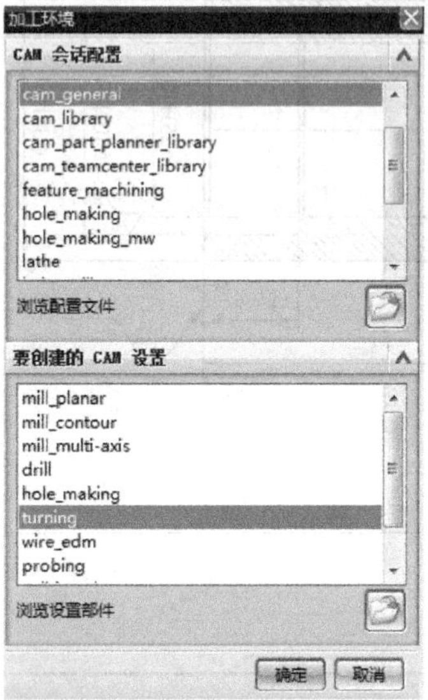

图 1-2-6　加工环境设置

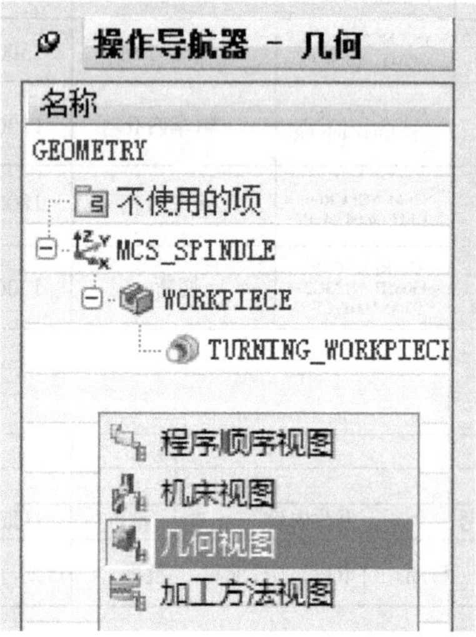

图 1-2-7　操作导航器

3）双击操作导航器中的【MCS_SPINDLE】，弹出机床坐标系对话框，指定平面为XM－YM，如图 1-2-8 所示，将 MCS_SPINDLE 更名为 MCS_SPINDLE_R。

4）单击【指定 MCS】中的 CSYS 会话框，弹出对话框，然后选择参考坐标系中的选定的 CSYS，选择 71 图层中的参考坐标系，单击【确定】，使加工坐标系和参考坐标系重合，如图 1-2-9 所示。再单击【确定】完成加工坐标系设置。

图 1-2-8　加工坐标系设置

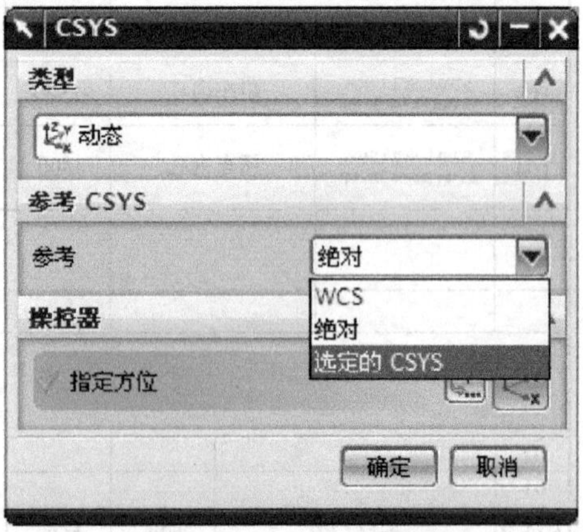

图 1-2-9　加工原点设置

5）双击操作导航器中的【WORKPIECE】，弹出 WORKPIECE 设置对话框，如图 1-2-10

所示，将 WORKPIECE 更名为 WORKPIECE_R。

6）单击【指定部件】，弹出部件几何体对话框，选择图 1-2-11 所示为部件，单击【确定】，完成指定部件。

图 1-2-10　WORKPIECE 设置

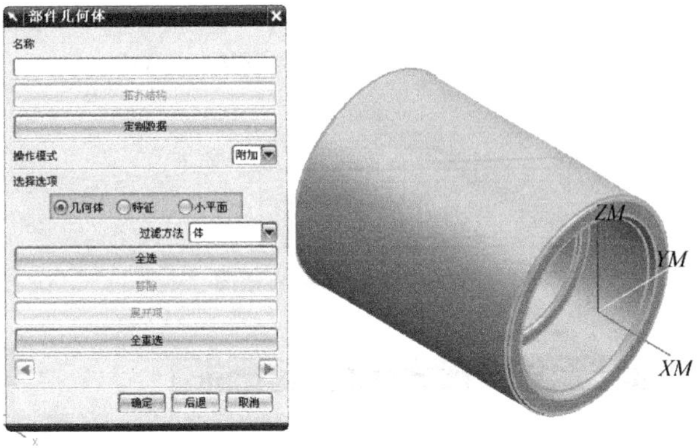

图 1-2-11　指定部件

7）单击【指定毛坯】，弹出毛坯选择对话框，选择图 1-2-12 所示圆柱为毛坯（该圆柱在建模中预先建好，在图层 3 中）。单击【确定】完成毛坯设置，单击【确定】完成 WORKPIECE 设置。

8）双击操作导航器中的【TURNING_WORKPIECE】，自动生成车加工截面和毛坯截面，如图 1-2-13 所示。将 TURNING_WORKPIECE 更名为 TURNING_WORKPIECE_R。

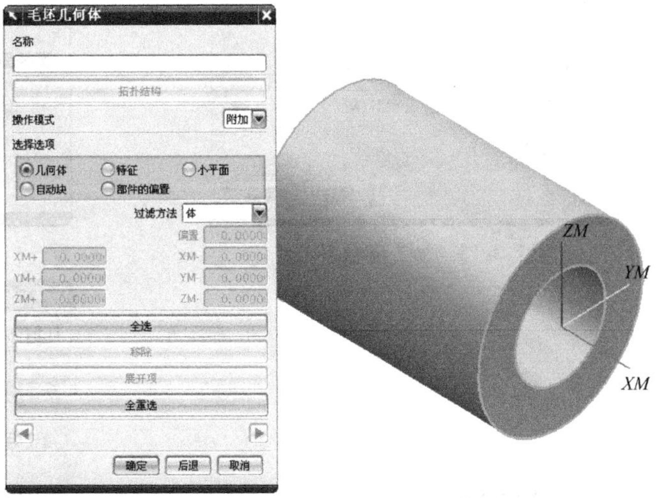

图 1-2-12　毛坯设置

9）单击创建几何体按钮，类型选择 turning，几何体子类型选择 MCS_SPINDLE，位置选择 GEOMETRY，名称为 MCS_SPINDLE_L，如图 1-2-14 所示。

10）指定平面为 XM－YM，如图 1-2-15 所示。

11）单击指定 MCS 中的 CSYS 会话框，弹出对话框，然后选择参考坐标系中的选定的 CSYS，选择 72 图层中的参考坐标系，单击【确定】，使加工坐标系和参考坐标系重合，如图 1-2-16 所示。再单击【确定】完成加工坐标系设置。

12）更改 WORKPIECE 为 WORKPIECE_L，更改 TURNING_WORKPIECE 为 TURNING_WORKPIECE_L，结果如图 1-2-17 所示。

13）双击操作导航器中的 WORKPIECE_L，弹出 WORKPIECE 设置对话框，如图 1-2-18 所示。

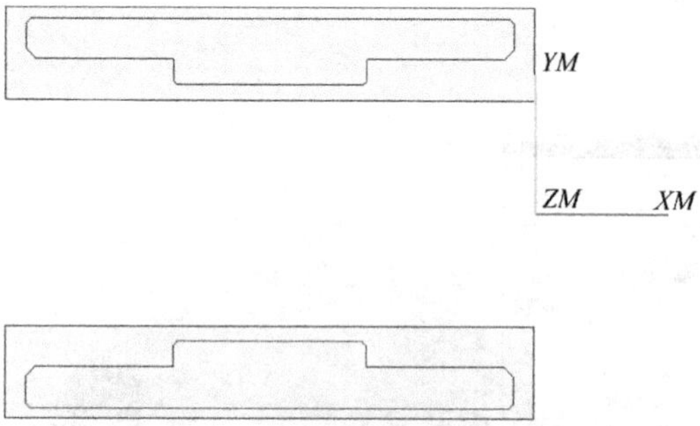

图 1-2-13　车加工截面和毛坯截面

图 1-2-14　创建几何体

图 1-2-15　加工坐标系设置

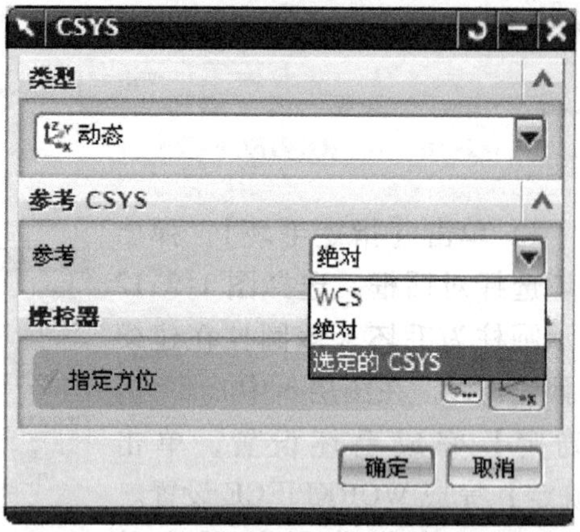

图 1-2-16　加工原点设置

图 1-2-17　设置几何体

图 1-2-18　WORKPIECE 设置

14）单击【指定部件】，弹出部件选择对话框，选择图层 2 中的部件，如图 1-2-19 所示。单击【确定】，完成指定部件。

15）单击【指定毛坯】，弹出毛坯选择对话框，选择如图 1-2-20 所示毛坯（该毛坯在建模中预先建好，在图层 3 中）。单击【确定】完成毛坯设置，单击【确定】完成 WORKPIECE 设置。

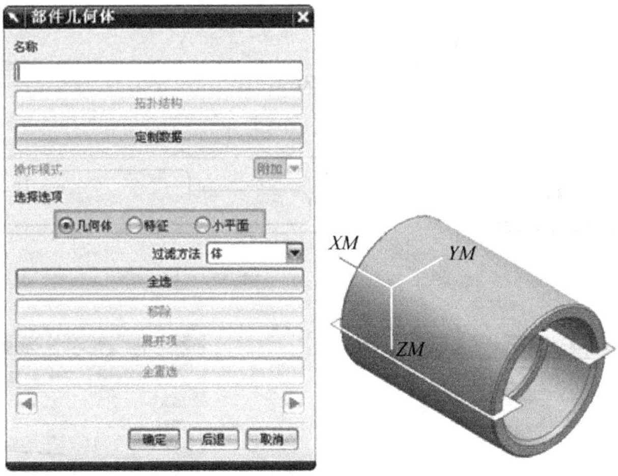

图 1-2-19　指定部件

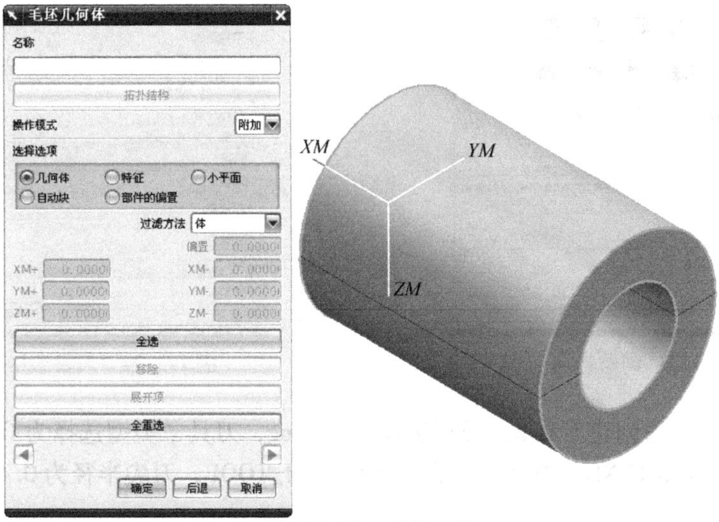

图 1-2-20　毛坯设置

16）双击【TURNING_WORKPIECE_L】，选择指定毛坯边界按钮，弹出选择毛坯对话框，如图 1-2-21 所示。选择从工作区按钮，选择参考位置为左端面中心，目标位置为右端面中心，单击【确定】，结果如图 1-2-22 所示。

17）在加工操作导航器空白处，单击鼠标右键，选择【机床视图】，单击菜单条【插入】，单击【刀具】，弹出创建刀具对话框，如图 1-2-23 所示。类型选择为 turning，刀具子类型选择为 OD_80_L，刀具位置为 GENERIC_MACHINE，刀具名称为 OD_ROUGH_TOOL，单击【确定】，弹出刀具参数设置对话框。设置刀具参数如图 1-2-24 所示，刀尖半径为 0.8，方向角度为 5，刀具号为 1，单击【确定】，完成创建刀具。

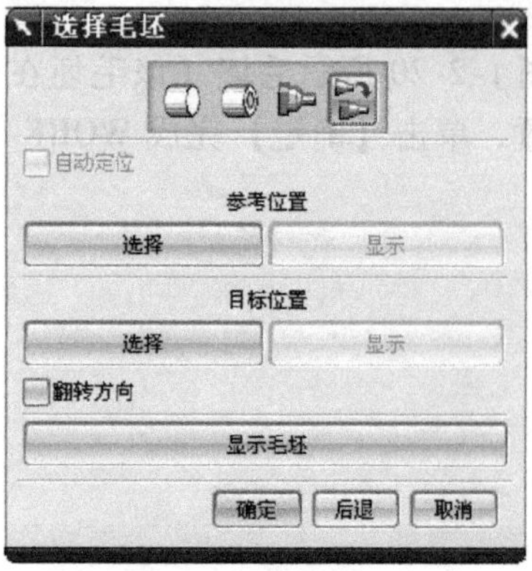

图 1-2-21 选择毛坯

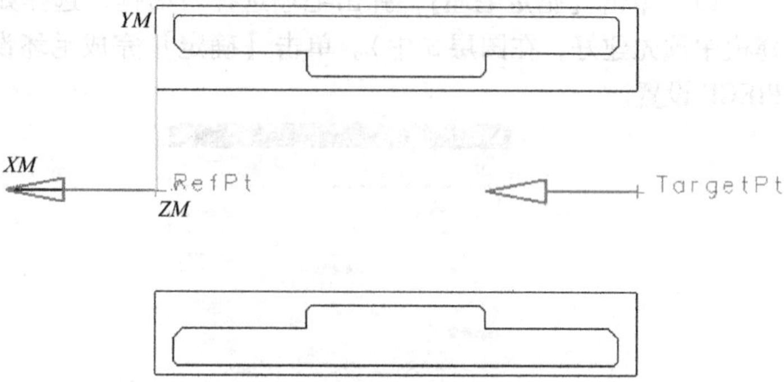

图 1-2-22 设置几何体结果

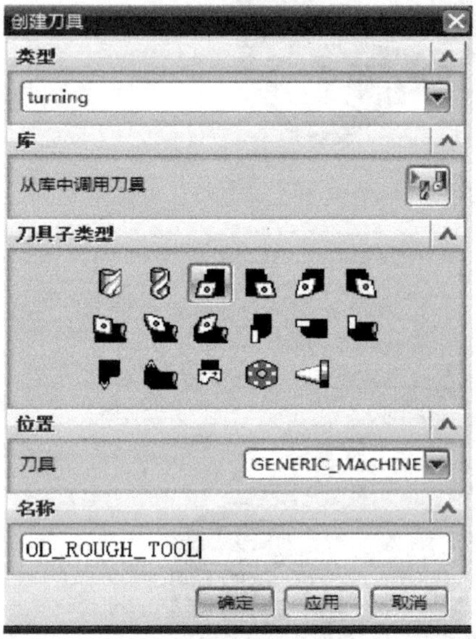

图 1-2-23 创建刀具

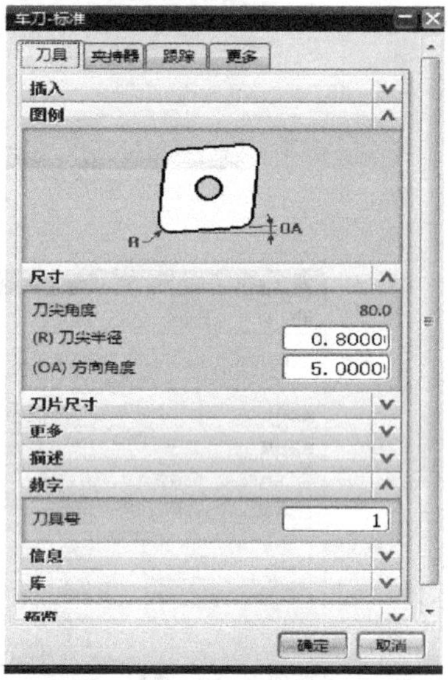

图 1-2-24 刀具参数设置

18）用同样的方法创建刀具 2，类型选择为 turning，刀具子类型选择为 OD_80_L，刀具位置为 GENERIC_MACHINE，刀具名称为 OD_FINISH_TOOL，刀尖半径为 0.4，方向角度为 5，刀具号为 2。

19）单击菜单条【插入】，单击【刀具】，弹出创建刀具对话框，如图 1-2-25 所示。类型选择为 turning，刀具子类型选择为 ID_80_L，刀具位置为 GENERIC_MACHINE，刀具名称为 ID_ROUGH _TOOL，单击【确定】，弹出刀具参数设置对话框。设置刀具参数如图 1-2-26 所示，刀尖半径为 0.8，方向角度为 275，刀片长度为 15，刀号为 03，单击【确定】，完成创建刀具。

20）用同样的方法创建刀具 4，类型选择为 turning，刀具子类型选择为 ID_80_L，刀具位置为 GENERIC_MACHINE，刀具名称为 ID_FINISH_TOOL，刀尖半径为 0.4，方向角度为 275，刀片长度为 15，刀具号为 04，单击【确定】，完成创建刀具。

图 1-2-25　创建刀具

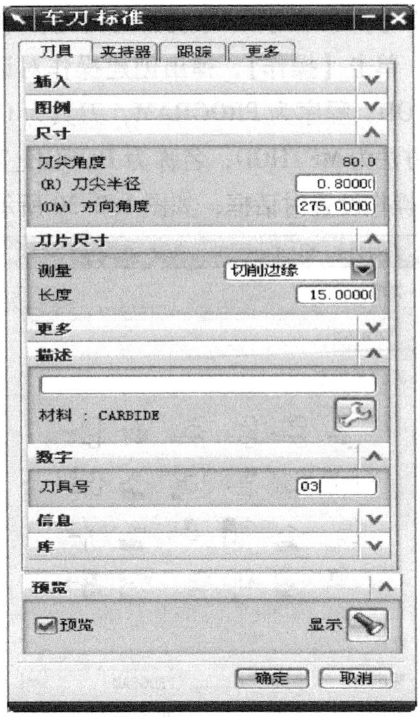

图 1-2-26　刀具参数

21）单击菜单条【插入】，单击【刀具】，弹出创建刀具对话框，如图 1-2-27 所示。类型选择为 turning，刀具子类型选择为 OD_GROOVE_L，刀具位置为 GENERIC_MACHINE，刀具名称为 OD_GROOVE_TOOL，单击【确定】，弹出刀具参数设置对话框。设置刀具参数如图 1-2-28 所示，方向角度为 90，刀片长度为 12，刀片宽度为 4，半径为 0.2，侧角为 2，尖角为 0，刀具号为 05，单击【确定】，完成创建刀具。

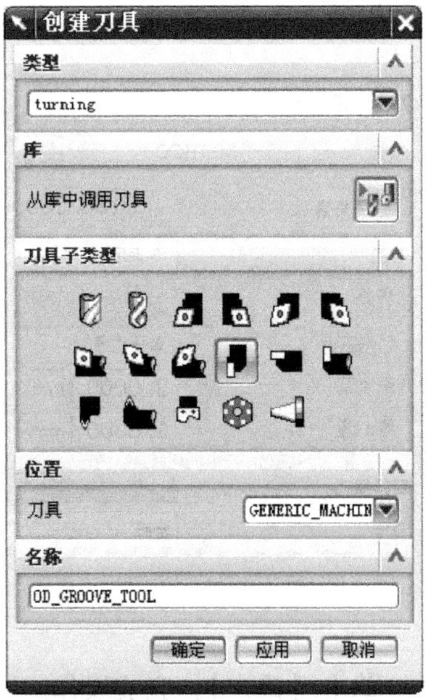

图 1-2-27　创建刀具

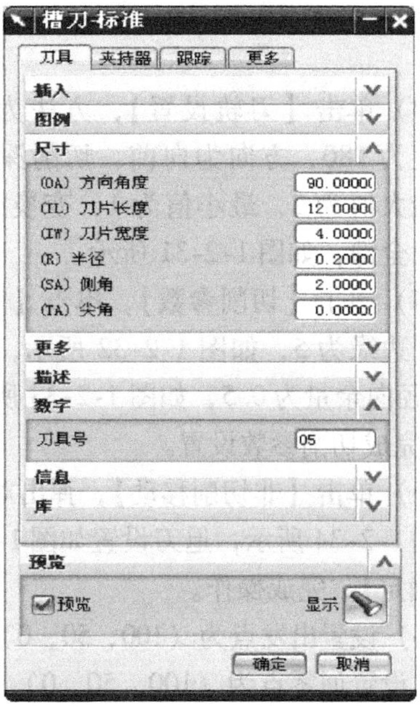

图 1-2-28　刀具参数

22）在加工操作导航器空白处，单击鼠标右键，选择【程序视图】，单击菜单条【插入】，单击【操作】，弹出创建操作对话框，类型为 turning，操作子类型为 ROUGH_TURNING_OD，程序为 PROGRAM，刀具为 OD_ROUGH_TOOL，几何体为 TURNING_WORKPIECE_R，方法为 METHOD，名称为 ROUGH_TURNING_OD_R，如图 1-2-29 所示。单击【确定】，弹出操作设置对话框，如图 1-2-30 所示。

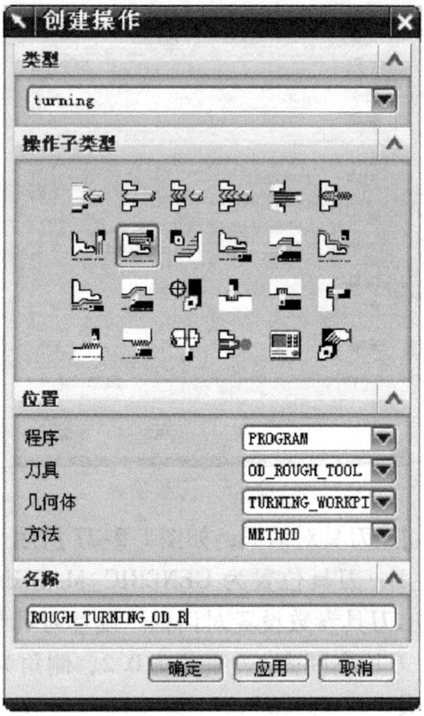

图 1-2-29　创建操作

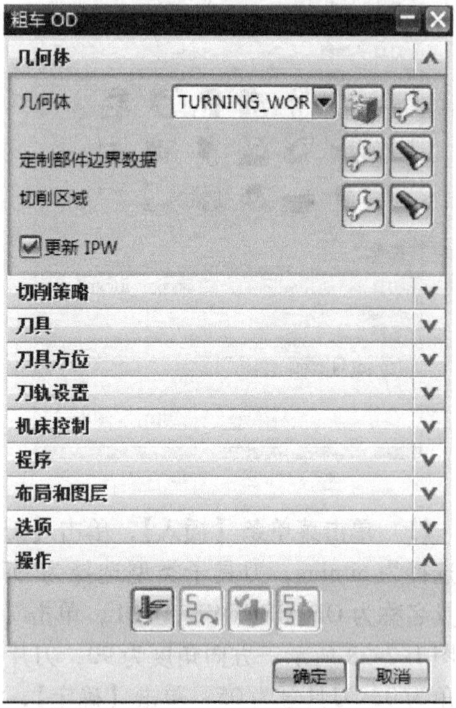

图 1-2-30　粗车 OD 操作设置

23）单击【刀轨设置】，方法为 METHOD，水平角度为 180，方向为向前，切削深度为变量平均值，最大值为 2，最小值为 1，变换模式为根据层，清理为全部，如图 1-2-31 所示。

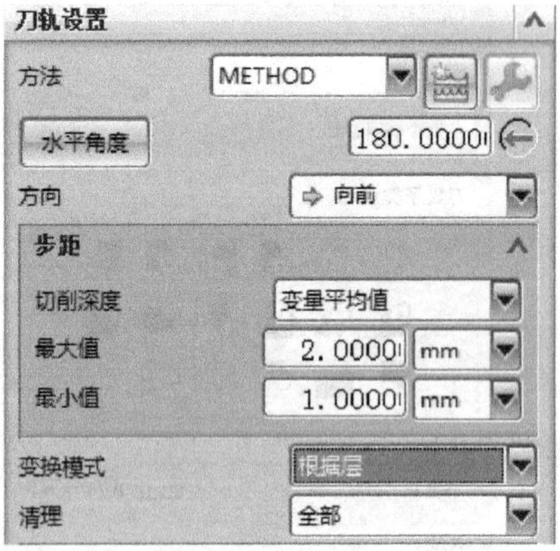

图 1-2-31　刀轨设置

24）单击【切削参数】，单击【策略】，设置最后切削边缘为 5，如图 1-2-32 所示，设置面余量为 0.2，径向余量为 0.5，如图 1-2-33 所示，单击【确定】，完成切削参数设置。

25）单击【非切削移动】，弹出对话框，进刀设置如图 1-2-34 所示，退刀设置如图 1-2-35 所示，单击【确定】，完成操作。

26）设置出发点为（100，50，0），如图 1-2-36 所示；设置回零点为（100，50，0），如图 1-2-37 所示。单击【确定】，完成操作。

图 1-2-32　策略设置

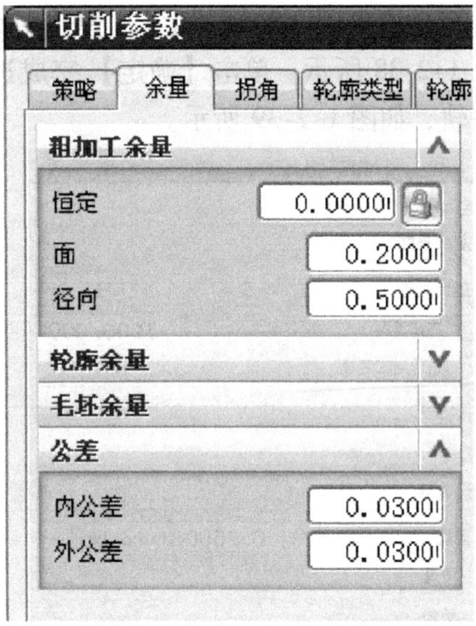

图 1-2-33　余量设置

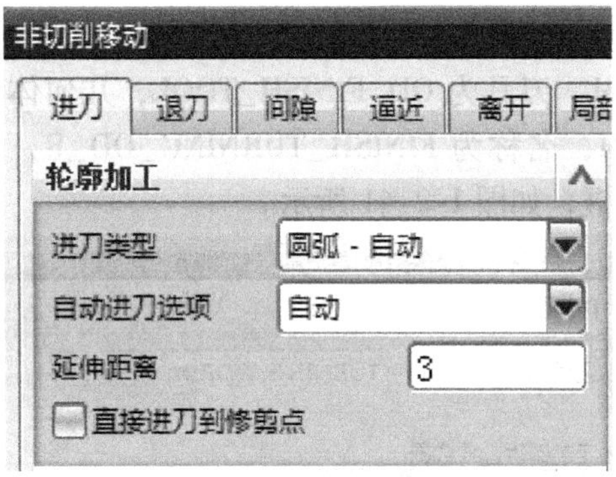

图 1-2-34　进刀设置

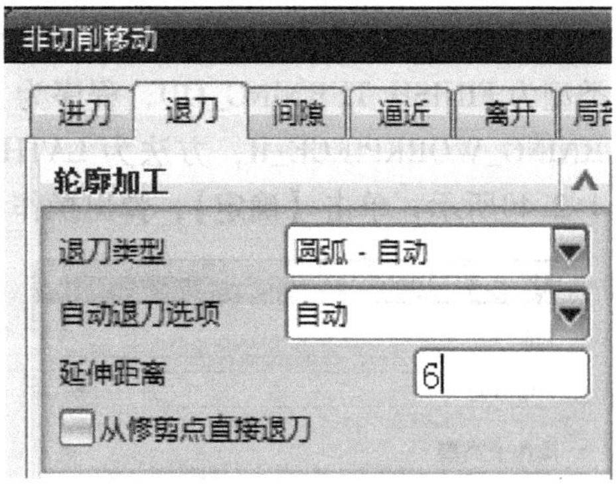

图 1-2-35　退刀设置

图 1-2-36　出发点设置

图 1-2-37　回零点设置

27）单击【进给和速度】，弹出对话框，设置主轴速度为1200，设置进给率为0.25，如图1-2-38所示。单击【确定】完成进给和速度设置。单击【生成刀轨】，得到零件的加工刀轨，如图1-2-39所示。

图1-2-38　进给和速度

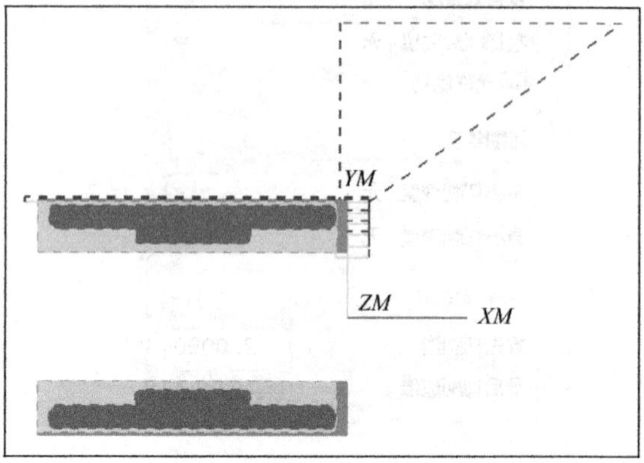

图1-2-39　加工刀轨

28）单击菜单条【插入】，单击【操作】，弹出创建操作对话框，类型为turning，操作子类型为FINISH_TURNING_OD，程序为PROGRAM，刀具为OD_FINISH_TOOL，几何体为TURNING_WORKPIECE_R，方法为LATHE_FINISH，名称为FINISH_TURNING_OD_R，如图1-2-40所示，单击【确定】，弹出操作设置对话框，如图1-2-41所示。

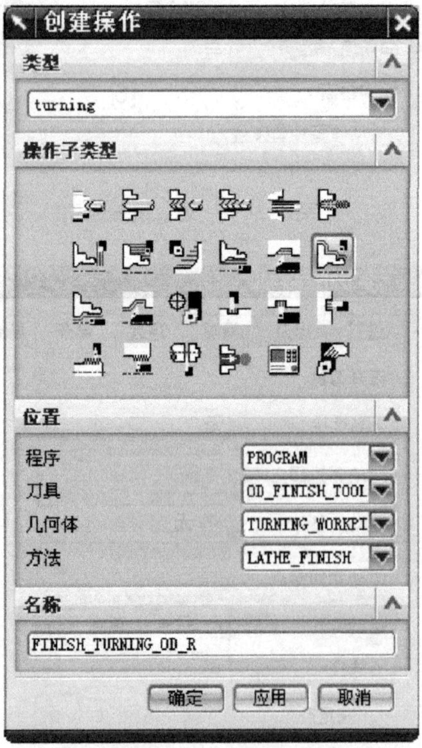

图1-2-40　创建操作

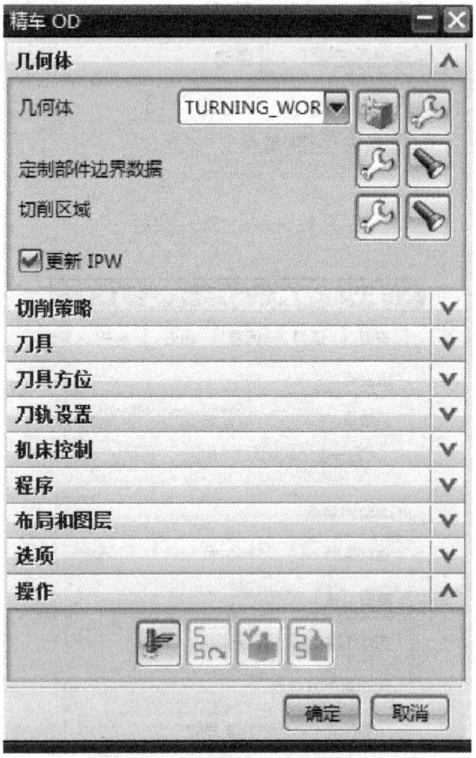

图1-2-41　精车OD操作设置

29）单击【切削参数】，单击【策略】，设置最后切削边为5，如图1-2-42所示。

30）单击【非切削移动】，弹出对话框，进刀设置如图1-2-43所示，退刀设置如图1-2-44所示，单击【确定】，完成操作。

31）设置出发点为（100，50，0），如图1-2-45所示，设置回零点为（100，50，0），如图1-2-46所示，单击【确定】，完成操作。

32）单击【进给和速度】，弹出对话框，设置主轴速度为1500，设置进给率为0.1，如图1-2-47所示。单击【确定】完成进给和速度设置。单击【生成刀轨】，得到零件的加工刀轨，如图1-2-48所示。

图1-2-42　策略设置

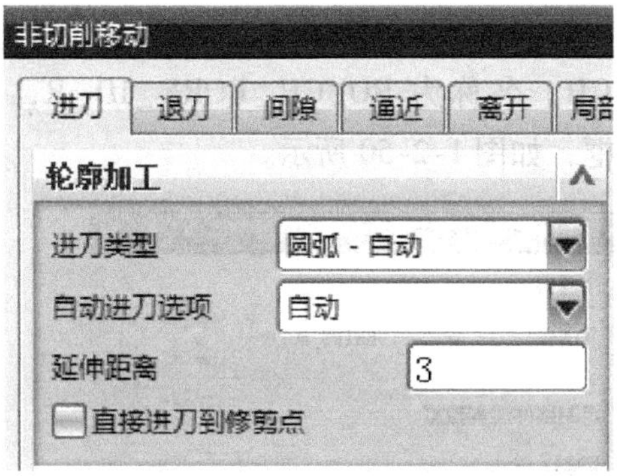

图1-2-43　进刀设置

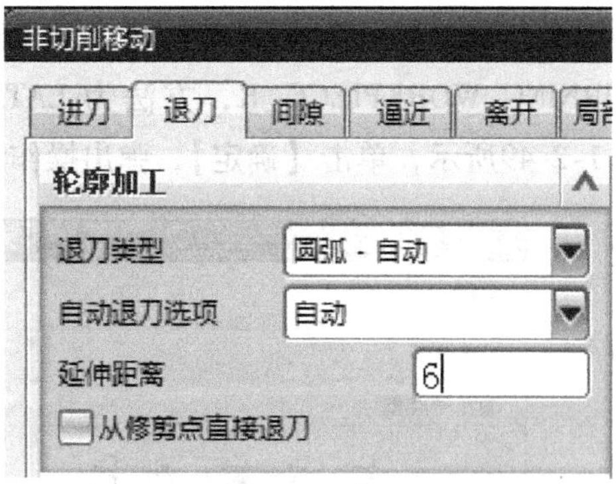

图1-2-44　退刀设置

图1-2-45　出发点设置

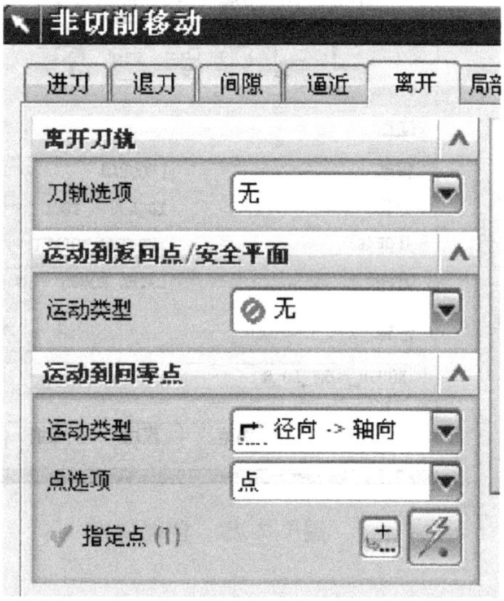

图1-2-46　回零点设置

图 1-2-47 进给和速度设置

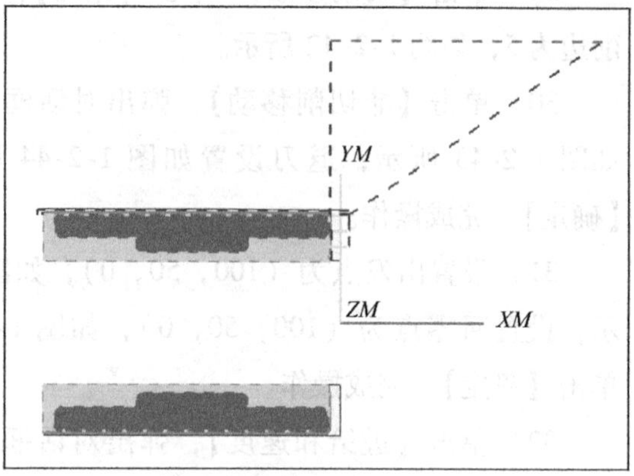

图 1-2-48 加工刀轨

33）单击菜单条【插入】，单击【操作】，弹出创建操作对话框，类型为 turning，操作子类型为 ROUGH_BORE_ID，程序为 PROGRAM，刀具为 ID_ROUGH_TOOL，几何体为 TURNING_WORKPIECE_R，方法为 LATHE_ROUGH，名称为 ROUGH_BORE_ID_R，如图 1-2-49所示，单击【确定】，弹出操作设置对话框，如图 1-2-50 所示。

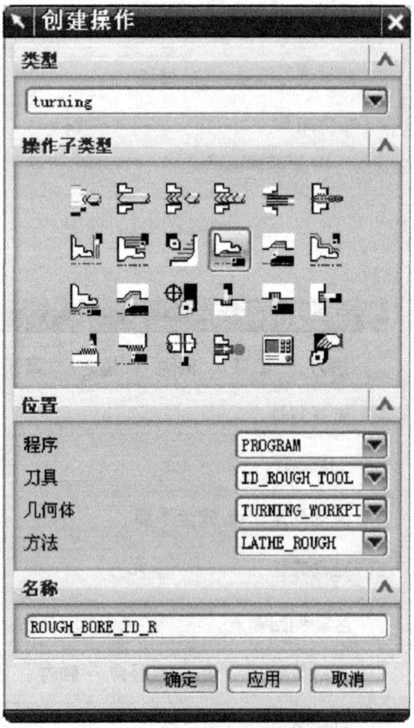

图 1-2-49 创建操作

图 1-2-50 粗镗 ID 操作设置

34）单击【刀轨设置】，层角度为 180，方向为前进，切削深度为变量平均值，最大值为 2，最小值为 1，变换模式为根据层，清理为全部，如图 1-2-51 所示。

35）单击【切削参数】，单击【策略】，设置最后切削边缘为5，如图1-2-52所示，设置面余量为0.1，径向余量为0.3，如图1-2-53所示，单击【确定】，完成切削参数设置。

36）单击【非切削移动】，弹出对话框，进刀设置如图1-2-54所示，退刀设置如图1-2-55所示，单击【确定】，完成操作。

37）设置出发点为（100，50，0），如图1-2-56所示，设置回零点为（100，50，0），如图1-2-57所示，单击【确定】，完成操作。

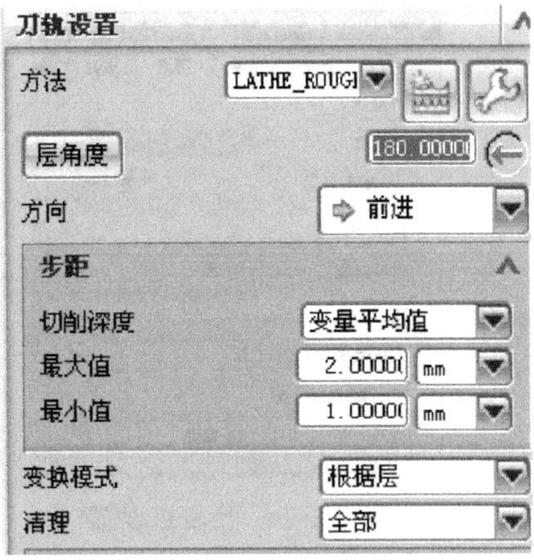

图1-2-51　刀轨设置

图1-2-52　策略设置

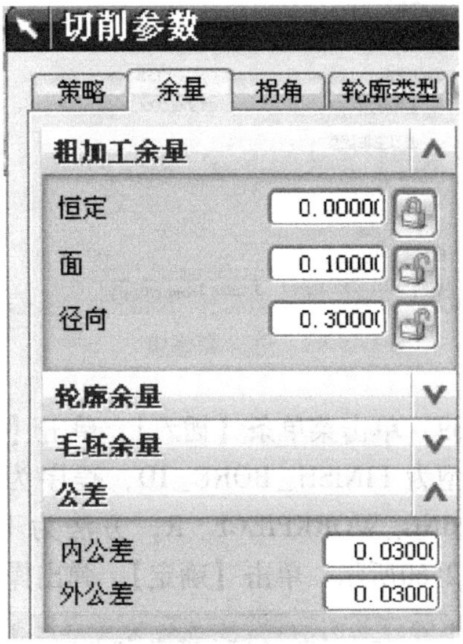

图1-2-53　余量设置

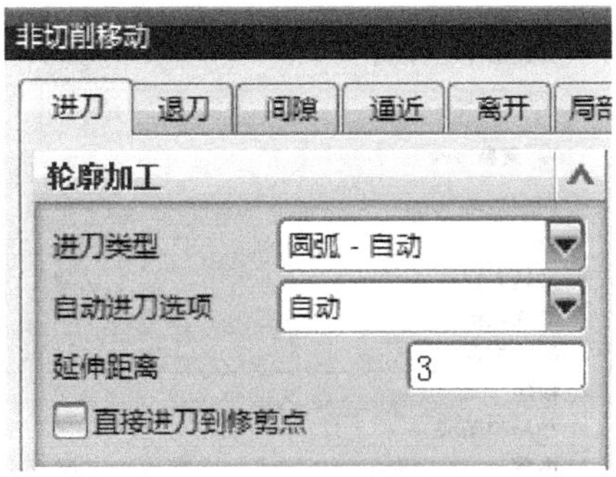

图1-2-54　进刀设置

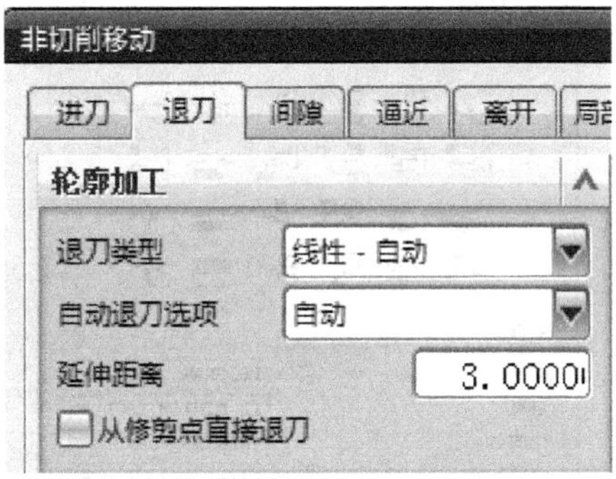

图1-2-55　退刀设置

38）单击【进给和速度】，弹出对话框，设置主轴速度为1500，设置进给率为0.2，如图1-2-58所示。单击【确定】完成进给和速度设置。单击【生成刀轨】，得到零件的加工刀轨，如图1-2-59所示。

图 1-2-56 出发点设置

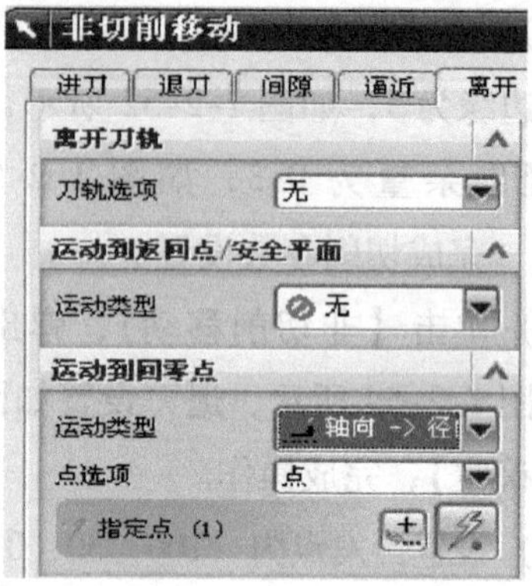

图 1-2-57 回零点设置

图 1-2-58 进给和速度

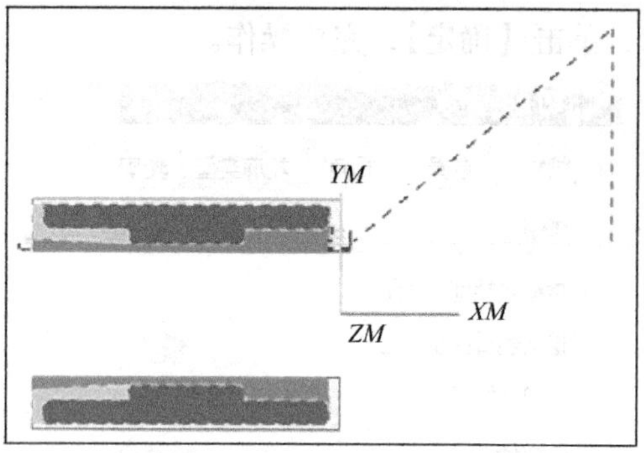

图 1-2-59 加工刀轨

39）单击菜单条【插入】，单击【操作】，弹出创建操作对话框，类型为 turning，操作子类型为 FINISH_BORE_ID，程序为 PROGRAM，刀具为 ID_FINISH_TOOL，几何体为 TURNING_WORKPIECE_R，方法为 LATHE_FINISH，名称为 FINISH_BORE_ID_R，如图 1-2-60所示，单击【确定】，弹出操作设置对话框，如图 1-2-61 所示。

图 1-2-60 创建操作

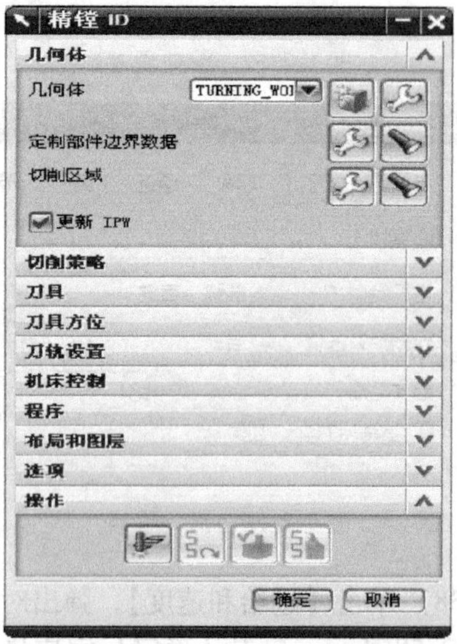

图 1-2-61 精镗 ID 操作设置

40）单击【刀轨设置】，层角度为180，方向为向前，清理为全部，如图1-2-62所示。

41）单击【切削参数】，单击【策略】，设置最后切削边缘为5，如图1-2-63所示。

42）单击【非切削移动】，弹出对话框，进刀设置如图1-2-64所示，退刀设置如图1-2-65所示，单击【确定】，完成操作。

图1-2-62　刀轨设置

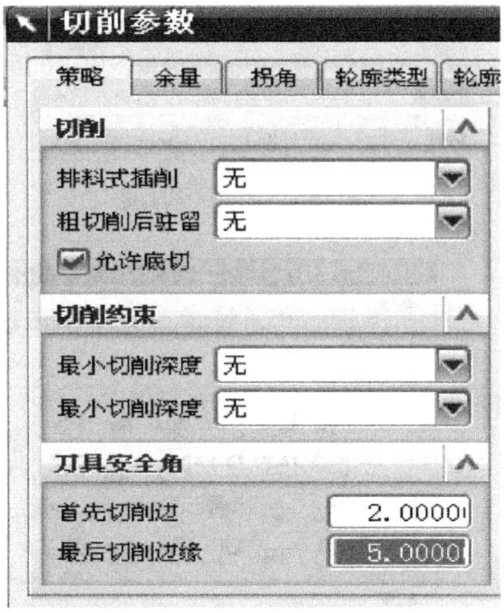

图1-2-63　策略设置

43）设置出发点为（100，50，0），如图1-2-66所示；设置回零点为（100，50，0），如图1-2-67所示。单击【确定】，完成操作。

44）单击【进给和速度】，弹出对话框，设置主轴速度为1800，设置进给率为0.1，如图1-2-68所示。单击【确定】完成进给和速度设置。单击【生成刀轨】，得到零件的加工刀轨，如图1-2-69所示。

45）单击菜单条【插入】，单击【操作】，弹出创建操作对话框，类型为turning，操作子类型为TEACH_MODE，程序为PROGRAM，刀具为OD_GROOVE_TOOL，几何体为TURNING_WORKPIECE_R，方法为METHOD，名称为CUT_OFF，如图1-2-70所示，弹出操作设置对话框，如图1-2-71所示。

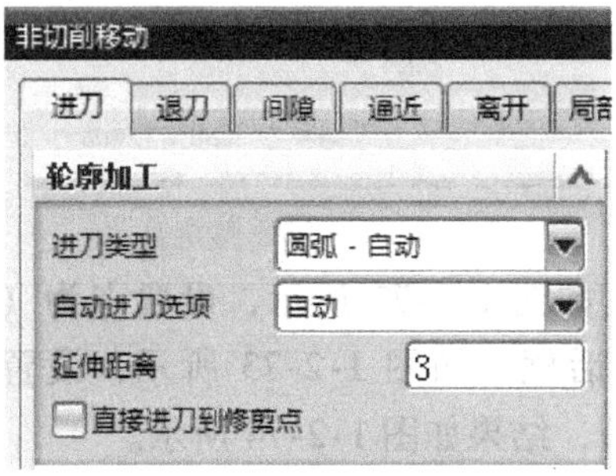

图1-2-64　进刀设置

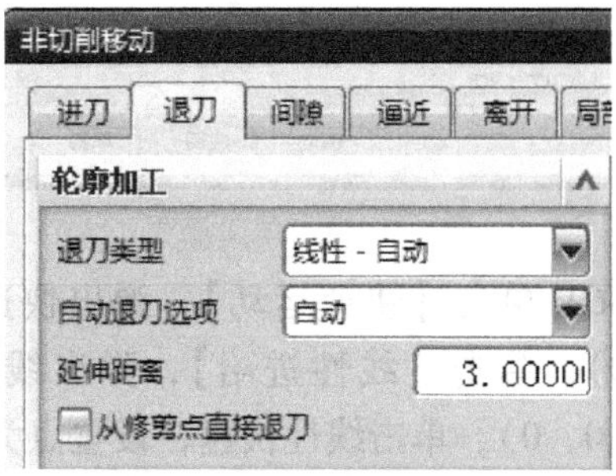

图1-2-65　退刀设置

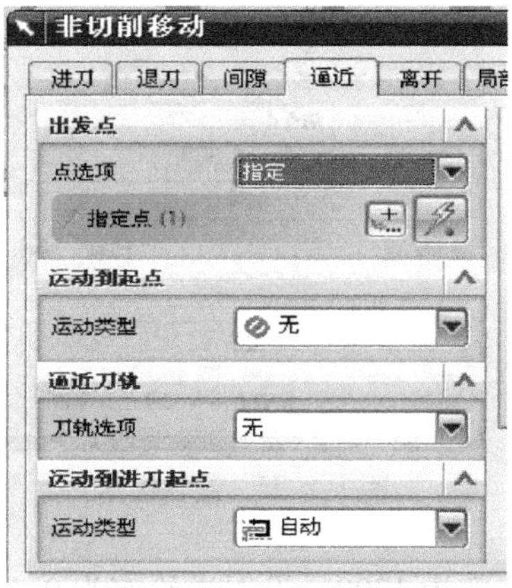

图1-2-66　出发点设置

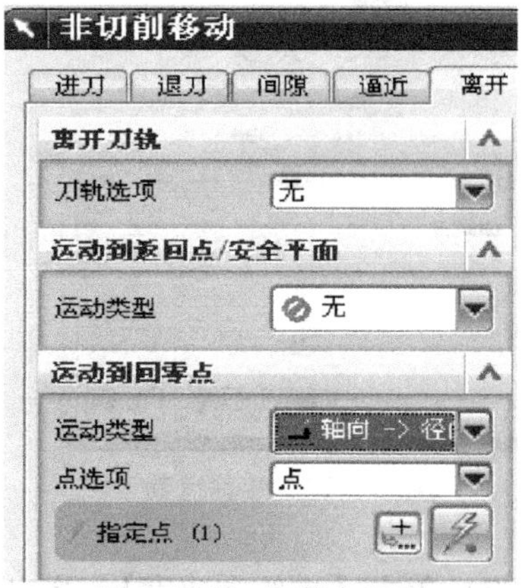

图1-2-67　回零点设置

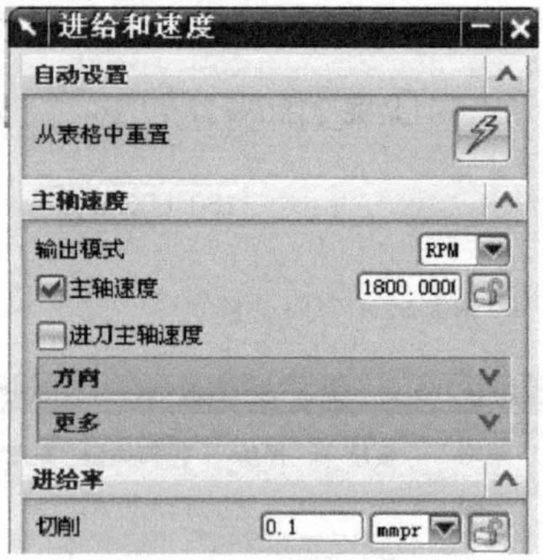

图 1-2-68　进给和速度

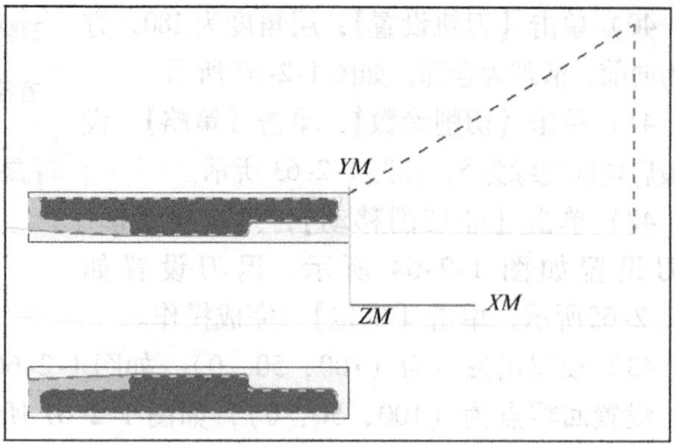

图 1-2-69　加工刀轨

图 1-2-70　创建操作

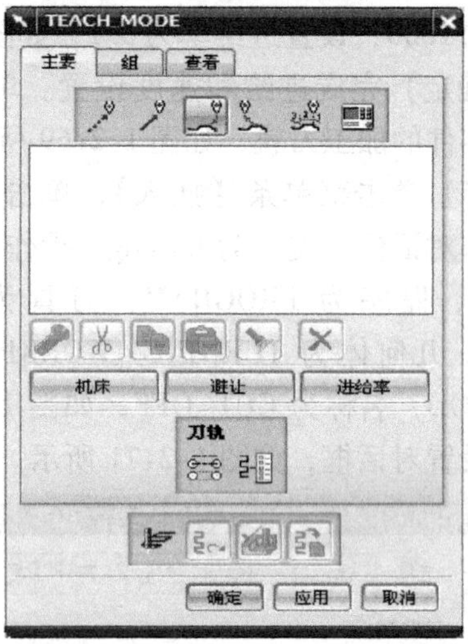

图 1-2-71　切断操作设置

46）单击【快速运动】，弹出快速运动对话框，如图 1-2-72 所示，设置点为（－5，30，0），单击【线性进给】，弹出线性进给运动对话框，如图 1-2-73 所示，设置点为（－5,0，0），单击线性快速，设置点为（－5，30，0），结果如图 1-2-74 所示。

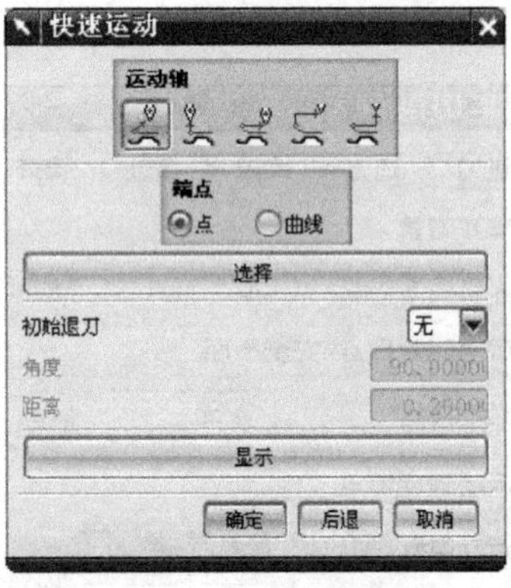

图 1-2-72　快速运动

图 1-2-73　线性进给

47）单击【进给和速度】，弹出对话框，设置主轴速度为 1200，设置进给率为 0.1，如

图1-2-75所示。单击【确定】完成进给和速度设置。单击【生成刀轨】，得到零件的加工刀轨，如图1-2-76所示。

（2）编制加工零件左端的NC程序

1）单击菜单条【插入】，单击【操作】，弹出创建操作对话框，类型为turning，操作子类型为FINISH_TURNING_OD，程序为PROGRAM，刀具为OD_FINISH_TOOL，几何体为TURNING_WORKPIECE_L，方法为LATHE_FINISH，名称为FINISH_TURNING_OD_L，如图1-2-77所示，单击【确定】，弹出操作设置对话框，如图1-2-78所示。

2）单击【刀轨设置】，层角度为180，如图1-2-79所示。

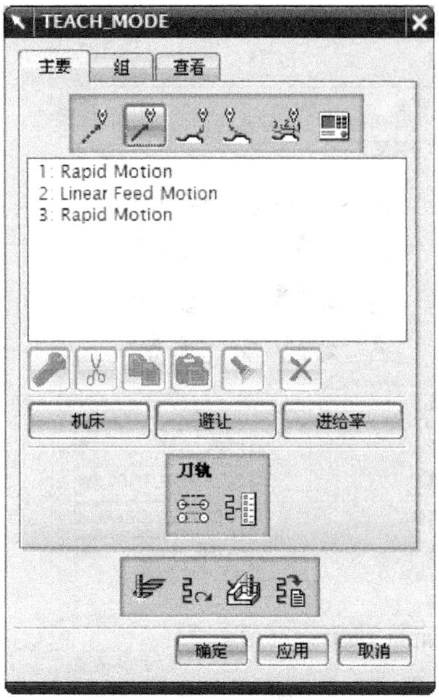

图1-2-74　切断设置

图1-2-75　进给和速度

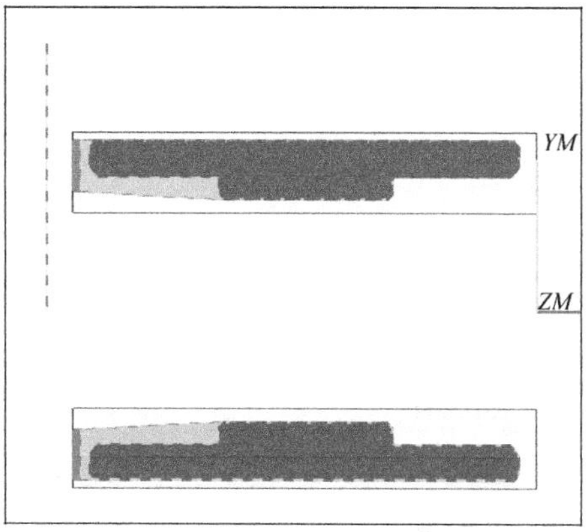

图1-2-76　加工刀轨

3）单击【切削参数】，单击【策略】，设置最后切削边为5，如图1-2-80所示。

4）单击【非切削移动】，弹出对话框，进刀设置如图1-2-81所示，退刀设置如图1-2-82所示，单击【确定】，完成操作。

5）设置出发点为（100，50，0），如图1-2-83所示；设置回零点为（100，50，0），如图1-2-84所示。单击【确定】，完成操作。

6）单击【进给和速度】，弹出对话框，设置主轴速度为1500，设置进给率为0.1，如图1-2-85所示。单击【确定】完成进给和速度设置。单击【生成刀轨】，得到零件的加工刀轨，如图1-2-86所示。

7）单击菜单条【插入】，单击【操作】，弹出创建操作对话框，类型为turning，操作子类型为ROUGH_BORE_ID，程序为PROGRAM，刀具为ID_ROUGH_TOOL，几何体为TURNING_WORKPIECE_L，方法为LATHE_ROUGH，名称为ROUGH_BORE_ID_L，如图1-2-87所示。单击【确定】，弹出操作设置对话框，如图1-2-88所示。

图 1-2-77　创建操作

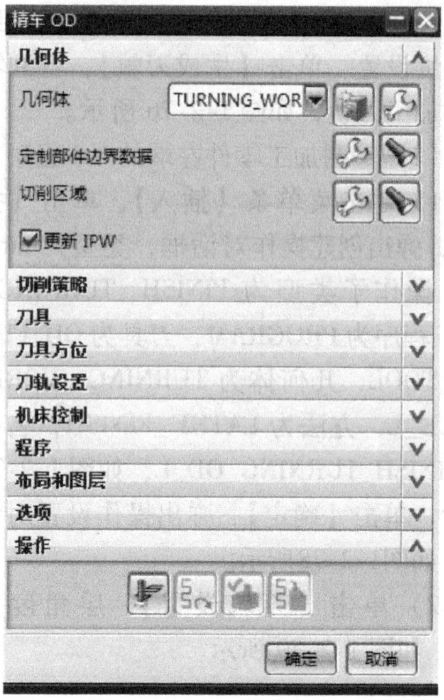

图 1-2-78　精车 OD 操作设置

图 1-2-79　刀轨设置

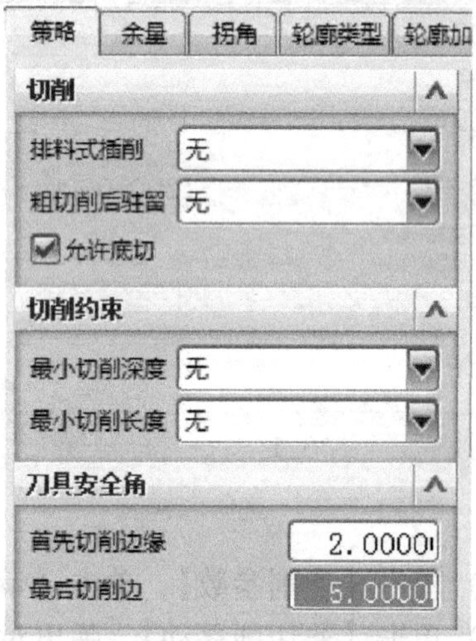

图 1-2-80　策略设置

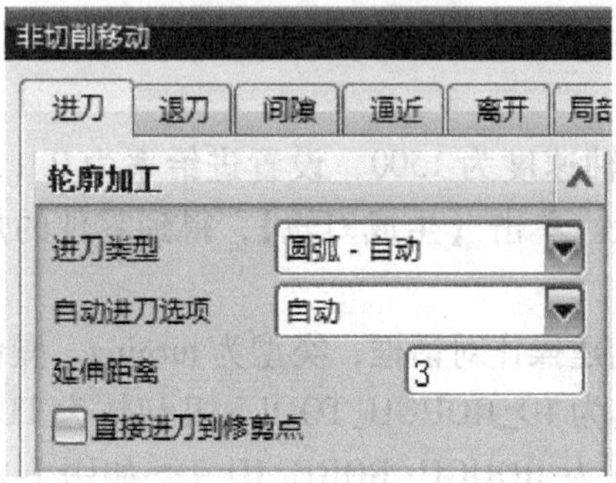

图 1-2-81　进刀设置

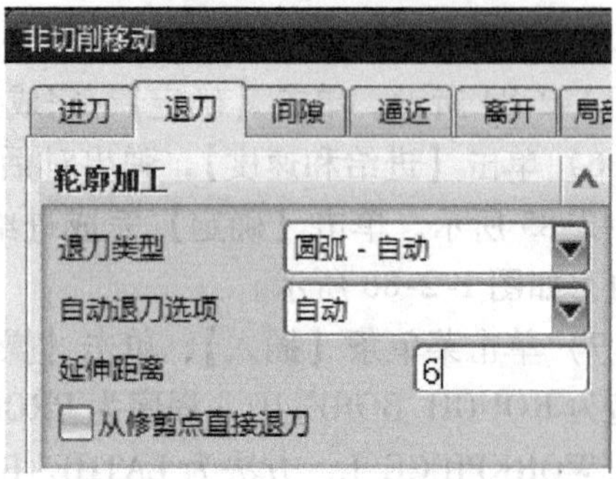

图 1-2-82　退刀设置

图 1-2-83　出发点设置

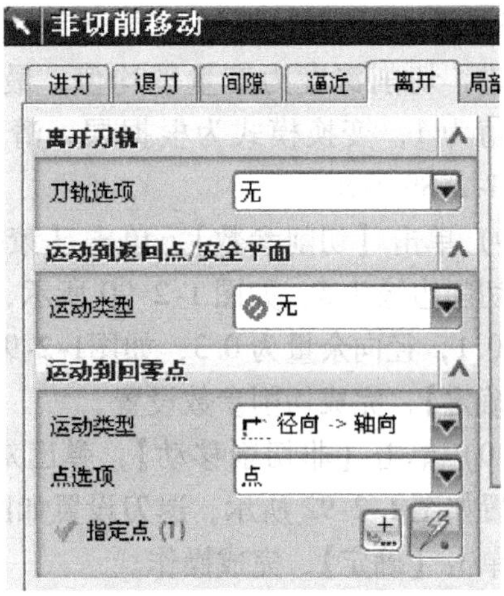

图 1-2-84　回零点设置

图 1-2-85　进给和速度设置

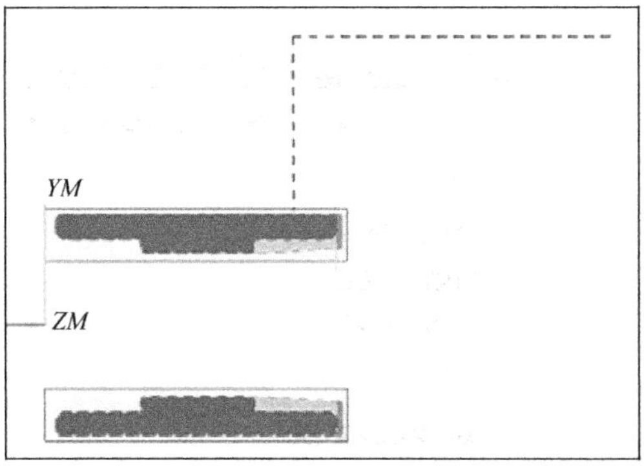

图 1-2-86　加工刀轨

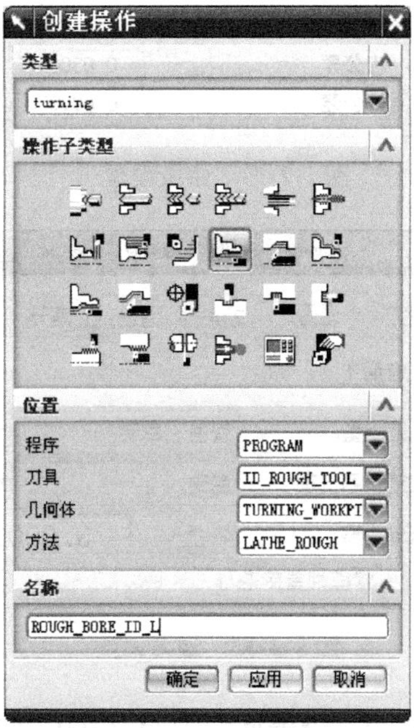

图 1-2-87　创建操作

图 1-2-88　粗镗 ID 操作设置

8）单击【刀轨设置】，层角度为180，方向为前进，切削深度为变量平均值，最大值为2，最小值为1，变换模式为根据层，清理为全部，如图1-2-89所示。

9）单击【切削参数】，单击【策略】，设置最后切削边缘为5，如图1-2-90所示，设置面余量为0.1，径向余量为0.3，如图1-2-91所示，单击【确定】，完成切削参数设置。

10）单击【非切削移动】，弹出对话框，进刀设置如图1-2-92所示；退刀设置如图1-2-93所示。单击【确定】，完成操作。

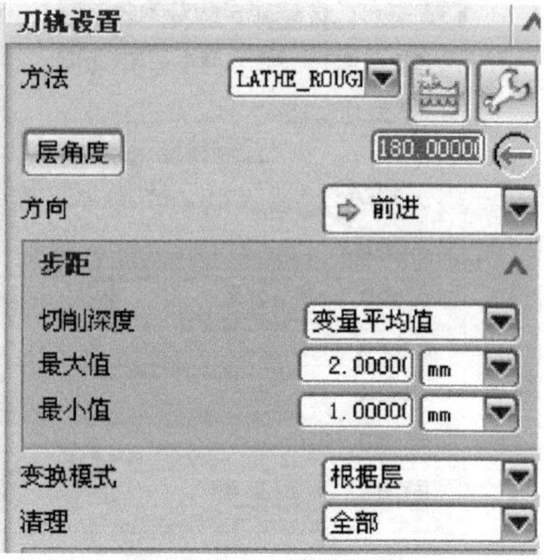

图1-2-89　刀轨设置

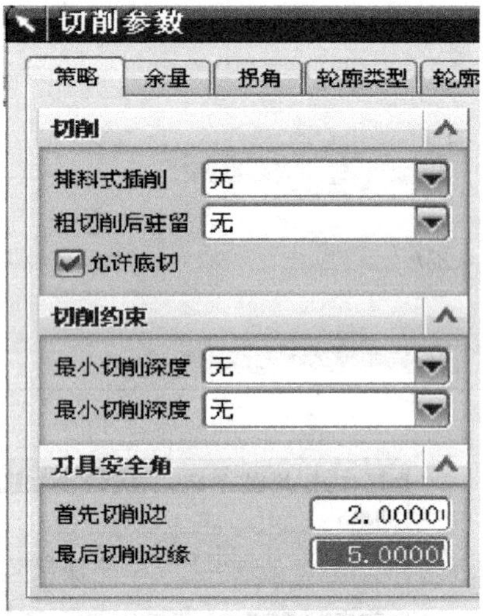

图1-2-90　策略设置

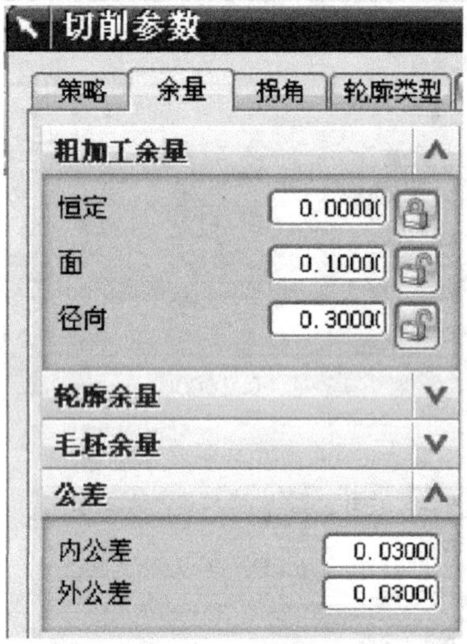

图1-2-91　余量设置

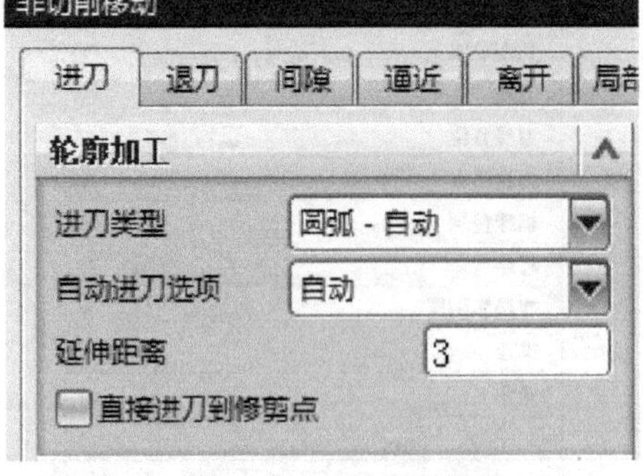

图1-2-92　进刀设置

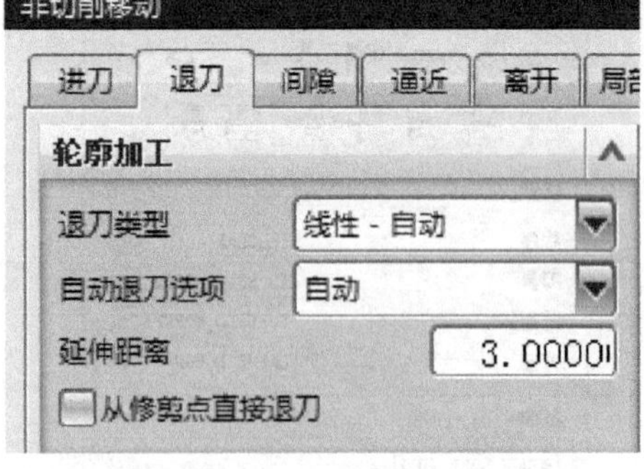

图1-2-93　退刀设置

11）设置出发点为（100，50，0），如图1-2-94所示；设置回零点为（100，50，0），如图1-2-95所示。单击【确定】，完成操作。

图 1-2-94　出发点设置

图 1-2-95　回零点设置

12）单击【进给和速度】，弹出对话框，设置主轴速度为 1500，设置进给率为 0.2，如图 1-2-96所示。单击【确定】完成进给和速度设置。单击【生成刀轨】，得到零件的加工刀轨，如图 1-2-97 所示。

图 1-2-96　进给和速度

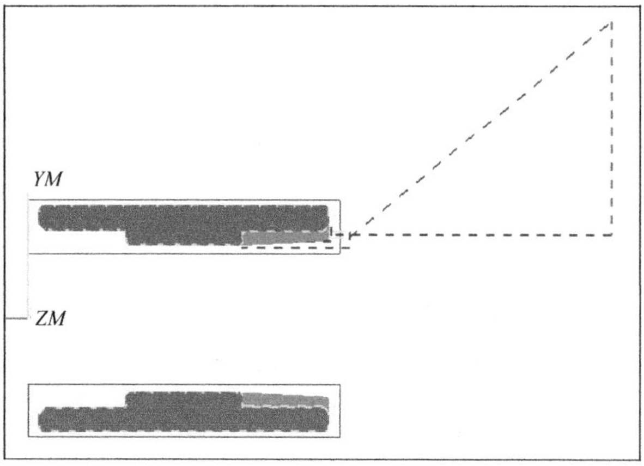

图 1-2-97　加工刀轨

13）单击菜单条【插入】，单击【操作】，弹出创建操作对话框，类型为 turning，操作子类型为 FINISH_BORE_ID，程序为 PROGRAM，刀具为 ID_FINISH_TOOL，几何体为 TURNING_WORKPIECE_L，方法为 LATHE_FINISH，名称为 FINISH_BORE_ID_L，如图 1-2-98所示。单击【确定】，弹出操作设置对话框，如图 1-2-99 所示。

14）单击【刀轨设置】，层角度为 180，方向为向前，清理为全部，如图 1-2-100 所示。

15）单击【切削参数】，单击【策略】，设置最后切削边缘为 5，如图 1-2-101 所示。

16）单击【非切削移动】，弹出对话框，进刀设置如图 1-2-102 所示；退刀设置如图 1-2-103所示。单击【确定】，完成操作。

图 1-2-98　创建操作

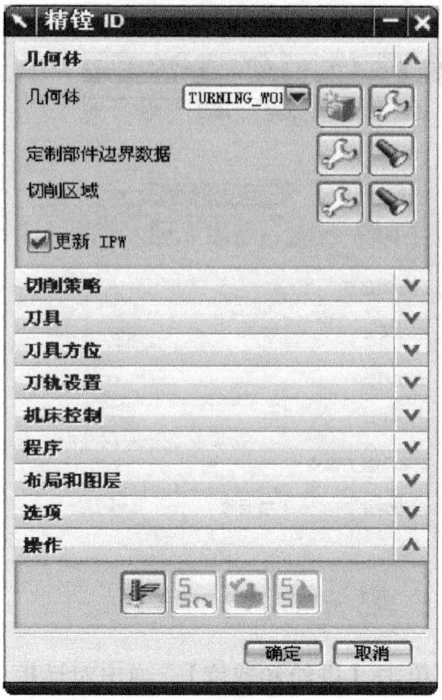

图 1-2-99　精镗 ID 操作设置

图 1-2-100　刀轨设置

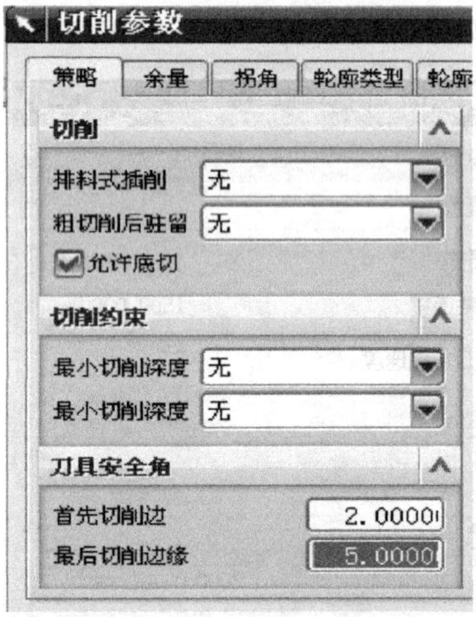

图 1-2-101　策略设置

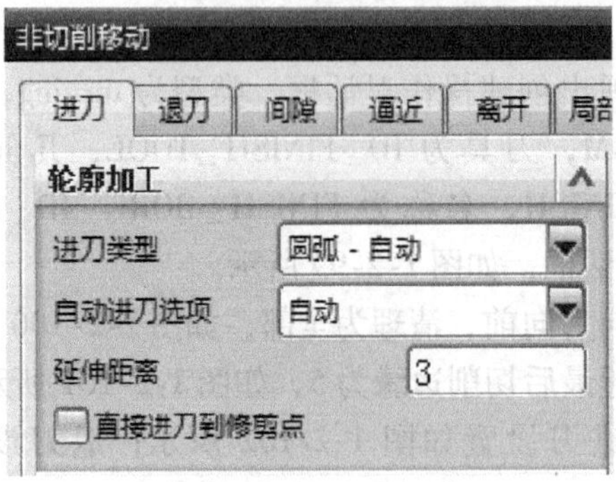

图 1-2-102　进刀设置

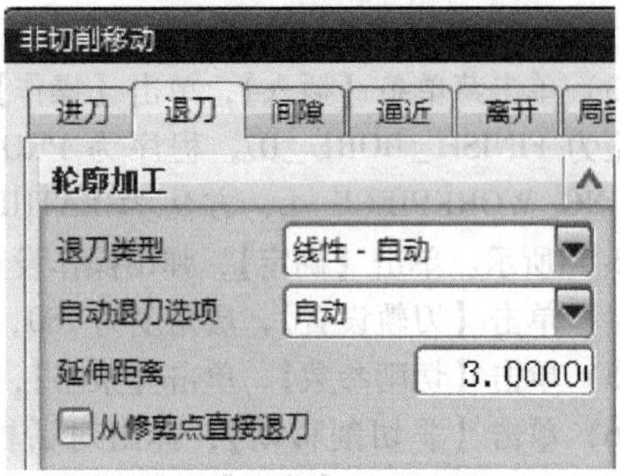

图 1-2-103　退刀设置

17）设置出发点为（100，50，0），如图1-2-104所示；设置回零点为（100，50，0），如图1-2-105所示；单击【确定】，完成操作。

图1-2-104　出发点设置

图1-2-105　回零点设置

18）单击【进给和速度】，弹出对话框，设置主轴速度为1800，设置进给率为0.1，如图1-2-106所示。单击【确定】完成进给和速度设置。单击【生成刀轨】，得到零件的加工刀轨，如图1-2-107所示。

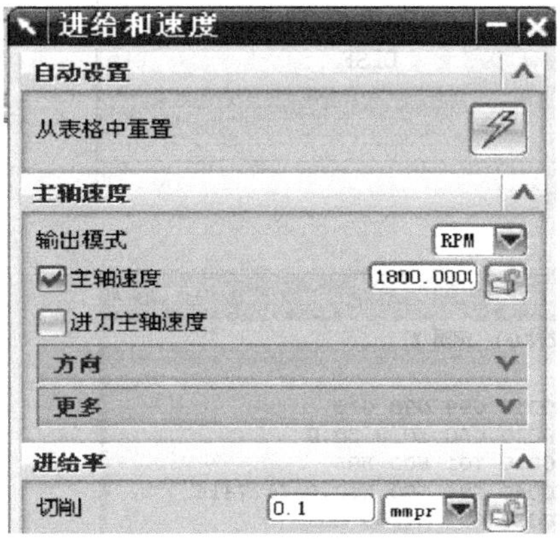

图1-2-106　进给和速度

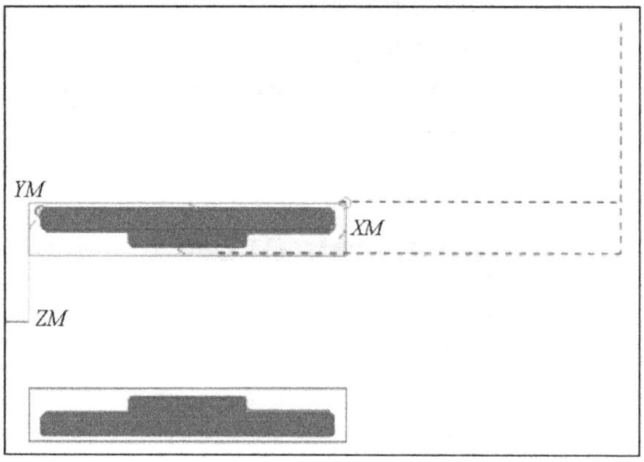

图1-2-107　加工刀轨

（3）仿真加工与后处理

1）在操作导航器中选择PROGRAM，单击鼠标右键，选择【刀轨】，选择【确认】，如图1-2-108所示；弹出刀轨可视化对话框，选择3D动态，如图1-2-109所示。单击【确定】，开始仿真加工。

2）后处理得到加工程序。在刀轨操作导航器中选中加工右端的加工操作，单击【工具】/【操作导航器】/【输出】/【NX Post后处理】，如图1-2-110所示，弹出后处理对话框。

3）后处理器选择LATH_2_AXIS_TOOL_TIP，指定合适的文件路径和文件名，单位设置为公制，勾选列出输出，如图1-2-111所示，单击【确定】完成后处理，得到加工零件右端的

NC 程序，如图 1-2-112 所示。使用同样的方法后处理得到加工零件左端的 NC 程序。

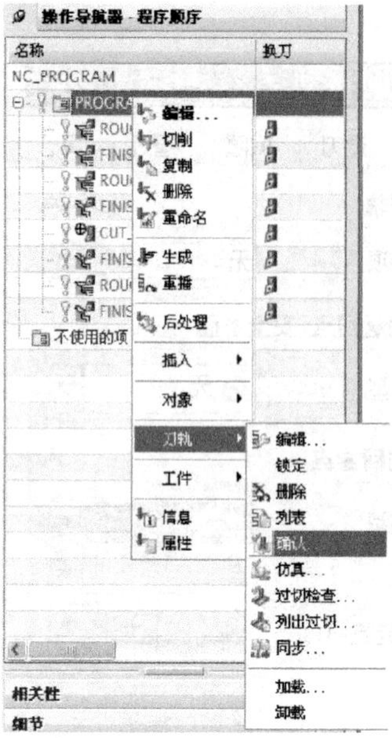

图 1-2-108　刀轨确认

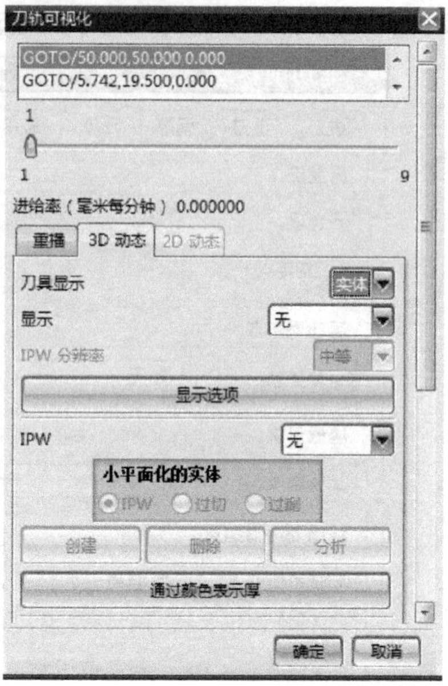

图 1-2-109　刀轨可视化

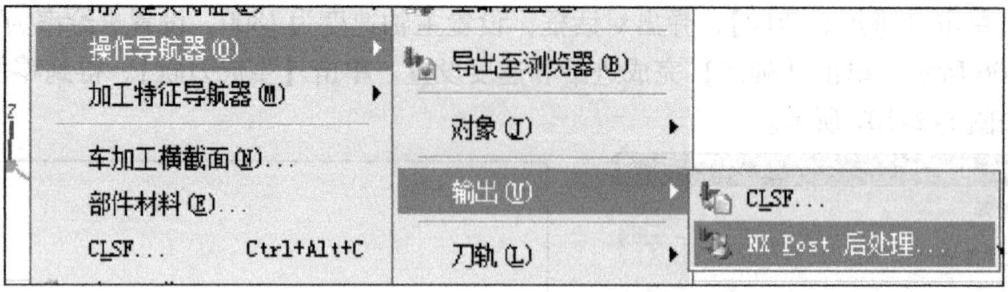

图 1-2-110　后处理命令

图 1-2-111　后处理

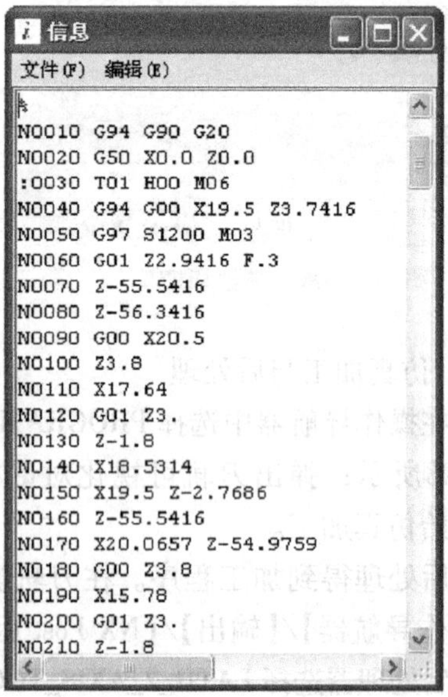

图 1-2-112　加工程序

3. 零件加工

（1）加工准备　按照设备管理要求，对加工设备进行检查，确保设备正常。对照工艺卡，配齐所有刀具和相关量具，并对刀具进行检查，确保刀具完好，对所用量具进行校验。根据工艺要求将刀具安装到对应的刀位，调整刀具伸出长度，在满足加工要求的前提下，伸出长度尽量短；调整刀尖高度，确保刀尖与机床轴线等高；安装切槽刀时，要保证切槽刀的主切削刃与机床主轴平行。由于本零件加工使用棒料毛坯，所以在装夹零件时要注意伸出长度，伸出距离过大会造成浪费，加工时造成第一刀切削时切削量过大；伸出距离太小，加工长度不够，加工时造成第一刀切削未切到零件。零件掉头装夹时，采用弹性套装夹，要保证弹性套与卡爪的定位准确，确保加工的一致性，每次装夹要彻底清洁弹性套，确保零件表面不被夹坏。刀具和零件安装完成后，对所有刀具进行对刀操作，并设置刀具补偿数据，零件编程原点为端面中心。对刀时要注意对刀精度，所有精加工刀要留 0.3mm 的余量，以供第一次加工后进行测量调整，防止首件加工报废。

（2）程序传输　在关机状态使用 RS232 通信线连接机床系统与计算机，打开计算机和数控机床系统，进行相应的通信参数设置，要求数控系统内的通信参数与计算机通信软件内的参数一致。

（3）零件加工及注意事项　对刀和程序传输完成后，将机床模式切换到自动方式，按循环启动键，即可开始自动加工，在加工过程中，由于是首件第一次加工，所以要密切注意加工状态，有问题要及时停止。在运行切断程序前，暂停加工，对零件进行检测，由于对刀时精加工刀在补偿数据中留了 0.3mm 的余量，所以第一次加工完毕，零件还有余量，进行检测，根据检测结果，调整精车刀的补偿数据，然后重新运行精加工程序，确保零件尺寸合格。在零件切断时要注意保护零件，防止零件掉下来时破坏已加工面。

（4）零件检测　零件检测是零件整个生产过程的重要环节，是保证零件质量，优化加工工艺的主要依据。零件检测主要步骤：制作检测用的 LAYOUT 图如图 1-2-113 所示；也

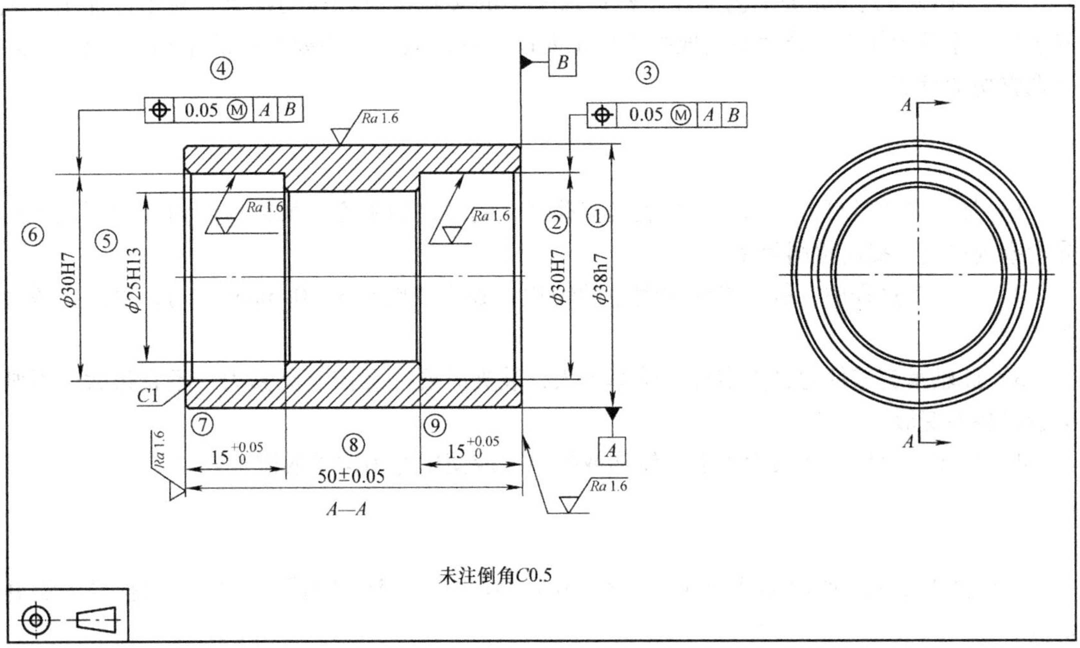

图 1-2-113　LAYOUT 图

就是对所有需要检测的项目进行编号，制作检测用空白检测报告如图 1-2-114 所示；报告包括检测项目、标准、所用量具、检测频率；对零件进行检测并填写报告。

检测报告 (Inspection Report)											
零件名：轴承套 零件号：278316-0				零件材料： 表面处理：					送检数量： 送检日期：		
				测量 (Measurement)							
DIM No	图样尺寸			测量尺寸 (Measuring Size)						测量工具	备注 (Remark)
	公称尺寸	上极限偏差	下极限偏差	1#	2#	3#	4#	5#	6#	(Measurement Tool)	
1	ϕ38h7	0	-0.025							外径千分尺	
2	ϕ30H7	0.021	0							内径量表	
3	位置度0.05	/	/							CMM	
4	位置度0.05	/	/							CMM	
5	ϕ25H13	0.33	0							内径量表	
6	ϕ30H7	0.021	0							游标卡尺	
7	15.00	0.05	0							深度尺	
8	50.00	0.05	-0.05							外径千分尺	
9	15.00	0.05	0							深度尺	
外观 碰伤 毛刺										目测	
是/否 合格											
测量员：					批准人：					页数：(1/1)	

图 1-2-114　检测报告

（5）编制及完善相关工艺文件　根据加工中的实际情况和检测结果，对零件加工工艺和加工程序进行优化，最大限度地缩短加工时间，提高效率。主要是删除空运行的程序段，并调整切削参数。

1.2.4　专家点拨

1）加工内孔时可以采用内径量表检测孔径，提高检测精度，最终检测内孔时可以采用光滑塞规检测，提高检测效率。

2）在加工过程中，所有未标注倒角的锐边，都应该倒 0.3～0.5mm 倒角，以防止锐边割手。

3）此轴承套零件为管类零件，壁厚不大，装夹时要注意控制夹紧力，不宜过大，否则会造成装夹变形。

4）加工结束后，严禁用手去拉铁屑或铝屑，应使用专用钩子或钳子。

1.2.5　课后训练

完成图 1-2-115 所示零件的加工工艺编制并制作工艺卡，完成零件的加工程序编制并仿真。

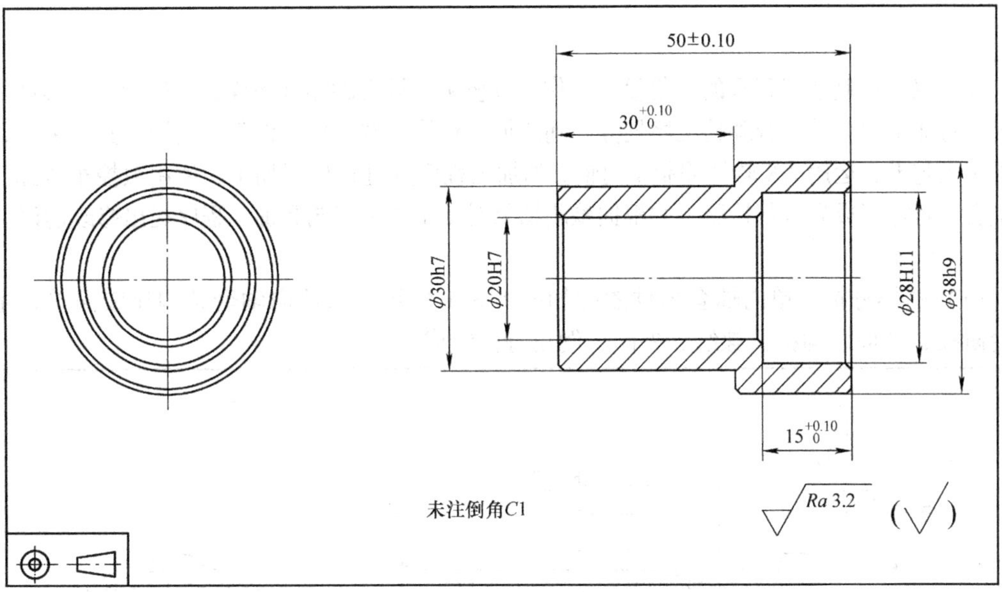

图 1-2-115 套管

航空手艺人——胡双钱

项目 1.3 单向轴套的加工与调试

1.3.1 教学目标

【能力目标】能编制单向轴套的加工工艺
能使用 NX 6.0 软件编制单向轴套的加工程序
能使用数控车床加工单向轴套
能检测加工完成的单向轴套

【知识目标】掌握单向轴套的加工工艺
掌握单向轴套的程序编制方法
掌握单向轴套的加工方法
掌握单向轴套的检测方法

【素质目标】激发学生的学习兴趣，培养团队合作和创新精神

1.3.2 项目导读

单向轴套是机械结构中常见的一类零件，这类零件的特点是结构比较简单，零件整体外形为一轴套，零件的加工精度要求比较高。零件上一般会有台阶孔、端面、沟槽、螺纹等特征，特征与特征之间的几何精度要求高，表面粗糙度要求也比较高。在编程与加工过程中要特别注意外圆和内孔的直径尺寸精度，内外圆和螺纹之间的几何精度，加工表面的表面粗糙度。

1.3.3　项目任务

学生以企业制造工程师的身份投入工作，分析单向轴套的零件图样，明确加工内容和加工要求，对加工内容进行合理的工序划分，确定加工路线，选用加工设备，选用刀具和夹具，制定加工工艺卡；运用 NX 软件编制单向轴套的加工程序并进行仿真加工，使用数控车床加工单向轴套，对加工成品进行检测，并根据检测结果对整个加工工艺和加工程序提出修改建议。

1. 制定加工工艺

（1）图样分析　单向轴套零件图样如图 1-3-1 所示，该单向轴套结构比较简单，主要由台阶孔、端面、沟槽、螺纹、外圆、倒角特征组成。

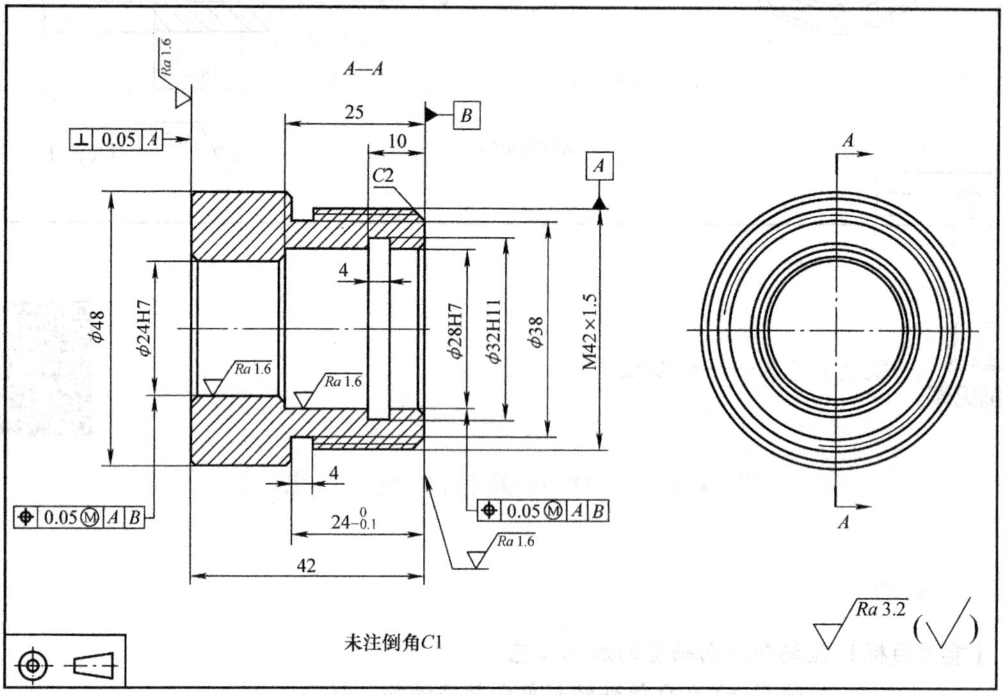

图 1-3-1　单向轴套零件图

零件材料为 45 钢，加工性能比较好。单向轴套主要加工内容见表1-3-1。

表 1-3-1　加工内容

内　容	要　求	备　注
ϕ48 外圆	外圆直径为 $\phi48\pm0.25$mm	
ϕ24H7 内孔	内孔径为 $\phi24^{+0.021}_{0}$mm	
ϕ28H7 内孔	内孔径为 $\phi28^{+0.021}_{0}$mm；孔深度为 25 ± 0.25mm	
M42 × 1.5 外螺纹	螺纹规格 M42 × 1.5；螺纹长度 20mm	
ϕ32H11 × 4 内沟槽	槽底直径为 $\phi32^{+0.16}_{0}$mm；槽宽为（4 ± 0.25）mm	
ϕ38 × 4 外沟槽	槽底直径为（ϕ38 ± 0.25）mm 槽宽为（4 ± 0.25）mm	
倒角	螺纹口倒角 C2，其他倒角 C1	
零件总长	零件总长为（42 ± 0.25）mm	
表面粗糙度	ϕ24H7 内孔、ϕ28H7 内孔表面粗糙度为 $Ra1.6\mu m$；左端面、右端面表面粗糙度为 $Ra1.6\mu m$；其余为 $Ra3.2\mu m$	

（续）

内　容	要　求	备　注
几何精度	ϕ24H7 内孔、ϕ28H7 内孔相对基准 *A* 和 *B* 的位置度公差为 0.05mm；左端面相对基准 *A* 的垂直度公差为 0.05mm	
去锐边	所有锐边倒角 *C*0.3	

此单向轴套的主要加工难点为 ϕ24H7 内孔、ϕ28H7 内孔的直径尺寸以及表面粗糙度，ϕ24H7 内孔、ϕ28H7 内孔相对基准 *A* 和 *B* 的位置度，M42×1.5 的螺纹。

（2）制定工艺路线　此零件先加工左端，后加工右端，加工右端时保证一次装夹下完成螺纹和内孔的加工，以保证 ϕ24H7 内孔、ϕ28H7 内孔相对基准 *A* 和 *B* 的位置度符合图样要求。

1）备料。直径 50mm 的 45 钢棒料，长 1000mm。

2）钻孔。自定心卡盘夹毛坯，钻 ϕ22mm 孔，孔深度为 52mm。

3）车零件左端。自定心卡盘夹毛坯棒料，伸出长度为 50mm，车零件端面；粗精车 ϕ48mm 外圆至图样要求，粗车 ϕ24H7 内孔，留 1mm 余量。

4）切断。切断零件，总长留 1mm 余量。

5）粗车零件右端。粗车右端面、ϕ28H7 内孔，留 0.3mm 精车余量；车螺纹外圆至 ϕ41.8mm；车倒角到图样尺寸。

6）车螺纹退刀槽。车 ϕ38mm×4mm 外沟槽至图样要求。

7）精车螺纹。车 M42×1.5 到图样要求。

8）精车内孔。精车 ϕ24H7 内孔、ϕ28H7 内孔及倒角至图样尺寸。

9）车内沟槽。车 ϕ32H11×4mm 内沟槽至图样要求。

（3）选用加工设备　选用杭州友佳集团生产的 FTC－10 斜床身数控车床作为加工设备，此机床为斜床身，转塔刀架，液压卡盘，刚性好，加工精度高，适合小型零件的大批量生产，机床主要技术参数和外观见表 1-3-2。

表 1-3-2　机床主要技术参数和外观

主要技术参数		机床外观
最大车削直径/mm	240	
最大车削长度/mm	255	
X 轴行程/mm	120	
Z 轴行程/mm	290	
主轴最高转速/(r/min)	6000	
通孔/拉管直径/mm	56	
刀具位置数	8	
数控系统	FANUC 0i Mate－TC	

（4）选用毛坯　零件材料为 45 钢，此材料为优质碳素结构钢，切削性能较好。根据零件尺寸和机床性能，选用直径为 50mm，长度为 1000mm 的棒料作为毛坯。毛坯如图 1-3-2 所示。

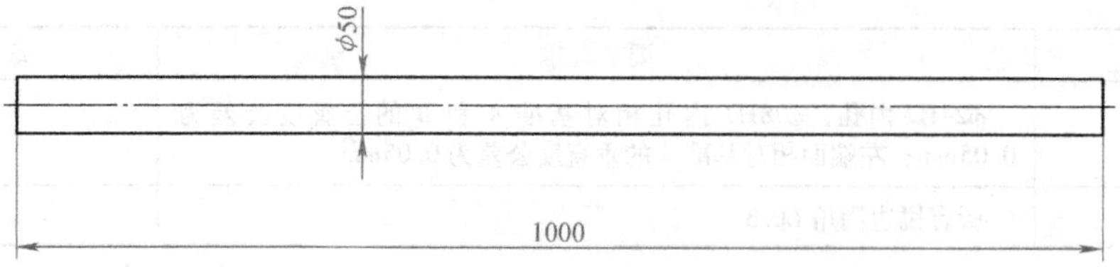

图 1-3-2　毛坯

(5) 选用夹具　零件分两次装夹，加工左端时，以毛坯外圆作为基准，选用自定心卡盘装夹，零件伸出量为 55mm，装夹简图如图 1-3-3 所示。加工零件右端时，采用已经加工完毕的 ϕ48mm 外圆作为定位基准，为保护已加工面上的表面粗糙度不被破坏和零件轴向定位，加工时采用自定心卡盘和软爪的装夹形式，装夹示意图如图 1-3-4 所示。

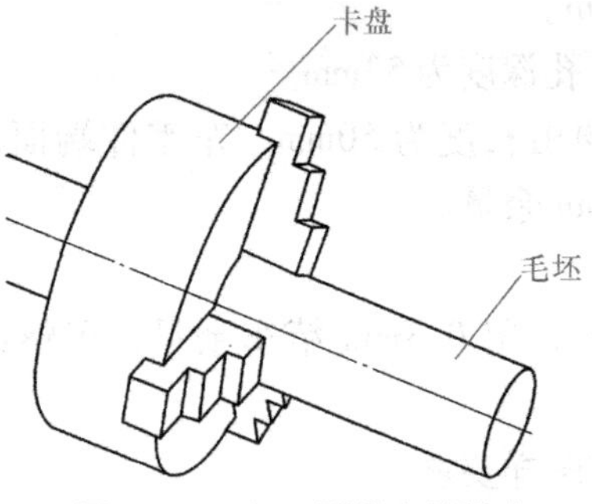

图 1-3-3　加工零件左端装夹

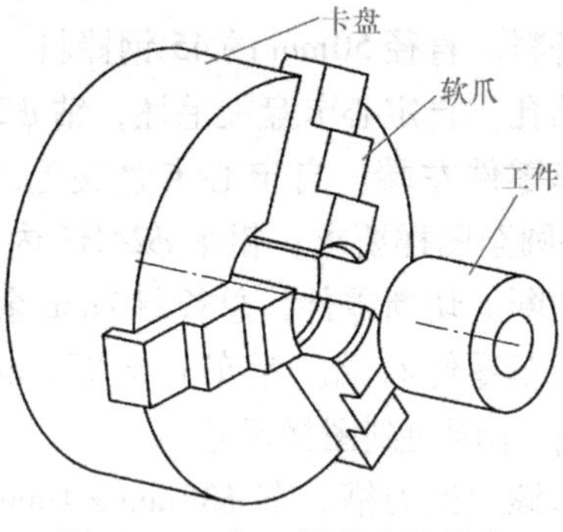

图 1-3-4　加工零件右端装夹

(6) 选用刀具和切削用量　选用 SANDVIK 刀具系统，查阅 SANDVIK 刀具手册，选用刀具和切削用量见表 1-3-3。

表 1-3-3　刀具和切削用量

工序	刀号	刀杆规格	刀片规格	加工内容	转速/(r/min)	切深/mm	进给量/(mm/r)
加工零件左端	T01	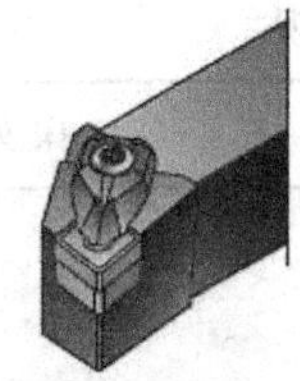 DCLNL2020M09	 CNMG090408 – PR	粗车外圆	1200	2	0.25
	T02		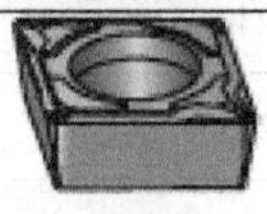 CCMT090404 – PF	精车外圆	1500	0.5	0.1
	T03	 S20M – SCLCR06	 CNMG060408 – PR	粗车内孔	1500	2	0.2
	T05	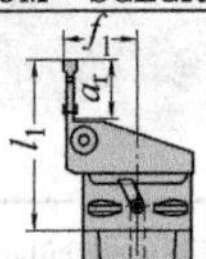 C6 – RF123G20 – 45065B	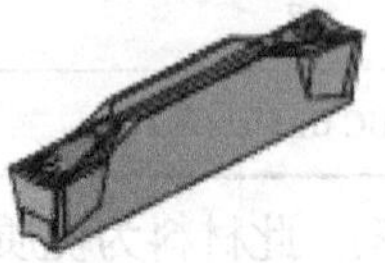 N123G2 – 0300 – 0001 – CF	切断	1200		0.1

（续）

工序	刀号	刀杆规格	刀片规格	加工内容	转速/(r/min)	切深/mm	进给量/(mm/r)
加工零件右端	T01	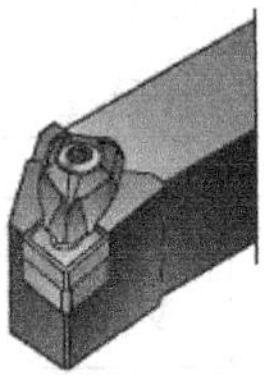 DCLNL2020M09	 CNMG090408 – PR	粗车外圆	1200	2	0.25
	T02		 CCMT090404 – PF	精车外圆	1500	0.5	0.1
	T03	 S20M – SCLCR06	 CNMG060408 – PR	粗车内孔	1500	2	0.2
	T06	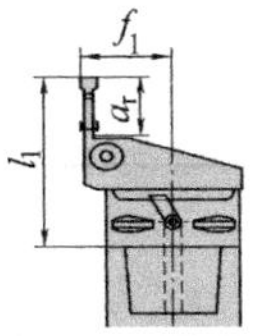 C3 – RF123E15 – 22055B	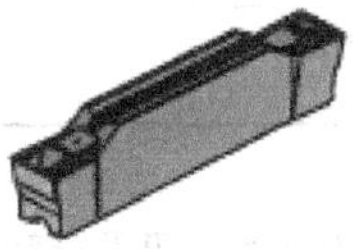 N123E2 – 0200 – 0002 – GF	切槽	1200		0.15
	T08	 266RFG – 2525 – 22	 266RG – 22MM02A250E	车外螺纹	800		1.5
	T04	 S20M – SCLCR06	 CCMT060404 – PF	精车内孔	1800	0.3	0.1
	T07	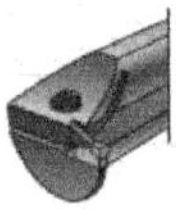 RAG123D04 – 16B	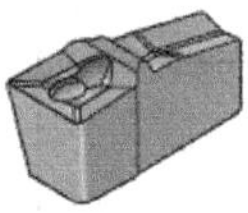 N123D2 – 0150 – CM	切内沟槽	1200		0.1

（7）制定工艺卡　以一次装夹作为一个工序，制定加工工艺卡，见表1-3-4～表1-3-6。

表 1-3-4　工序清单

零件号: 476518		工艺版本号: 0	工艺流程卡_工序清单			
工序号	工序内容	工位	页码：1		页数：3	
001	备料	外协	零件号：476518		版本：0	
002	粗车/精车左端	数控车床	零件名称：单向轴套			
003	粗车/精车右端	数控车床	材料：45钢			
004			材料尺寸：ϕ50mm 棒料			
005			更改号	更改内容	批准	日期
006						
007			01			
008						
009			02			
010						
011			03			
012						
013						

拟制：	日期：	审核：	日期：	批准：	日期：

表 1-3-5　加工左端工艺卡

零件号: 476518	工序名称: 粗车/精车左端	工艺流程卡_工序单	
材料：45钢	页码：2	工序号：02	版本号：0
夹具：自定心卡盘	工位：数控车床	数控程序号：xiangmu4-01.NC	

刀具及参数设置

刀具号	刀具规格	加工内容	主轴转速/(r/min)	进给量/(mm/r)
T01	DCLNL2020M09, CNMG090408-PR	粗车外圆	1200	0.25
T02	DCLNL2020M09, CCMT090404-PF	精车外圆	1500	0.1
T03	S20M-SCLCR06, CNMG060408-PR	粗车内孔	1500	0.2
T05	C6-RF123G20-45065B，N123G2-0300-0001-CF	切断	1200	0.1

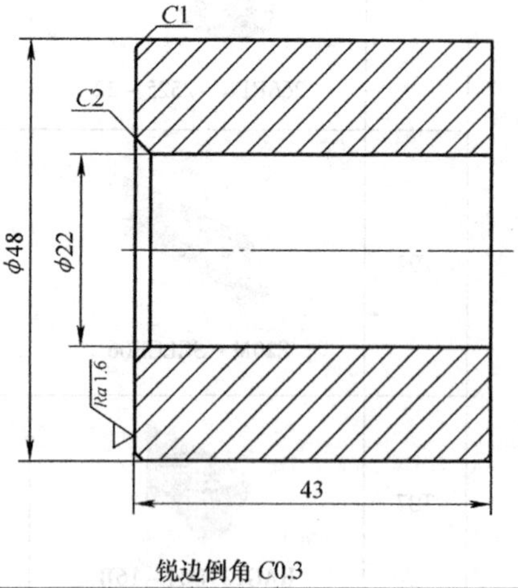

锐边倒角 C0.3

更改号	更改内容		批准	日期
02				
01				
拟制： 日期：	审核：	日期：	批准：	日期：

表 1-3-6 加工右端工艺卡

零件号：476518		工序名称：粗车/精车右端		工艺流程卡_工序单
材料：45钢	页码：3	工序号：03		版本号：0
夹具：自定心卡盘+软爪	工位：数控车床	数控程序号：xiangmu4-04.NC		

刀具号	刀具规格	加工内容	主轴转速/(r/min)	进给量/(mm/r)
刀具及参数设置				
T01	DCLNL2020M09，CNMG090408-PR	粗车外圆	1200	0.25
T02	DCLNL2020M09，CCMT090404-PF	精车外圆	1500	0.1
T03	S20M-SCLCR06，CNMG060408-PR	粗车内孔	1500	0.2
T06	C3-RF123E15-22055B，N123E2-0200-0002-GF	切槽	1200	0.15
T08	266RFG-2525-22，266RG-22MM02A250E	车外螺纹	800	1.5
T04	S20M-SCLCR06，CCMT060404-PF	精车内孔	1800	0.1
T07	RAG123D04-16B，N123D2-0150-CM	切内沟槽	1200	0.1

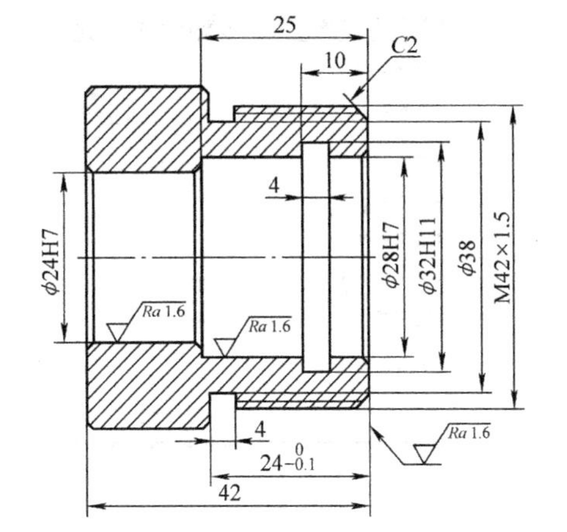

02					
01					
更改号	更改内容			批准	日期
拟制：	日期：	审核：	日期：	批准：	日期：

2. 编制加工程序

（1）编制加工零件左端的 NC 程序

1）单击【开始】【所有应用模块】【加工】，弹出加工环境设置对话框，CAM 会话配置选择 cam_general；要创建的 CAM 设置选择 turning，如图 1-3-5 所示，然后单击【确定】，进入加工模块。

2）在加工操作导航器空白处，单击鼠标右键，选择【几何视图】，如图 1-3-6 所示。

图 1-3-5 加工环境设置

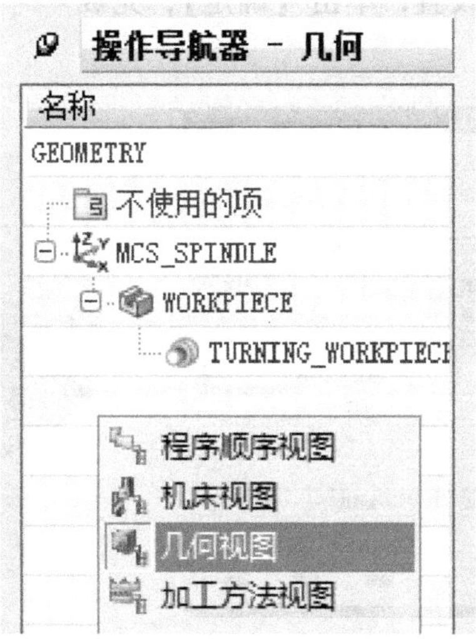

图 1-3-6 操作导航器

3）双击操作导航器中的【MCS_SPINDLE】，弹出加工坐标系对话框，指定平面为 XM－YM，如图 1-3-7 所示，将 MCS_SPINDLE 更名为 MCS_SPINDLE_L。

4）单击指定 MCS 中的 CSYS 会话框，弹出对话框，然后选择参考坐标系中的选定的 CSYS，选择 71 图层中的参考坐标系，单击【确定】，使加工坐标系和参考坐标系重合，如图 1-3-8 所示。再单击【确定】完成加工坐标系设置。

图 1-3-7　加工坐标系设置

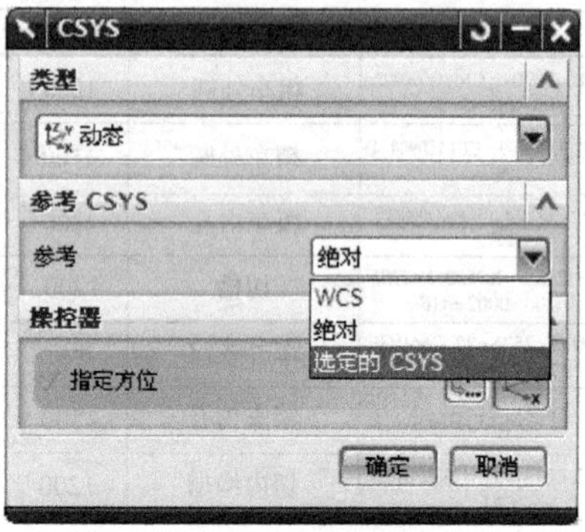

图 1-3-8　加工原点设置

5）双击操作导航器中的 WORKPIECE，弹出 WORKPIECE 设置对话框，如图 1-3-9 所示。将 WORKPIECE 更名为 WORKPIECE_L。

6）单击【指定部件】，弹出部件选择对话框，选择图 1-3-10 所示为部件，单击【确定】，完成指定部件。

7）单击【指定毛坯】，弹出毛坯选择对话框，选择图 1-3-11 所示圆柱为毛坯（该圆柱在建模中预先建好，在图层 3 中）。单击【确定】，完成毛坯设置，单击【确定】，完成 WORKPIECE 设置。

图 1-3-9　WORKPIECE 设置

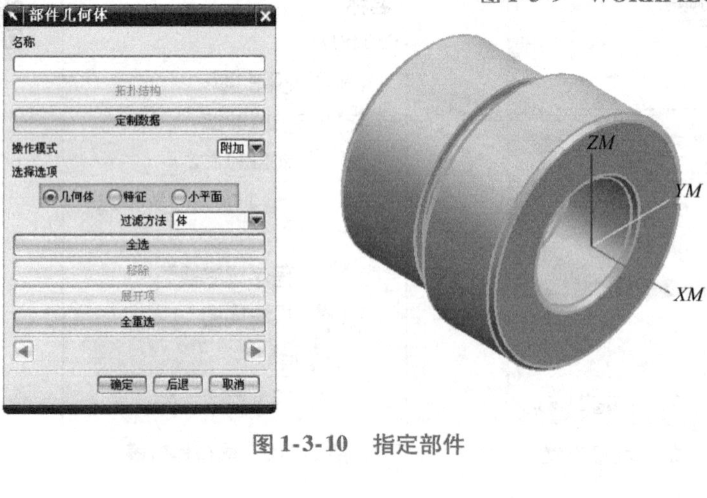

图 1-3-10　指定部件

图 1-3-11　毛坯设置

8）双击操作导航器中的 TURNING_WORKPIECE，自动生成车加工截面和毛坯截面，如图 1-3-12 所示。将 TURNING_WORKPIECE 更名为 TURNING_WORKPIECE_L。

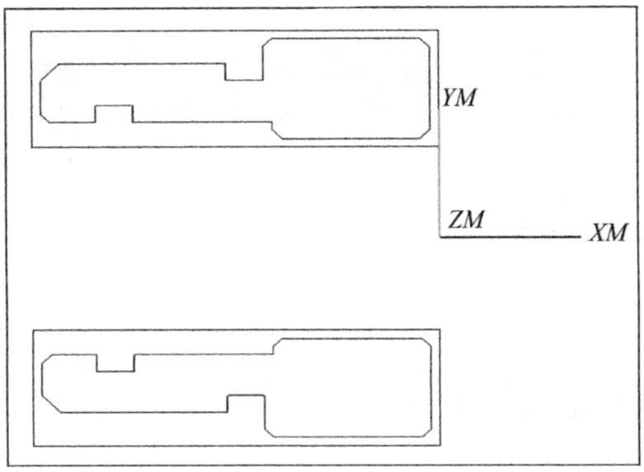

图 1-3-12　车加工截面和毛坯截面

9）单击【创建几何体】，类型选择 turning，几何体子类型选择 MCS_SPINDLE，位置选择 GEOMETRY，名称为 MCS_SPINDLE_R，如图 1-3-13 所示。

10）指定平面为 XM – YM，如图 1-3-14 所示。

图 1-3-13　创建几何体

图 1-3-14　加工坐标系设置

11）单击指定MCS中的CSYS会话框，弹出对话框，然后选择参考坐标系中的选定的CSYS，选择72图层中的参考坐标系，单击【确定】，使加工坐标系和参考坐标系重合，如图1-3-15所示。再单击【确定】完成加工坐标系设置。

12）更改WORKPIECE为WORKPIECE_R，更改TURNING_WORKPIECE为TURNING_WORKPIECE_R，结果如图1-3-16所示。

13）双击操作导航器中的WORKPIECE_R，弹出WORKPIECE设置对话框，如图1-3-17所示。

14）单击【指定部件】，弹出部件选择对话框，选择图层2中的部件，如图1-3-18所示，单击【确定】，完成指定部件。

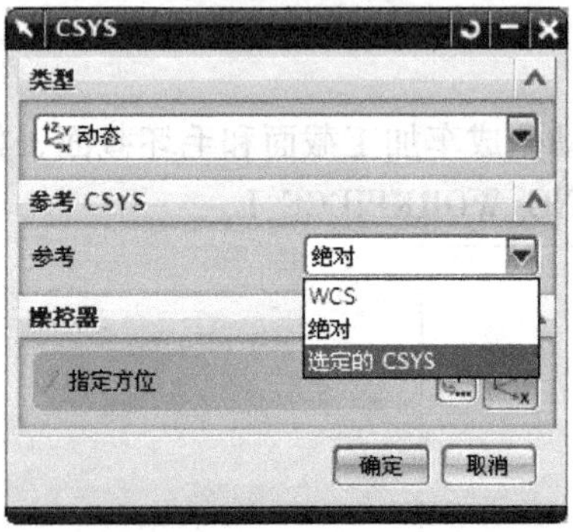

图1-3-15　加工原点设置

图1-3-16　设置几何体

图1-3-17　WORKPIECE设置

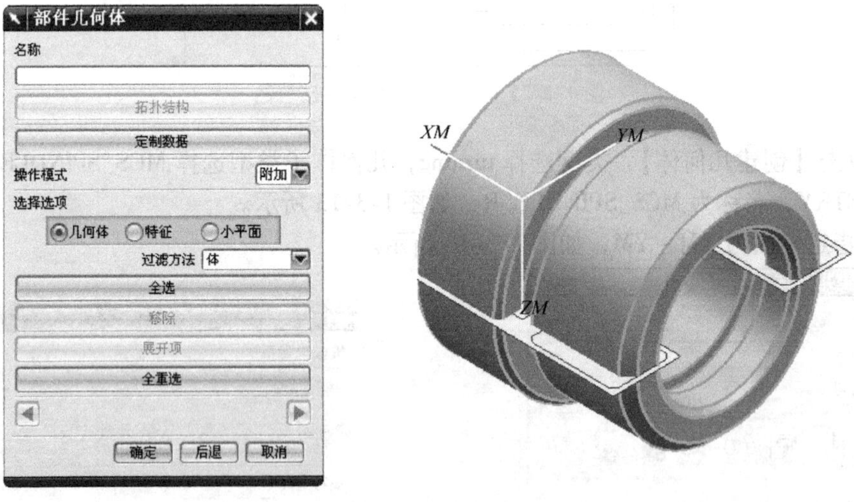

图1-3-18　指定部件

15）单击【指定毛坯】，弹出毛坯选择对话框，选择图1-3-19所示圆柱为毛坯（该圆柱在建模中预先建好，在图层3中）。单击【确定】完成毛坯设置，单击【确定】完成WORKPIECE设置。

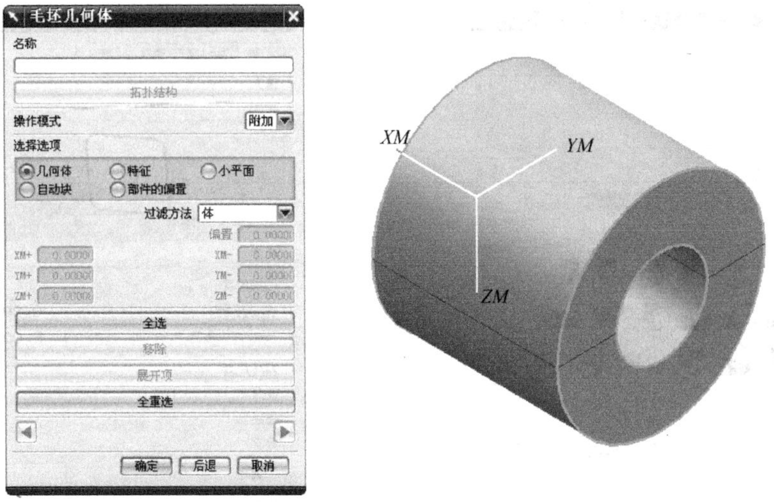

图 1-3-19　毛坯设置

16）双击 TURNING_WORKPIECE_R，选择指定毛坯边界按钮，弹出选择毛坯对话框，如图 1-3-20 所示。选择从工作区按钮，选择参考位置为左端面中心，目标位置为右端面中心，单击【确定】，结果如图 1-3-21 所示。

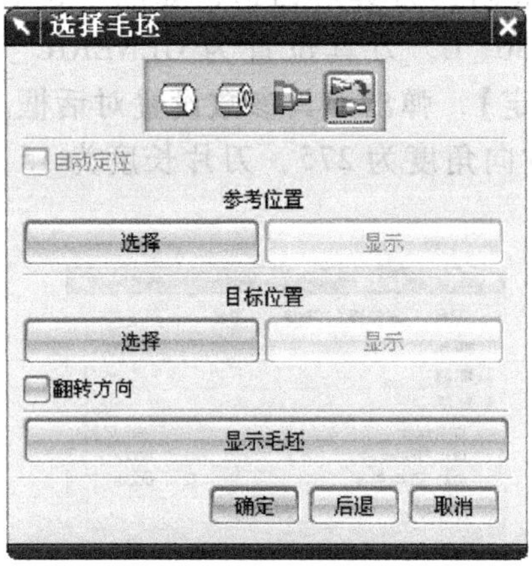

图 1-3-20　选择毛坯

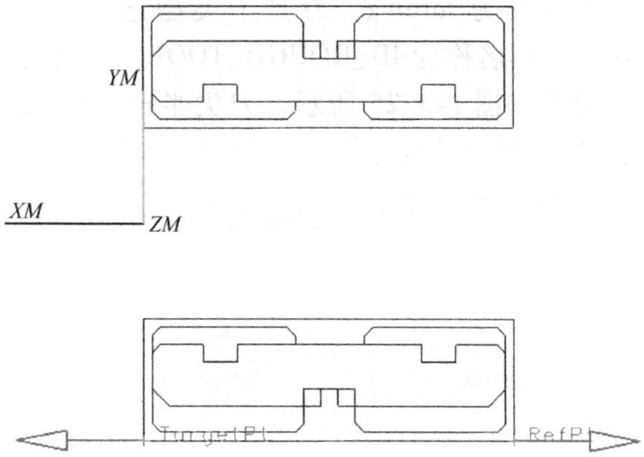

图 1-3-21　设置几何体

17）在加工操作导航器空白处，单击鼠标右键，选择【机床视图】，单击菜单条【插入】，单击【刀具】，弹出创建刀具对话框，如图 1-3-22 所示。类型选择为 turning，刀具子类型选择为 OD_80_L，刀具位置为 GENERIC_MACHINE，刀具名称为 OD_ROUGH_TOOL，单击【确定】，弹出刀具参数设置对话框。设置刀具参数如图 1-3-23 所示，刀尖半径为 0.8，方向角度为 5，刀具号为 1，单击【确定】，完成创建刀具。

18）用同样的方法创建刀具 2，类型选择为 turning，刀具子类型选择为 OD_80_L，刀具位置为 GENERIC_MACHINE，刀具名称为 OD_FINISH_TOOL，刀尖半径为 0.4，方向角度为 5，刀具号为 2。

图 1-3-22　创建刀具

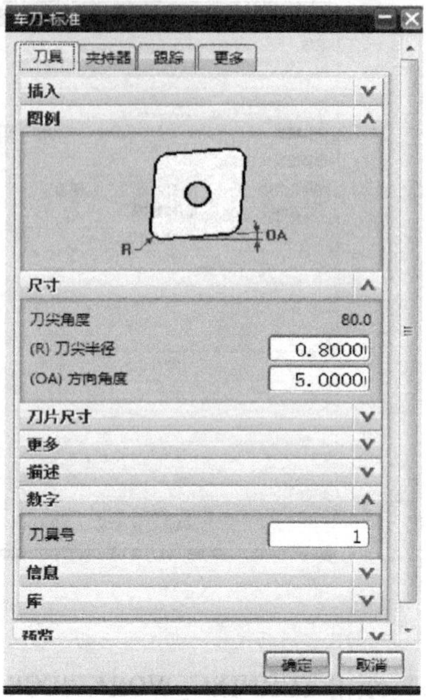

图 1-3-23　刀具参数设置

19）单击菜单条【插入】，单击【刀具】，弹出创建刀具对话框，如图 1-3-24 所示。类型选择为 turning，刀具子类型选择为 ID_80_L，刀具位置为 GENERIC_MACHINE，刀具名称为 ID_ROUGH_TOOL，单击【确定】，弹出刀具参数设置对话框。设置刀具参数如图 1-3-25 所示，刀尖半径为 0.8，方向角度为 275，刀片长度为 15，刀具号为 03，单击【确定】，完成创建刀具。

图 1-3-24　创建刀具

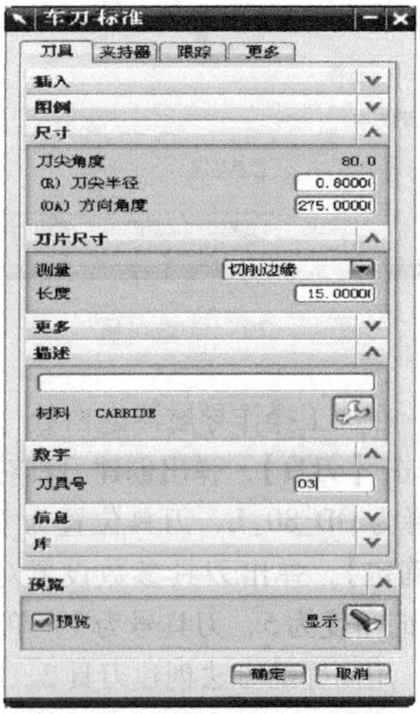

图 1-3-25　刀具参数设置

20）用同样的方法创建刀具4，类型选择为turning，刀具子类型选择为ID_80_R，刀具位置为GENERIC_MACHINE，刀具名称为ID_FINISH_TOOL，刀尖半径为0.4，方向角度为275，刀片长度为15，刀具号为4，单击【确定】，完成创建刀具。

21）单击菜单条【插入】，单击【刀具】，弹出创建刀具对话框，如图1-3-26所示。类型选择为turning，刀具子类型选择为OD_GROOVE_L，刀具位置为GENERIC_MACHINE，刀具名称为OD_GROOVE_TOOL，单击【确定】，弹出刀具参数设置对话框。设置刀具参数如图1-3-27所示，方向角度为90，刀片长度为12，刀片宽度为4，半径为0.2，侧角为2，尖角为0，刀具号为05，单击【确定】，完成创建刀具。

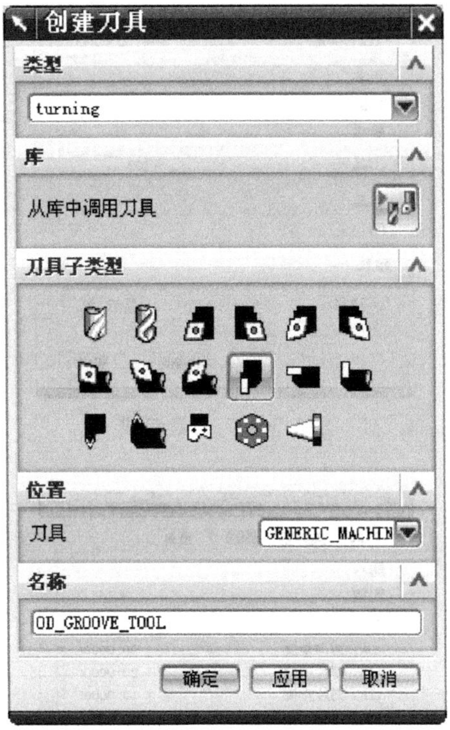

图1-3-26　创建刀具

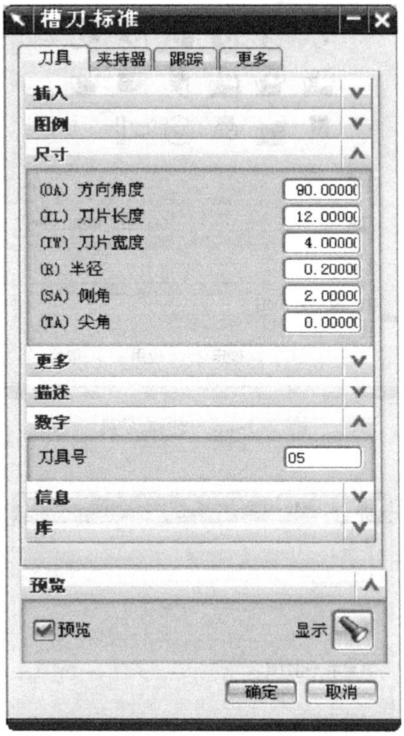

图1-3-27　刀具参数设置

22）用同样的方法创建刀具6，类型选择为turning，刀具子类型选择为OD_GROOVE_R，刀具位置为GENERIC_MACHINE，刀具名称为OD_ GROOVE_TOOL_01，方向角度为90，刀片长度为12，刀片宽度为2，半径为0.2，侧角为2，尖角为0，刀具号为06，单击【确定】，完成创建刀具。

23）单击菜单条【插入】，单击【刀具】，弹出创建刀具对话框，如图1-3-28所示。类型选择为turning，刀具子类型选择为ID_GROOVE_R，刀具位置为GENERIC_MACHINE，刀具名称为ID_GROOVE_TOOL，单击【确定】，弹出刀具参数设置对话框。设置刀具参数如图1-3-29所示，方向角度为270，刀片长度为12，刀片宽度为2，半径为0.2，侧角为2，尖角为0，刀具号为07，单击【确定】，完成创建刀具。

24）单击菜单条【插入】，单击【刀具】，弹出创建刀具对话框，如图1-3-30所示。类型选择为turning，刀具子类型选择为OD_THREAD_R，刀具位置为GENERIC_MACHINE，刀具名称为OD_THREAD_TOOL，单击【确定】，弹出刀具参数设置对话框。设置刀具参数如图1-3-31所示，方向角度为90，刀片长度为20，刀片宽度为10，左角为30，右角为30，尖角半径为0，刀具号为08，单击【确定】，完成创建刀具。

图1-3-28　创建刀具

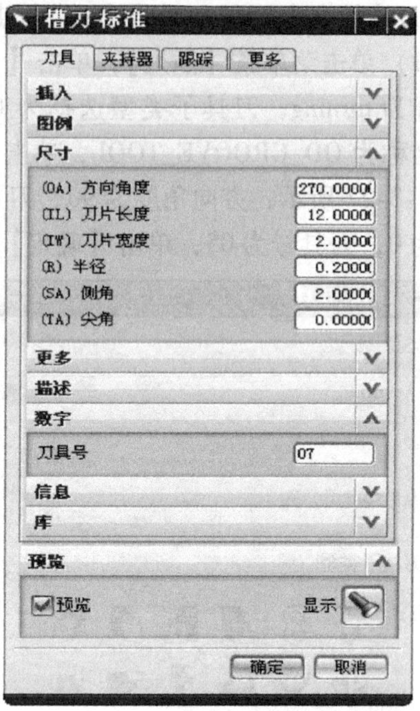

图1-3-29　刀具参数

图1-3-30　创建刀具

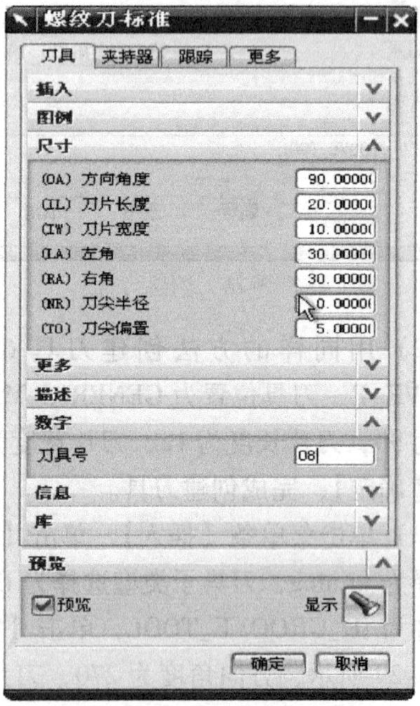

图1-3-31　刀具参数

25）在加工操作导航器空白处，单击鼠标右键，选择【程序视图】，单击菜单条【插入】，单击【操作】，弹出创建操作对话框，类型为turning，操作子类型为ROUGH_TURN-

ING_OD，程序为 PROGRAM，刀具为 OD_ROUGH_TOOL，几何体为 TURNING_WORKPIECE_L，方法为 METHOD，名称为 ROUGH_TURNING_OD_L，如图 1-3-32 所示。单击【确定】，弹出操作设置对话框，如图 1-3-33 所示。

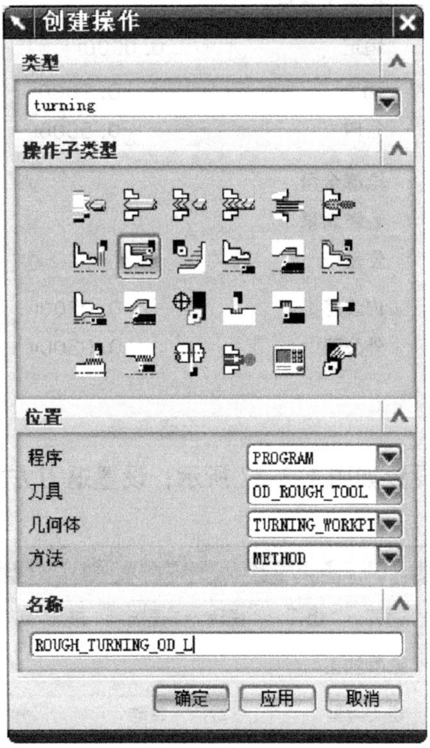

图 1-3-32　创建操作

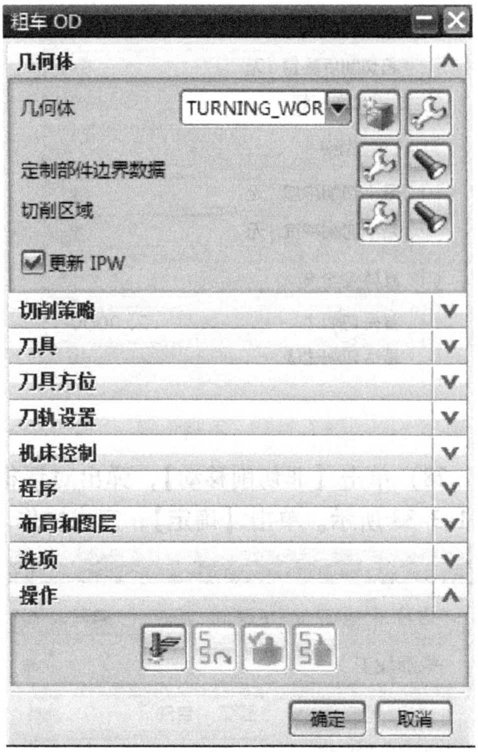

图 1-3-33　粗车 OD 操作设置

26）单击【刀轨设置】，方法为 METHOD，角度为 180，方向为向前，切削深度为变量平均值，最大值为 2，最小值为 1，变换模式为根据层，清理为全部，如图 1-3-34 所示。

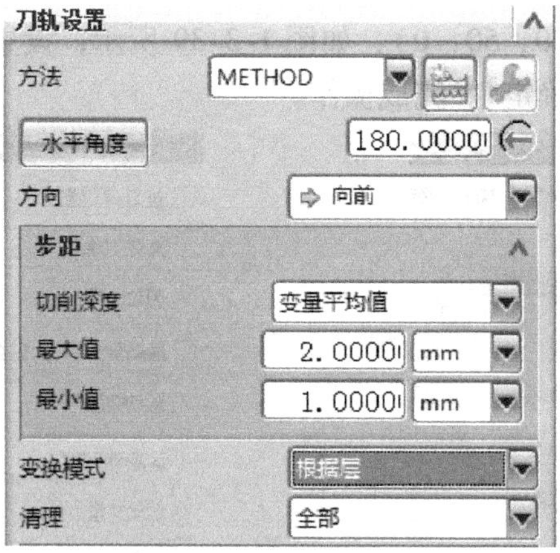

图 1-3-34　刀轨设置

27）单击【切削参数】，单击【策略】，设置最后切削边缘为 5，如图 1-3-35 所示。设置面余量为 0.2，径向余量为 0.5，如图 1-3-36 所示。单击【确定】，完成切削参数设置。

图 1-3-35　策略设置

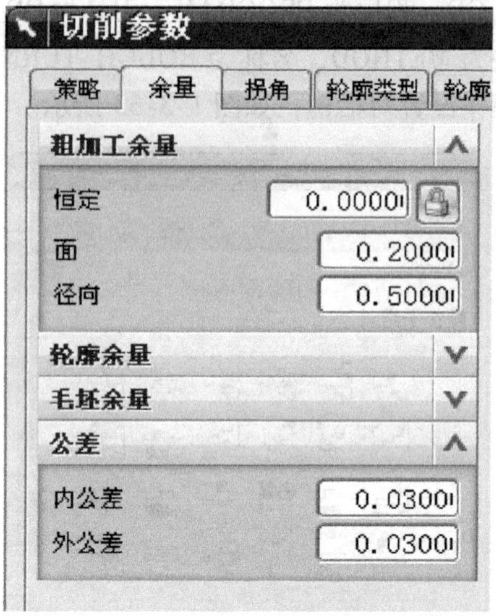

图 1-3-36　余量设置

28）单击【非切削移动】，弹出对话框，进刀设置如图 1-3-37 所示；设置退刀方式如图 1-3-38 所示。单击【确定】，完成操作。

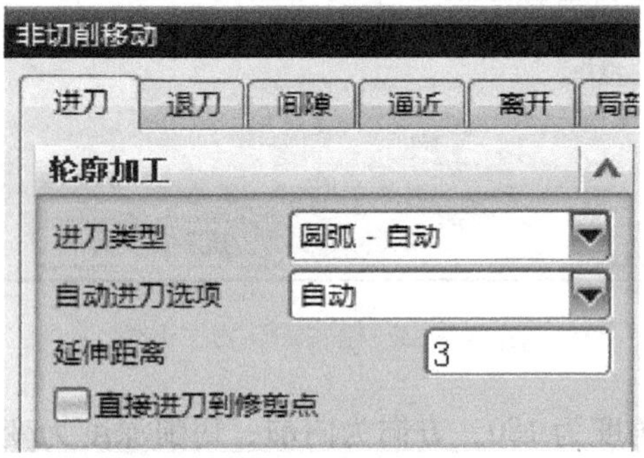

图 1-3-37　进刀设置

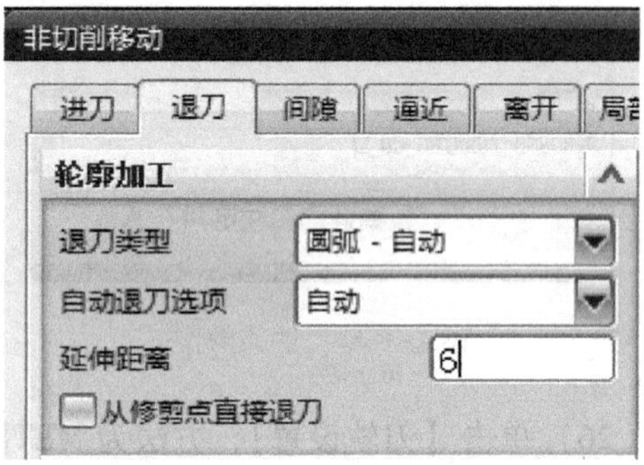

图 1-3-38　退刀设置

29）设置出发点为（100，50，0），如图 1-3-39 所示；设置回零点为（100，50，0），如图 1-3-40 所示。单击【确定】，完成操作。

图 1-3-39　出发点设置

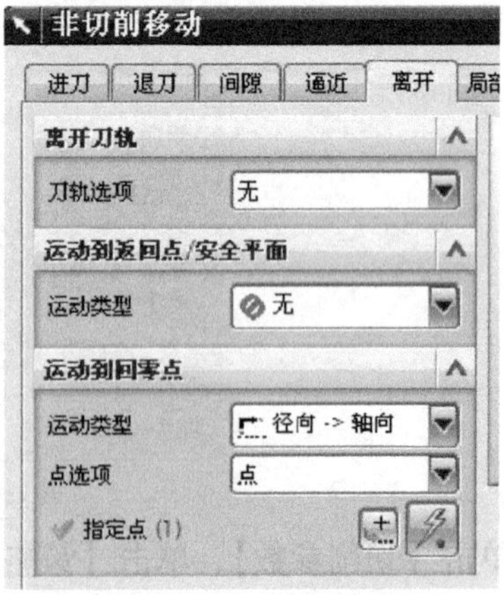

图 1-3-40　回零点设置

30）单击【进给和速度】，弹出对话框，设置主轴速度为1200，设置进给率为0.25，如图1-3-41所示。单击【确定】完成进给和速度设置。单击【生成刀轨】，得到零件的加工刀轨，如图1-3-42所示。

31）单击菜单条【插入】，单击【操作】，弹出创建操作对话框，类型为turning，操作子类型为FINISH_TURNING_OD，程序为PROGRAM，刀具为OD_FINISH_TOOL，几何体为TURNING_WORKPIECE_L，方法为LATHE_FINISH，名称为FINISH_TURNING_OD_L，如图1-3-43所示。单击【确定】，弹出操作设置对话框，如图1-3-44所示。

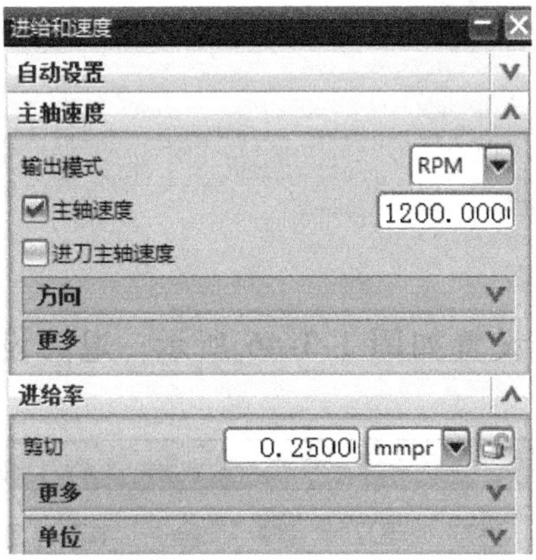

图1-3-41　进给和速度

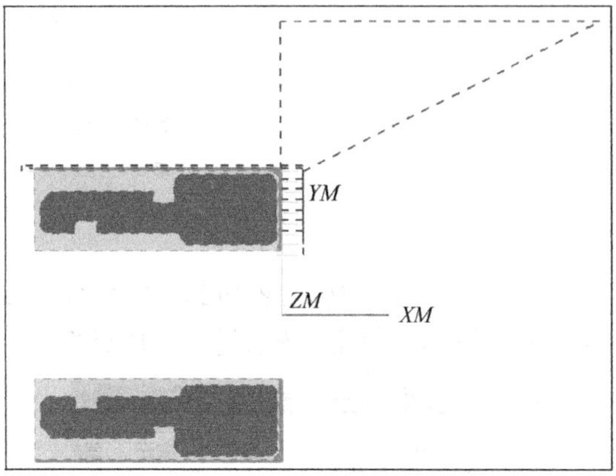

图1-3-42　加工刀轨

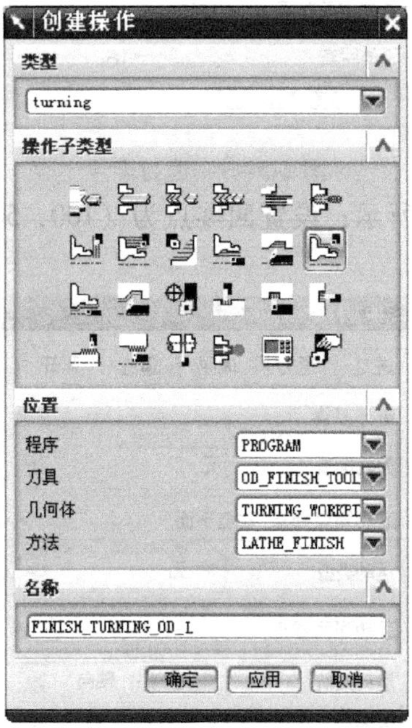

图1-3-43　创建操作

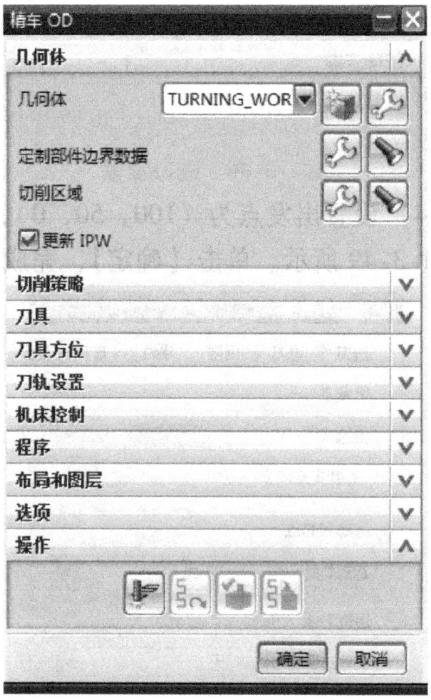

图1-3-44　精车OD操作设置

32）单击【切削参数】，单击【策略】，设置最后切削边缘为5，如图1-3-45所示。

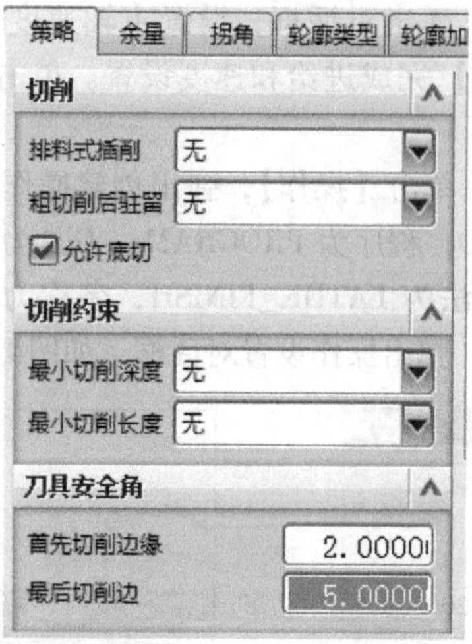

图 1-3-45　策略设置

33）单击【非切削移动】，弹出对话框，进刀设置如图 1-3-46 所示；退刀设置如图 1-3-47所示。单击【确定】，完成操作。

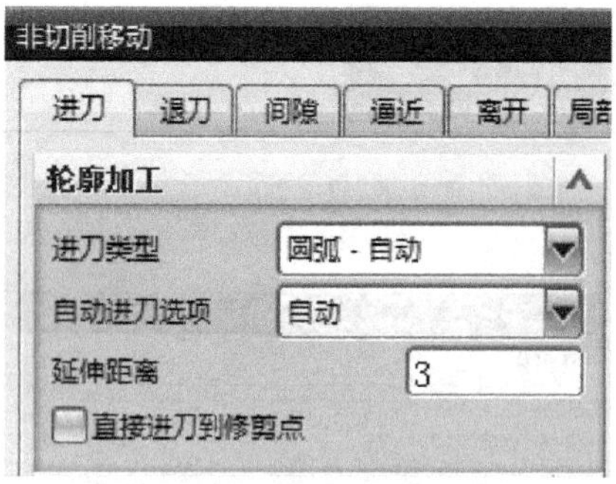

图 1-3-46　进刀设置

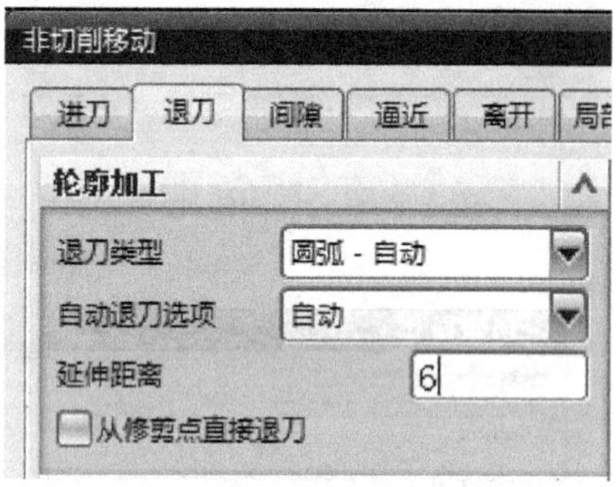

图 1-3-47　退刀设置

34）设置出发点为（100，50，0），如图 1-3-48 所示；设置回零点为（100，50，0），如图 1-3-49 所示。单击【确定】，完成操作。

图 1-3-48　出发点设置

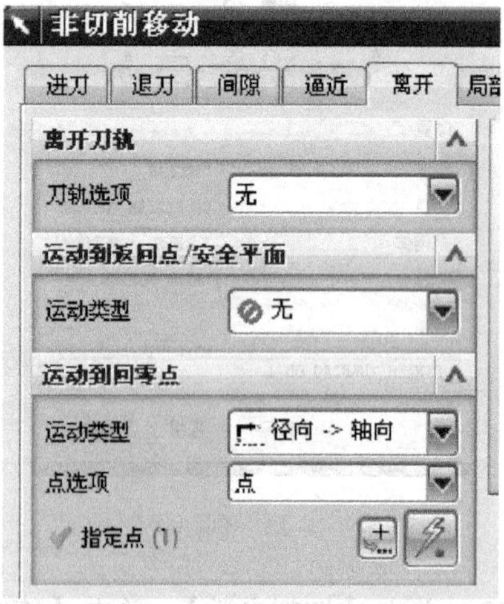

图 1-3-49　回零点设置

35）单击【进给和速度】，弹出对话框，设置主轴速度为1500，设置进给率为0.1，如图1-3-50所示。单击【确定】完成进给和速度设置。单击【生成刀轨】，得到零件的加工刀轨，如图1-3-51所示。

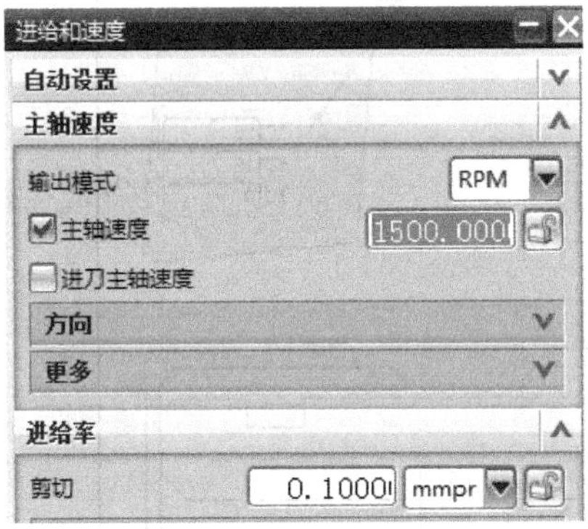

图1-3-50　进给和速度设置

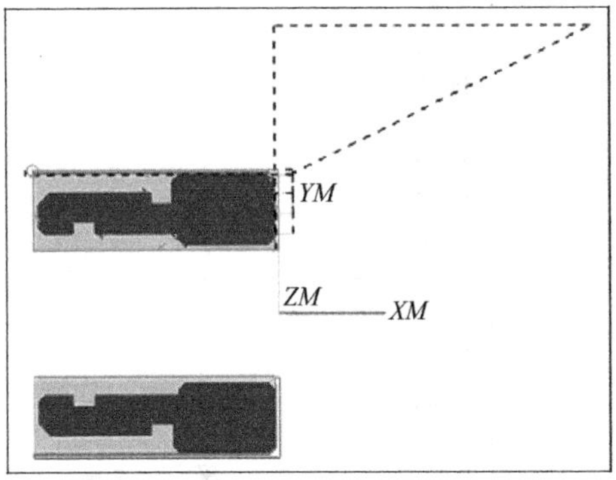

图1-3-51　加工刀轨

36）单击菜单条【插入】，单击【操作】，弹出创建操作对话框，操作类型为turning，子类型为ROUGH_BORE_ID，程序为PROGRAM，刀具为ID_ROUGH_TOOL，几何体为TURNING_WORKPIECE_L，方法为LATHE_ROUGH，名称为ROUGH_BORE_ID_L，如图1-3-52所示。单击【确定】，弹出操作设置对话框，如图1-3-53所示。

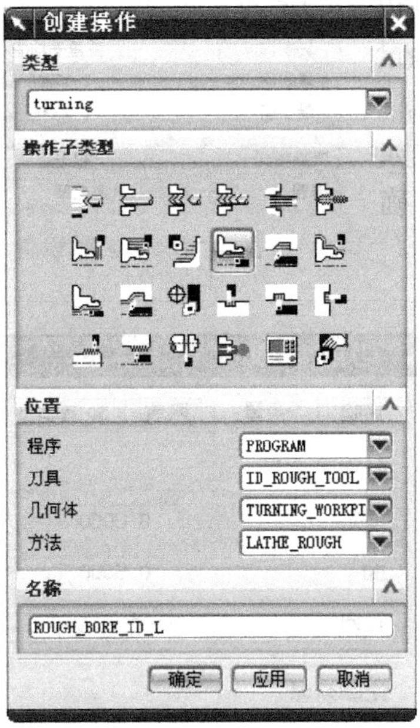

图1-3-52　创建操作

图1-3-53　粗镗ID操作设置

37）单击指定【切削区域】，弹出对话框，单击径向修剪平面1，指定如图1-3-54所示点。单击【确定】，完成操作。

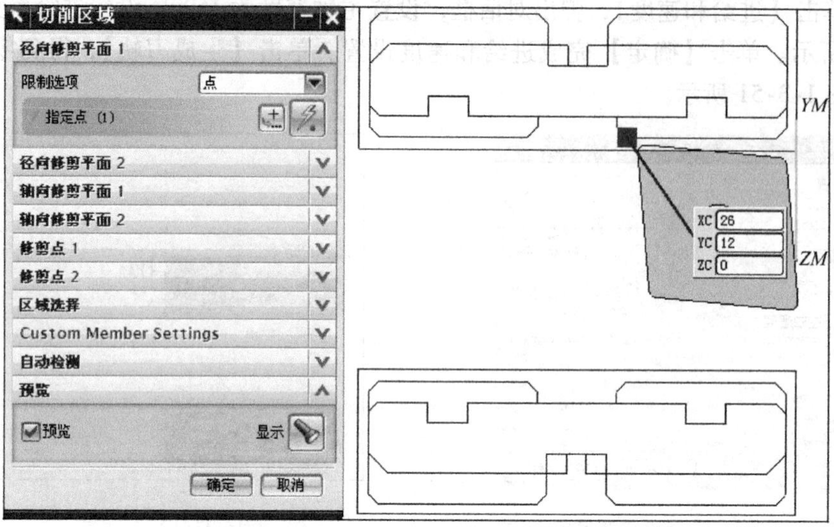

图 1-3-54　切削区域

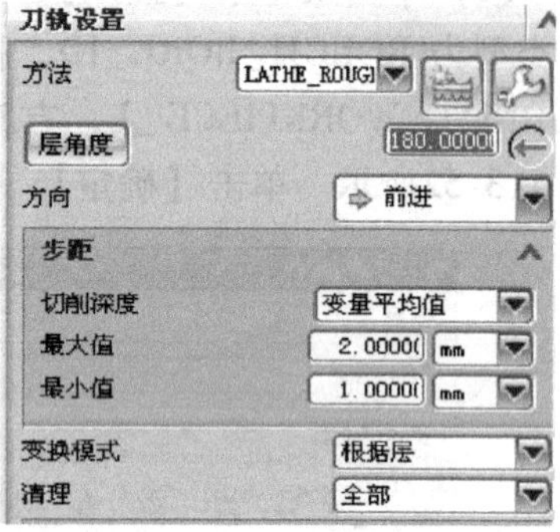

图 1-3-55　刀轨设置

38）单击【刀轨设置】，层角度为180，方向为前进，切削深度为变量平均值，最大值为2，最小值为1，变换模式为根据层，清理为全部，如图1-3-55所示。

39）单击【切削参数】，单击【策略】，设置最后切削边缘为5，如图1-3-56所示。设置面余量为0.5，设置径向余量为1，如图1-3-57所示。单击【确定】，完成切削参数设置。

40）单击【非切削移动】，弹出对话框，进刀设置如图1-3-58所示；退刀设置如图1-3-59所示。单击【确定】，完成操作。

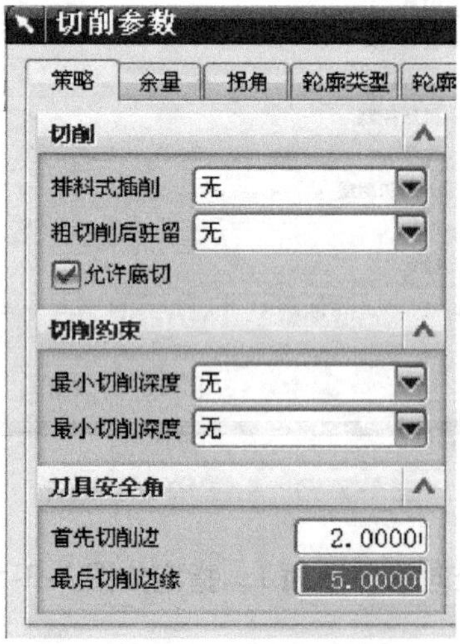

图 1-3-56　策略设置

图 1-3-57　余量设置

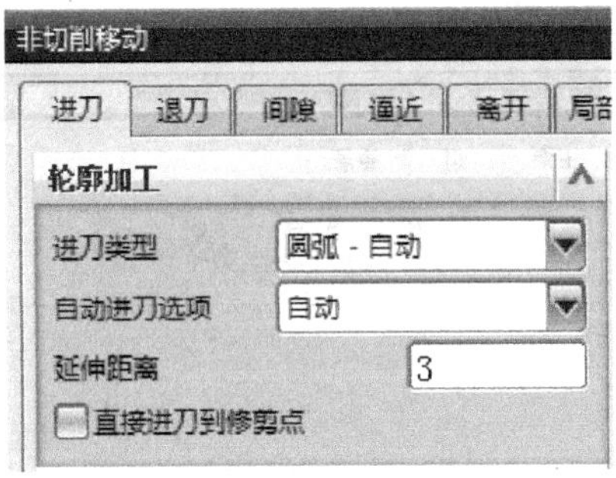

图 1-3-58　进刀设置

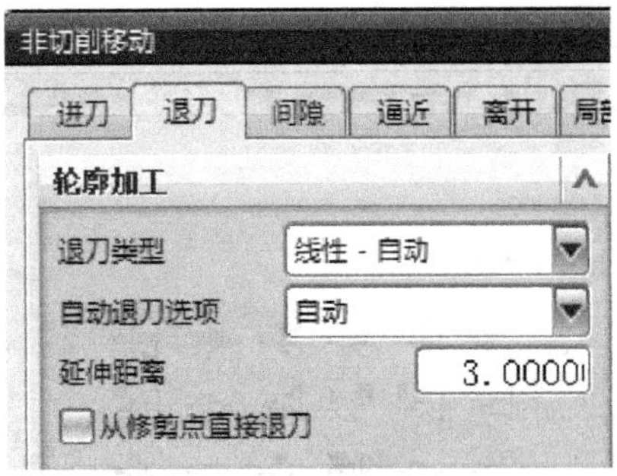

图 1-3-59　退刀设置

41）设置出发点为（100，50，0），如图 1-3-60 所示，设置回零点为（100，50，0），如图 1-3-61 所示。单击【确定】，完成操作。

图 1-3-60　出发点设置

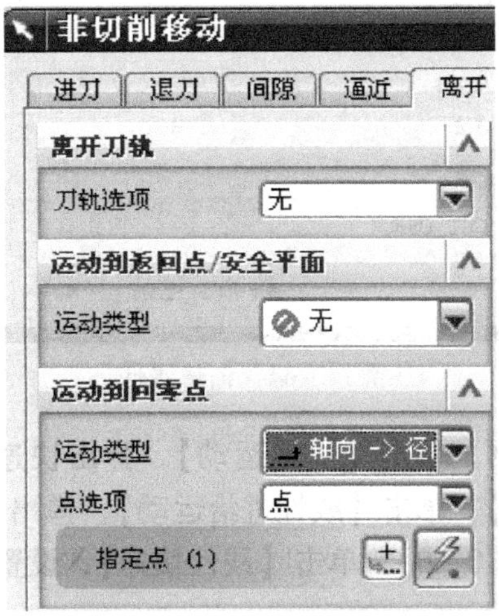

图 1-3-61　回零点设置

42）单击【进给和速度】，弹出对话框，设置主轴速度为 1500，设置进给率为 0.2，如图 1-3-62 所示。单击【确定】完成进给和速度设置。单击【生成刀轨】，得到零件的加工刀轨，如图 1-3-63 所示。

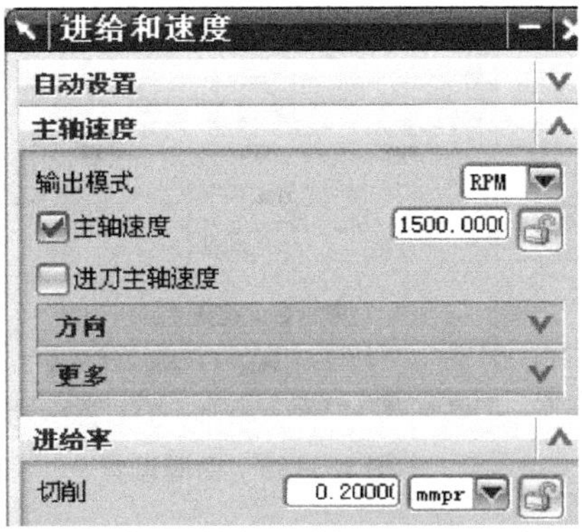

图 1-3-62　进给和速度

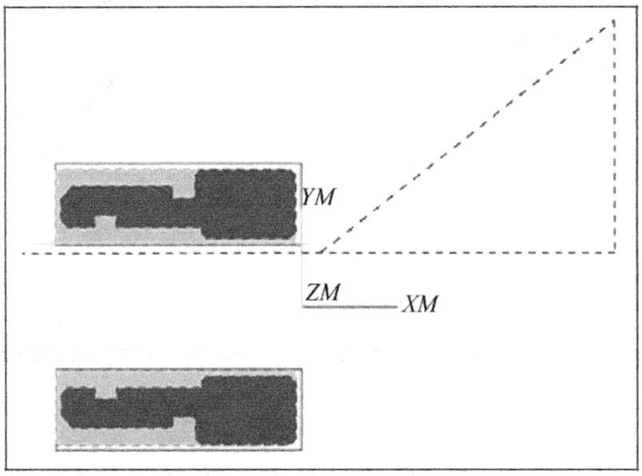

图 1-3-63　加工刀轨

43）单击菜单条【插入】，单击【操作】，弹出创建操作对话框，类型为 turning，操作子类型为 TEACH_MODE，程序为 PROGRAM，刀具为 OD_GROOVE_TOOL，几何体为 TURNING_WORKPIECE_L，方法为 METHOD，名称为 CUT_OFF，如图 1-3-64 所示。单击

【确定】，弹出操作设置对话框，如图 1-3-65 所示。

图 1-3-64　创建操作

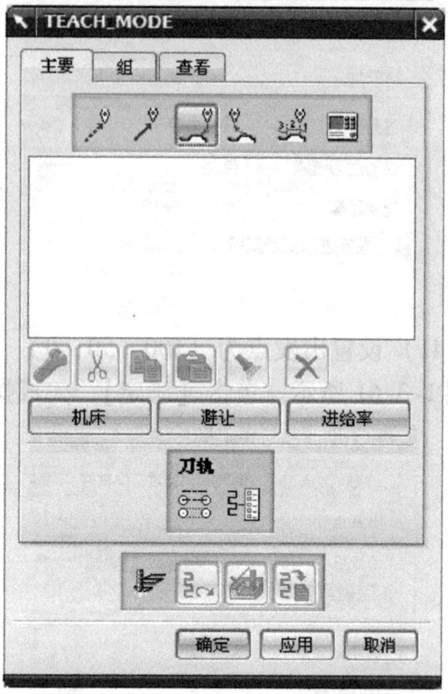

图 1-3-65　切断操作设置

44）单击【快速运动】，弹出快速运动对话框，如图 1-3-66 所示，设置点为（－5，30，0）；单击【线性进给运动】，弹出线性进给运动对话框，如图 1-3-67 所示，设置点为（－5，0，0）；单击【线性快速】，设置点为（－5，30，0），结果如图 1-3-68 所示。

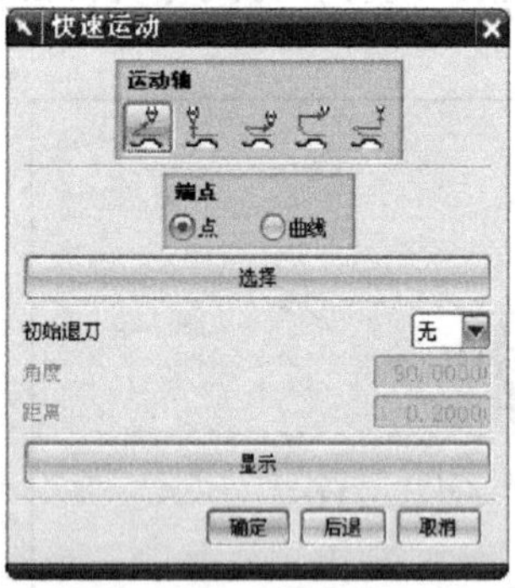

图 1-3-66　快速运动

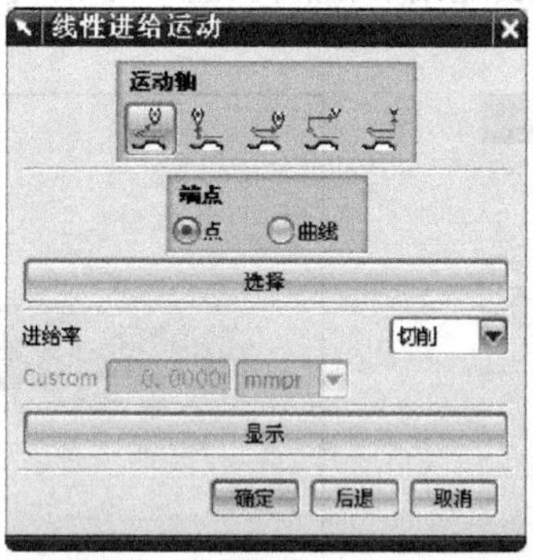

图 1-3-67　线性进给运动

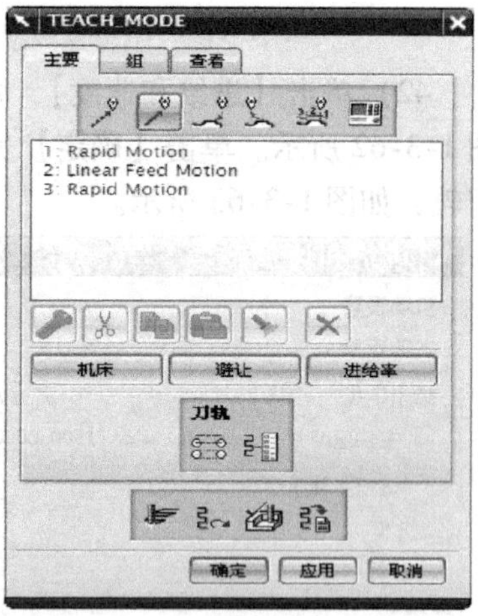

图 1-3-68　切槽设置

45）单击【进给和速度】，弹出对话框，设置主轴速度为 1200，设置进给率为 0.1，如图1-3-69所示。单击【确定】完成进给和速度设置。单击【生成刀轨】，得到零件的加工刀轨，如图 1-3-70 所示。

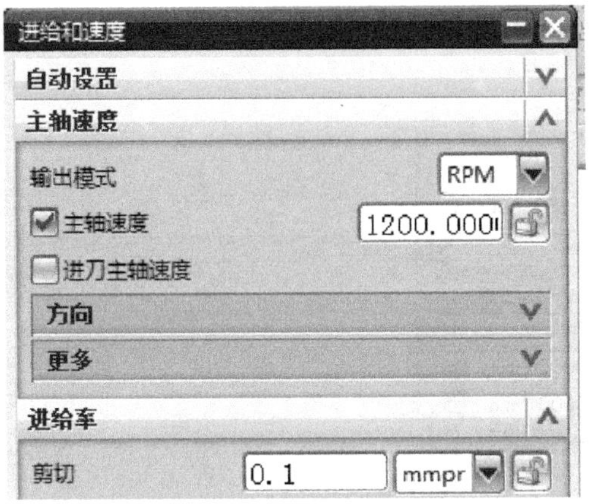

图 1-3-69 进给和速度

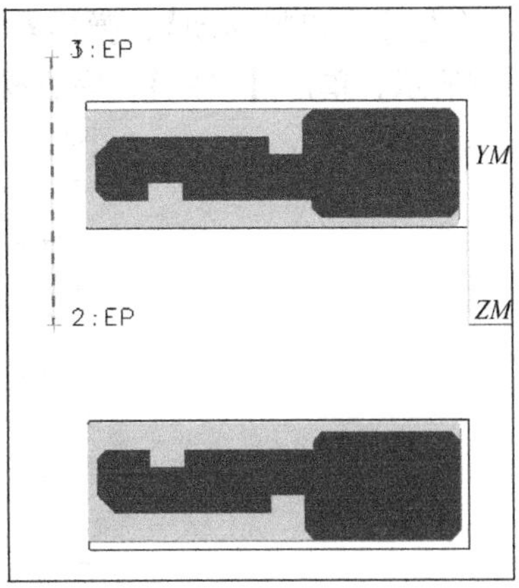

图 1-3-70 加工刀轨

（2）编制加工零件右端的 NC 程序

1）单击菜单条【插入】，单击【操作】，弹出创建操作对话框，类型为 turning，操作子类型为 ROUGH_TURNING_OD，程序为 PROGRAM，刀具为 OD_ROUGH_TOOL，几何体为 TURNING_WORKPIECE_R，方法为 LATHE ROUGH，名称为 ROUGH_TURNING_OD_R，如图 1-3-71 所示。单击【确定】，弹出操作设置对话框，如图 1-3-72 所示。

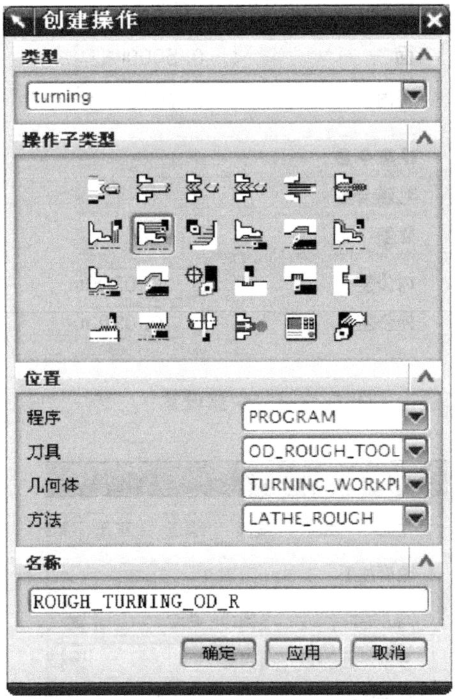

图 1-3-71 创建操作

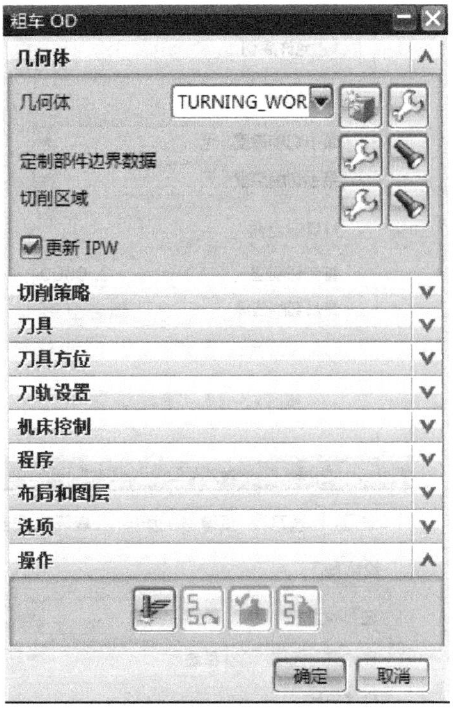

图 1-3-72 粗车 OD 操作设置

2）单击【刀轨设置】，方法为 METHOD，水平角度为 180，方向为向前，切削深度为变量平均值，最大值为 2，最小值为 1，变换模式为根据层，清理为全部，如图 1-3-73 所示。

3）单击【切削参数】，单击【策略】，设置最后切削边缘为 5，如图 1-3-74 所示；设置余量为 0.5，如图 1-3-75 所示；单击【确定】，完成切削参数设置。

4）单击【非切削移动】，弹出对话框，进刀设置如图 1-3-76 所示；设置退刀方式如图 1-3-77所示；单击【确定】，完成操作。

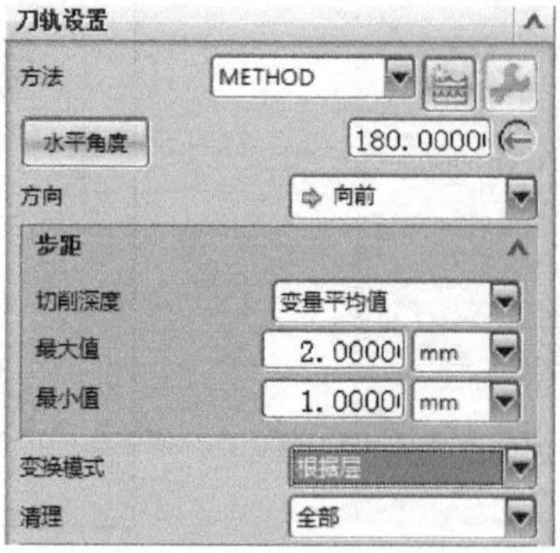

图 1-3-73　刀轨设置

图 1-3-74　策略设置

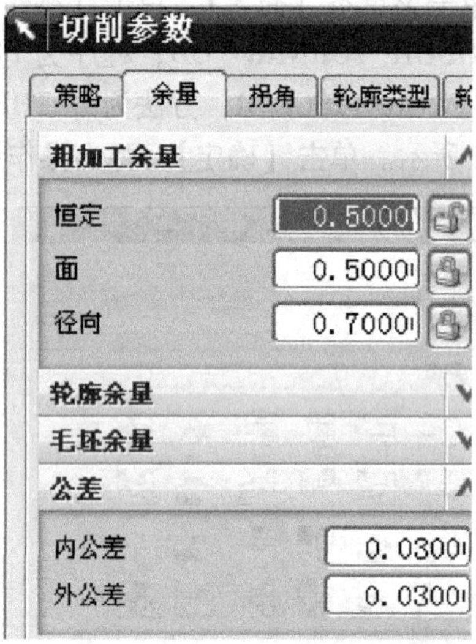

图 1-3-75　余量设置

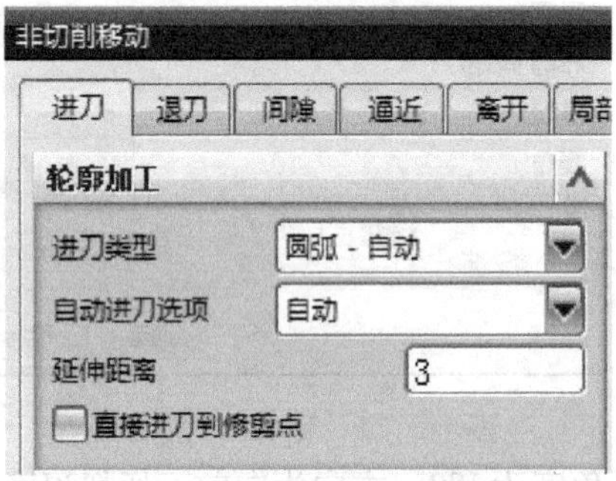

图 1-3-76　进刀设置

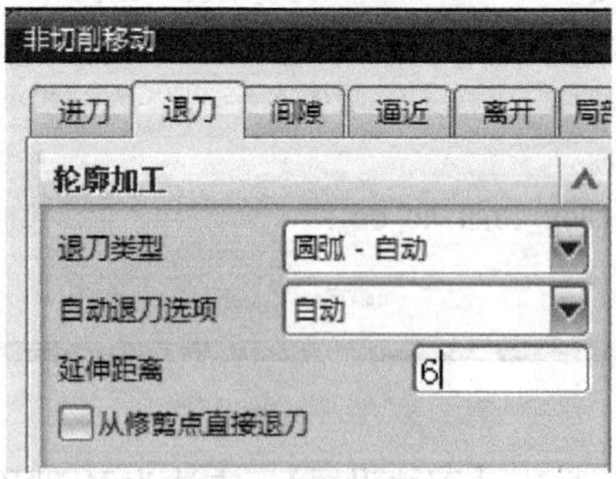

图 1-3-77　退刀设置

5）设置出发点为（100，50，0），如图 1-3-78 所示；设置回零点为（100，50，0），如图 1-3-79 所示；单击【确定】，完成操作。

图 1-3-78 出发点设置

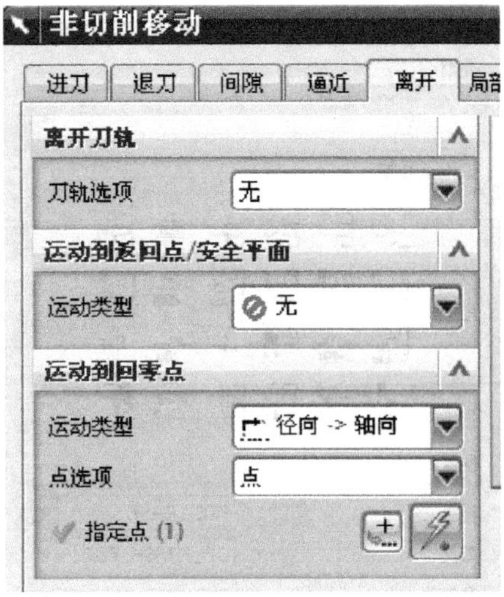

图 1-3-79 回零点设置

6）单击【进给和速度】，弹出对话框，设置主轴速度为1200，设置进给率为0.25，如图1-3-80所示；单击【确定】完成进给和速度设置。单击【生成刀轨】，得到零件的加工刀轨，如图1-3-81所示。

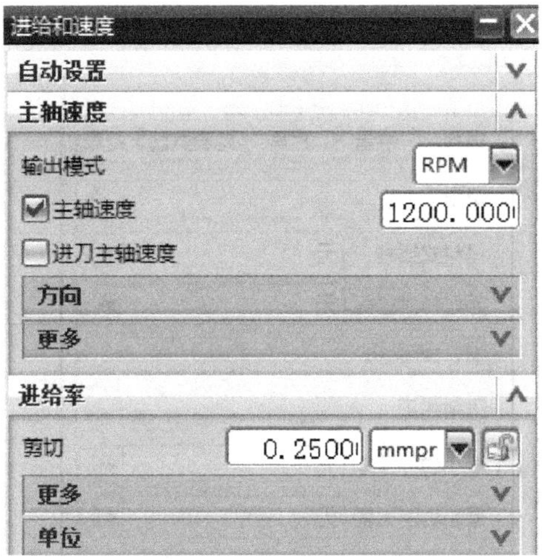

图 1-3-80 进给和速度

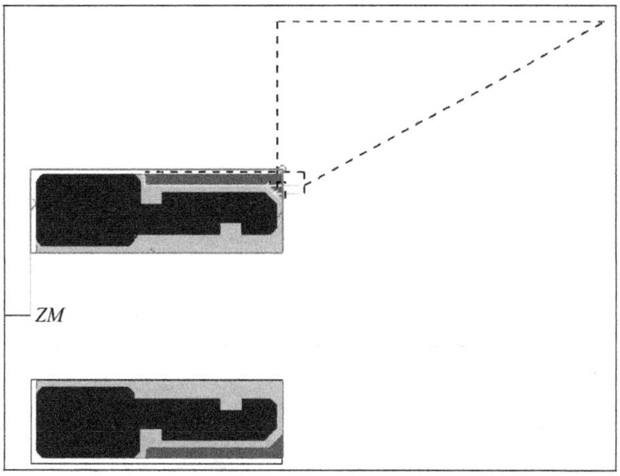

图 1-3-81 加工刀轨

7）单击菜单条【插入】，单击【操作】，弹出创建操作对话框，类型为turning，操作子类型为FINISH_TURNING_OD，程序为PROGRAM，刀具为OD_FINISH_TOOL，几何体为TURNING_WORKPIECE_R，方法为LATHE_FINISH，名称为FINISH_TURNING_OD_R，如图1-3-82所示。单击【确定】，弹出操作设置对话框，如图1-3-83所示。

8）单击【刀轨设置】，设置层角度为180，方向为前进，如图1-3-84所示。

9）单击【切削参数】，单击【策略】，设置最后切削边为5，如图1-3-85所示。

图 1-3-82　创建操作

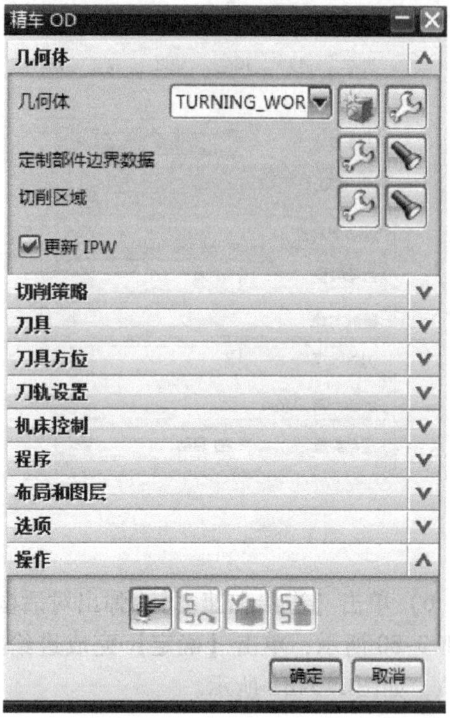

图 1-3-83　精车 OD 操作设置

图 1-3-84　刀轨设置

图 1-3-85　策略设置

10）单击【非切削移动】，弹出对话框，进刀设置如图 1-3-86 所示；退刀设置如图 1-3-87所示；单击【确定】，完成操作。

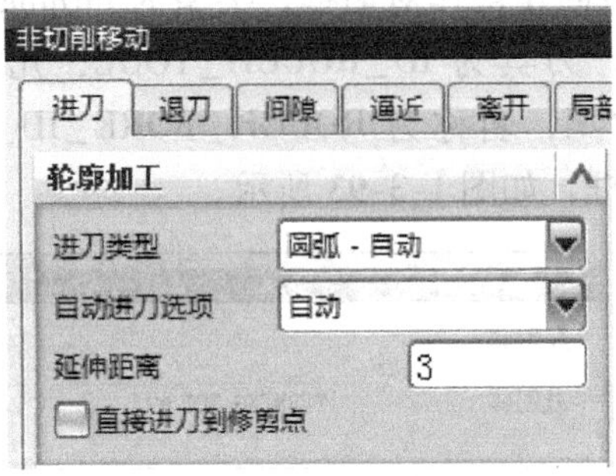

图 1-3-86　进刀设置

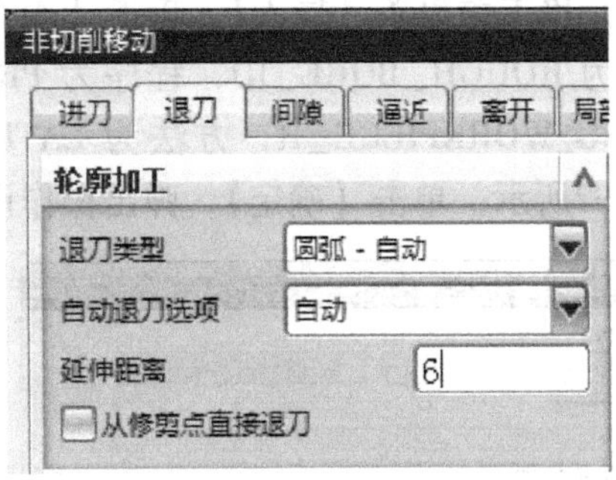

图 1-3-87　退刀设置

11）设置出发点为（100，50，0），如图 1-3-88 所示；设置回零点为（100，50，0），如图 1-3-89 所示；单击【确定】，完成操作。

图 1-3-88　出发点设置

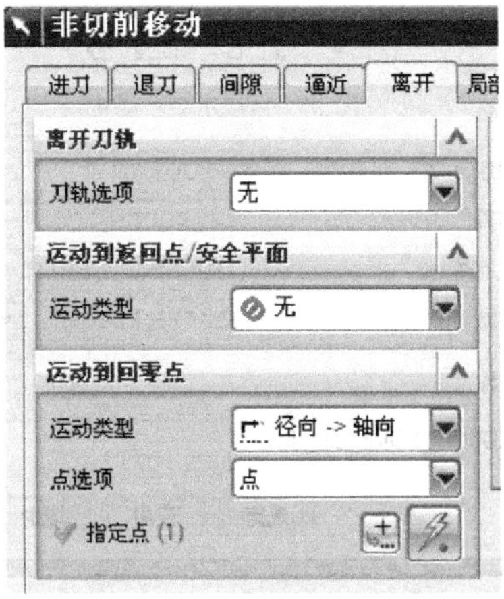

图 1-3-89　回零点设置

12）单击【进给和速度】，弹出对话框，设置主轴速度为 1500，设置进给率为 0.1，如图 1-3-90所示。单击【确定】完成进给和速度设置。单击生成刀轨，得到零件的加工刀轨，如图 1-3-91 所示。

图 1-3-90　进给和速度

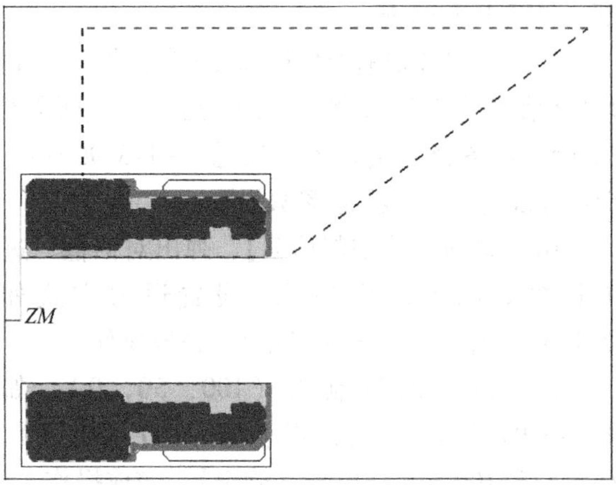

图 1-3-91　加工刀轨

13）单击菜单条【插入】，单击【操作】，弹出创建操作对话框，类型为 turning，操作子类型为 ROUGH_BORE_ID，程序为 PROGRAM，刀具为 ID_ROUGH_TOOL，几何体为 TURNING_WORKPIECE_R，方法为 LATHE_ROUGH，名称为 ROUGH_BORE_ID_R，如图 1-3-92所示。单击【确定】，弹出操作设置对话框，如图 1-3-93 所示。

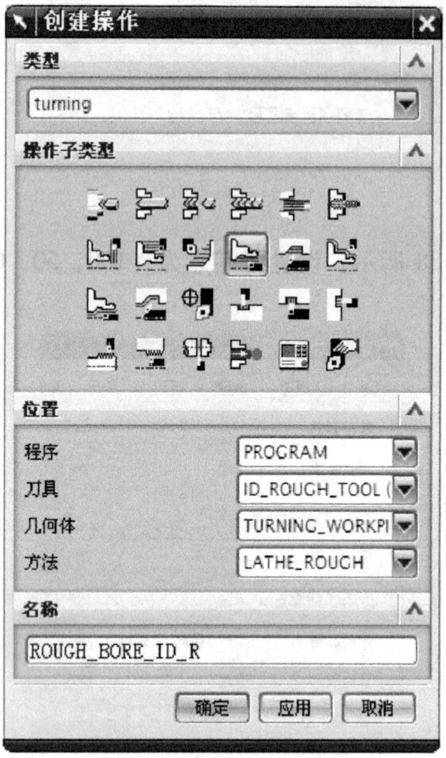

图 1-3-92　创建操作

图 1-3-93　粗镗 ID 操作设置

14）单击【刀轨设置】，层角度为 180，方向为前进，切削深度为变量平均值，最大值为 2，最小值为 1，变换模式为根据层，清理为全部，如图 1-3-94 所示。

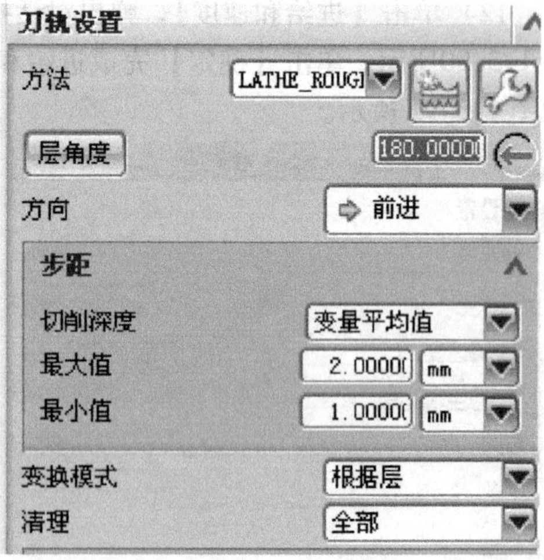

图 1-3-94　刀轨设置

15）单击【切削参数】，单击【策略】，设置最后切削边缘为5，如图1-3-95 所示。设置面余量为0.5，设置径向余量为 0.7，如图 1-3-96所示。单击【确定】，完成切削参数设置。

16）单击【非切削移动】，弹出对话框，进刀设置如图 1-3-97 所示；设置退刀方式如图 1-3-98所示；单击【确定】，完成操作。

17）设置出发点为（100，50，0），如图 1-3-99所示；设置回零点为（100，50，0），如图 1-3-100所示；单击【确定】，完成操作。

图 1-3-95　策略设置

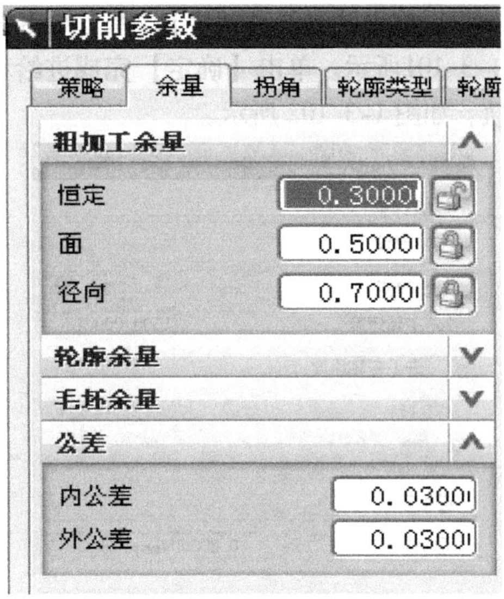

图 1-3-96　余量设置

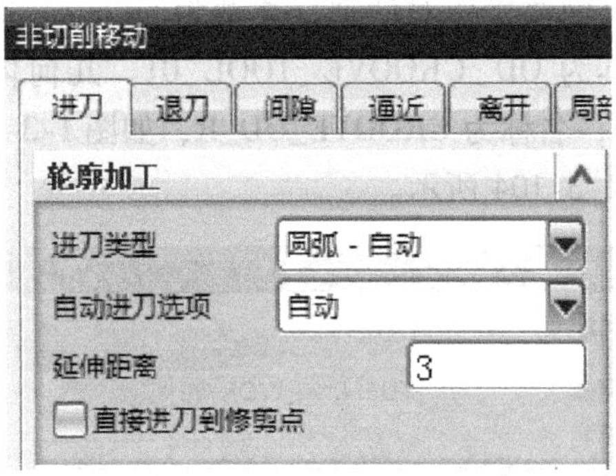

图 1-3-97　进刀设置

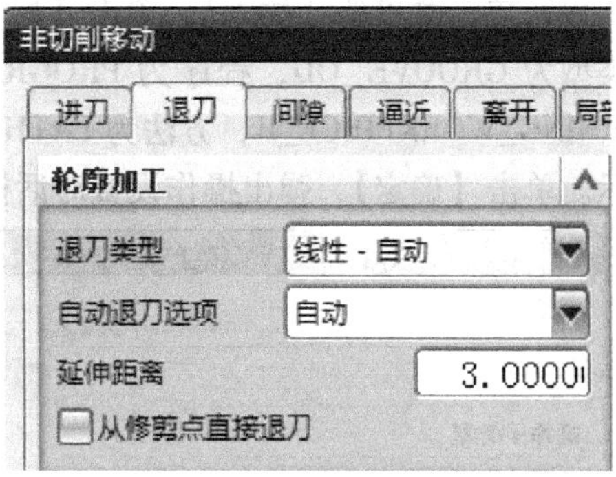

图 1-3-98　退刀设置

图 1-3-99　出发点设置

图 1-3-100　回零点设置

18）单击【进给和速度】，弹出对话框，设置主轴速度为1500，设置进给率为0.2，如图1-3-101所示。单击【确定】完成进给和速度设置。单击【生成刀轨】，得到零件的加工刀轨，如图1-3-102所示。

图1-3-101　进给和速度

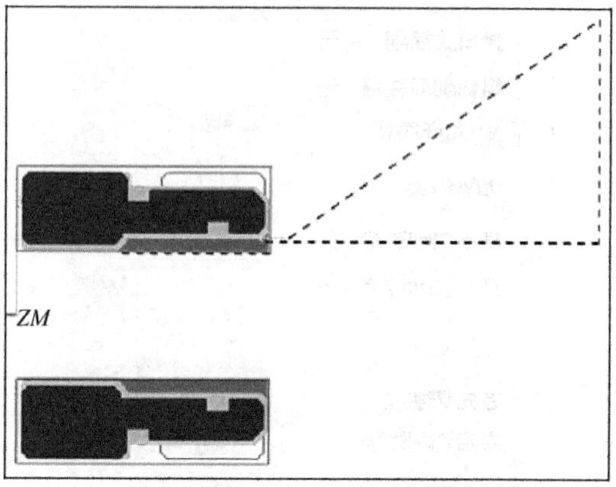

图1-3-102　加工刀轨

19）单击菜单条【插入】，单击【操作】，弹出创建操作对话框，类型为turning，操作子类型为GROOVE_OD，程序为PROGRAM，刀具为OD_GROOVE_TOOL_01，几何体为TURNING_WORKPIECE_R，方法为LATHE_FINISH，名称为GROOVE_OD_R，如图1-3-103所示。单击【确定】，弹出操作设置对话框，如图1-3-104所示。

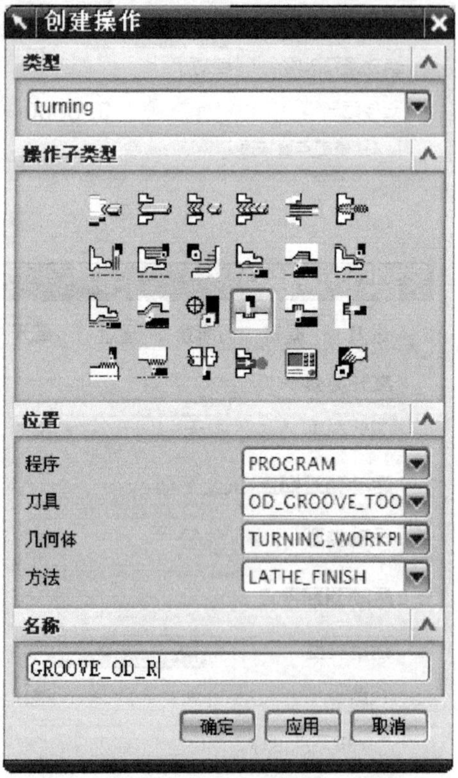

图1-3-103　创建操作

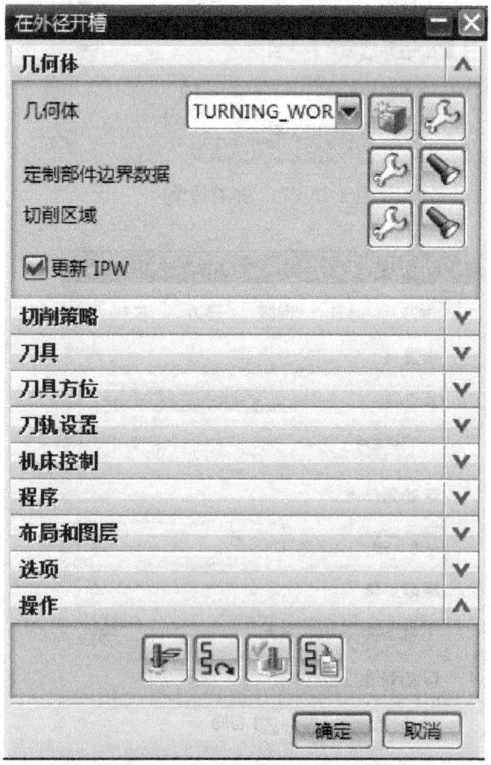

图1-3-104　切槽操作设置

20）单击指定【切削区域】，弹出对话框，分别指定轴向修剪平面1和轴向修剪平面2，指定图1-3-105所示点，单击【确定】，完成操作。

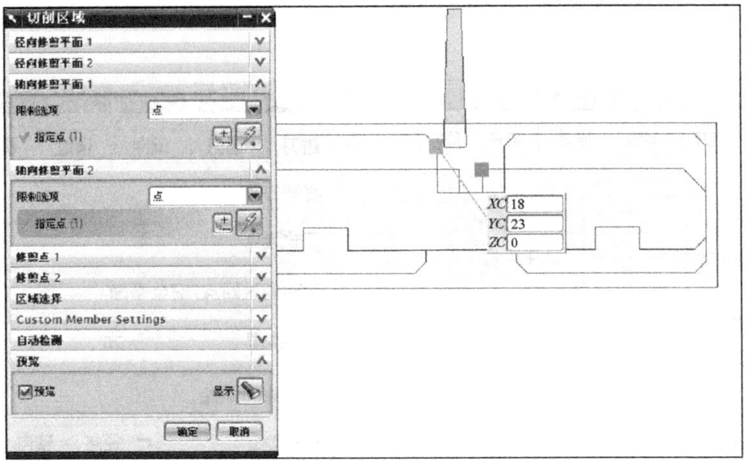

图1-3-105　切削区域

21）单击【刀轨设置】，设置步进角度为180，方向为前进，如图1-3-106所示。

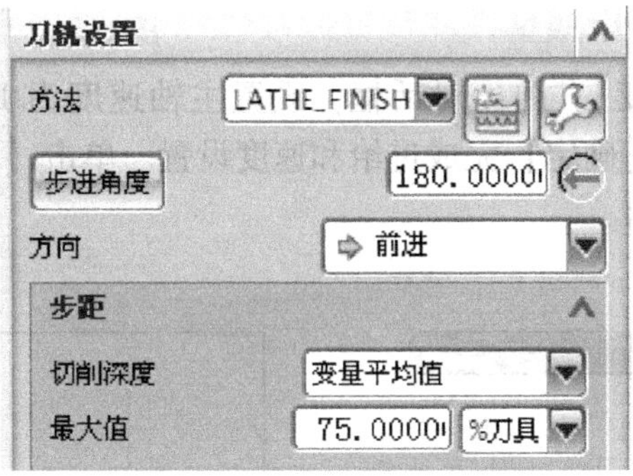

图1-3-106　刀轨设置

22）单击【非切削移动】，弹出对话框，进刀设置如图1-3-107所示，退刀设置如图1-3-108所示，单击【确定】，完成操作。

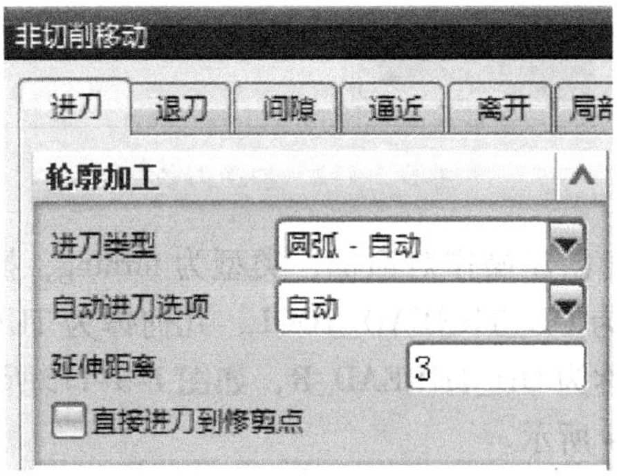

图1-3-107　进刀设置

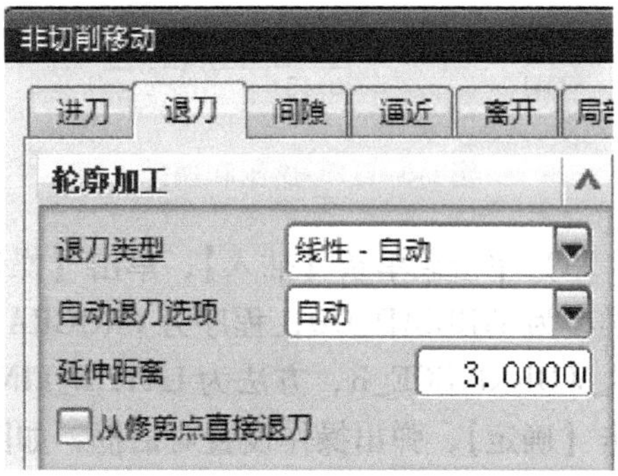

图1-3-108　退刀设置

23）设置出发点为（100，50，0），如图 1-3-109 所示；设置回零点为（100，50，0），如图 1-3-110 所示；单击【确定】，完成操作。

图 1-3-109　出发点设置

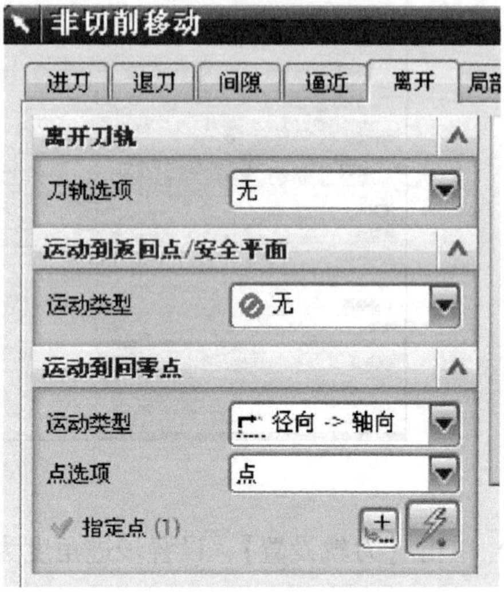

图 1-3-110　回零点设置

24）单击【进给和速度】，弹出对话框，设置主轴速度为 1200，设置进给率为 0.15，如图 1-3-111 所示。单击【确定】完成进给和速度设置。单击【生成刀轨】，得到零件的加工刀轨，如图 1-3-112 所示。

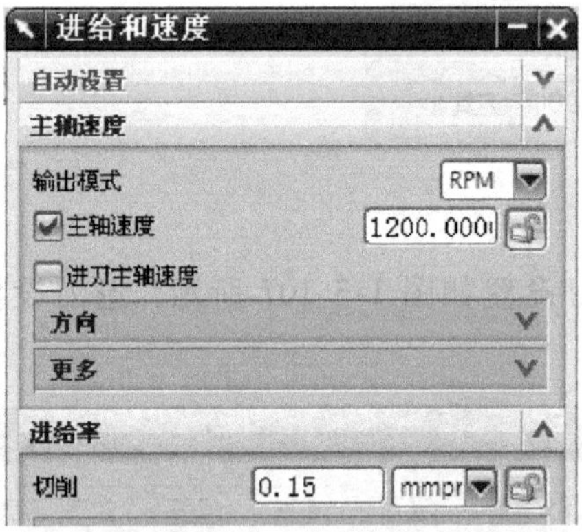

图 1-3-111　进给和速度

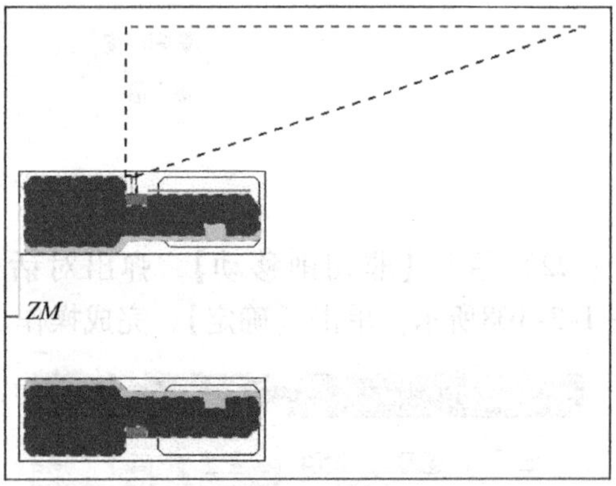

图 1-3-112　加工刀轨

25）单击菜单条【插入】，单击【操作】，弹出创建操作对话框，类型为 turning，操作子类型为 THREAD_OD，程序为 PROGRAM，刀具为 OD_THREAD_TOOL，几何体为 TURNING_WORKPIECE_R，方法为 LATHE_FINISH，名称为 OD_THREAD_R，如图 1-3-113所示。单击【确定】，弹出操作设置对话框，如图 1-3-114 所示。

图 1-3-113　创建操作

图 1-3-114　螺纹 OD 操作设置

26）在螺纹参数设置中，分别设定螺纹顶线和终止线，深度选项为深度和角度，设置深度为0.9，螺旋角为180，起始偏置为5，终止偏置为2，如图 1-3-115 所示。

27）单击【刀轨设置】，切削深度为恒定，深度为0.2，切削深度公差为0.01，螺纹线数为1，如图 1-3-116 所示。

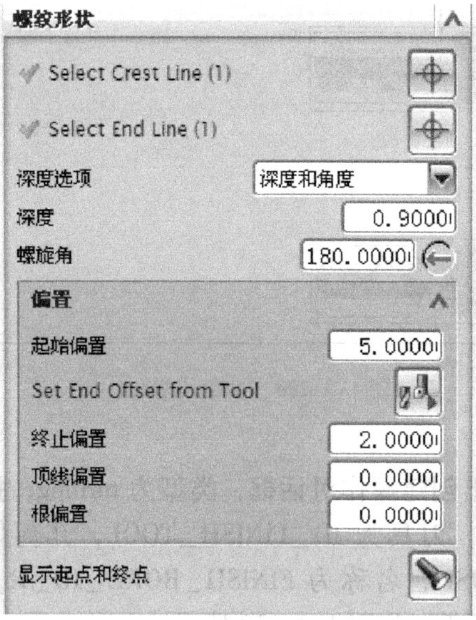

图 1-3-115　螺纹参数设置

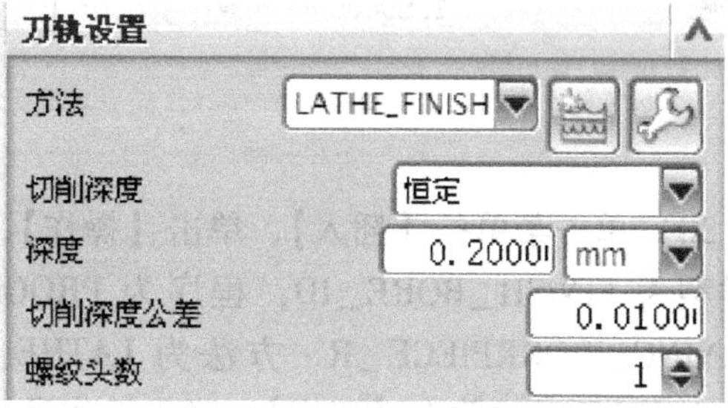

图 1-3-116　刀轨设置

28）设置出发点为（100，50，0），如图 1-3-117 所示；设置回零点为（100，50，0），如图 1-3-118 所示；单击【确定】，完成操作。

图 1-3-117 出发点设置

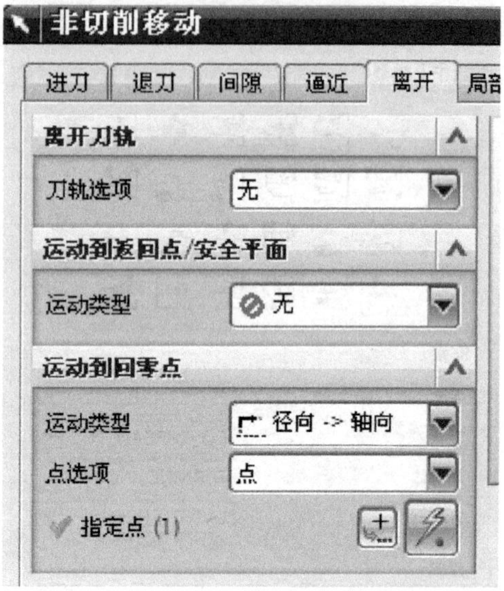

图 1-3-118 回零点设置

29）单击【进给和速度】，弹出对话框，设置主轴速度为 800，设置进给率为 1.5，如图 1-3-119所示。单击【确定】完成进给和速度设置。单击【生成刀轨】，得到零件的加工刀轨，如图 1-3-120 所示。

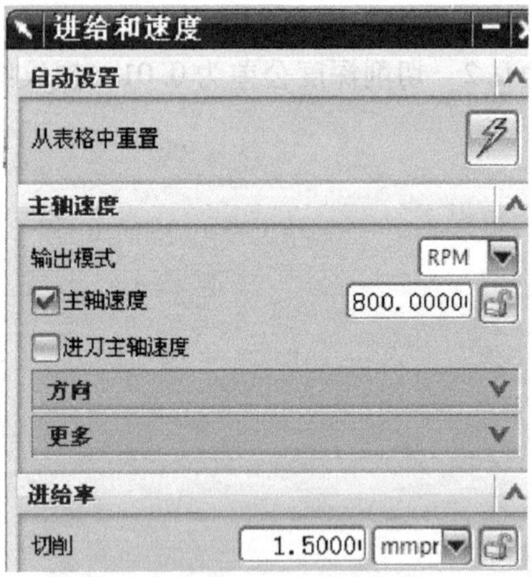

图 1-3-119 进给和速度

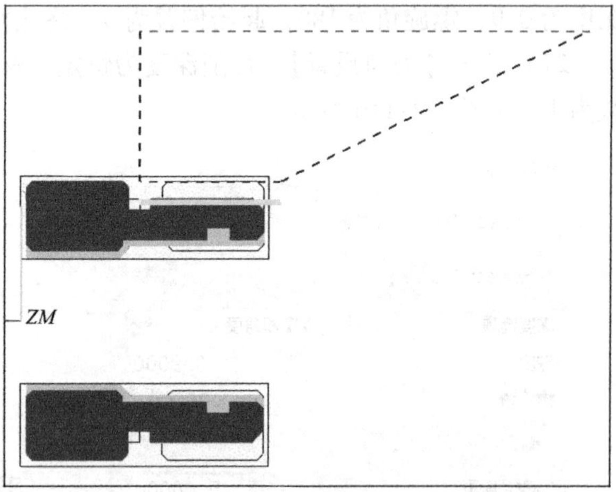

图 1-3-120 加工刀轨

30）单击菜单条【插入】，单击【操作】，弹出创建操作对话框，类型为 turning，操作子类型为 FINISH_BORE_ID，程序为 PROGRAM，刀具为 ID_FINISH_TOOL，几何体为 TURNING_WORKPIECE_R，方法为 LATHE_FINISH，名称为 FINISH_BORE_ID_R，如图 1-3-121所示。单击【确定】，弹出操作设置对话框，如图 1-3-122 所示。

31）单击【刀轨设置】，层角度为180，方向为向前，清理为全部，如图1-3-123所示。

32）单击【切削参数】，单击【策略】，设置最后切削边缘为5，如图1-3-124所示。

图1-3-121　创建操作

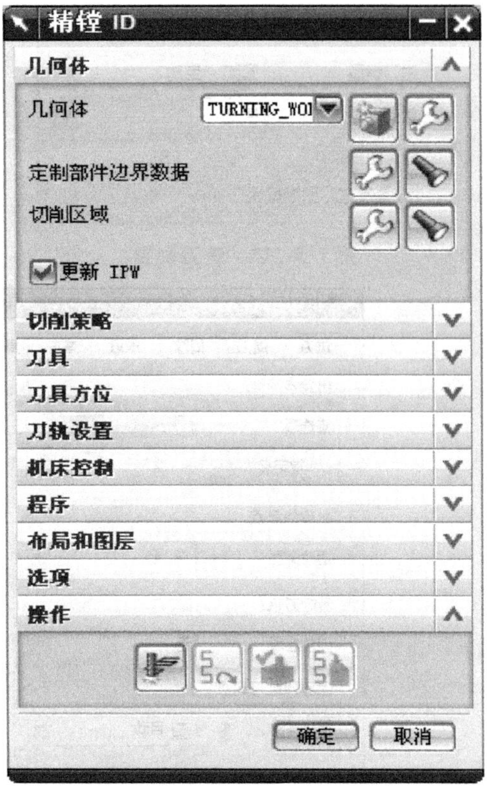

图1-3-122　精镗ID操作设置

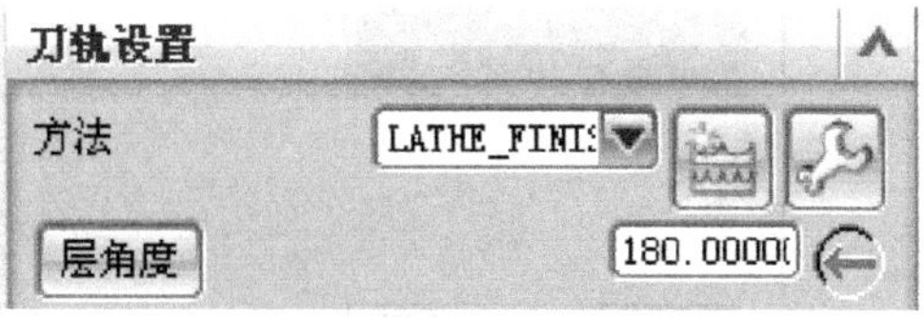

图1-3-123　刀轨设置

图1-3-124　策略设置

33）单击【非切削移动】，弹出对话框，进刀设置如图1-3-125所示；退刀设置如图1-3-126所示；单击【确定】，完成操作。

34）设置出发点为（100，50，0），如图1-3-127所示；设置回零点为（100，50，0），如图1-3-128所示；单击【确定】，完成操作。

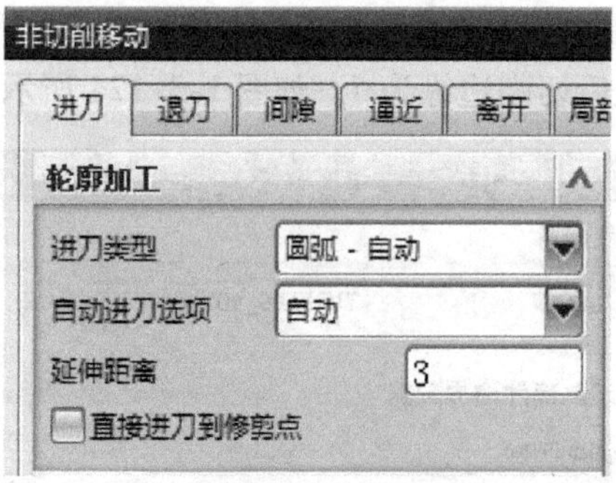

图 1-3-125　进刀设置

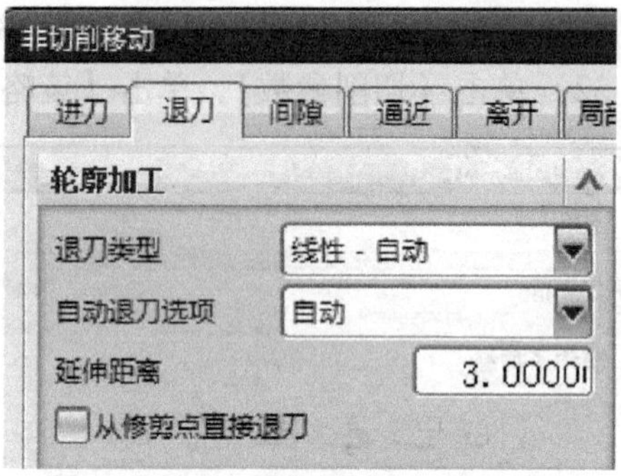

图 1-3-126　退刀设置

图 1-3-127　出发点设置

图 1-3-128　回零点设置

35）单击【进给和速度】，弹出对话框，设置主轴速度为1800，设置进给率为0.1，如图1-3-129所示。单击【确定】，完成进给和速度设置。单击【生成刀轨】，得到零件的加工刀轨，如图1-3-130 所示。

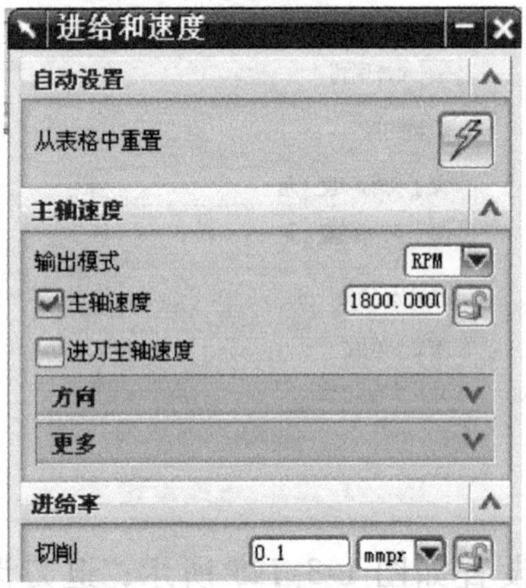

图 1-3-129　进给和速度

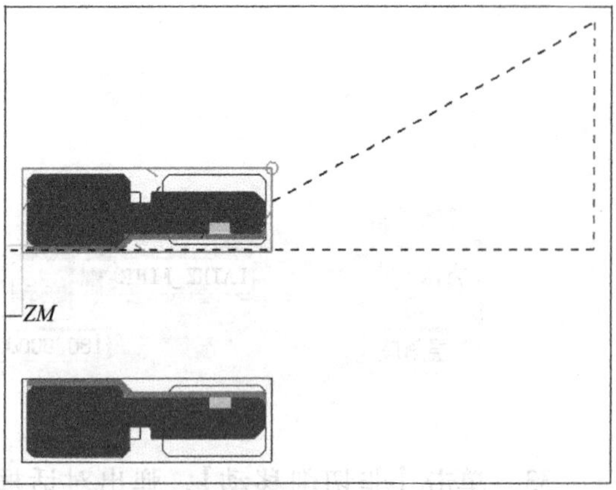

图 1-3-130　加工刀轨

36）单击菜单条【插入】，单击【操作】，弹出创建操作对话框，类型为 turning，操作子类型为 GROOVE_ID，程序为 PROGRAM，刀具为 ID_GROOVE_TOOL_01，几何体为

TURNING_WORKPIECE_R，方法为 LATHE_FINISH，名称为 GROOVE_ID_R，如图 1-3-131 所示。单击【确定】，弹出操作设置对话框，如图 1-3-132 所示。

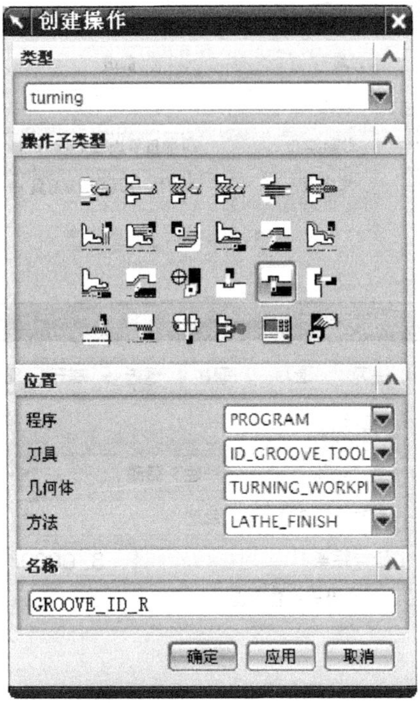

图 1-3-131　创建操作

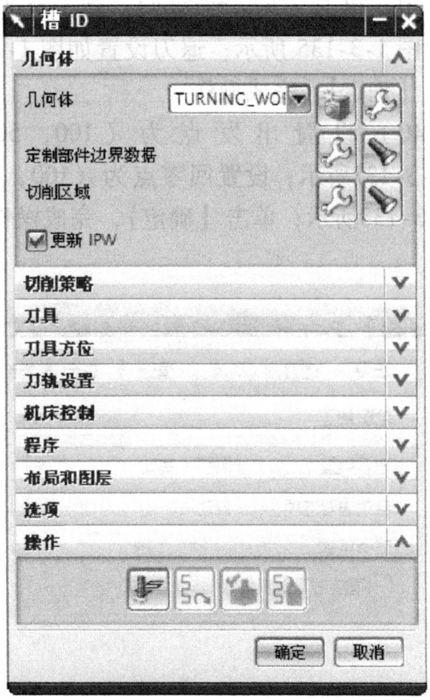

图 1-3-132　切槽 ID 操作设置

37）单击指定【切削区域】，弹出对话框，分别指定轴向修剪平面 1 和轴向修剪平面 2，指定图 1-3-133 所示点。单击【确定】，完成操作。

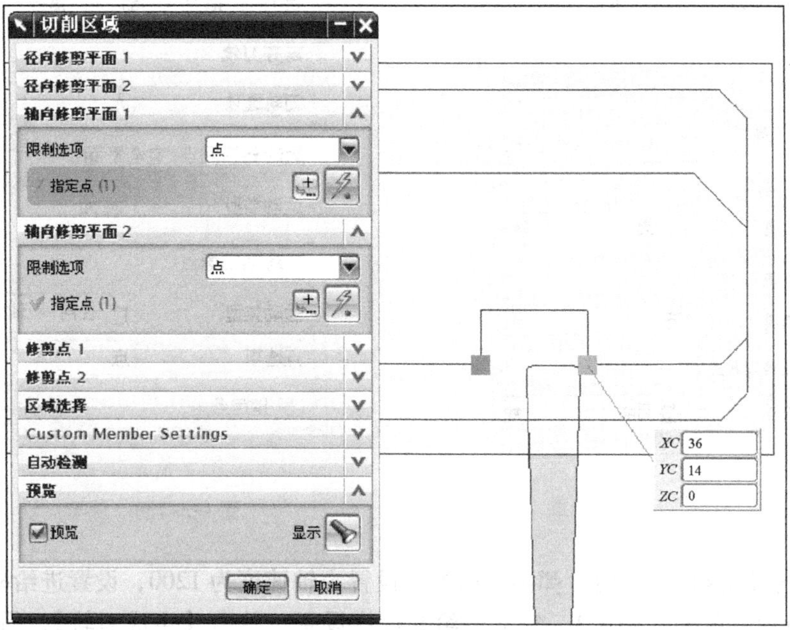

图 1-3-133　切削区域

38）单击【刀轨设置】，设置步进角度为180，方向为前进，如图1-3-134所示。

39）单击【非切削移动】，弹出对话框，进刀设置如图1-3-135所示；退刀设置如图1-3-136所示；单击【确定】，完成操作。

40）设置出发点为（100，50，0），如图1-3-137所示；设置回零点为（100，10，0），如图1-3-138所示；单击【确定】，完成操作。

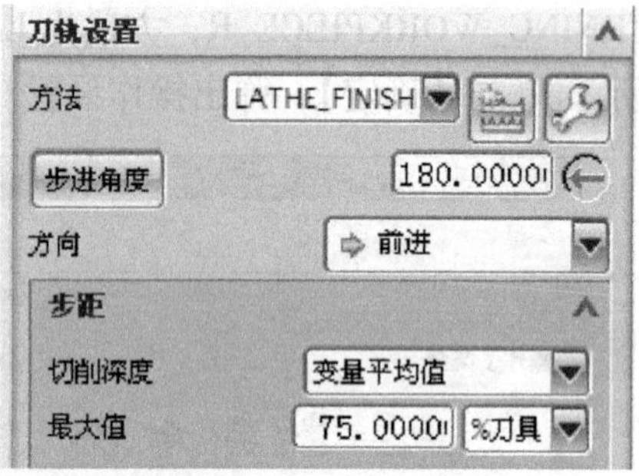

图1-3-134 刀轨设置

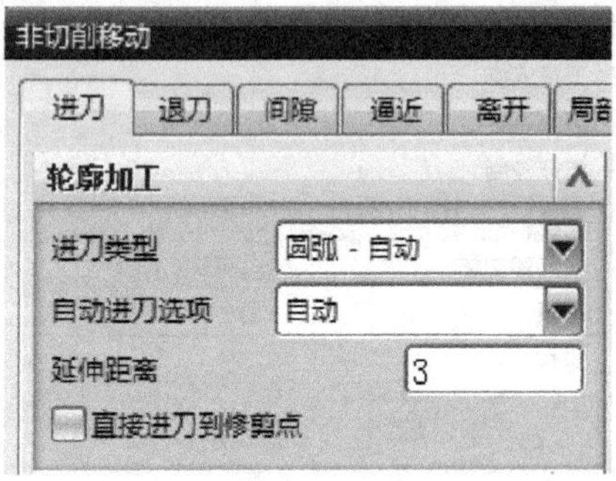

图1-3-135 进刀设置

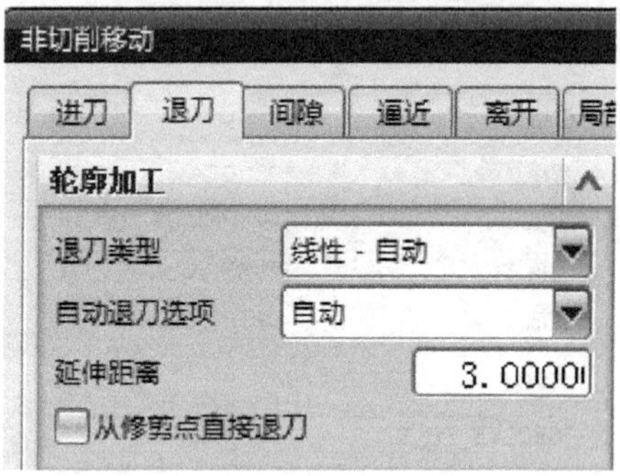

图1-3-136 退刀设置

图1-3-137 出发点设置

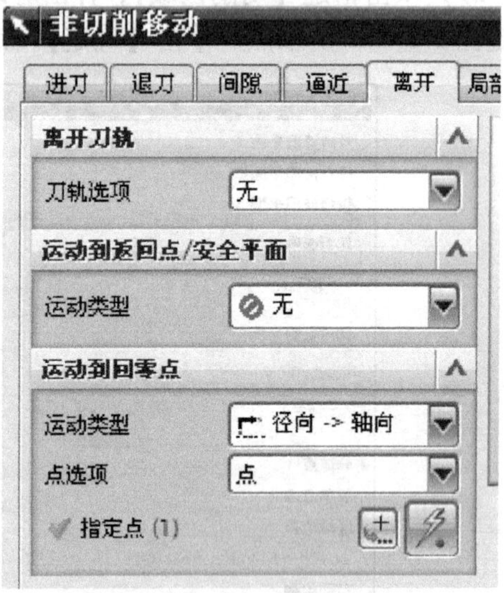

图1-3-138 回零点设置

41）单击【进给和速度】，弹出对话框，设置主轴速度为1200，设置进给率为0.1，如图1-3-139所示。单击【确定】，完成进给和速度设置。单击【生成刀轨】，得到零件的加工刀轨，如图1-3-140所示。

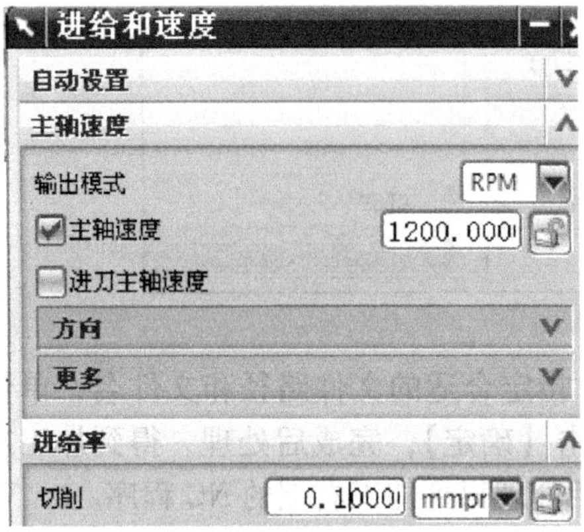

图 1-3-139　进给和速度

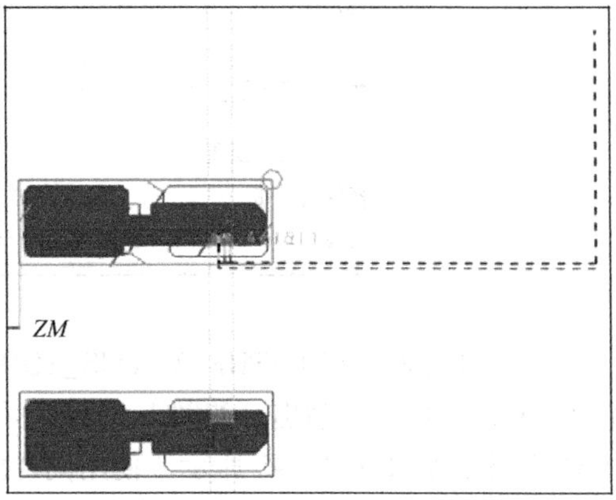

图 1-3-140　加工刀轨

(3) 仿真加工与后处理

1) 在操作导航器中选择 PROGRAM，单击鼠标右键，选择刀轨，选择确认，如图 1-3-141所示。弹出刀轨可视化对话框，选择 3D 动态，如图 1-3-142 所示。单击【确定】，开始仿真加工。

图 1-3-141　刀轨确认

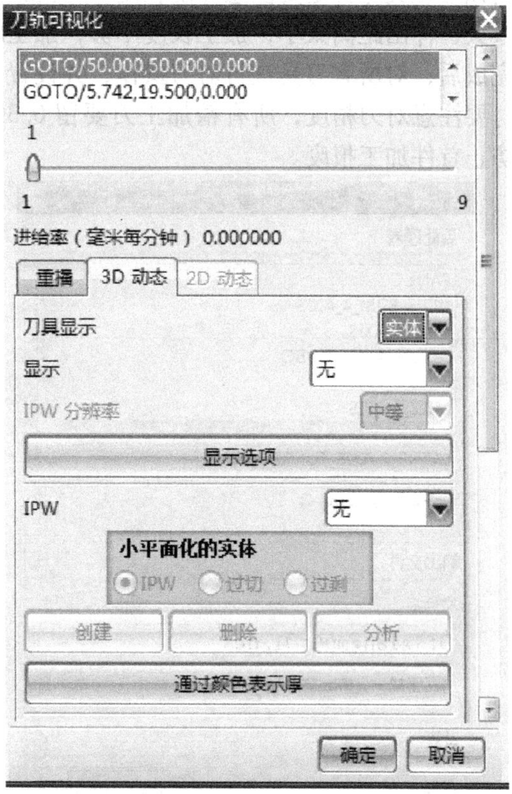

图 1-3-142　刀轨可视化

2) 后处理得到加工程序。在刀轨操作导航器中选中加工左端的加工操作，单击【工具】/【操作导航器】/【输出】/【NX Post 后处理】，如图 1-3-143 所示，弹出后处理对话框。

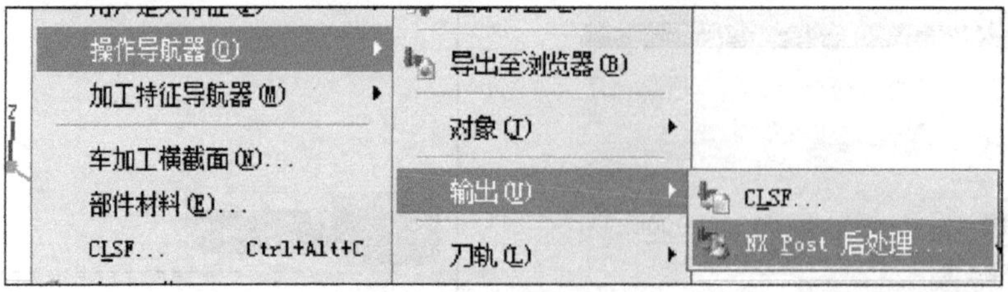

图 1-3-143　后处理命令

3）后处理器选择 LATHE_2_AXIS_TOOL_TIP，指定合适的文件路径和文件名，单位设置为公制，勾选列出输出，如图 1-3-144 所示，单击【确定】，完成后处理，得到加工左端的 NC 程序，如图 1-3-145 所示。使用同样的方法后处理得到加工右端的 NC 程序。

3. 零件加工

（1）加工准备　按照设备管理要求，对加工设备进行检查，确保设备正常。对照工艺卡，配齐所有刀具和相关量具，并对刀具进行检查确保刀具完好，对所用量具进行校验。根据工艺要求将刀具安装到对应的刀位，调整刀具伸出长度，在满足加工要求的前提下，伸出长度尽量短；调整刀尖高度，确保刀尖与机床轴线等高；安装切槽刀时，要保证切槽刀的主切削刃与机床主轴平行；安装螺纹刀时，要保证角度对称。由于本零件加工使用棒料毛坯，所以在装夹零件是要注意伸出长度，伸出距离过大会造成浪费，加工时造成第一刀的切削量过大；伸出距离太小，加工长度不够，加工时造成第一刀切削未切到零件。刀具和零件安装完成后，对所有刀具进行对刀操作，并设置刀具补偿数据，零件编程原点为端面中心。对刀时要注意对刀精度，所有精加工刀要留 0.3mm 的余量，以供第一次加工后进行测量调整，防止首件加工报废。

图 1-3-144　后处理

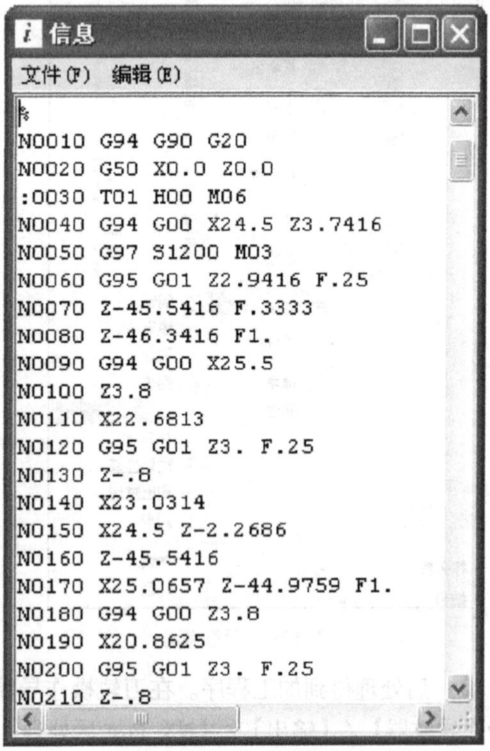

图 1-3-145　加工程序

（2）程序传输　在关机状态使用RS232通信线连接机床系统与计算机，打开计算机和数控机床系统，进行相应的通信参数设置，要求数控系统内的通信参数与计算机通信软件内的参数一致。

（3）零件加工及注意事项　对刀和程序传输完成后，将机床模式切换到自动方式，按循环启动键，即可开始自动加工，在加工过程中，由于是首件第一次加工，所以要密切注意加工状态，有问题要及时停止。在运行切断程序前，暂停加工，对零件进行检测，由于对刀时精加工刀在补偿数据中留了0.3mm的余量，所以第一次加工完毕，零件还有余量，进行检测，根据检测结果，调整精车刀的补偿数据，然后重新运行精加工程序，确保零件尺寸合格。在零件切断时要注意保护零件，防止零件掉下来时破坏已加工面。

（4）零件检测　零件检测是零件整个生产过程的重要环节，是保证零件质量，优化加工工艺的主要依据。零件检测主要步骤：制作检测用的LAYOUT图如图1-3-146所示，也就是对所有需要检测的项目进行编号的图样；制作检测用空白检测报告如图1-3-147所示，报告包括检测项目、标准、所用量具、检测频率；对零件进行检测并填写报告。

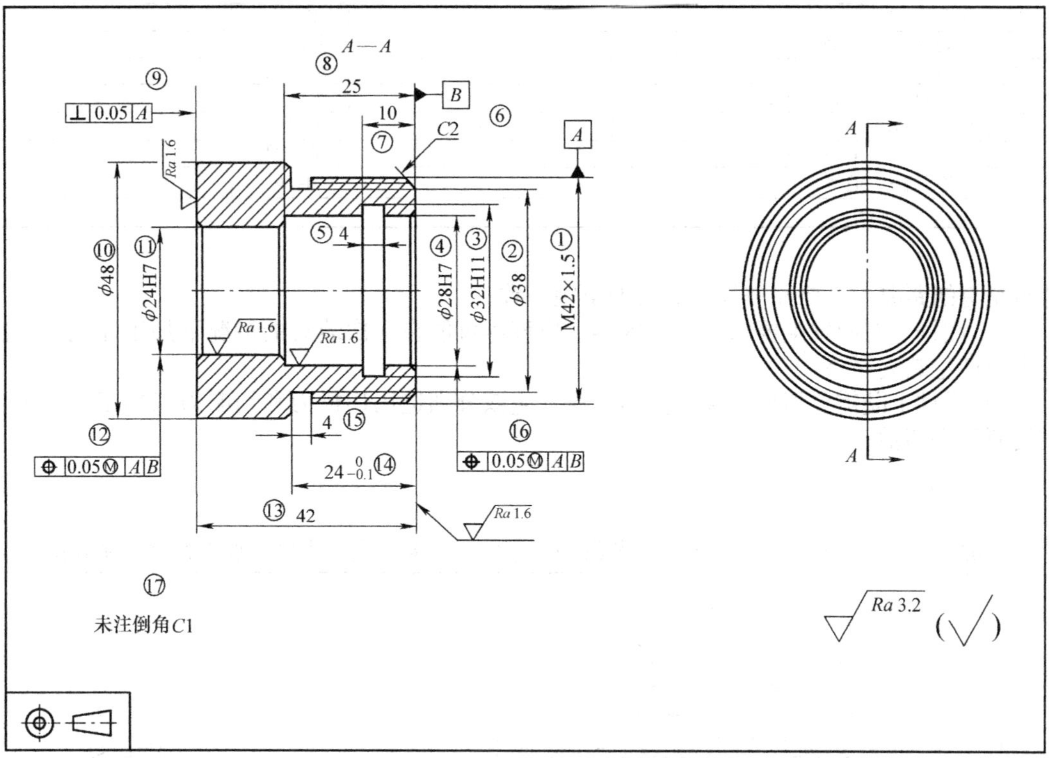

图1-3-146　LAYOUT图

（5）编制及完善相关工艺文件　根据加工中的实际情况和检测结果，对零件加工工艺和加工程序进行优化，最大限度地缩短加工时间，提高效率。主要是删除空运行的程序段，并调整切削参数。

1.3.4　专家点拨

1）加工外螺纹时，首先需要车削外圆，外圆直径要小于螺纹大径0.1～0.3mm，具体数值要根据螺纹大小得到；螺纹底径一般为：大径－（1.2～1.3）×螺距。

2）在选择螺纹刀时，要选择和需要加工的螺纹规格一致的螺纹刀片，也就是说螺纹刀

检测报告 (Inspection Report)											
零件名：单向轴套				零件材料：					送检数量：		
零件号：476518-0				表面处理：					送检日期：		
DIM No	图样尺寸			测量 (Measurement)							备注 (Remark)
				测量尺寸 (Measuring Size)						测量工具 (Measurement Tool)	
	公称尺寸	上极限偏差	下极限偏差	1#	2#	3#	4#	5#	6#		
1	M42×1.5	/	/							螺纹规	
2	ϕ38	0.25	−0.25							游标卡尺	
3	ϕ32H11	0.16	0							游标卡尺	
4	ϕ28H7	0.021	0							内径量表	
5	4.00	0.25	−0.25							游标卡尺	
6	*C*2	0.25	−0.25							游标卡尺	
7	10.0	0.25	−0.25							游标卡尺	
8	25.00	0.25	−0.25							游标卡尺	
9	垂直度0.05	/	/							CMM	
10	ϕ48	0.25	−0.25							游标卡尺	
11	ϕ24H7	0.021	0							内径量表	
12	位置度0.05	/	/							CMM	
13	42.00	0.25	−0.25							游标卡尺	
14	24.00	0	−0.1							游标卡尺	
15	4.00	0.25	−0.25							游标卡尺	
16	位置度0.05	/	/							CMM	
17	*C*1	0.25	−0.25							深度尺	
外观　碰伤　毛刺										目测	
是/否 合格											

图 1-3-147　检测报告

片也是有螺距要求，要和被加工螺纹的螺距一致。

3）图样上有同轴度要求的加工内容，应该尽可能在一次装夹的情况下加工完成，二次装夹会产生装夹误差。

4）零件上既需要切槽，又需要切断时，应该分别选用切槽刀和切断刀来加工，而不要用切断刀去切槽。

1.3.5　课后训练

完成图 1-3-148 所示零件的加工工艺编制并制作工艺卡，完成零件的加工程序编制并仿真。

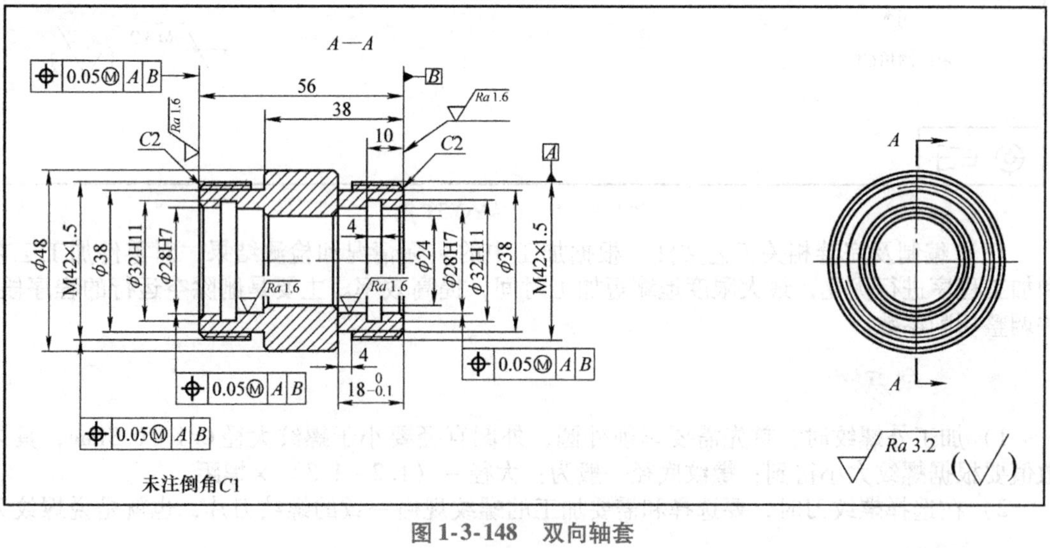

图 1-3-148　双向轴套

模块2　铣削零件加工与调试

学前见闻　从追飞机的孩子到大国工匠——沈飞数控加工厂王刚

项目 2.1　侧导向块的加工与调试

2.1.1　教学目标

【能力目标】能编制侧导向块的加工工艺
能使用 NX 6.0 软件编制侧导向块的加工程序
能使用立式铣削加工中心加工侧导向块
能检测加工完成的侧导向块

【知识目标】掌握侧导向块的加工工艺
掌握侧导向块的程序编制方法
掌握侧导向块的加工方法
掌握侧导向块的检测方法

【素质目标】激发学生的学习兴趣，培养团队合作和创新精神

2.1.2　项目导读

侧导向块是注塑机中的一个零件，此零件的特点是结构比较简单，零件整体外形为一块状，零件的加工精度要求一般。零件上由孔、倒角、台阶等特征组成，其中孔的直径和位置度要求比较高。在编程与加工过程中要特别注意孔的直径和位置度的控制。

2.1.3　项目任务

学生以企业制造工程师的身份投入工作，分析侧导向块的零件图样，明确加工内容和加工要求，对加工内容进行合理的工序划分，确定加工路线，选用加工设备，选用刀具和夹具，制定加工工艺卡；运用 NX 软件编制侧导向块的加工程序并进行仿真加工，使用立式铣削加工中心加工侧导向块，对加工成品进行检测，并根据检测结果对整个加工工艺和加工程序提出修改建议。

1. 制定加工工艺

（1）图样分析　侧导向块零件图样如图 2-1-1 所示，该侧导向块结构比较简单，主要

由孔、倒角、台阶特征组成。

零件材料为45钢，加工性能比较好。侧导向块主要加工内容见表2-1-1。

此侧导向块的主要加工难点为两个 ϕ10H7 内孔、三个 ϕ11H11 内孔相对基准 *A*、*B*、*C* 的位置度。

（2）制定工艺路线　此零件分两次装夹，毛坯留有一定的夹持量，正面一次加工完成，保证位置度，然后反身装夹，把夹持部分铣掉，保证总高，再加工反面台阶。由于选用了较好的刀具系统，所以在钻孔前不必先钻中心孔。

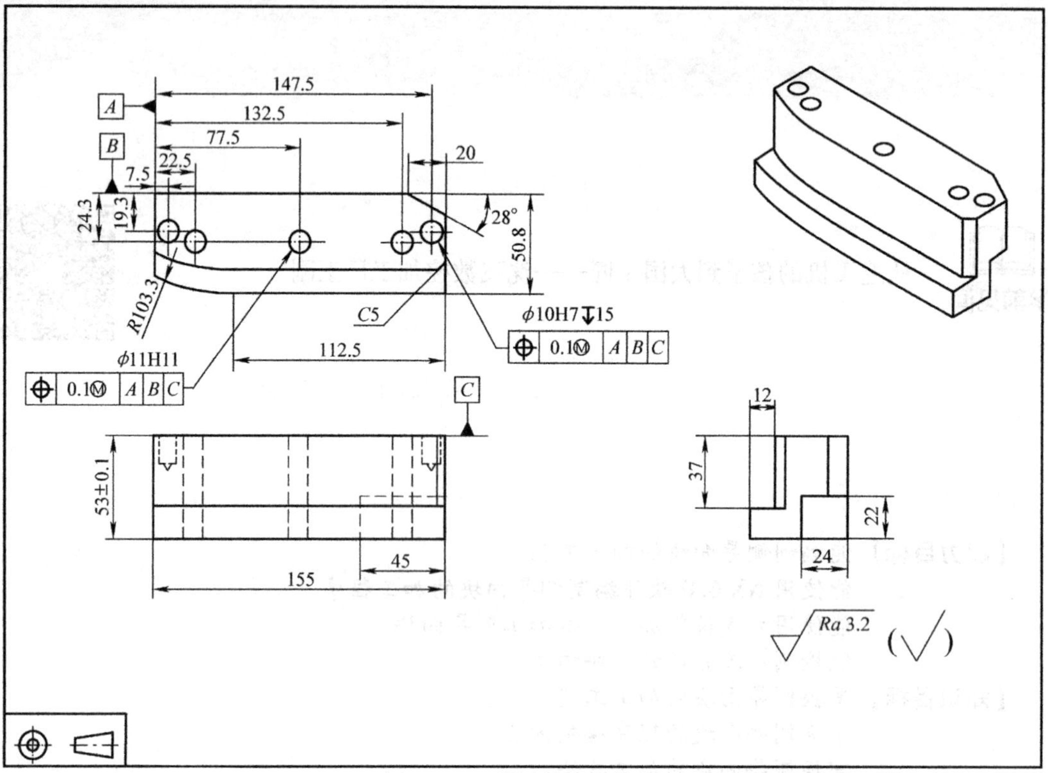

图2-1-1　侧导向块零件图

表2-1-1　加工内容

内　　容	要　　求	备　　注
外形	零件整体外形，尺寸偏差为 ±0.25mm	
凸台	零件凸台，凸起高度为（37 ±0.25）mm	
斜角	斜角长度为20mm，斜角为28°	
倒角	倒角尺寸 *C*5	
台阶	零件反面台阶，45mm×24mm，深度为22mm	
3×ϕ11H11孔	孔直径为 $\phi11^{+0.11}_{0}$mm，孔深度为贯通	
2×ϕ10H7孔	孔直径为 $\phi10^{+0.015}_{0}$mm，孔有效深度为15mm	
零件总高	零件总高为（53 ±0.1）mm	
表面粗糙度	所有加工面表面粗糙度为 *Ra*3.2μm	
位置度	ϕ10H7 内孔、ϕ11H11 内孔相对基准 *A*、*B*、*C* 的位置度公差为0.1mm	

1）备料。45钢，160mm×55mm×60mm。

2）铣上表面。平口钳装夹零件，铣上表面，见白为准。

3）粗铣外形。粗铣零件外形和凸台，留0.3mm精加工余量。

4）钻孔。钻三个 ϕ11mm 通孔，钻两个 ϕ9.8mm 孔，孔深度20mm。

5）精铣外形。精铣零件外形和凸台，保证零件尺寸和表面粗糙度。

6）铰孔。铰削两个 ϕ10H7 内孔，有效深度为 15mm。

7）铣反面。零件反身装夹，铣反面，保证零件总高，铣反面台阶至图样尺寸。

（3）选用加工设备　选用杭州友佳集团生产的 HV－40A 立式铣削加工中心作为加工设备，此机床为水平床身，机械手换刀，刚性好，加工精度高，适合小型零件的大批量生产，机床主要技术参数和外观见表 2-1-2。

表 2-1-2　机床主要技术参数和外观

主要技术参数		机床外观
X 轴行程/mm	1000	
Y 轴行程/mm	520	
Z 轴行程/mm	505	
主轴最高转速/(r/min)	10000	
刀具交换形式	机械手	
刀具数量	24	
数控系统	FANUC MateC	

（4）选用毛坯　零件材料为 45 钢，此材料为优质碳素结构钢，切削性能较好。根据零件尺寸和机床性能，并考虑零件装夹要求，选用 160mm × 55mm × 60mm 的块料作为毛坯。毛坯如图 2-1-2 所示。

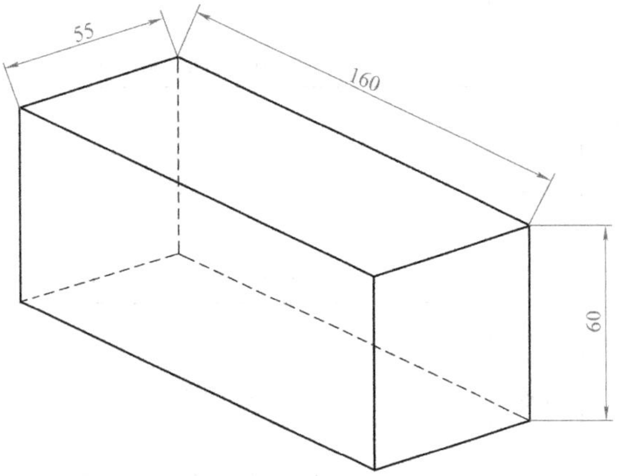

图 2-1-2　毛坯

（5）选用夹具　零件分两次装夹，加工顶面时，以毛坯作为基准，选用平口钳装夹，零件左侧面与平口钳左侧对齐，零件高度方向伸出量为 55mm，装夹简图如图 2-1-3 所示。加工零件底面时，采用已经加工完毕的外形作为定位基准，使用平口钳装夹，为保证零件定位精度，在平口钳侧面添加一个定位块，零件装夹时向左靠紧定位块，保证每次装夹位置绝对一致，装夹示意图如图 2-1-4 所示。

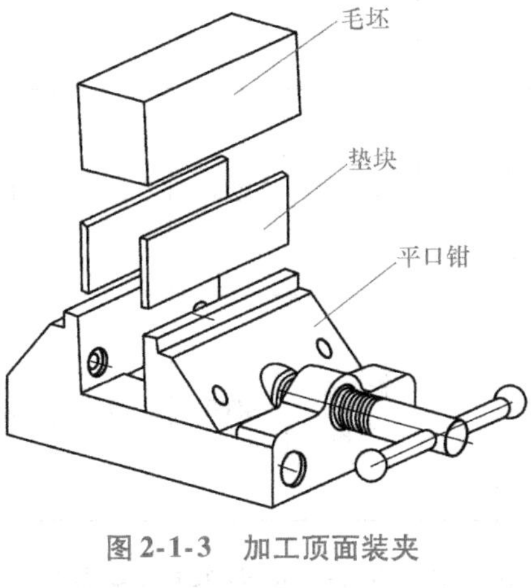

图 2-1-3　加工顶面装夹

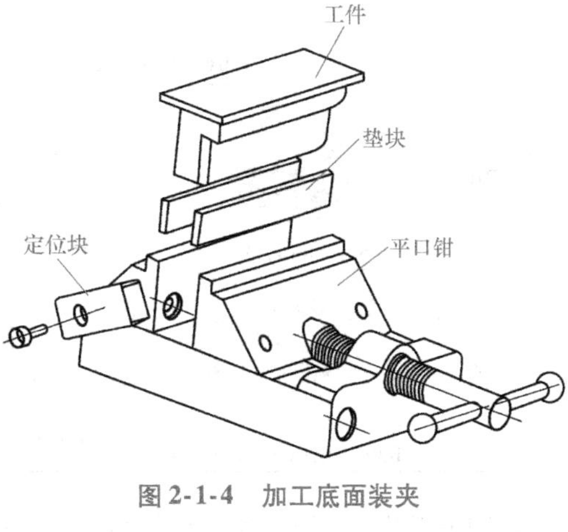

图 2-1-4　加工底面装夹

（6）选用刀具和切削用量　选用SANDVIK刀具系统，查阅SANDVIK刀具手册，选用刀具和切削用量见表2-1-3。

表2-1-3　刀具和切削用量

工序	刀号	刀具规格		加工内容	转速/(r/min)	切深/mm	进给速度/(mm/min)
加工顶面	T01	 R290－100Q32－12L	 R290.90－12T320M－PM	铣面	3200	2.5	1000
	T02	 R390－020C5－11M095	 R390－11T308E－PL	粗铣外形	4500	3	1200
	T03	 R840－0980－30－A0A		钻 ϕ9.8孔	2400	4	500
	T04	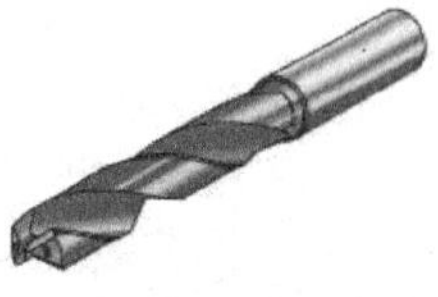 R840－1110－30－A0A		钻 ϕ11孔	2200	3	420
	T05	 R215.3G－16030－AC32H		精铣外形	5200		2000
	T06	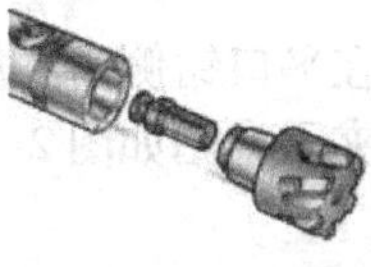 830B－E06D1000H7S12		铰 ϕ10H7孔	600		120
加工底面	T01	 R290－100Q32－12L	 R290.90－12T320M－PM	铣反面	3200	2.5	1000
	T02	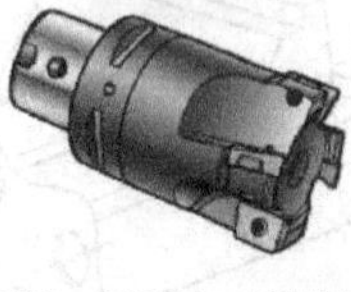 R390－020C5－11M095	 R390－11T308E－PL	铣反面台阶	4500	3	1200

（7）制定工艺卡　以一次装夹作为一个工序，制定加工工艺卡，见表2-1-4～表2-1-6。

表 2-1-4　工序清单

零件号: 671843		工艺版本号: 0	工艺流程卡_工序清单			
工序号	工序内容	工位	页码: 1		页数: 3	
001	备料	外协	零件号: 671843		版本: 0	
002	加工顶面	加工中心	零件名称: 侧导向块			
003	加工底面	加工中心	材料: 45钢			
004			材料尺寸: 160mm×55mm×60mm			
005			更改号	更改内容	批准	日期
006						
007						
008			01			
009						
010			02			
011						
012			03			
013						
拟制:	日期:	审核:	日期:	批准:	日期:	

表 2-1-5　加工顶面工艺卡

零件号: 671843-0		工序名称: 加工顶面		工艺流程卡_工序单	
材料: 45钢		页码: 2		工序号: 02	版本号: 0
夹具: 平口钳		工位: 加工中心		数控程序号: 671843-01.NC	

刀具及参数设置

刀具号	刀具规格	加工内容	主轴转速/(r/min)	进给速度/(mm/min)
T01	R290-100Q32-12L, R290.90-12T320M-PM	铣上表面	3200	1000
T02	R390-020C5-11M095, R390-11T308E-PL	粗铣外形	4500	1200
T03	R840-0980-30-A0A	钻 2×ϕ9.8孔	2400	500
T04	R840-1110-30-A0A	钻 3×ϕ11孔	2200	420
T05	R215.3G-16030-AC32H	精铣外形	5200	2000
T06	830B-E06D1000H7S12	铰削2×ϕ10H7孔	600	120

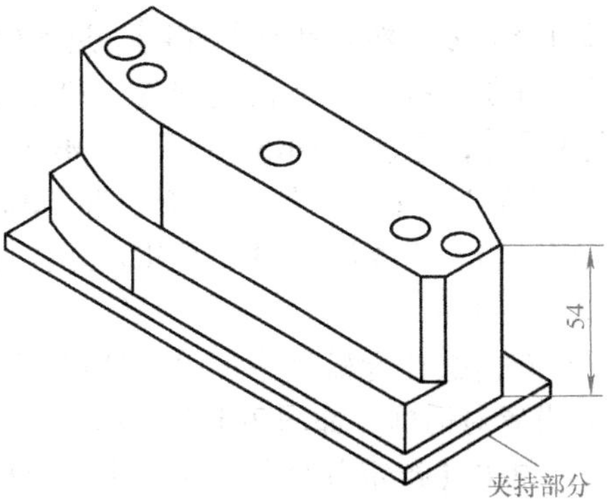

所有尺寸参阅零件图，锐边加0.3倒角

02			
01			
更改号	更改内容	批准	日期

拟制:	日期:	审核:	日期:	批准:	日期:

表 2-1-6 加工底面工艺卡

零件号：671843-0		工序名称：加工底面		工艺流程卡_工序单
材料：45钢	页码：3		工序号：03	版本号：0
夹具：平口钳	工位：加工中心		数控程序号：671843-02.NC	

刀具及参数设置

刀具号	刀具规格	加工内容	主轴转速/(r/min)	进给速度/(mm/min)
T01	R290-100Q32-12L，R290.90-12T320M-PM	铣上表面	3200	1000
T02	R390-020C5-11M095，R390-11T308E-PL	粗铣外形	4500	1200

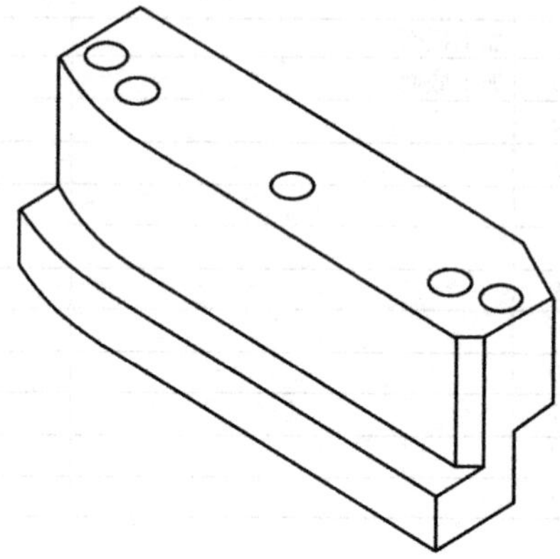

所有尺寸参阅零件图，锐边加0.3倒角

02							
01							
更改号	更改内容				批准	日期	
拟制：	日期：	审核：		日期：	批准：	日期：	

2. 编制加工程序

(1) 编制加工零件顶面的 NC 程序

1) 单击【开始】/【所有应用模块】/【加工】，弹出加工环境设置对话框，CAM 会话配置选择 cam_general；要创建的 CAM 设置选择 mill_planar，如图 2-1-5 所示，然后单击【确定】，进入加工模块。

2) 在加工操作导航器空白处，单击鼠标右键，选择【几何视图】，更改 WORKPIECE 和 MCS_MILL 的父子关系，复制 MCS_MILL，然后粘贴，将 MCS_MILL 更名为 MCS_MILL_1，将 MCS_MILL_COPY 更名为 MCS_MILL_2，如图 2-1-6 所示。

3) 双击操作导航器中的 WORKPIECE，弹出 WORKPIECE 设置对话框，如图 2-1-7 所示。

4) 单击【指定部件】，弹出部件选择对话框，选择图 2-1-8 所示为部件，单击【确定】，完成指定部件。

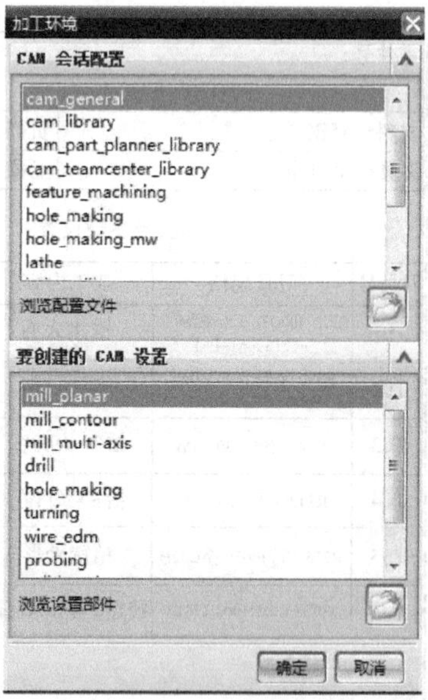

图 2-1-5 加工环境设置

5) 单击【指定毛坯】，弹出毛坯选择对话框，选择几何体，选择毛坯（在建模中已经建好，在图层 2 中），如图 2-1-9 所示。单击【确定】完成毛坯设置，单击【确定】完成 WORKPIECE 设置。

6) 双击操作导航器中的【MCS_MILL_1】，弹出加工坐标系对话框，设置安全距离为 50，如图 2-1-10 所示。

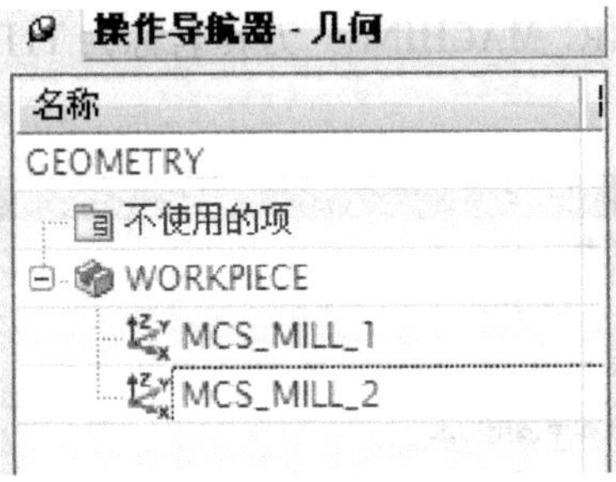

图 2-1-6　几何视图选择

图 2-1-7　WORKPIECE 设置

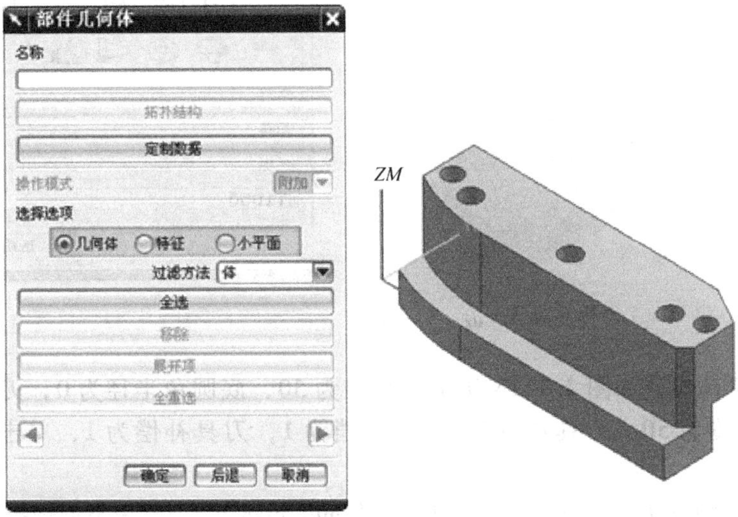

图 2-1-8　指定部件

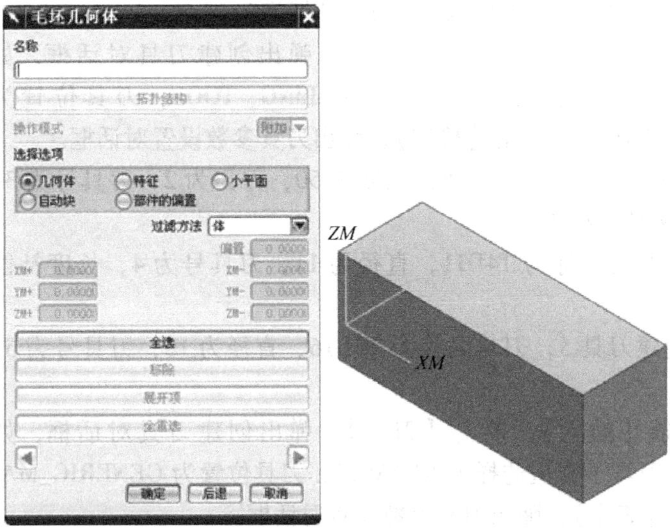

图 2-1-9　毛坯设置

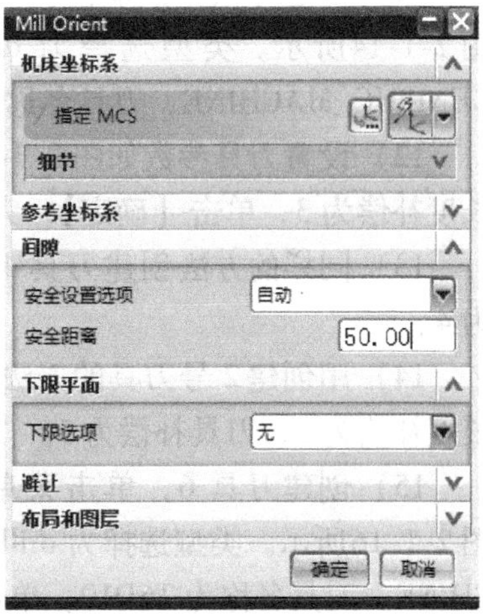

图 2-1-10　加工坐标系设置

7）单击毛坯上表面，单击【确定】，如图 2-1-11 所示。单击【确定】，同样的方法设置 MCS_MILL_2，选择表面为毛坯的下表面，完成加工坐标系设置。

8）创建刀具 1。在加工操作导航器空白处，单击鼠标右键，选择【机床视图】，单击菜单条【插入】，单击【刀具】，弹出创建刀具对话框，如图 2-1-12 所示。类型选择为 mill_planar，刀具子类型选择为 MILL，刀具位置为 GENERIC_MACHINE，刀具名称为 T1D50，单击【确定】，弹出刀具参数设置对话框。

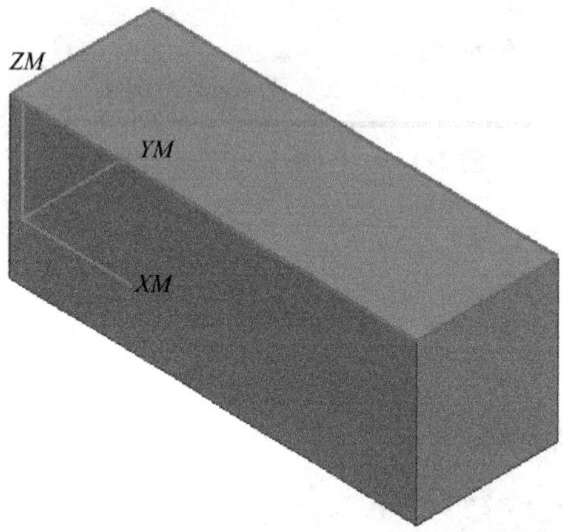

图 2-1-11　加工坐标系设置

图 2-1-12　创建刀具

9）设置刀具参数如图 2-1-13 所示，直径为 50，底圆角半径为 0，刀刃为 2，长度为 75，刀刃长度为 50，刀具号为 1，长度补偿为 1，刀具补偿为 1，单击【确定】，完成创建刀具。

10）用同样的方法创建刀具 2，类型选择为 mill_planar，刀具子类型选择为 MILL，刀具位置为 GENERIC_MACHINE，刀具名称为 T2D20，直径为 20，底圆角半径为 0，刀刃为 2，长度为 75，刀刃长度为 50，刀具号为 2，长度补偿为 2，刀具补偿为 2。

11）创建刀具 3，单击菜单条【插入】，单击【刀具】，弹出创建刀具对话框，如图 2-1-14所示。类型选择为 drill，刀具子类型选择为 DRILLING_TOOL，刀具位置为 GENERIC_MACHINE，刀具名称为 T3D9.8，单击【确定】，弹出刀具参数设置对话框。

12）设置刀具参数如图 2-1-15 所示，直径为 9.8，长度为 50，刀刃为 2，刀具号为 3，长度补偿为 3，单击【确定】，完成创建刀具。

13）同样的方法创建刀具 4，刀具名称为 T4D11，直径为 11，刀具号为 4，长度补偿为 4。

14）用创建 2 号刀具的方法创建刀具 5，刀具名称为 T5D16，直径为 16，刀具号为 5，长度补偿为 5，刀具补偿为 5。

15）创建刀具 6，单击菜单条【插入】，单击【刀具】，弹出创建刀具对话框，如图 2-1-16所示。类型选择为 drill，刀具子类型选择为 REAMER，刀具位置为 GENERIC_MACHINE，刀具名称为 T6D10，单击【确定】，弹出刀具参数设置对话框。

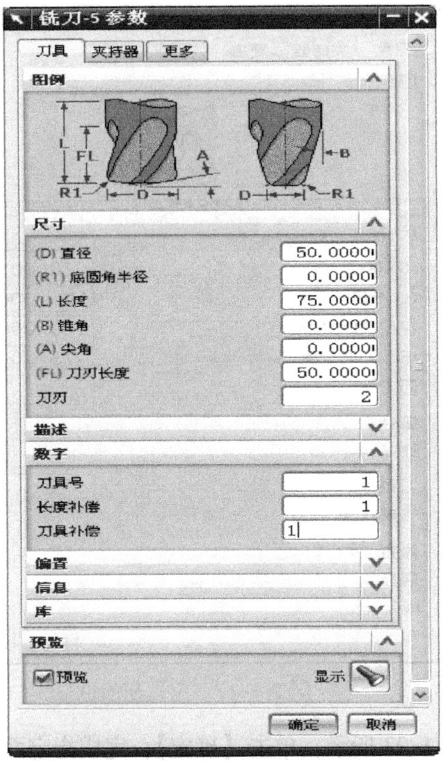

图 2-1-13　刀具参数设置

图 2-1-14　创建刀具

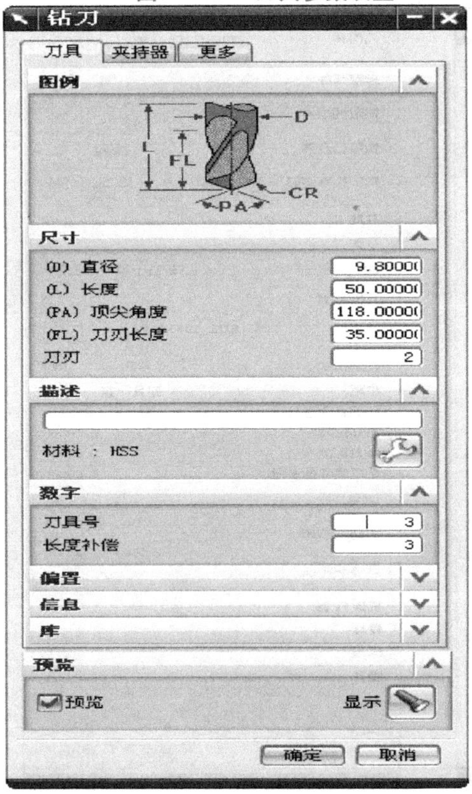

图 2-1-15　刀具参数设置

图 2-1-16　创建刀具

16）设置刀具参数如图2-1-17所示，直径为10，刀刃长度为75，刀刃为6，刀具号为6，长度补偿为6，单击【确定】，完成创建刀具。

17）在加工操作导航器空白处，单击鼠标右键，选择【程序视图】，单击菜单条【插入】，单击【操作】，弹出创建操作对话框，类型为mill_planar，操作子类型为FACE_MILLING，程序为PROGRAM，刀具为T1D50，几何体为MCS_MILL_1，方法为MILL_ROUGH，名称为FACE_MILLING_ROUGH，如图2-1-18所示，单击【确定】，弹出操作设置对话框，如图2-1-19所示。

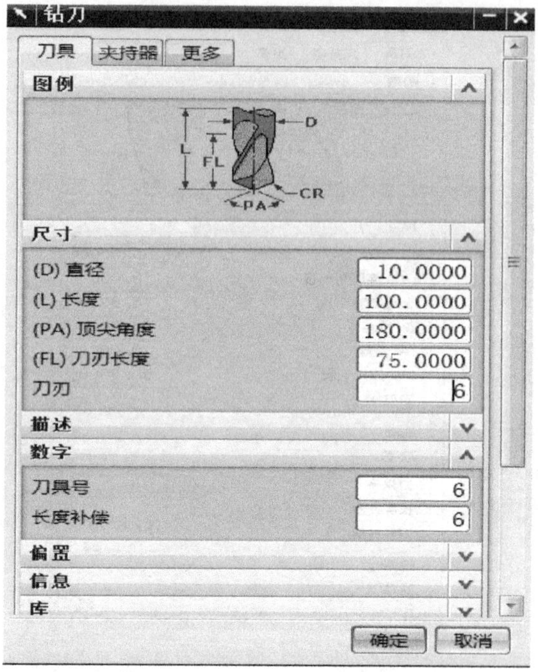

图2-1-17　刀具参数设置

18）单击【指定面边界】，弹出指定面几何体对话框，如图2-1-20所示，选择曲线边界模式，平面设置为手工，弹出平面对话框，如图2-1-21所示，选择对象平面方式，选取如图2-1-22所示的平面，系统回到指定面几何体对话框，选择底部面的4条边，如图2-1-23所示，单击【确定】，完成指定面边界。

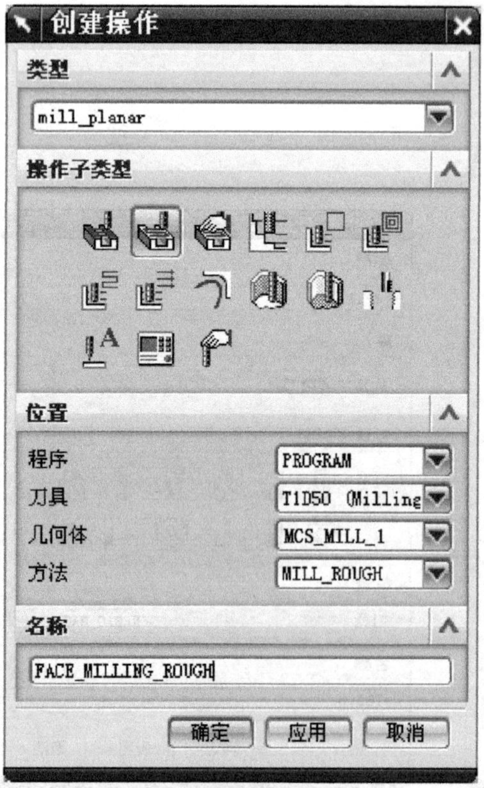

图2-1-18　创建操作

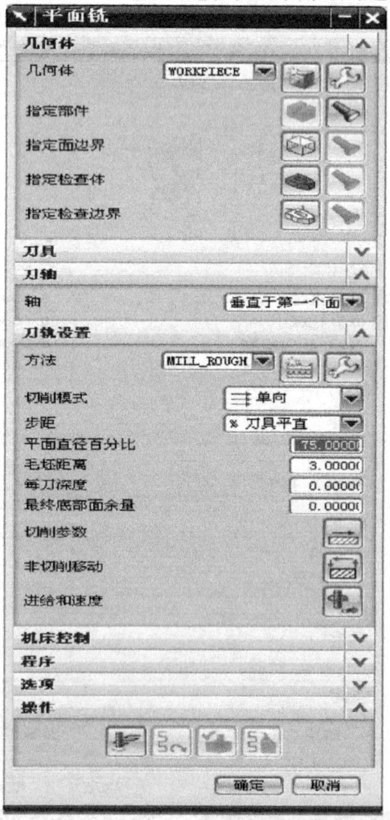

图2-1-19　平面铣操作设置

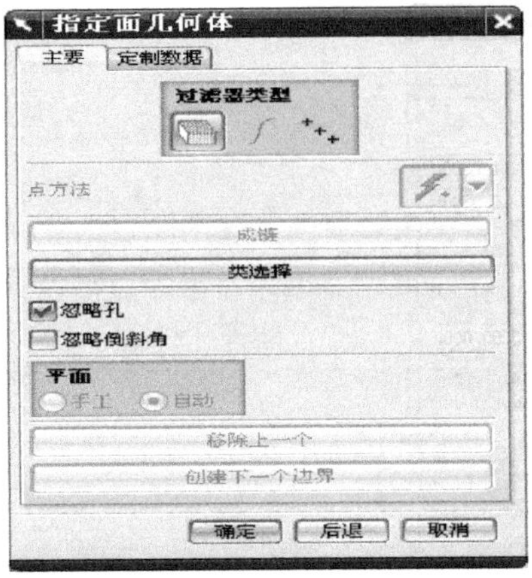

图 2-1-20　面几何体

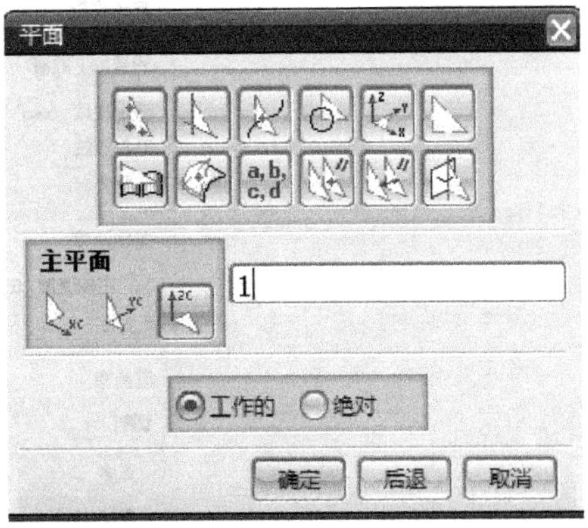

图 2-1-21　平面定义

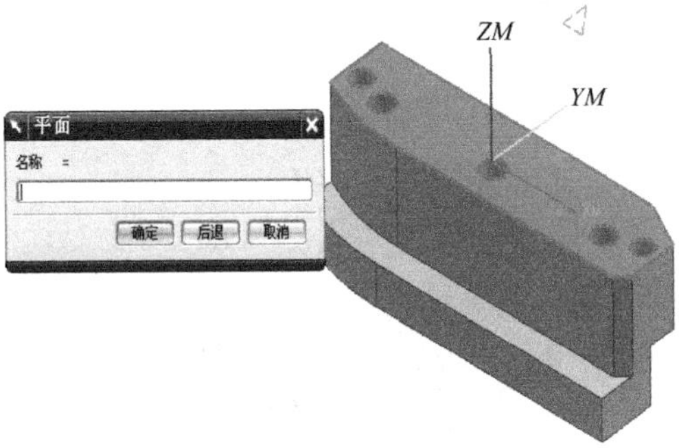

图 2-1-22　选择平面

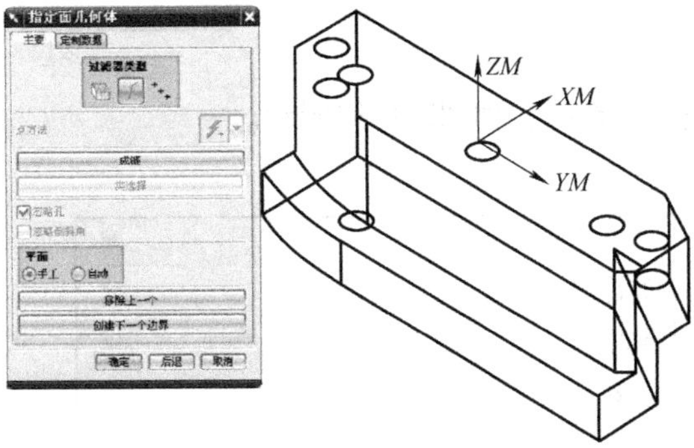

图 2-1-23　选择曲线

19）设置刀轴为 + ZM 轴，如图 2-1-24 所示。切削模式为往复，步距为刀具直径的 75%，毛坯距离为 5，每刀深度为 2.5，最终底部余量为 0，如图 2-1-25 所示。

图 2-1-24　设置刀轴

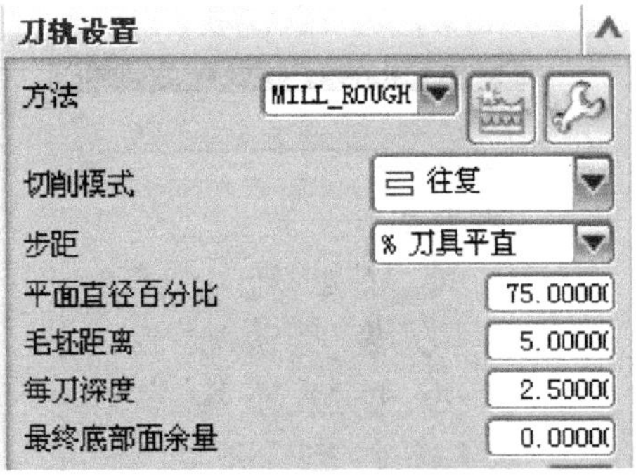

图 2-1-25　刀轨设置

20）单击【进给和速度】，弹出对话框，设置主轴速度为 3200，设置进给率为 1000，如图2-1-26所示。单击【确定】完成进给和速度设置。

21）单击【生成刀轨】，如图 2-1-27 所示，得到零件的加工刀轨，如图 2-1-28 所示。单击【确定】，得到零件上表面铣削加工刀轨。

22）单击菜单条【插入】，单击【操作】，弹出创建操作对话框，类型为 mill_contour，操作子类型为 CAVITY_MILL，程序为 PROGRAM，刀具为 T2D20，几何体为 MCS_MILL_1，方法为 MILL_ROUGH，名称为 MILL_ROUGH，如图 2-1-29 所示，单击【确定】，弹出操作

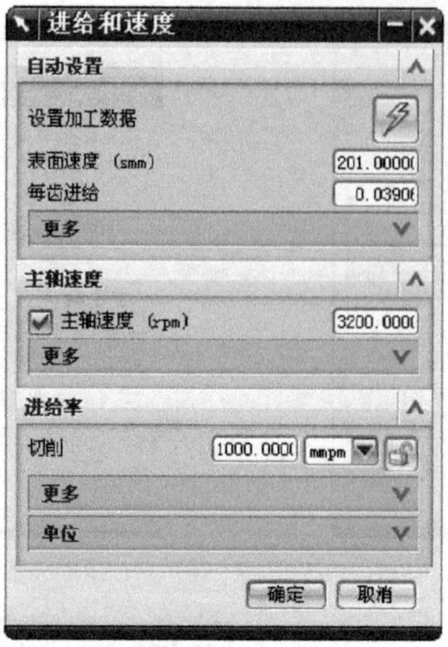

图 2-1-26　进给和速度

设置对话框，如图2-1-30所示。

图 2-1-27　生成刀轨

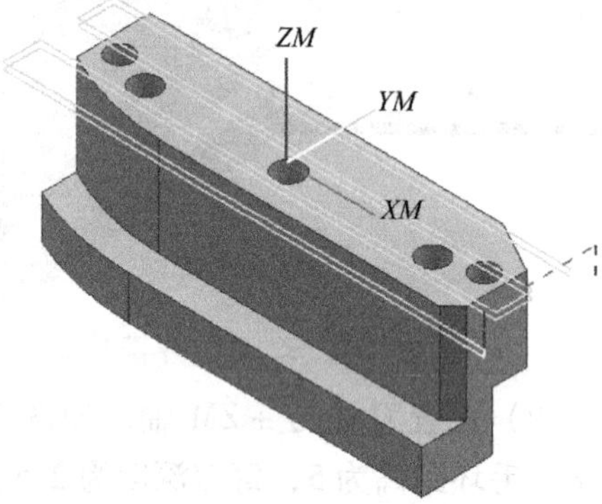

图 2-1-28　加工刀轨

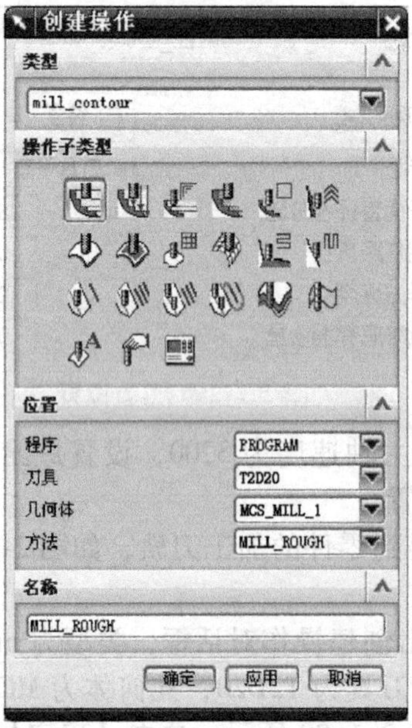

图 2-1-29　创建操作

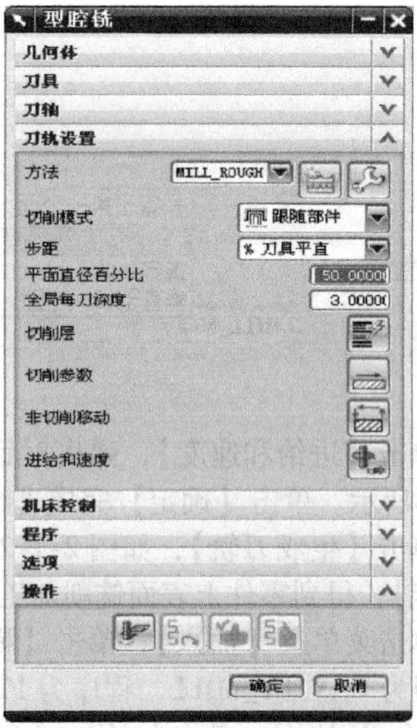

图 2-1-30　轮廓铣操作设置

23）全局每刀深度设置为3，如图2-1-31所示，设置部件余量为0.3，如图2-1-32所示。

24）单击【切削层】，设置切削层如图2-1-33所示。

25）单击【进给和速度】，弹出对话框，设置主轴速度为4500，设置进给率为1200，如图2-1-34所示。单击【确定】完成进给和速度设置。

图2-1-31　全局每刀深度设置

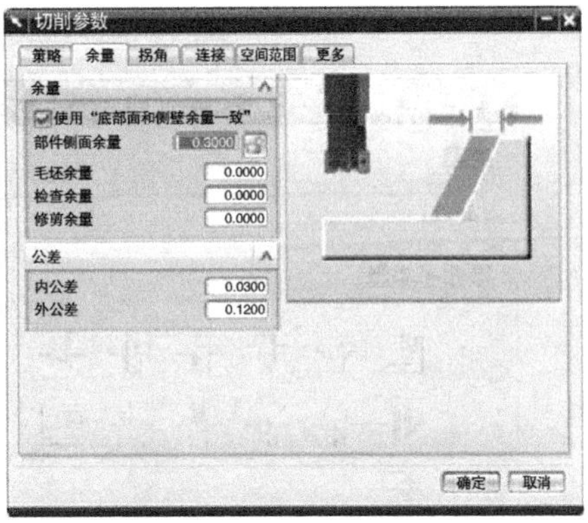

图2-1-32　部件余量设置

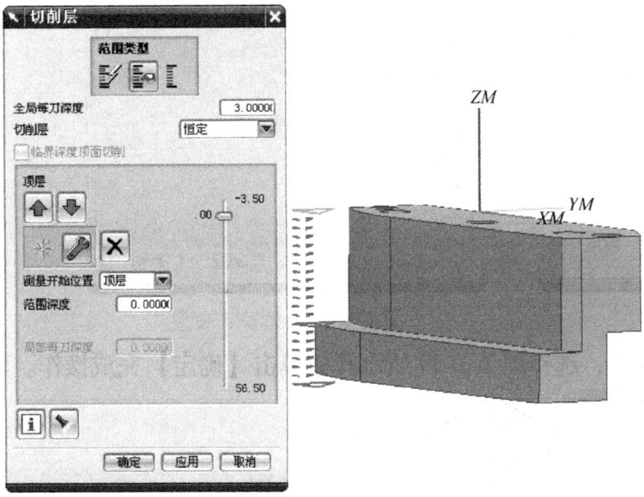

图2-1-33　设置切削层

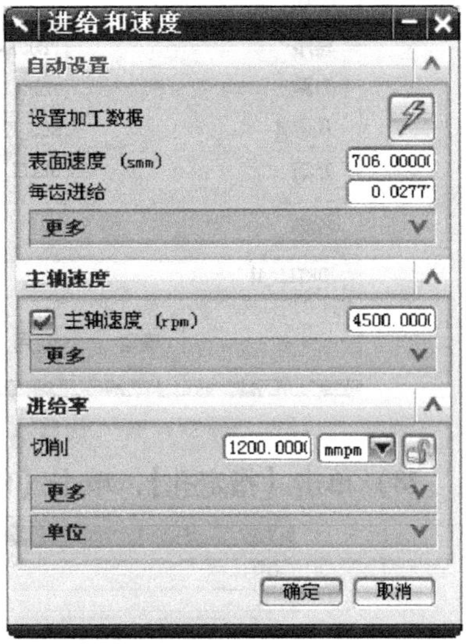

图2-1-34　进给和速度

26）单击【生成刀轨】，如图2-1-35所示，得到零件的加工刀轨，如图2-1-36所示。单击【确定】，完成零件侧面粗加工刀轨设置。

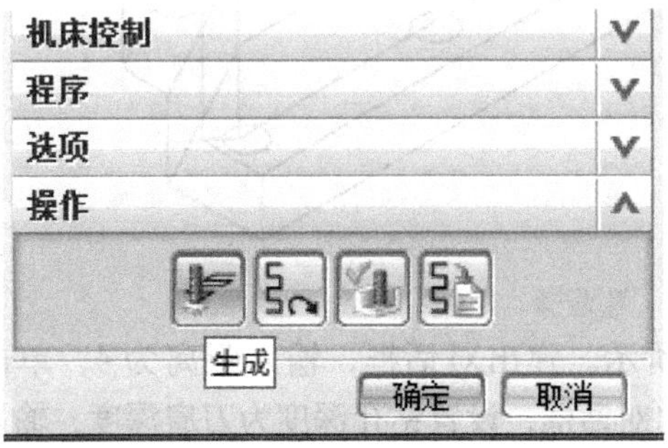

图2-1-35　生成刀轨

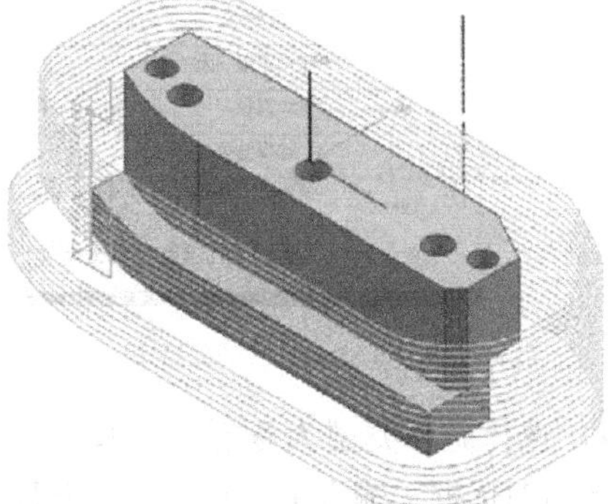

图2-1-36　加工刀轨

27）单击菜单条【插入】，单击【操作】，弹出创建操作对话框，类型为 drill，操作子类型为 DRILLING，程序为 PROGRAM，刀具为 T3D9.8，几何体为 MCS_MILL_1，方法为 DRILL_METHOD，名称为 DRILL_1，如图 2-1-37 所示，系统弹出钻孔操作设置对话框，如图 2-1-38 所示。

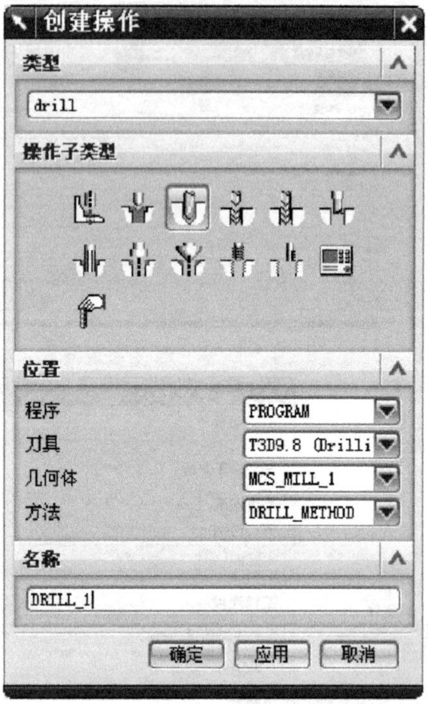

图 2-1-37　创建操作

图 2-1-38　钻操作设置

28）单击【指定孔】，单击【确定】，选择图 2-1-39 所示孔。单击【确定】完成操作。

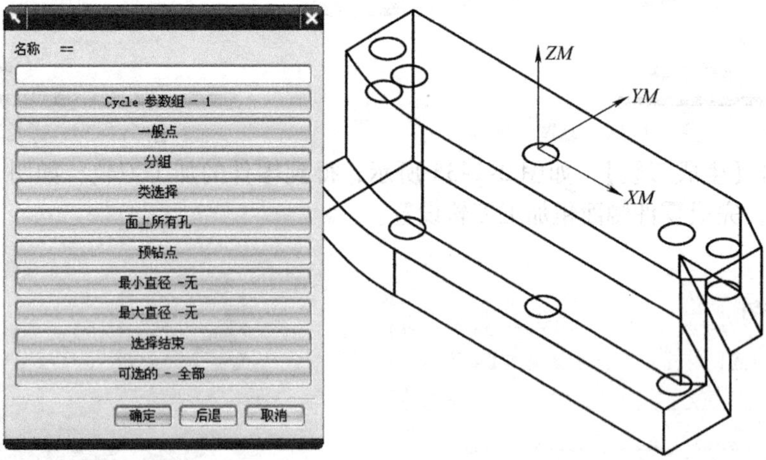

图 2-1-39　孔选择

29）选择循环类型为啄钻，如图 2-1-40 所示。弹出对话框，输入距离为 4，单击【确定】。弹出对话框，输入 1，单击【确定】。弹出对话框，设置钻孔深度为刀肩深度，输入 20。

30）单击【进给和速度】，设置主轴速度为 2400，切削率为 500，单击【确定】，完成操作。单击【生成刀轨】，得到零件的加工刀轨，如图 2-1-41 所示。单击【确定】，完成钻孔刀轨。

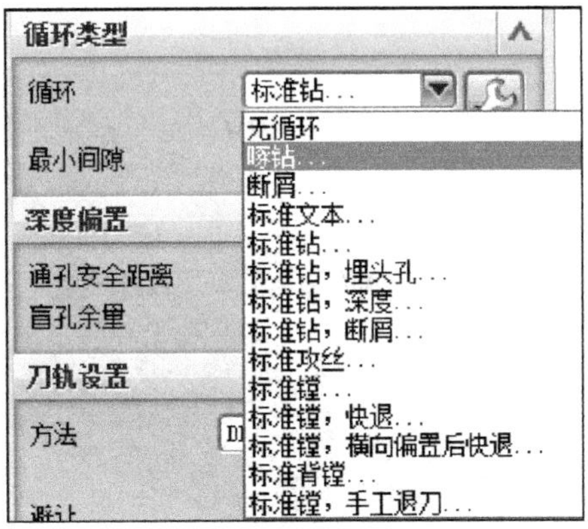

图 2-1-40　循环类型

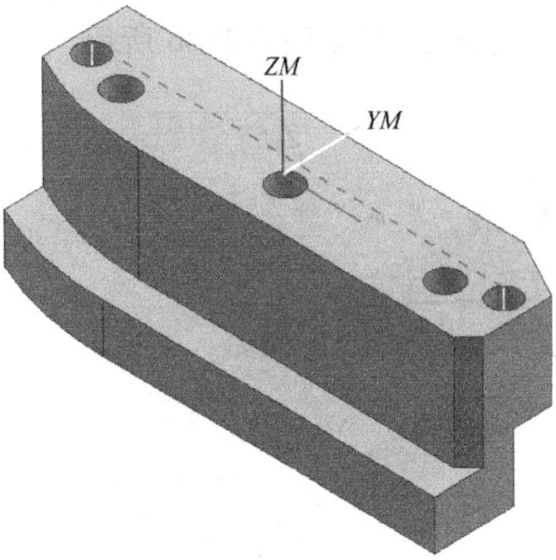

图 2-1-41　钻孔刀轨

31）复制 DRILL_1，然后粘贴 DRILL_1，将 DRILL_1_COPY 更名为 DRILL_2，双击 DRILL_2，将刀具更改为 T4D11，重新选择直径为 11 的孔，如图 2-1-42 所示。设置啄钻距离为 3，设置钻孔深度为模型深度，将主轴速度更改为 2200，进给率更改为 420，单击【确定】，完成操作。

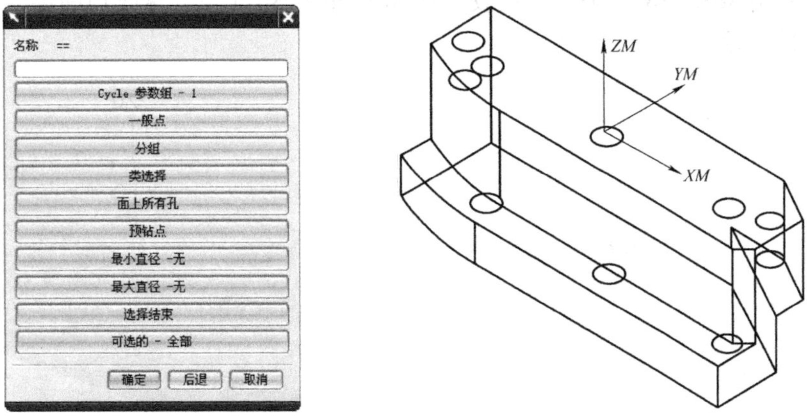

图 2-1-42　选择孔

32）复制 MILL_ROUGH，然后粘贴 MILL_ROUGH，将 MILL_ROUGH_COPY 更名为 MILL_FINISH，双击 MILL_FINISH，将刀具更改为 T5D16，切削模式更改为配置文件，部件余量更改为 0，主轴速度更改为 5200，进给率更改为 2000，单击【确定】，生成加工刀轨如图 2-1-43 所示。

33）复制 DRILL_1，然后粘贴 DRILL_1，将 DRILL_1_COPY 更名为 DRILL_3，双击 DRILL_3，将刀具更改为 T6D10，将主轴速度更改为 600，进给率更改为 120，单击【确定】，完成铰孔刀轨创建，生成刀轨如图 2-1-44所示。

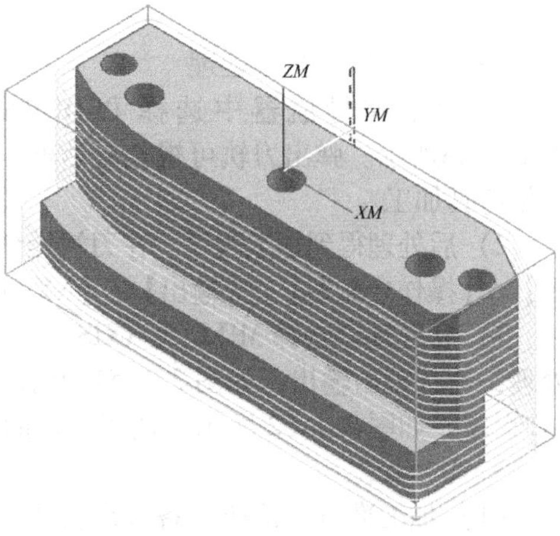

图 2-1-43　加工刀轨

（2）编制加工零件底面的 NC 程序

1）复制 FACE_MILLING，然后粘贴 FACE_MILLING，将 FACE_MILLING 更名为 FACE_MILLING_1，双击 FACE_MILLING_1，更改几何体为 MCS_MILL_2，更改面边界如图 2-1-45 所示，生成加工刀轨如图 2-1-46 所示。

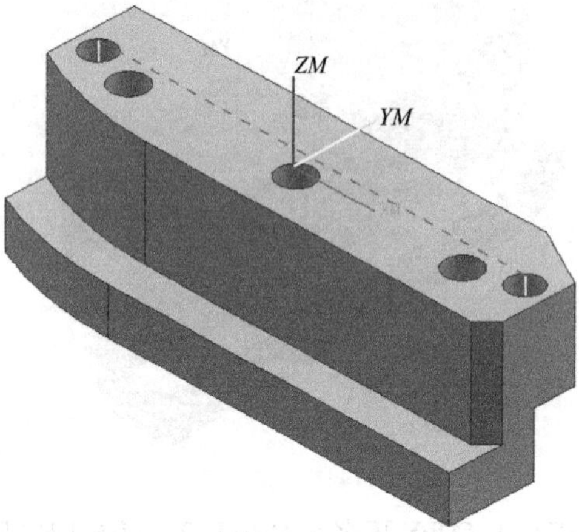

图 2-1-44　选择孔

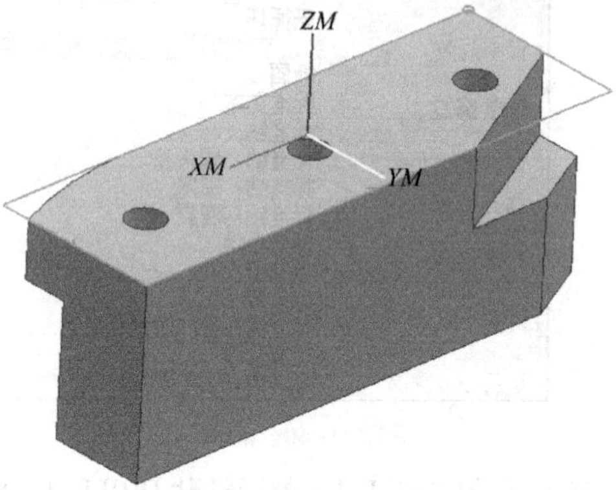

图 2-1-45　更改面边界

2）复制 MILL_ROUGH，然后粘贴 MILL_ROUGH，将 MILL_ROUGH 更名为 MILL_ROUGH_1，双击 MILL_ROUGH_1，更改几何体为 MCS_MILL_2，更改切削层，生成加工刀轨如图 2-1-47 所示。

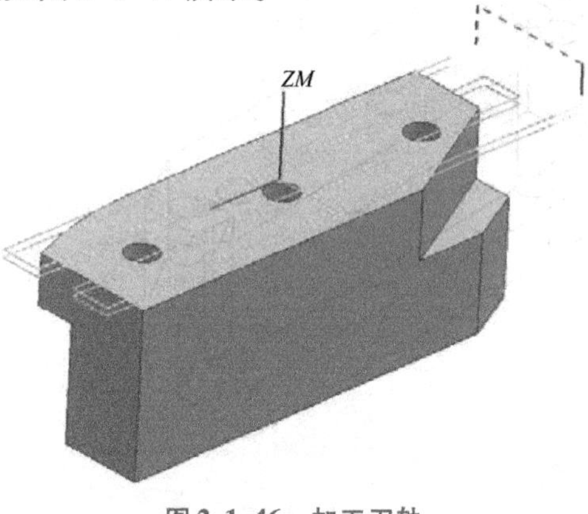

图 2-1-46　加工刀轨

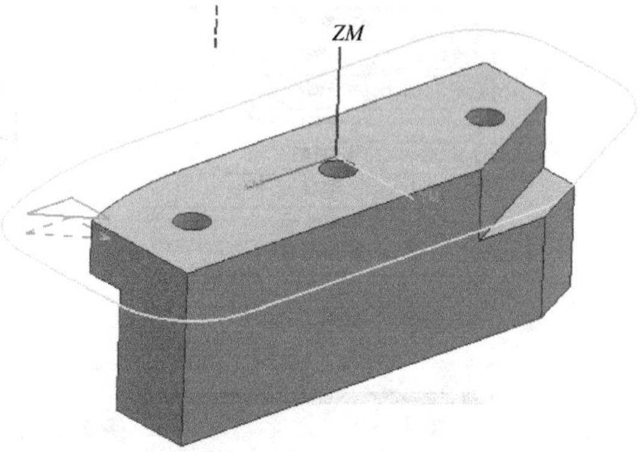

图 2-1-47　加工刀轨

（3）仿真加工与后处理

1）在操作导航器中选择 PROGRAM，单击鼠标右键，选择刀轨，选择确认，如图 2-1-48所示。弹出刀轨可视化对话框，选择 2D 动态，如图 2-1-49 所示。单击【确定】，开始仿真加工。

2）后处理得到加工程序。在刀轨操作导航器中选中加工零件顶面的加工操作，单击【工具】/【操作导航器】/【输出】/【NX Post 后处理】，如图 2-1-50 所示，弹出后处理对话框。

3）后处理器选择 MILL_3_AXIS，指定合适的文件路径和文件名，单位设置为定义了后处理，勾选列出输出，如图 2-1-51 所示，单击【确定】完成后处理，得到加工零件顶面的 NC 程序，如图 2-1-52 所示。使用同样的方法后处理得到加工零件底面的 NC 程序。

3. 零件加工

（1）加工准备　按照设备管理要求，对加工中心进行检查，确保设备完好，特别注意气压油压是否正常。对加工中心通电开机，并将机床各坐标轴回零，然后对机床进行低转速预热。对照工艺卡将平口钳安装到机床工作台，并校准平口钳，定位钳口与机床 X 轴平行，然后用压板将平口钳压紧固定。对照工艺卡，准备好所有刀具和相应的刀柄和夹头，将刀具安装到对应的刀柄中，调整刀具伸出长度，在满足加工要求的前提下，尽量使伸出长度短，然后将装有刀具的刀柄按刀具号装入刀库。加工顶面时，零件安装伸出长度要符合工艺要求，伸出太长时夹紧部分就少，容易在加工中松动，伸出太短会造成加工时刀具碰到平口钳。零件下方必须有垫块支撑，零件左右位置可以与平口钳一侧齐平，保证每次装夹的位置基本一致。加工零件底面时，必须保证零件定位面和平口钳接触面之间无杂物，防止夹伤已加工面，装夹时要保证垫块固定不动，否则加工出来的零件上下面会不平行。左右位置要靠紧定位块，确保每次装夹位置完全一致。对每把刀进行 Z 向偏置设置，要使用同一表面进行对刀，使用寻边器进行加工原点找正，并设置相应数据。

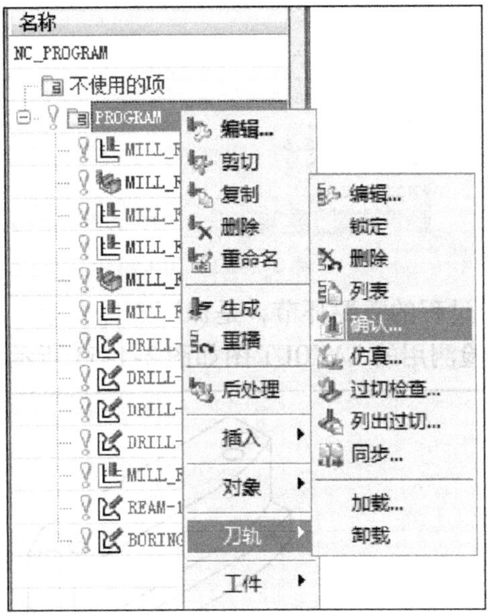

图 2-1-48 刀轨确认

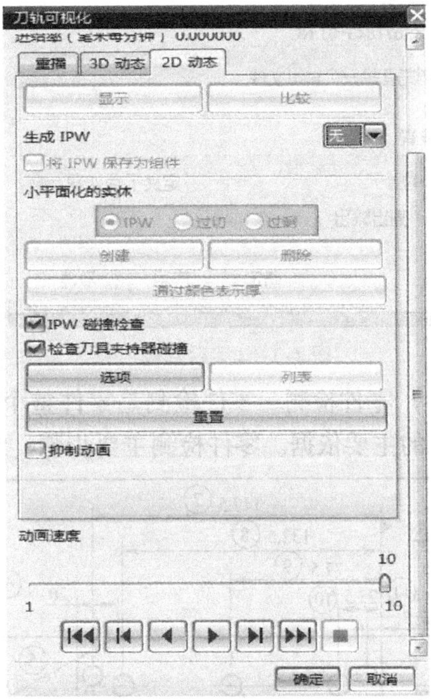

图 2-1-49 刀轨可视化

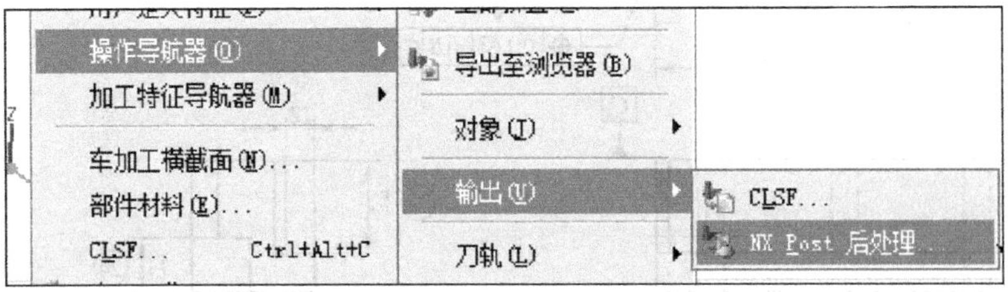

图 2-1-50 后处理命令

（2）程序传输 在关机状态使用 RS232 通信线连接机床系统与计算机，打开计算机和数控机床系统，进行相应的通信参数设置，要求数控系统内的通信参数与计算机通信软件内的参数一致。

（3）零件加工及注意事项 对刀和程序传输完成后，将机床模式切换到自动方式，按循环启动键，即可开始自动加工，在加工过程中，由于是首件第一次加工，所以要密切注意加工状态，有问题要及时停止。加工完一件后，待机床停机，使用气枪清除刀具上的切屑。

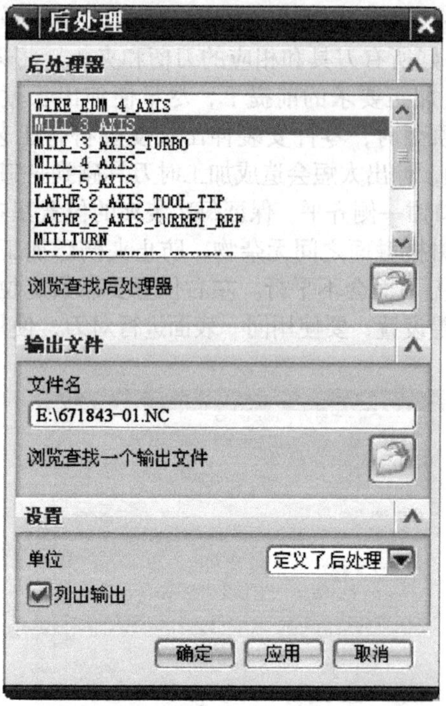

图 2-1-51　后处理

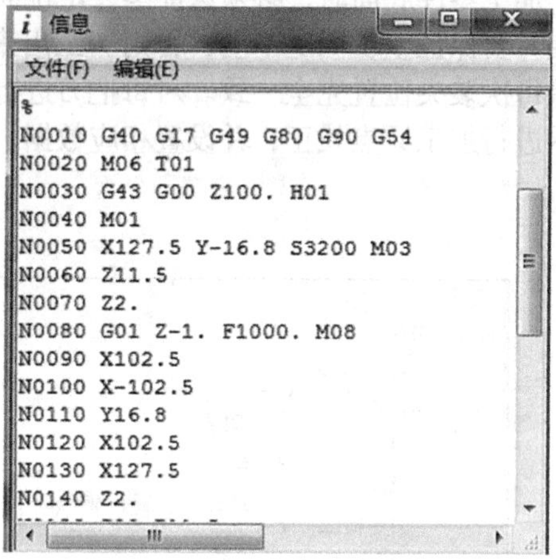

图 2-1-52　加工程序

（4）零件检测　零件检测是零件整个生产过程的重要环节，是保证零件质量，优化加工工艺的主要依据。零件检测主要步骤：制作检测用的 LAYOUT 图如图 2-1-53 所示，也就

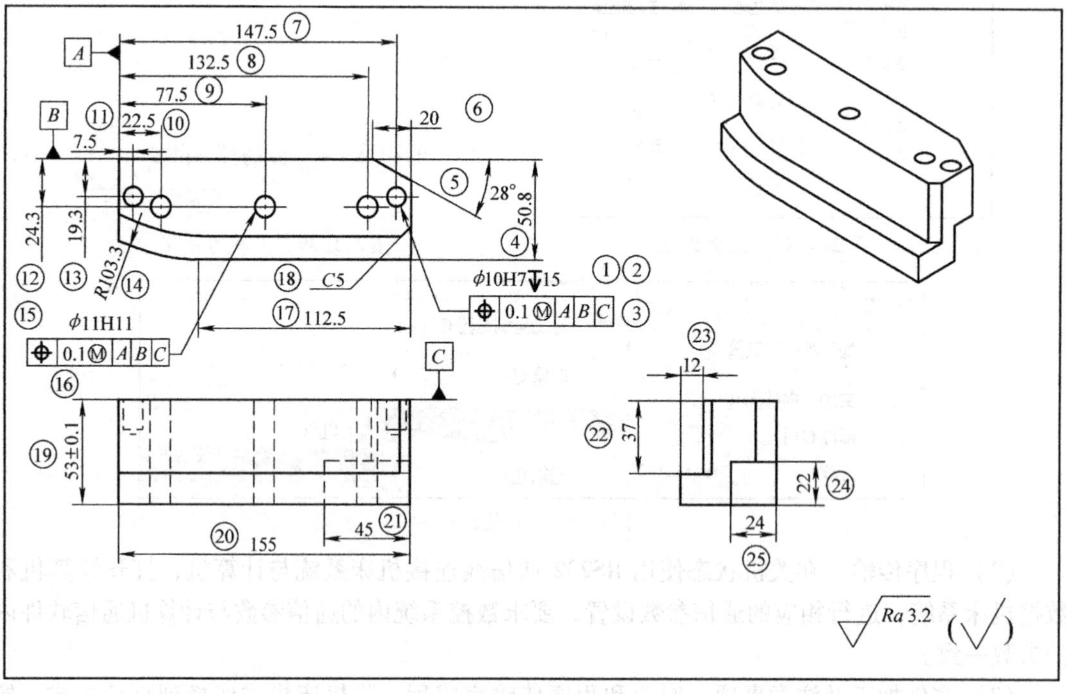

图 2-1-53　LAYOUT 图

是对所有需要检测的项目进行编号的图样；制作检测用空白检测报告如图 2-1-54 所示，报告包括检测项目、标准、所用量具、检测频率；对零件进行检测并填写报告。

检测报告(Inspection Report)									
零件名：侧导向块				零件材料：			送检数量：		
零件名：671843−0				表面处理：			送检日期：		
				测量(Measurement)					
DIM No	图样尺寸			测量尺寸(Measuring Size)				测量工具(Measurement Tool)	备注(Remark)
	公称尺寸/3D Data−Size	上极限偏差	下极限偏差	1#	2#	3#	4#		
1	ϕ10H7	0.015	0					光滑塞规	
2	15.00	0.25	−0.25					游标卡尺	
3	位置度0.1	/	/					CMM	
4	50.80	0.25	−0.25					游标卡尺	
5	28°	0.25	−0.25					CMM	
6	20.00	0.25	−0.25					游标卡尺	
7	147.50	0.25	−0.25					游标卡尺	
8	132.50	0.25	−0.25					游标卡尺	
9	77.50	0.25	−0.25					游标卡尺	
10	22.50	0.25	−0.25					游标卡尺	
11	7.50	0.25	−0.25					游标卡尺	
12	24.30	0.25	−0.25					游标卡尺	
13	19.30	0.25	−0.25					游标卡尺	
14	*R*103.3	0.25	−0.25					CMM	
15	ϕ11H11	0.11	0					游标卡尺	
16	位置度0.1	/	/					CMM	
17	112.50	0.25	−0.25					游标卡尺	
18	*C*5	0.25	−0.25					游标卡尺	
19	53.00	0.1	−0.1					游标卡尺	
20	155.00	0.25	−0.25					游标卡尺	
21	45.00	0.25	−0.25					游标卡尺	
22	37.00	0.25	−0.25					游标卡尺	
23	12.00	0.25	−0.25					游标卡尺	
24	22.00	0.25	−0.25					游标卡尺	
25	24.00	0.25	−0.25					游标卡尺	
外观　碰伤　毛刺								目测	
是/否　合格									
测量员：						批准人：		页数：	

图 2-1-54　检测报告

（5）编制及完善相关工艺文件　根据加工中的实际情况和检测结果，对零件加工工艺和加工程序进行优化，最大限度地缩短加工时间，提高效率。主要是删除空运行的程序段，并调整切削参数。

2.1.4　专家点拨

1）加工中心属于精密设备且价格昂贵，使用前务必按要求做好安全检查，使用后做好维护。

2）在加工中心工作台面上安装平口钳时，要先预压紧，然后用指示表校准，然后再压紧，压紧后要再校验一遍，防止在压紧过程中平口钳产生轻微移动。

3）将铣刀装入刀柄时，要注意清洁铣刀柄、夹头、刀柄之间的接触面，不得有锈迹和微小杂物，否则会使刀具与主轴不同轴。

4）在铣削加工中，为提高表面质量，一般采用顺铣的走刀路径。

5）使用自动编程加工零件时，要注意后处理的正确与否，要保证后处理得到的程序在当前数控系统上是正确无误的。

2.1.5　课后训练

完成图2-1-55所示零件的加工工艺编制并制作工艺卡，完成零件的加工程序编制并仿真。

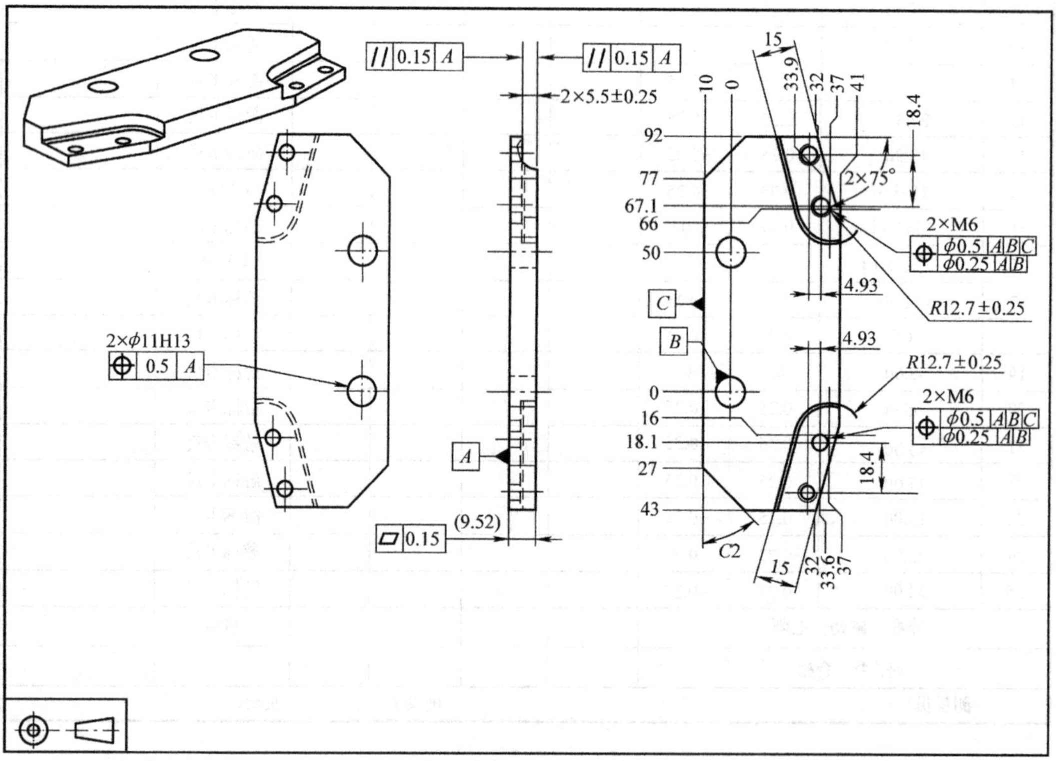

图2-1-55　垫板[⊖]

⊖　图样中有不尽符合国家标准之处，系企业引进技术内容，仅供参考。

项目 2.2　滑槽板的加工与调试

2.2.1　教学目标

【能力目标】能编制滑槽板的加工工艺
能使用 NX 6.0 软件编制滑槽板的加工程序
能使用立式铣削加工中心加工滑槽板
能检测加工完成的滑槽板

【知识目标】掌握滑槽板的加工工艺
掌握滑槽板的程序编制方法
掌握滑槽板的加工方法
掌握滑槽板的检测方法

【素质目标】激发学生的学习兴趣，培养团队合作和创新精神

2.2.2　项目导读

该滑槽板是注塑机中的一个零件，此零件的特点是结构相对复杂，零件整体外形为块状，零件的加工精度要求较高。零件由滑槽、孔、螺纹孔、斜角等特征组成，其中滑槽是一个扇形槽，槽宽和表面粗糙度要求都比较高，在编程与加工过程中要特别注意滑槽的宽度尺寸和表面粗糙度的控制。

2.2.3　项目任务

学生以企业制造工程师的身份投入工作，分析滑槽板的零件图样，明确加工内容和加工要求，对加工内容进行合理的工序划分，确定加工路线，选用加工设备，选用刀具和夹具，制定加工工艺卡；运用 NX 软件编制滑槽板的加工程序并进行仿真加工，使用立式铣削加工中心加工滑槽板，对加工成品进行检测，并根据检测结果对整个加工工艺和加工程序提出修改建议。

1. 制定加工工艺

(1) 图样分析　滑槽板零件图样如图 2-2-1 所示。该滑槽板结构相对复杂，主要由滑槽、孔、螺纹孔、斜角等特征组成。

零件材料为 42CrMo。材料硬度要求为 28～32HRC，属于中等硬度，可以采用铣削加工。滑槽板主要加工内容见表 2-2-1。

此滑槽板的主要加工难点为滑槽的深度、宽度和表面粗糙度，ϕ32H7 孔和 ϕ16F7 孔的直径尺寸和表面粗糙度，上下表面的表面粗糙度。

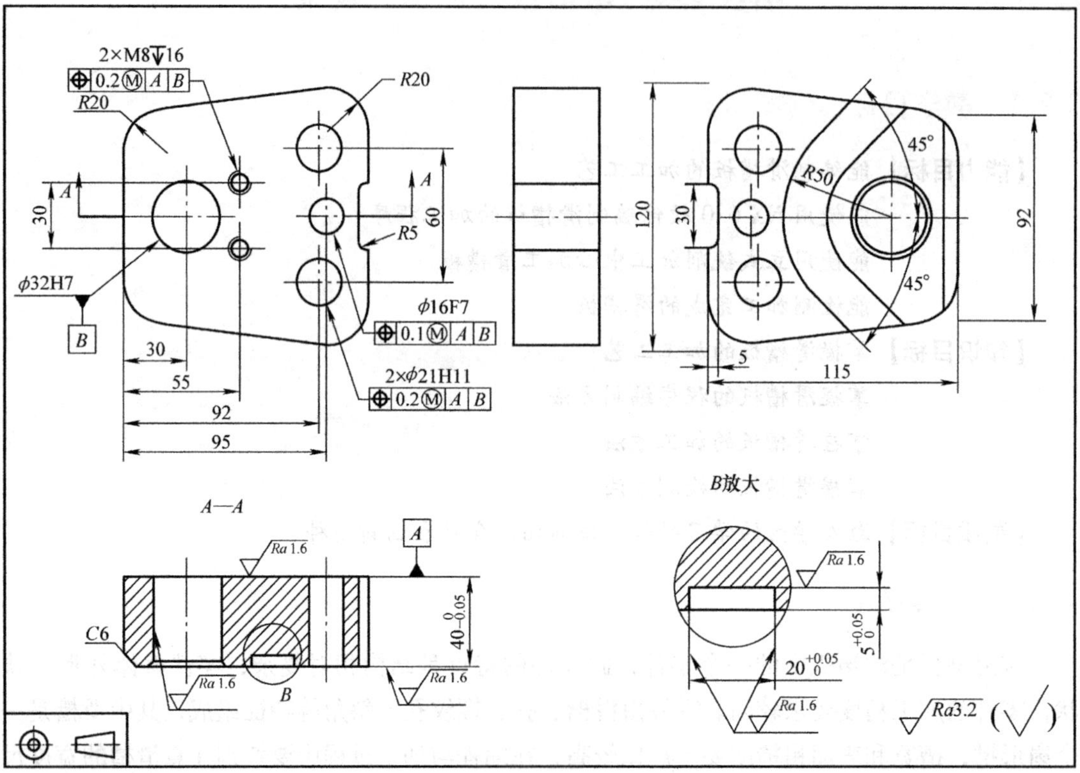

图 2-2-1　滑槽板零件图

表 2-2-1　加工内容

内　容	要　求	备　注
外形	零件整体外形，尺寸偏差为 ±0.25mm	
滑槽	滑槽形状偏差 ±0.25mm，滑槽宽度为 $20^{+0.05}_{0}$mm，滑槽深度为 $5^{+0.05}_{0}$mm	
ϕ32H7 孔	孔径为 $\phi 32^{+0.025}_{0}$mm，深度为贯通	
ϕ16F7 孔	孔径为 $\phi 16^{+0.034}_{+0.016}$mm，深度为贯通	
ϕ21H11 孔	孔径为 $\phi 21^{+0.13}_{0}$mm，深度为贯通	
M8 螺纹孔	螺纹规格 M8×1.25，有效深度为 16mm	
C6	C6	
零件总高	零件总高为 $40^{0}_{-0.05}$mm	
表面粗糙度	零件上下面表面粗糙度为 Ra1.6μm，滑槽底面侧面表面粗糙度为 Ra1.6μm，ϕ32H7 孔表面粗糙度为 Ra1.6μm，其余加工面表面粗糙度为 Ra3.2μm	
位置度	两个 M8 螺纹孔相对基准 A、B 的位置度公差为 0.2mm；两个 ϕ21H11 孔相对基准 A、B 的位置度公差为 0.2mm；ϕ16F7 孔相对基准 A、B 的位置度公差为 0.1mm	

(2) 制定工艺路线　此零件分两次装夹，毛坯留有一定的夹持量，正面一次加工完成，保证位置度，然后反身装夹，把夹持部分铣掉，保证总高，并加工两个螺纹孔。由于选用了较好的刀具系统，所以在钻孔前不必先钻中心孔。

1）备料。42CrMo 块料，130mm × 125mm × 45mm。

2）铣上表面。平口钳装夹零件，铣上表面，夹持厚度为 3 ~ 4mm。

3）粗铣外形。粗铣零件外形，留 0.3mm 精加工余量。

4）精铣外形。精铣零件外形至图样尺寸。

5）凹槽清根。加工 *R*5 圆角至图样尺寸。

6）粗铣滑槽。粗铣滑槽深度和宽度各留 0.3mm 精加工余量。

7）钻孔。钻两个 ϕ21H11 孔，在 ϕ32H7 孔位置也钻一个 ϕ21mm 孔，在 ϕ16F7 孔位置钻一个 ϕ15.6mm 孔。

8）扩孔。将 ϕ32H7 孔位置的 ϕ21mm 孔扩大到 ϕ31mm。

9）精铣倒角。铣 *C*6 倒角至图样要求。

10）精铣滑槽。精铣滑槽至图样要求。

11）精镗 ϕ32H7 孔。精镗至图样要求。

12）精镗 ϕ16F7 孔。精镗至图样要求。

13）铣反面。零件反身装夹，铣反面，保证零件总高。

14）钻底面面螺纹底孔。钻 ϕ6.8mm 螺纹底孔。

15）攻底面螺纹。攻 2 个 M8 × 1.25 螺纹孔。

(3) 选用加工设备　选用杭州友佳集团生产的 HV－40A 立式铣削加工中心作为加工设备，此机床为水平床身，机械手换刀，刚性好，加工精度高，适合小型零件的大批量生产，机床主要技术参数和外观见表 2-2-2。

表 2-2-2　机床主要技术参数和外观

主要技术参数		机床外观
X 轴行程/mm	1000	
Y 轴行程/mm	520	
Z 轴行程/mm	505	
主轴最高转速/(r/min)	10000	
刀具交换形式	机械手	
刀具数量	24	
数控系统	FANUC MateC	

(4) 选用毛坯　零件材料为 42CrMo。材料硬度要求为 28 ~ 32HRC，属于中等硬度，可以采用铣削加工。根据零件尺寸和机床性能，并考虑零件装夹要求，选用 130mm × 125mm × 45mm 的块料作为毛坯。毛坯如图 2-2-2 所示。

(5) 选用夹具　零件分两次装夹，加工顶面时，以毛坯作为基准，选用平口钳装夹，零件左侧面与平口钳左侧对齐，零件高度方向伸出量为 41mm，装夹示意图如图 2-2-3 所示。加工零件底面时，采用已经加工完毕外形作为定位基准，为保证底面螺纹孔的位置度，在平口钳侧面添加一个定位块，装夹示意图如图 2-2-4 所示。

（6）选用刀具和切削用量　选用 SANDVIK 刀具系统，查阅 SANDVIK 刀具手册，选用刀具和切削用量，见表 2-2-3。

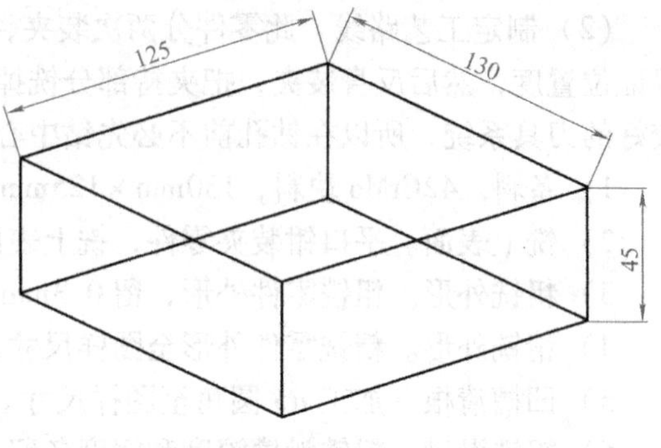

图 2-2-2　毛坯

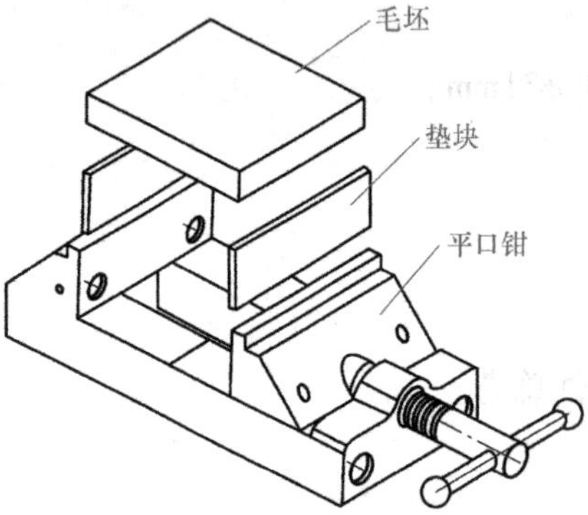

图 2-2-3　加工顶面装夹

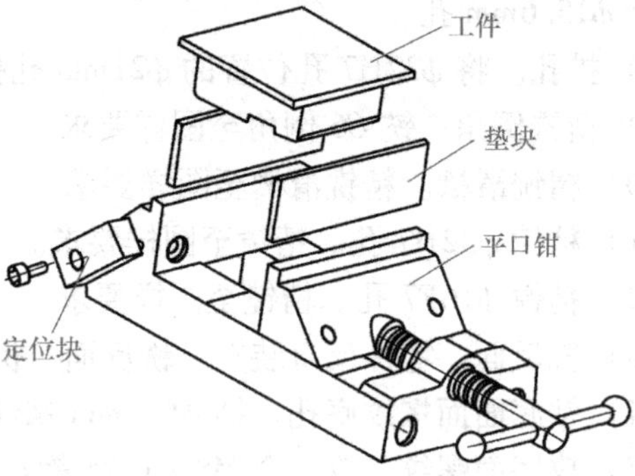

图 2-2-4　加工底面装夹

表 2-2-3　刀具和切削用量

工序	刀号	刀具规格		加工内容	转速/(r/min)	切深/mm	进给速度/(mm/min)
加工顶面	T01	 R290－100Q32－12L	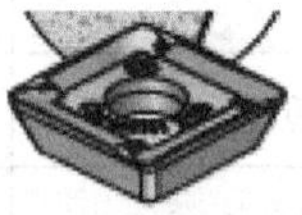 R290.90－12T320M－PM	铣面	3800	2.5	1500
	T02	 R390－020C5－11M095	 R390－11T308E－PL	粗铣外形	4500	3	1200
	T03	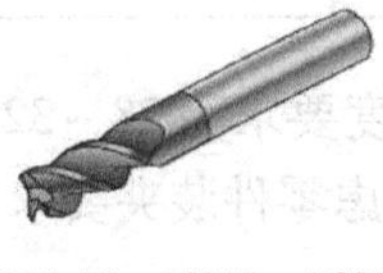 R216.33－16045－AC26P		精铣外形	5000	5	1500

（续）

工序	刀号	刀具规格	加工内容	转速/(r/min)	切深/mm	进给速度/(mm/min)
加工顶面	T04	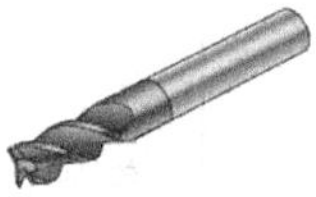 R216. 33 －08045 － AC26P	凹槽清根	4500	2	1200
	T05	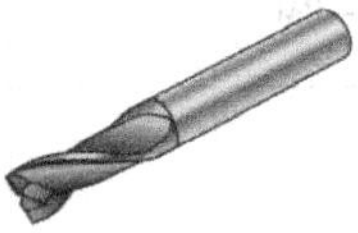 R216. 32 －16030 － AC10P	粗铣滑槽	5000	2	1500
	T06	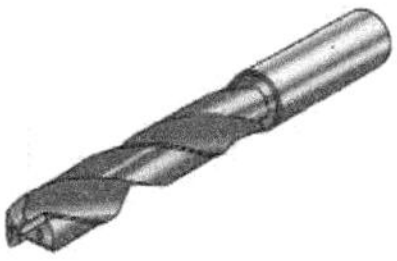 R840 －2100 －30 － A0A	钻孔	800		240
	T07	 R840 －1560 －30 － A0A	钻孔	1200		360
	T08	 R840 －3100 －30 － A0A	扩孔	500		80
	T09	 R216. 42 －06030 － AC10P	铣倒角	5400		1800
	T10	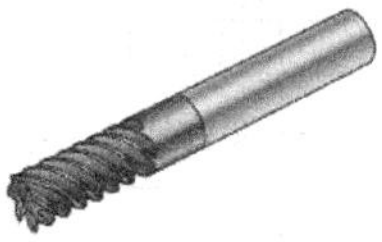 R215. 36 －06050 － AC13L	精铣滑槽	5200		1200
	T11	 392. 410 37A －63 12 063B	镗孔	1400		200
	T12	 392. 410 37A －63 12 063B	镗孔	1600		340

（续）

工序	刀号	刀具规格	加工内容	转速/(r/min)	切深/mm	进给速度/(mm/min)
加工底面	T01	 R290－100Q32－12L 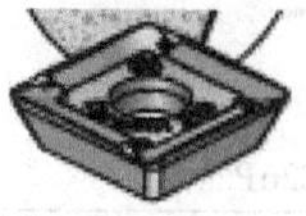 R290.90－12T320M－PM	铣面	3800	2.5	1500
	T13	 R840－0680－30－A0A	钻孔	2400	4	500
	T14	 M8×1.25	攻螺纹	1000		1250

（7）制定工艺卡　以一次装夹作为一个工序，制定加工工艺卡，见表2-2-4～表2-2-6。

表2-2-4　工序清单

零件号：367513－0		工艺版本号：0	工艺流程卡_工序清单			
工序号	工序内容	工位	页码：1		页数：3	
001	备料	外协	零件号：367613		版本：0	
002	加工顶面	加工中心	零件名称：滑槽板			
003	加工底面	加工中心	材料：42CrMo			
004			材料尺寸：130mm×125mm×45mm			
005			更改号	更改内容	批准	日期
006						
007						
008			01			
009						
010			02			
011						
012			03			
013						
拟制：	日期：	审核：	日期：	批准：	日期：	

表 2-2-5 加工顶面工艺卡

零件号: 367513-0	工序名称: 加工顶面	工艺流程卡_工序单	
材料: 42CrMo	页码: 2	工序号: 02	版本号: 0
夹具: 平口钳	工位: 加工中心	数控程序号: 367513 01.NC	

刀具及参数设置

刀具号	刀具规格	加工内容	主轴转速/(r/min)	进给速度/(mm/min)
T01	R290-100Q32-12L, R290.90-12T32OM-PM	铣面	3800	1500
T02	R390-020C5-11M095, R390-11T308E-PL	粗铣外形	4500	1200
T03	R216.33-16045-AC26P	精铣外形	5000	1500
T04	R216.33-08045-AC26P	凹槽清根	4500	1200
T05	R216.32-16030-AC10P	粗铣滑槽	5000	1500
T06	R840-2100-30-A0A	钻孔	800	240
T07	R840-1560-30-A0A	钻孔	1200	360
T08	R840-3100-30-A0A	扩孔	500	80
T09	R216.42-06030-AC10P	铣倒角	5400	1800
T10	R215.36-06050-AC13L	精铣滑槽	5200	1200
T11	392.410 37A-63 12 063B	精镗ϕ32孔	1400	200
T12	392.410 37A-63 12 063B	精镗ϕ16孔	1600	340

更改号	更改内容		批准	日期
02				
01				
拟制:	日期:	审核:	日期:	批准: 日期:

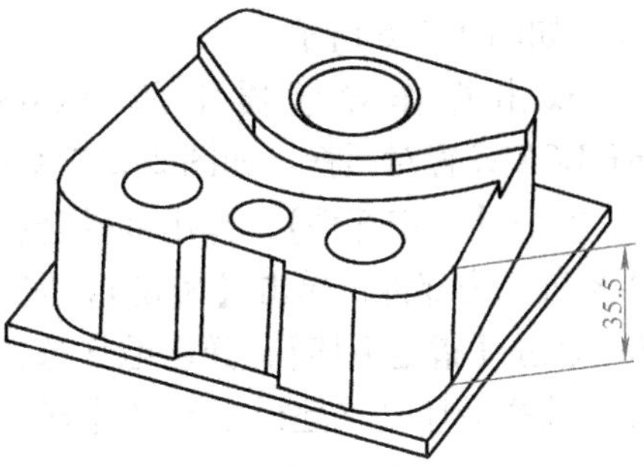

其余尺寸参阅零件图，锐边加0.3倒角

表 2-2-6 加工底面工艺卡

零件号: 367513-0	工序名称: 加工底面	工艺流程卡_工序单	
材料: 42CrMo	页码: 3	工序号: 03	版本号: 0
夹具: 平口钳	工位: 加工中心	数控程序号: 367513-02.NC	

刀具及参数设置

刀具号	刀具规格	加工内容	主轴转速/(r/min)	进给速度/(mm/min)
T01	R290-100Q32-12L, R290.90-12T320M-PM	铣面	3800	1500
T13	R840-0680-30-A0A	钻孔	2400	500
T14	M8×1.25丝锥	攻螺纹	1000	1250

更改号	更改内容		批准	日期
02				
01				
拟制:	日期:	审核:	日期:	批准: 日期:

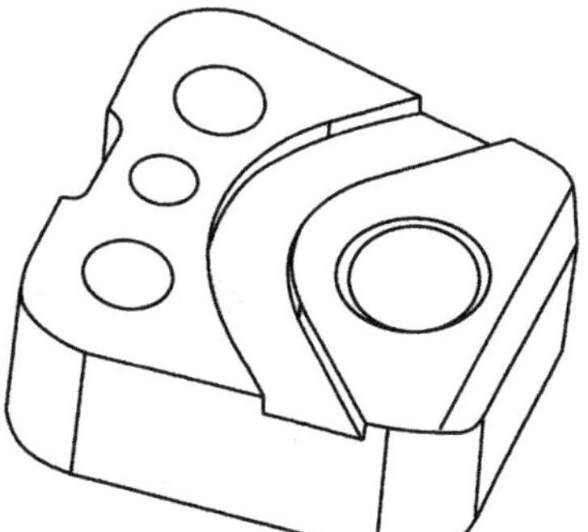

所有尺寸参阅零件图，锐边加0.3倒角

2. 编制加工程序

(1) 编制加工零件顶面的 NC 程序

1) 单击【开始】【所有应用模块】【加工】，弹出加工环境设置对话框，CAM 会话配置选择 cam_general；要创建的 CAM 设置选择 mill_planar，如图 2-2-5 所示，然后单击【确定】，进入加工模块。

2）在加工操作导航器空白处，单击鼠标右键，选择【几何视图】，更改 WORKPIECE 和 MCS_MILL 的父子关系，复制 MCS_MILL，然后粘贴，将 MCS_MILL 更名为 MCS_MILL_1，将 MCS_MILL_COPY 更名为 MCS_MILL_2，如图 2-2-6 所示。

3）双击操作导航器中的 WORKPIECE，弹出 WORKPIECE 设置对话框，如图 2-2-7 所示。

4）单击【指定部件】，弹出部件选择对话框，选择图 2-2-8 所示为部件，单击【确定】，完成指定部件。

5）单击【指定毛坯】，弹出毛坯选择对话框，选择几何体，选择毛坯（在建模中已经建好，在图层 2 中），如图 2-2-9 所示。单击【确定】完成毛坯设置，单击【确定】完成 WORKPIECE 设置。

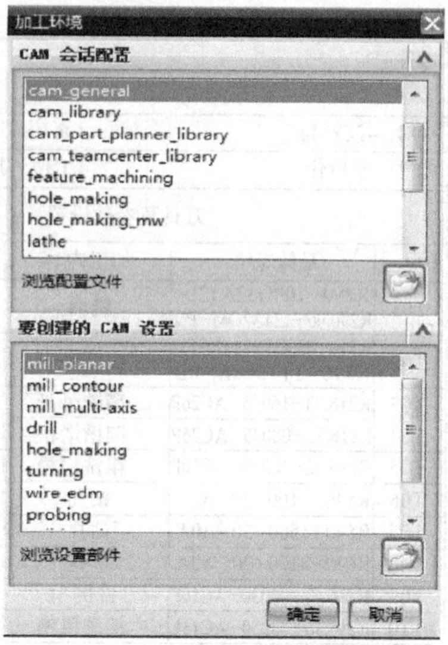

图 2-2-5 加工环境设置

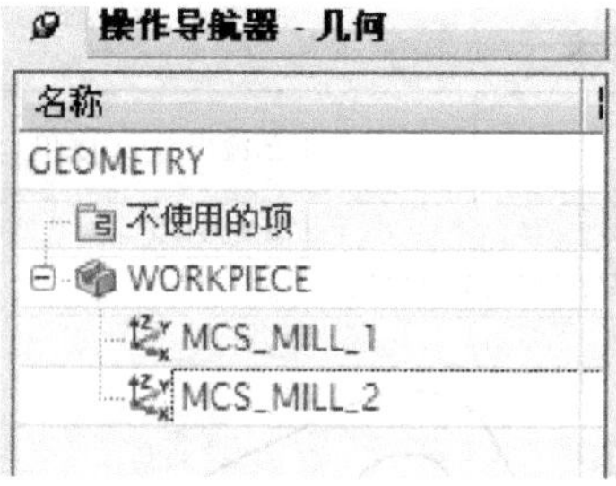

图 2-2-6 几何视图选择

图 2-2-7 WORKPIECE 设置

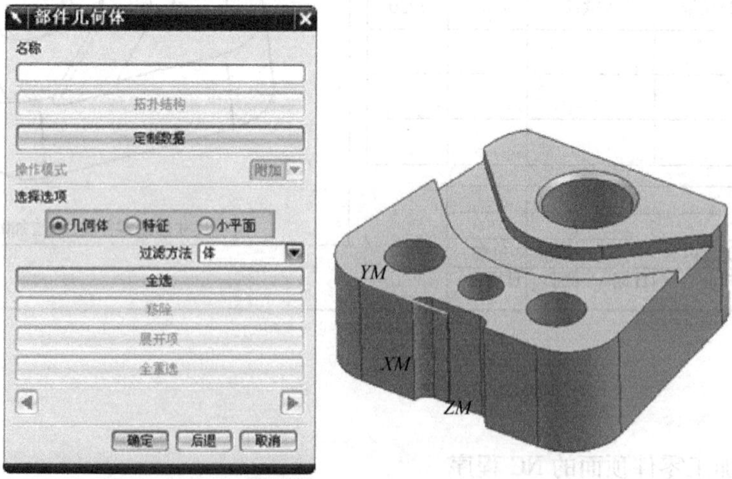

图 2-2-8 指定部件

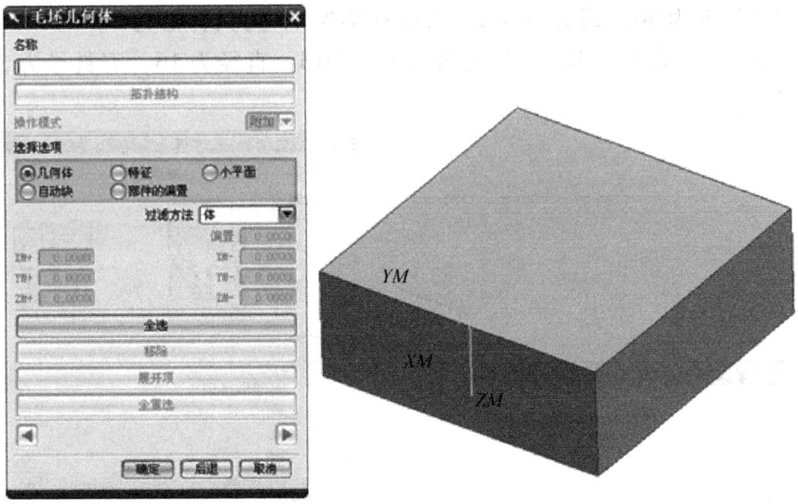

图 2-2-9 毛坯设置

6）双击操作导航器中的【MCS_MILL_1】，弹出加工坐标系对话框，设置安全距离为 50，如图 2-2-10 所示。

7）单击毛坯上表面，单击【确定】，如图 2-2-11 所示。单击【确定】，同样的方法设置 MCS_MILL_2，选择表面为毛坯的下表面，完成加工坐标系设置。

图 2-2-10 加工坐标系设置

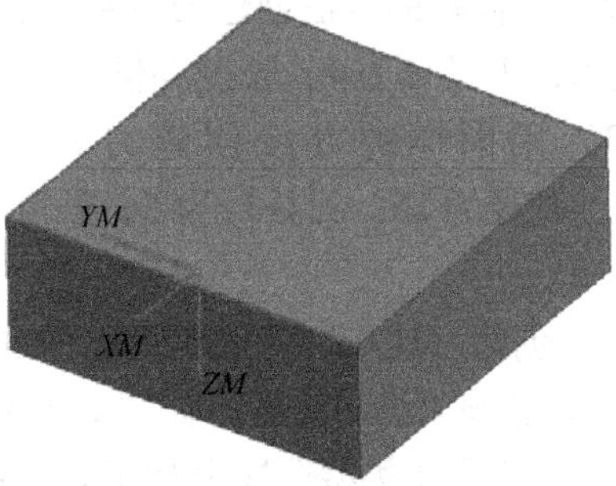

图 2-2-11 加工坐标系设置

8）在加工操作导航器空白处，单击鼠标右键，选择【机床视图】，单击菜单条【插入】，单击【刀具】，弹出创建刀具对话框，如图 2-2-12 所示。类型选择为 mill_planar，刀具子类型选择为 MILL，刀具位置为 GENERIC_MACHINE，刀具名称为 T1D50，单击【确定】，弹出刀具参数设置对话框。

9）设置刀具参数如图 2-2-13 所示。直径为 50，底圆角半径为 0，刀刃为 2，长度为 75，刀刃长度为 50，刀具号为 1，长度补偿为 1，刀具补偿为 1，单击【确定】，完成创建刀具。

10）用同样的方法创建刀具 2，类型选择为 mill_planar，刀具子类型选择为 MILL，刀具位置为 GENERIC_MACHINE，刀具名称为 T2D20，直径为 20，底圆角半径为 0，刀刃为 2，长度为75，刀刃长度为50，刀具号为2，长度补偿为2，刀具补偿为2。

11）用同样的方法创建刀具3，刀具名称为T3D16，直径为16，刀具号为3，长度补偿为3，刀具补偿为3。

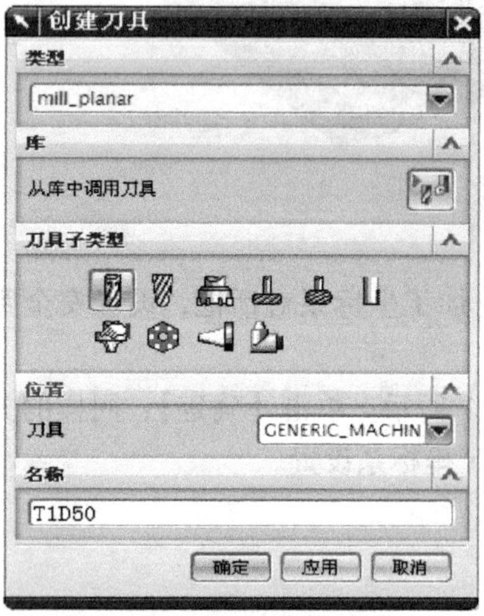

图2-2-12　创建刀具

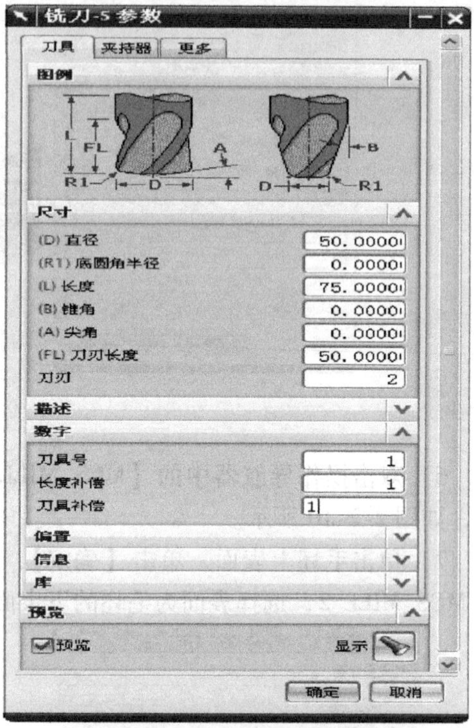

图2-2-13　刀具参数设置

12）用同样的方法创建刀具4，刀具名称为T4D8，直径为8，刀具号为4，长度补偿为4，刀具补偿为4。

13）用同样的方法创建刀具5，刀具名称为T5D16，直径为16，刀具号为5，长度补偿为5，刀具补偿为5。

14）创建刀具6，单击菜单条【插入】，单击【刀具】，弹出创建刀具对话框，如图2-2-14所示。类型选择为drill，刀具子类型选择为DRILLING_TOOL，刀具位置为GENERIC_MACHINE，刀具名称为T6D21，单击【确定】，弹出刀具参数设置对话框。

图2-2-14　创建刀具

15）设置刀具参数如图2-2-15所示，直径为21，长度为50，刀刃为2，刀具号为6，长度补偿为6，单击【确定】，完成创建刀具。

16）同样的方法创建7号钻头，刀具名称为T7D15.6，直径为15.6，刀具号为7，长度补偿为7。

17）同样的方法创建8号扩孔钻，刀具名称为T8D31，直径为31，刀具号为8，长度补偿为8。

18）用创建刀具1的方法创建刀具9，刀具名称为T9D6，直径为6，底圆角半径为3，刀具号为9，长度补偿为9。

19）用创建刀具1的方法创建刀具10，刀具名称为T10D6，直径为6，底圆角半径为0，刀具号为10，长度补偿为10，刀具补偿为10。

20）用创建刀具1的方法创建刀具11，刀具名称为T11D32，直径为32，刀具号为11，长度补偿为11，刀具补偿为11。

21）用创建刀具1的方法创建刀具12，刀具名称为T12D16，直径为16，刀具号为12，长度补偿为12，刀具补偿为12。

22）用创建刀具6的方法创建13号钻头，刀具名称为T13D6.8，直径为6.8，刀具号为13，长度补偿为13。

23）创建刀具14，单击菜单条【插入】，点击【刀具】，弹出创建刀具对话框，如图2-2-16所示。类型选择为drill，刀具子类型选择为THREAD_MILL，刀具位置为GENERIC_MACHINE，刀具名称为T14M8，单击【确定】，弹出刀具参数设置对话框。

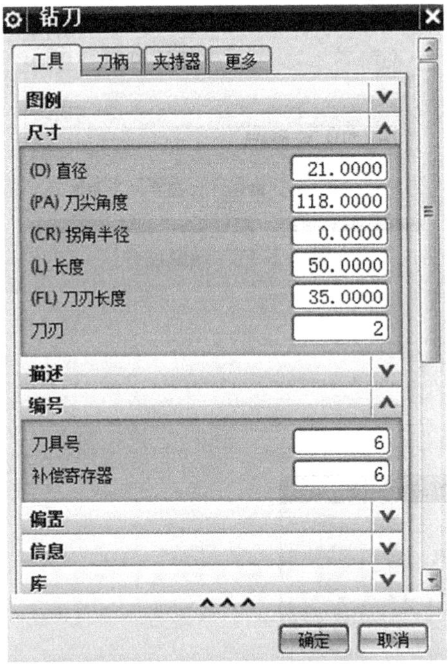

图2-2-15　刀具参数设置

图2-2-16　创建刀具

24）设置刀具参数如图2-2-17所示，直径为8，长度为50，螺距为1.25，刀刃为2，刀具号为14，长度补偿为14，单击【确定】，完成创建刀具。

25）在加工操作导航器空白处，单击鼠标右键，选择【程序视图】，单击菜单条【插入】，单击【操作】，弹出创建操作对话框，类型为mill_planar，操作子类型为FACE_MILLING，程序为PROGRAM，刀具为T1D50，几何体为MCS_MILL_1，方法为MILL_ROUGH，名称为FACE_MILLING_ROUGH，如图2-2-18所示，单击【确定】，弹出操作设置对话框，如图2-2-19所示。

26）单击【指定面边界】，弹出指定面几何体对话框，如图2-2-20所示，选择曲线边界模式，平面设置为手工，弹出平面对话框，如图2-2-21所示，选择对象平面方式，选取图2-2-22所示的平面，系统回到指定面几何体对话框，选择底部面的轮廓边，如图2-2-23所示，单击【确定】，完成指定面边界。

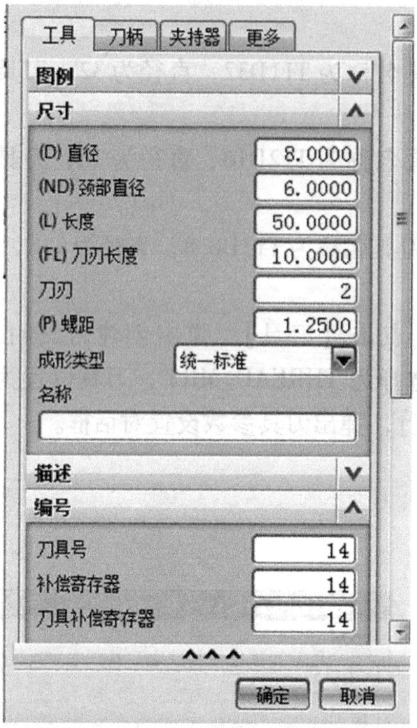

图2-2-17　刀具参数设置

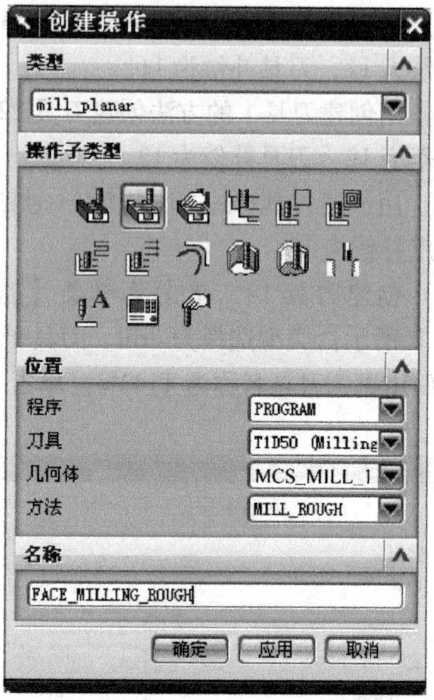

图2-2-18　创建操作

图2-2-19　平面铣操作设置

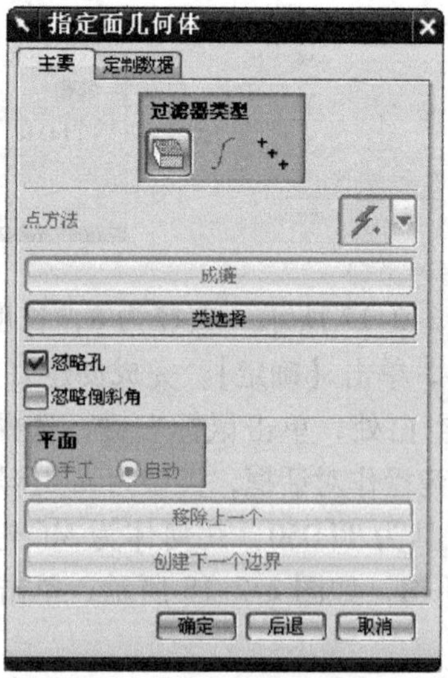

图2-2-20　面几何体

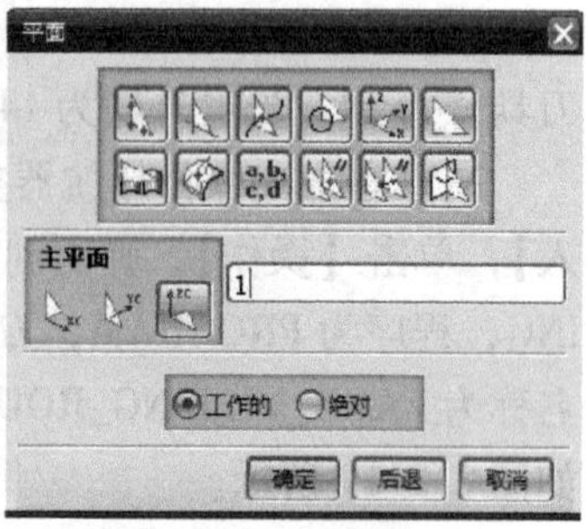

图2-2-21　平面定义

27）设置刀轴为 +ZM 轴，如图 2-2-24 所示。

28）切削模式为往复，步距为刀具直径的 75%，毛坯距离为 5，每刀深度为 2.5，最终底部余量为 0，如图 2-2-25 所示。

29）单击【进给和速度】，弹出对话框，设置主轴速度为 3800，设置进给率为 1500，如图 2-2-26 所示。单击【确定】完成进给和速度设置。

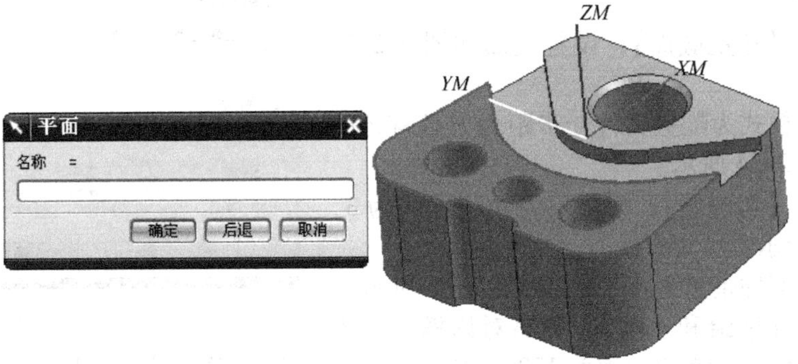

图 2-2-22　选择平面

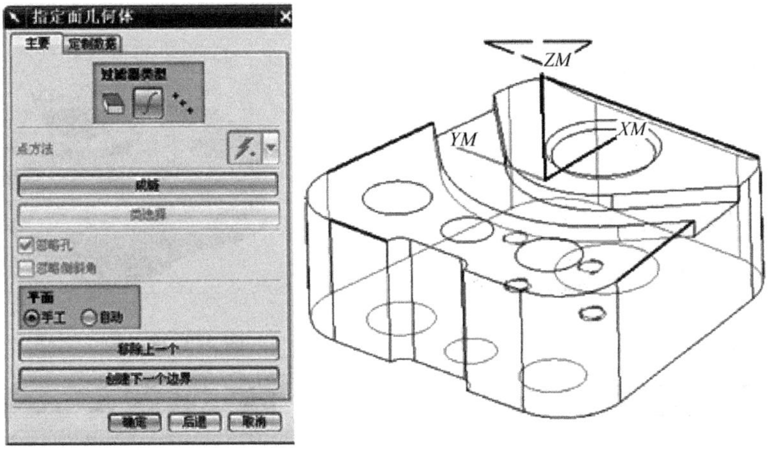

图 2-2-23　选择曲线

图 2-2-24　设置刀轴

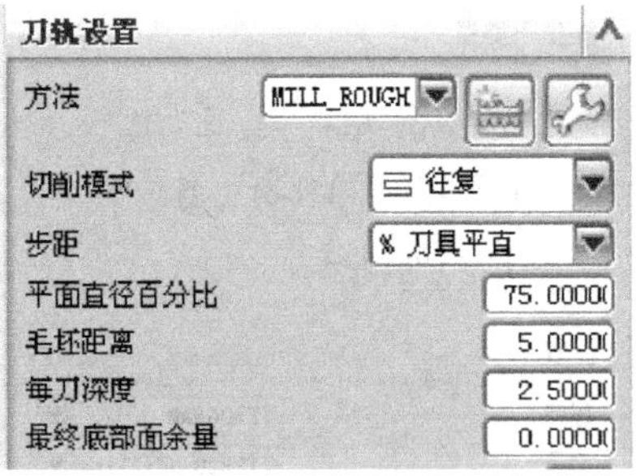

图 2-2-25　刀轨设置

30）单击【生成刀轨】，如图 2-2-27 所示。得到零件的加工刀轨，如图 2-2-28 所示。单击【确定】，完成零件上表面加工刀轨设置。

31）在加工操作导航器空白处，单击鼠标右键，选择【程序视图】，单击菜单条【插入】，单击【操作】，弹出创建操作对话框，类型为 mill_planar，操作子类型为 PLANAR_MILL，程序为 PROGRAM，刀具为 T2D20，几何体为 MCS_MILL_1，方法为 MILL_ROUGH，名称为 MILL_ROUGH，如图 2-2-29 所示，单击【确定】，弹出操作设置对话框，如图 2-2-30所示。

32）单击【指定部件边界】，设置部件边界如图 2-2-31 所示。

33）单击【指定毛坯边界】，设置毛坯边界如图 2-2-32 所示。

34）单击【指定底面】，设置底面如图 2-2-33 所示。

35）切削模式为配置文件，步距为刀具直径的 50%，如图 2-2-34 所示。

36）单击【切削层】，设置每刀切削深度为 3，如图 2-2-35 所示。

37）设置部件余量为 0.3，如图 2-2-36 所示。

38）单击【进给和速度】，弹出对话框，设置主轴速度为 4500，设置进给率为 1200，如图 2-2-37 所示。单击【确定】完成进给和速度设置。

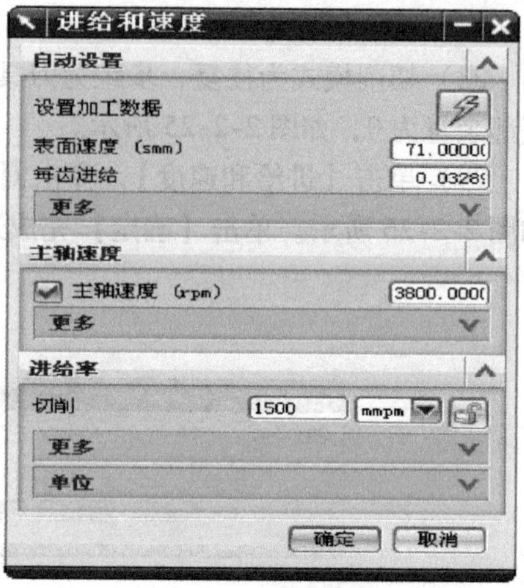

图 2-2-26　进给和速度

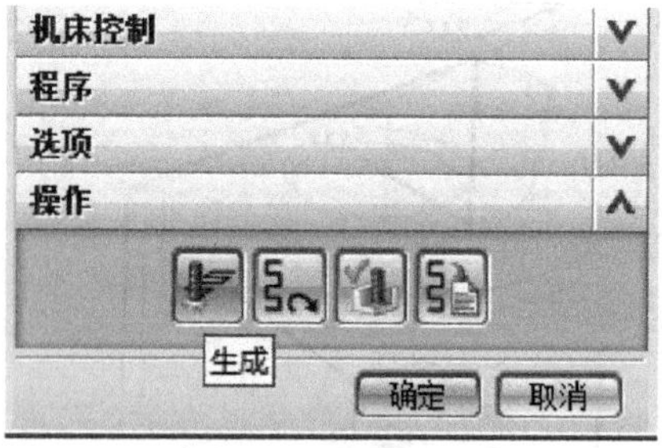

图 2-2-27　生成刀轨

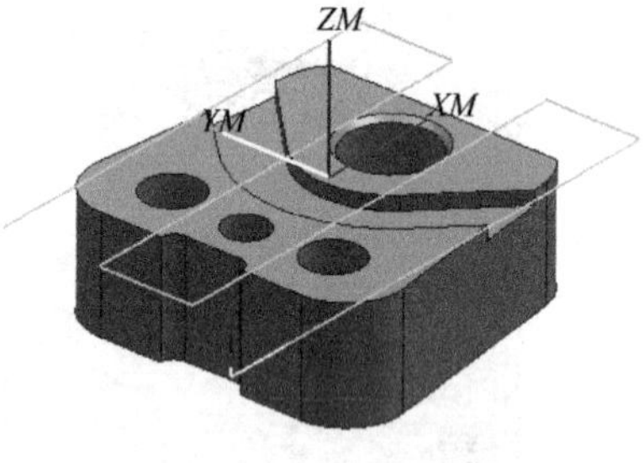

图 2-2-28　加工刀轨

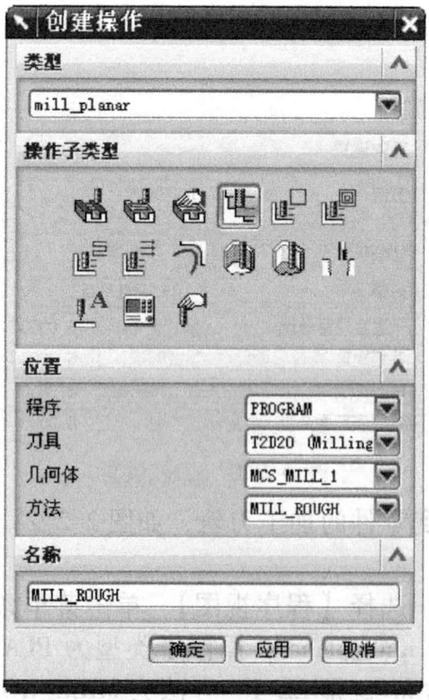

图 2-2-29　创建操作

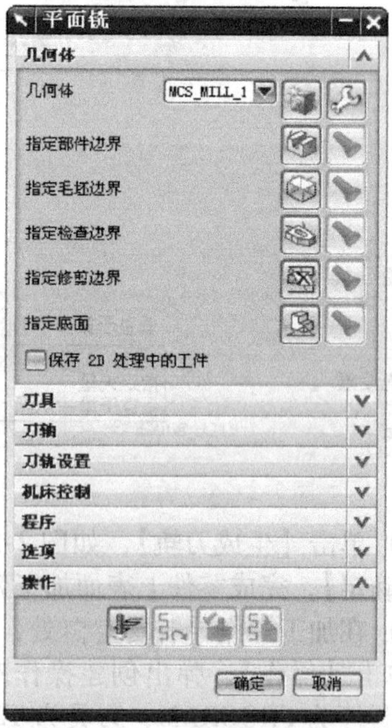

图 2-2-30　平面铣操作设置

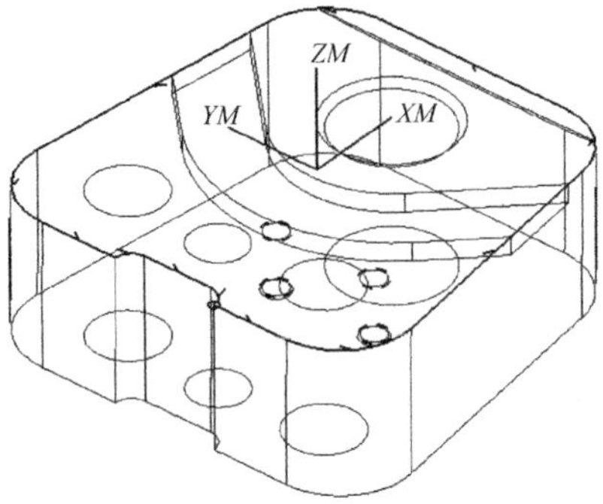

图 2-2-31 部件边界

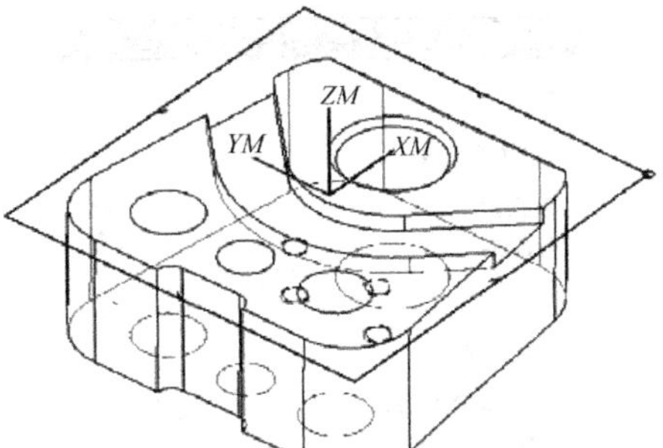

图 2-2-32 毛坯几何体

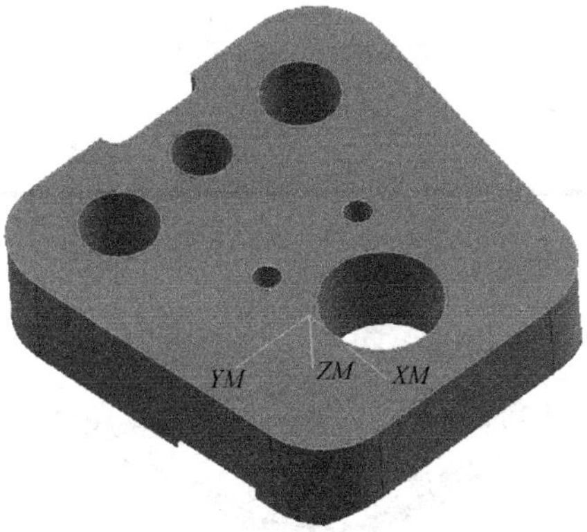

图 2-2-33 选择底面

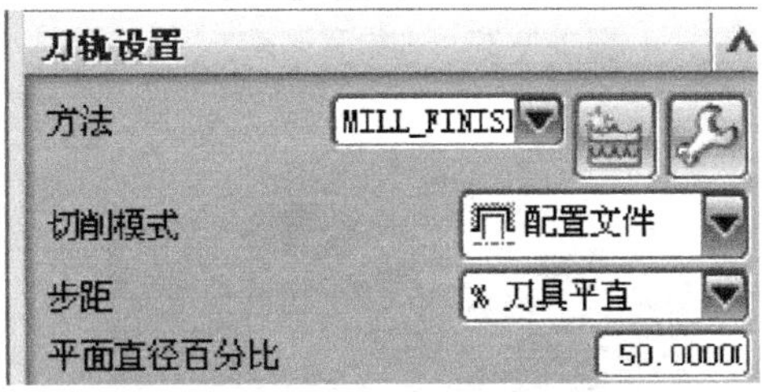

图 2-2-34 刀轨设置

图 2-2-35 每刀切削深度

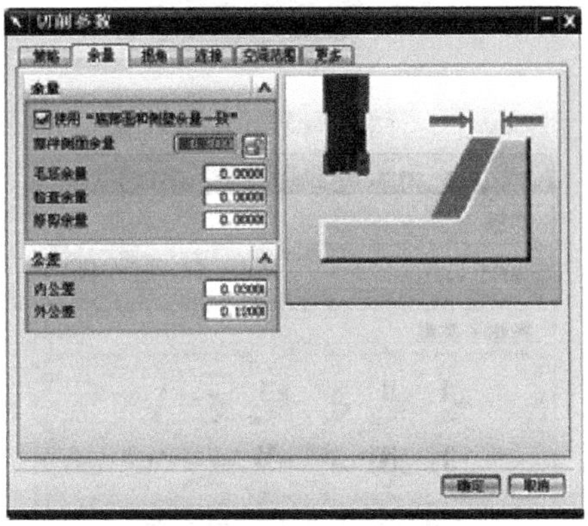

图 2-2-36 部件余量设置

39）单击【生成刀轨】，如图 2-2-38 所示，得到零件的加工刀轨，如图 2-2-39 所示。单击【确定】，完成零件侧面粗加工刀轨设置。

40）复制 MILL_ROUGH，然后粘贴，将 MILL_ROUGH_COPY 更名为 MILL_FINISH，双击 MILL_FINISH，将刀具更改为 T3D16，全局每刀深度更改为 5，部件余量更改为 0，主轴速度更改为 5000，进给率更改为 1500，生成加工刀轨如图 2-2-40 所示。

41）单击菜单条【插入】，单击【操作】，弹出创建操作对话框，类型为 MILL_CONTOUR，操作子类型为 ZLEVEL_PROFILE，程序为 PROGRAM，刀具为 T4D8，几何体为 MCS_MILL_1，方法为 MILL_FINISH，名称为 MILL_ FINISH_1，如图 2-2-41 所示。单击【确定】，弹出操作设置对话框，如图 2-2-42 所示。

42）单击【指定切削区域】，选择图2-2-43所示的面作为加工面。

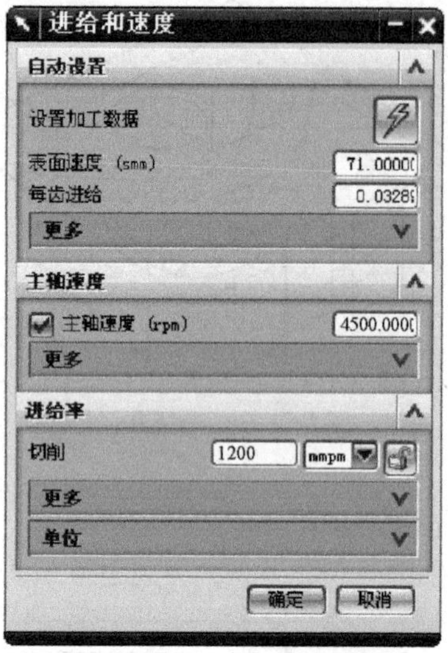

图 2-2-37 进给和速度

图 2-2-38 生成刀轨

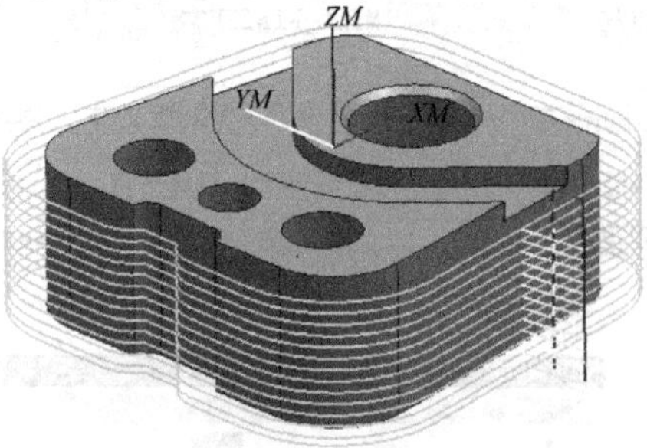

图 2-2-39 加工刀轨

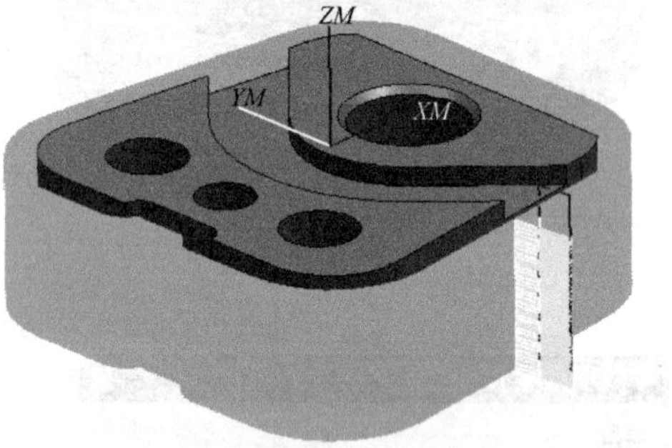

图 2-2-40 加工刀轨

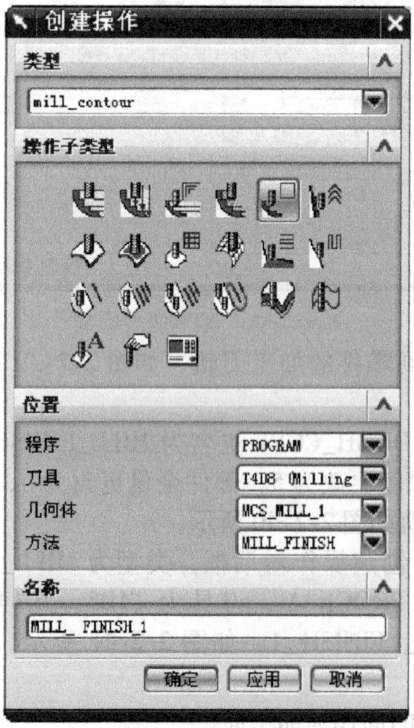

图 2-2-41 创建操作

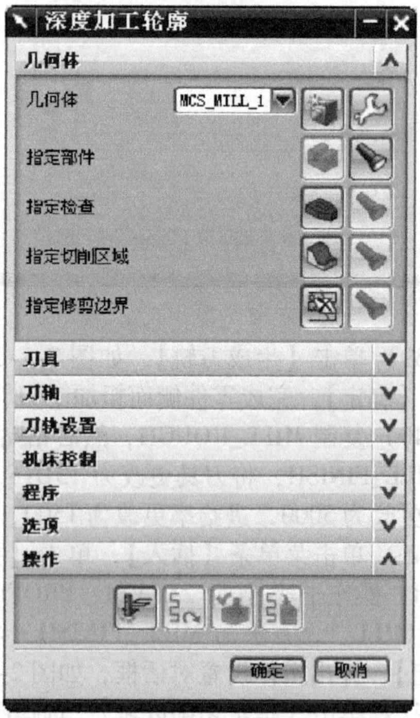

图 2-2-42 深度加工轮廓操作设置

43）全局每刀深度设置为2，如图2-2-44所示。

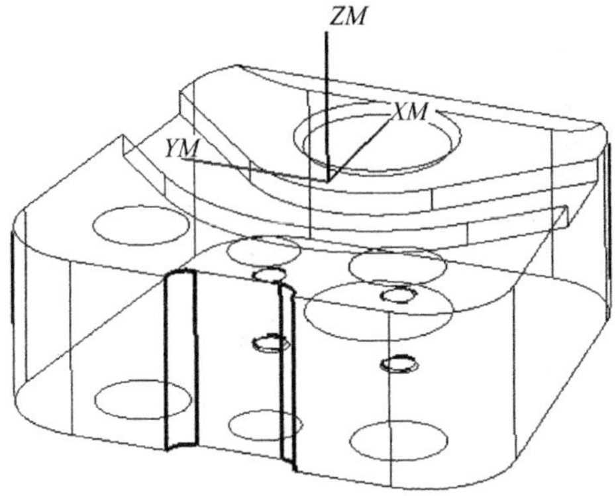

图2-2-43　指定加工面

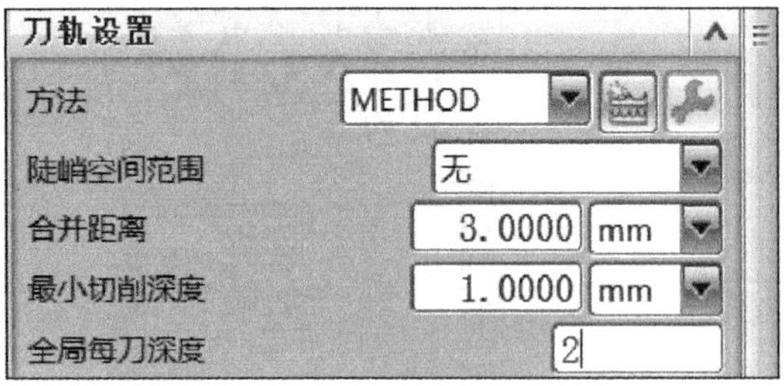

图2-2-44　全局每刀深度设置

44）单击【进给和速度】，弹出对话框，设置主轴速度为4500，设置进给率为1200，如图2-2-45所示。单击【确定】完成进给和速度设置。

45）单击【生成刀轨】，如图2-2-46所示，得到零件的加工刀轨，如图2-2-47所示。单击【确定】，完成零件侧面清根加工刀轨设置。

46）单击菜单条【插入】，单击【操作】，弹出创建操作对话框，类型为MILL_CONTOUR，操作子类型为CAVITY_MILL，程序为PROGRAM，刀具为T5D16，几何体为MCS_MILL_1，方法为MILL_ROUGH，名称为MILL_ ROUGH_1，如图2-2-48所示，单击【确定】，弹出操作设置对话框，如图2-2-49所示。

47）单击【指定切削区域】，选择图2-2-50所示的加工区域。

48）全局每刀深度设置为2，如图2-2-51所示。设置部件余量为0.3，如图2-2-52所示。

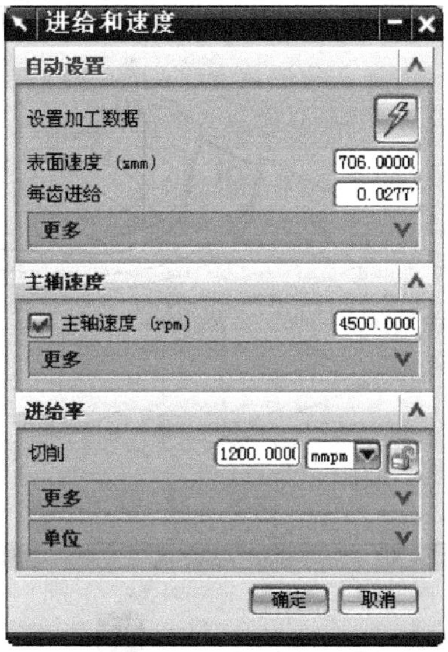

图2-2-45　进给和速度

图2-2-46　生成刀轨

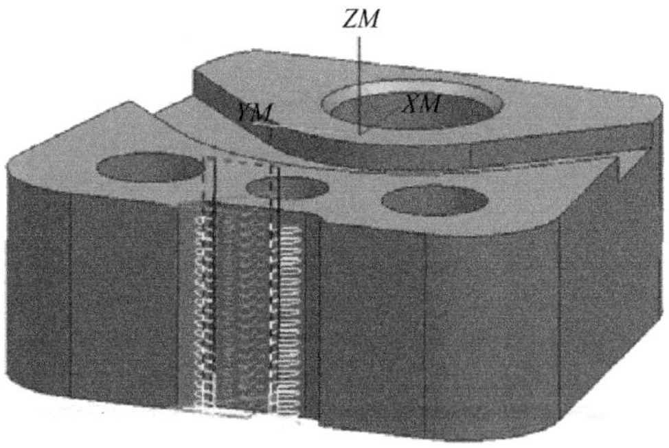

图2-2-47　加工刀轨

49）单击【进给和速度】，弹出对话框，设置主轴速度为5000，设置进给率为1500，如图2-2-53所示。单击【确定】完成进给和速度设置。

50）单击【生成刀轨】，如图2-2-54所示，得到零件的加工刀轨，如图2-2-55所示。单击【确定】，完成滑槽粗加工刀轨设置。

图 2-2-48 创建操作

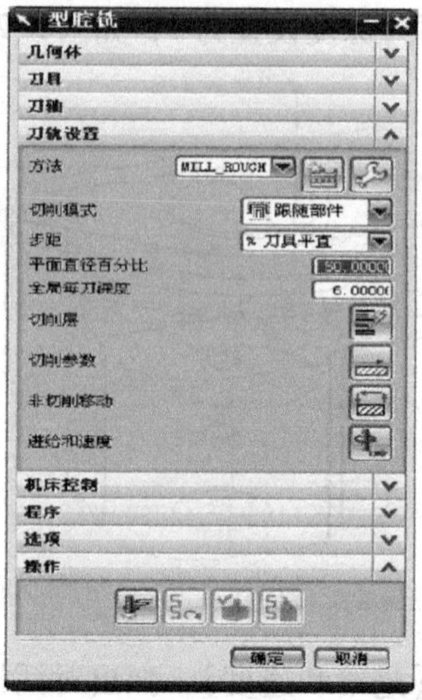

图 2-2-49 型腔铣操作设置

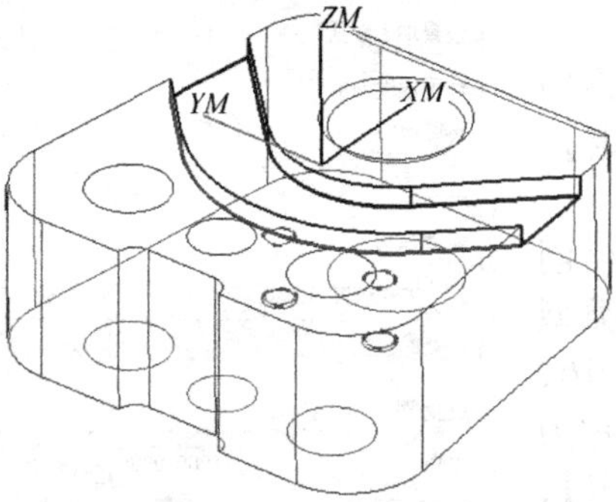

图 2-2-50 加工区域

图 2-2-51 全局每刀深度设置

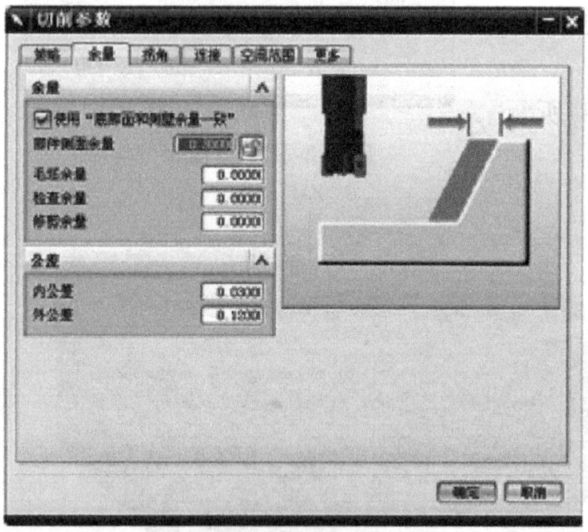

图 2-2-52 部件余量设置

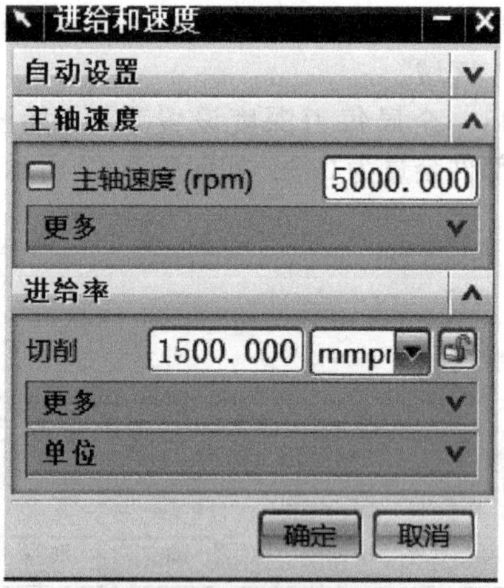

图 2-2-53 进给和速度

51）单击菜单条【插入】，单击【操作】，弹出创建操作对话框，类型为 DRILL，操作子类型为 DRILLING，程序为 PROGRAM，刀具为 T6D21，几何体为 MCS_MILL_1，方法为 DRILL_METHOD，名称为 DRILL_1，如图 2-2-56 所示，系统弹出钻孔操作设置对话框，如图 2-2-57 所示。

52）单击【指定孔】，单击【确定】，选择图 2-2-58 所示孔。单击【确定】完成操作。

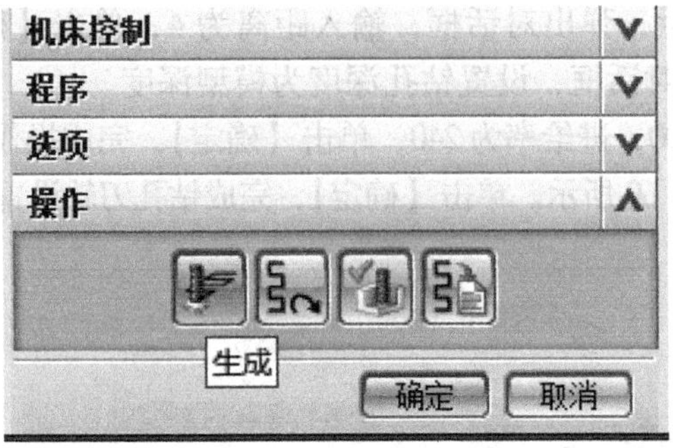

图 2-2-54 生成刀轨

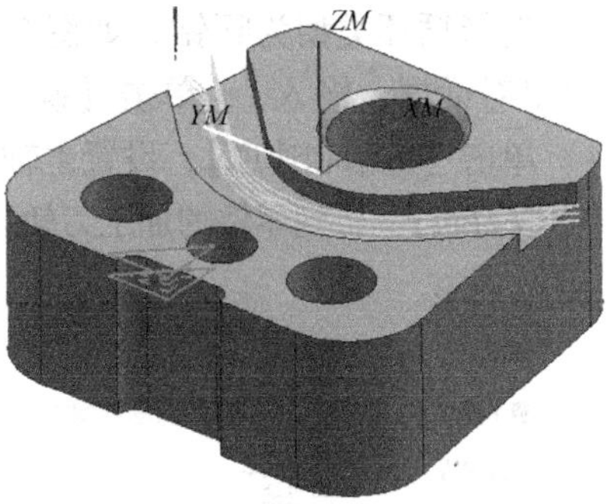

图 2-2-55 加工刀轨

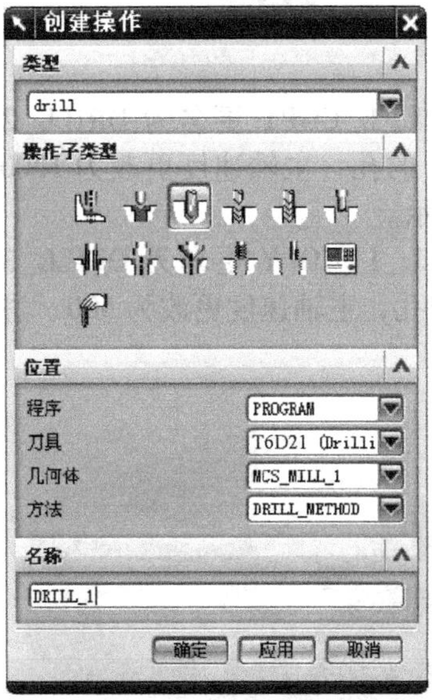

图 2-2-56 创建操作

图 2-2-57 钻孔操作设置

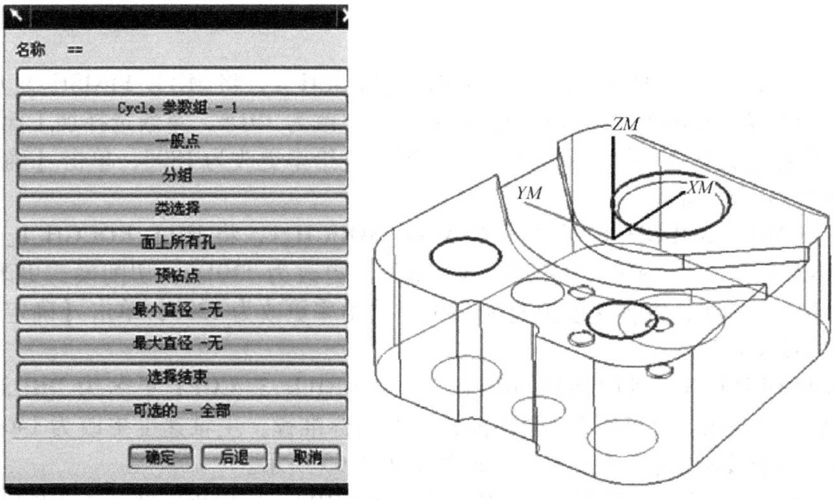

图 2-2-58 指定孔

53）选择循环类型为啄钻，如图 2-2-59 所示，弹出对话框，输入距离为 4，单击【确定】，弹出对话框，输入 1，单击【确定】，弹出对话框，设置钻孔深度为模型深度。

54）单击【进给和速度】，设置主轴速度为 800，进给率为 240，单击【确定】，完成操作。单击【生成刀轨】，得到零件的加工刀轨，如图 2-2-60 所示。单击【确定】，完成钻孔刀轨设置。

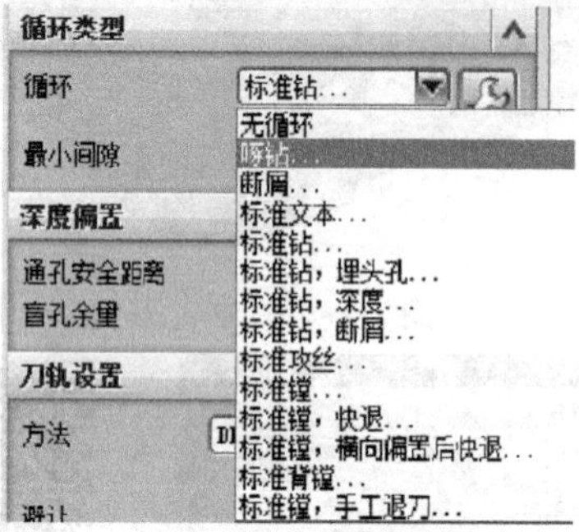

图 2-2-59 循环类型

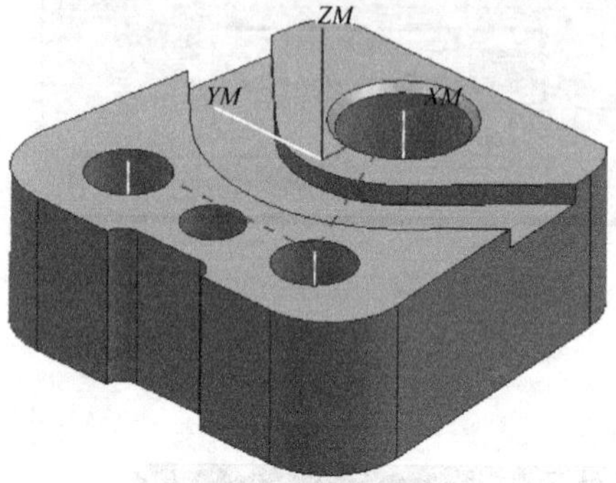

图 2-2-60 钻孔刀轨

55）复制 DRILL_1，然后粘贴 DRILL_1，将 DRILL_1_COPY 更名为 DRILL_2，双击 DRILL_2，将刀具更改为 T7D15.6，重新选择直径为 16 的孔，主轴速度更改为 1200，进给率更改为 360，单击【确定】，生成刀轨如图 2-2-61 所示。

56）复制 DRILL_1，然后粘贴 DRILL_1，将 DRILL_1_COPY 更名为 DRILL_3，双击 DRILL_3，将刀具更改为 T8D31，重新选择直径为 32 的孔，主轴速度更改为 500，进给率更改为 80，单击【确定】，生成刀轨如图 2-2-62 所示。

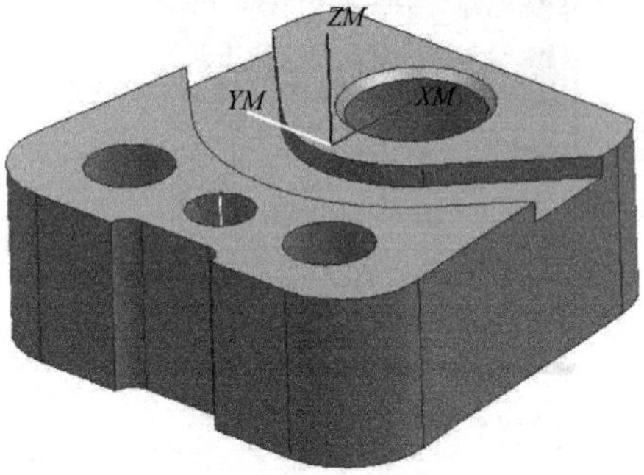

图 2-2-61 生成刀轨

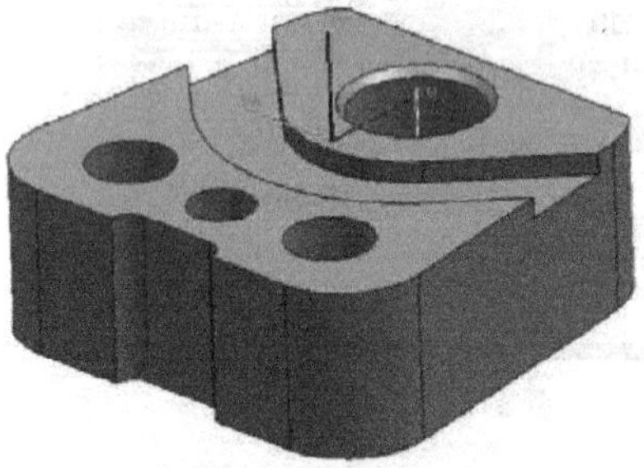

图 2-2-62 生成刀轨

57）复制 MILL_FINISH_1，然后粘贴 MILL_FINISH_1，将 MILL_FINISH_1_COPY 更名为 MILL_FINISH_2，双击 MILL_FINISH_2，将刀具更改为 T9D6，重新选择加工面为倒角面，全局每刀深度更改为 0.2，主轴速度更改为 5400，进给率更改为 1800，单击【确定】，生成加工刀轨如图 2-2-63 所示。

58）复制 MILL_ROUGH_1，然后粘贴 MILL_ROUGH_1，将 MILL_ROUGH_1_COPY 更名为 MILL_FINISH_3，双击 MILL_FINISH_3，将刀具更改为 T10D6，切削模式更改为配置文件，部件余量更改为 0，主轴速度更改为 5200，进给率更改为 1200，单击【确定】，生成加工刀轨如图 2-2-64 所示。

59）复制 DRILL_3，然后粘贴 DRILL_3，将 DRILL_3_COPY 更名为 DRILL_4，双击 DRILL_4，将刀具更改为 T11D32，循环模式更改为标准镗，主轴速度更改为 1400，进给率更改为 200，单击【确定】，生成加工刀轨如图 2-2-65 所示。

60）复制 DRILL_2，然后粘贴 DRILL_2，将 DRILL_2_COPY 更名为 DRILL_5，双击

DRILL_5，将刀具更改为T12D16，循环模式更改为标准镗，主轴速度更改为1600，进给率更改为340，单击【确定】，生成加工刀轨如图2-2-66所示。

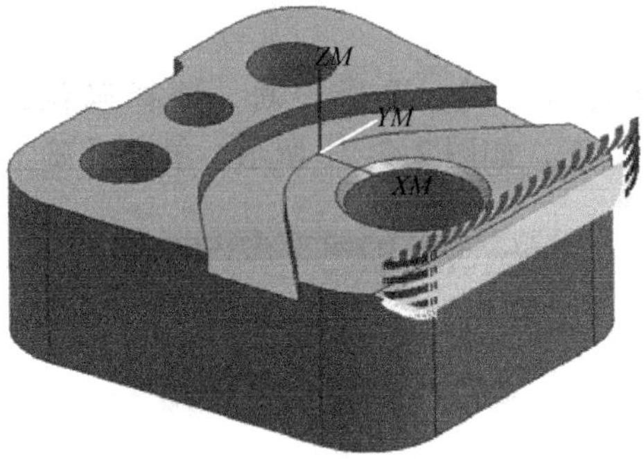

图2-2-63　加工刀轨

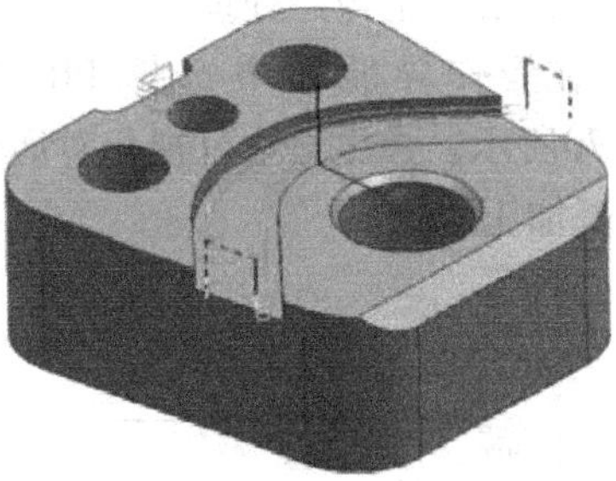

图2-2-64　加工刀轨

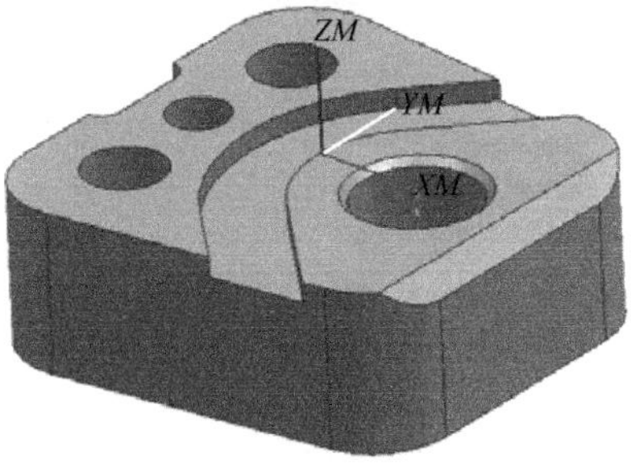

图2-2-65　加工刀轨

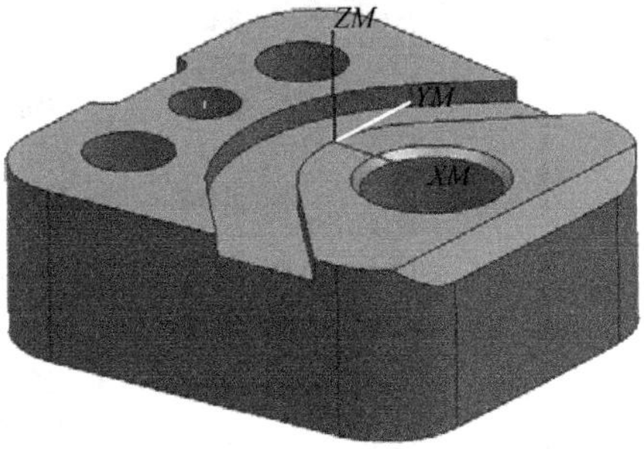

图2-2-66　加工刀轨

（2）编制加工零件底面的NC程序

1）复制FACE_MILLING_ROUGH，然后粘贴FACE_MILLING_ROUGH，将FACE_MILLING_ROUGH_COPY更名为FACE_MILLING_1，双击FACE_MILLING_1，更改几何体为MCS_MILL_2，更改边界如图2-2-67所示，生成加工刀轨如图2-2-68所示。

图2-2-67　更改面边界

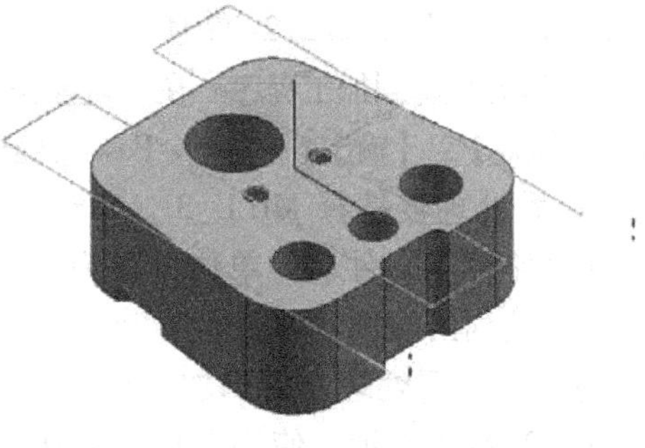

图2-2-68　加工刀轨

2）复制DRILL_1，然后粘贴DRILL_1，将DRILL_1_COPY更名为DRILL_6，双击DRILL_6，更改几何体为MCS_MIILL_2，更改刀具为T13D6.8，重新指定直径为8的孔，主轴速度更改为2400，进给率更改为500，生成加工刀轨如图2-2-69所示。

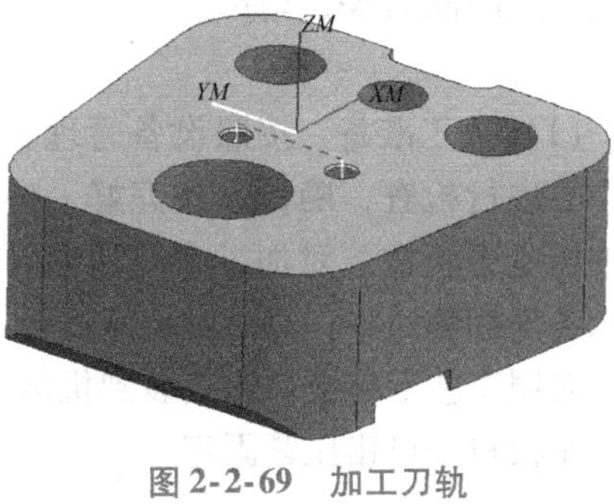

图2-2-69　加工刀轨

3）复制DRILL_6，然后粘贴DRILL_6，将

DRILL_6_COPY 更名为 DRILL_7，双击 DRILL_7，将刀具更改为 T14M8，循环方式为标准攻螺纹，将主速度更改为 1000，进给率更改为 1250，单击【确定】，完成攻螺纹操作。

（3）仿真加工与后处理

1）在操作导航器中选择 PROGRAM，单击鼠标右键，选择刀轨，选择确认，如图 2-2-70所示。弹出刀轨可视化对话框，选择 2D 动态，如图 2-2-71 所示。单击【确定】，开始仿真加工。

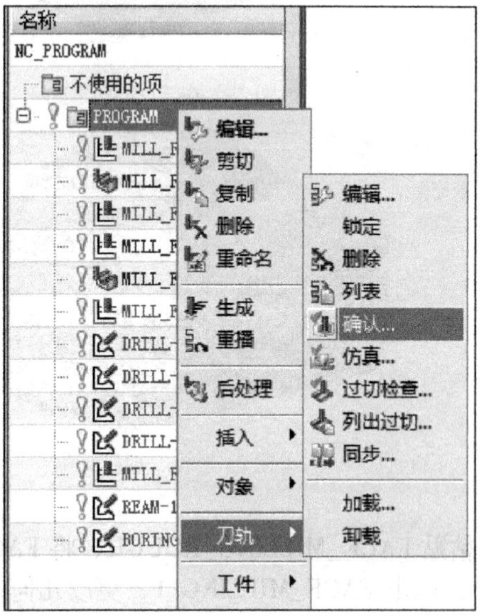

图 2-2-70　刀轨确认

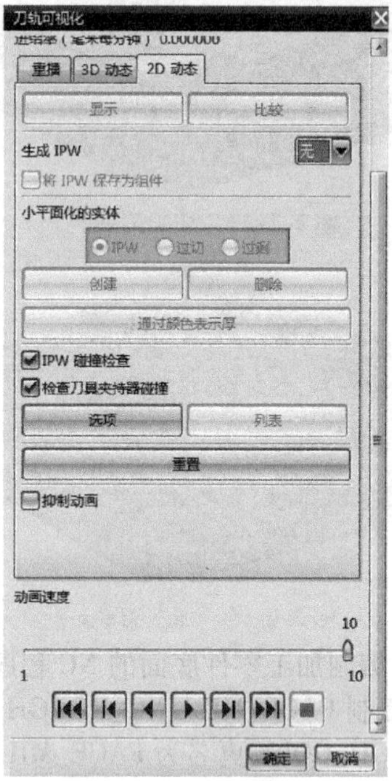

图 2-2-71　刀轨可视化

2）仿真结果如图 2-2-72 所示。

3）后处理得到加工程序。在刀轨操作导航器中选中加工顶面的加工操作，单击【工具】/【操作导航器】/【输出】/【NX Post 后处理】，如图 2-2-73 所示，弹出后处理对话框。

4）后处理器选择 MILL_3_AXIS，指定合适的文件路径和文件名，单位设置为定义了后处理，勾选列出输出，如图 2-2-74 所示，单击【确定】，完成后处理，得到加工顶面的 NC 程序，如图2-2-75所示。使用同样的方法后处理得到加工底面的 NC 程序。

图 2-2-72　仿真结果

3. 零件加工

（1）加工准备　按照设备管理要求，对加工中心进行检查，确保设备完好，特别注意气压油压是否正常。对加工中心通电开机，并将机床各坐标轴回零，然后对机床进行低转速预热。

对照工艺卡将平口钳安装到机床工作台，并校准平口钳定位钳口与机床 X 轴平行，然后用压板将平口钳压紧固定。

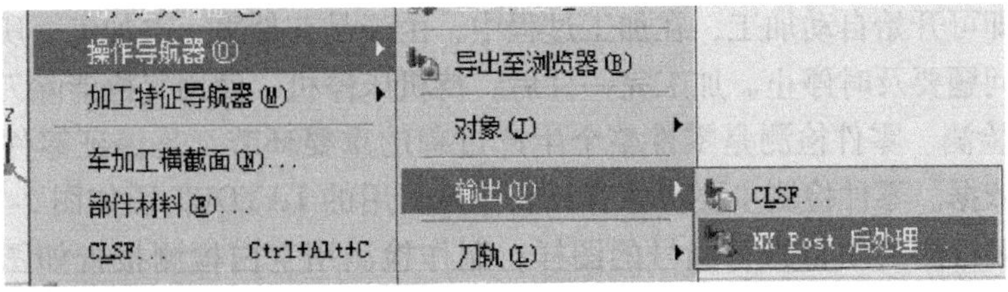

图 2-2-73　后处理命令

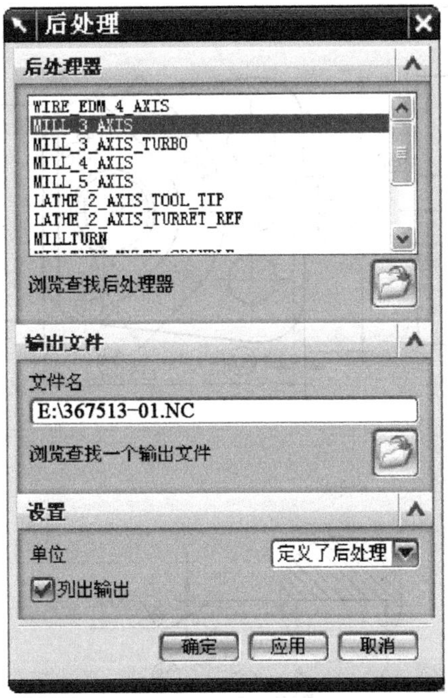

图 2-2-74　后处理

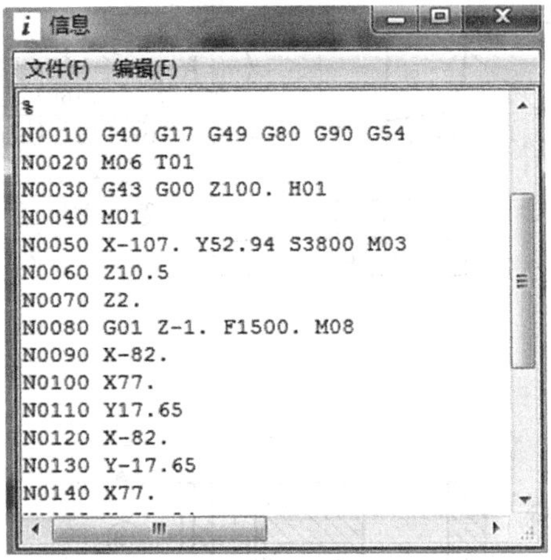

图 2-2-75　加工程序

对照工艺卡，准备好所有刀具和相应的刀柄和夹头，将刀具安装到对应的刀柄中，调整刀具伸出长度，在满足加工要求的前提下，尽量减少伸出长度，然后将装有刀具的刀柄按刀具号装入刀库。在加工本零件时要使用镗刀，镗刀必须先在对刀仪上进行调整，将镗刀尺寸调整到符合要求才能使用。

加工顶面时，零件安装伸出长度要符合工艺要求，伸出太长时夹紧部分就少，容易在加工中松动，伸出太短会造成加工时刀具碰到平口钳。零件下方必须要有垫块支撑，零件左右位置可以与平口钳一侧齐平，保证每次装夹的位置基本一致。

加工底面时，必须保证零件定位面和平口钳接触面之间无杂物，防止夹伤已加工面，装夹时要保证垫块固定不动，否则加工出来的零件上下面会不平行。左右位置要靠紧定位块，确保每次装夹位置完全一致。

对每把刀进行 Z 向偏置设置，要使用同一表面进行对刀，使用寻边器进行加工原点找正，并设置相应数据。

（2）程序传输　在关机状态使用 RS232 通信线连接机床系统与计算机，打开计算机和数控机床系统，进行相应的通信参数设置，要求数控系统内的通信参数与计算机通信软件内的参数一致。

（3）零件加工及注意事项　对刀和程序传输完成后，将机床模式切换到自动方式，按循环启动键，即可开始自动加工，在加工过程中，由于是首件第一次加工，所以要密切注意加工状态，有问题要及时停止。加工完一件后，待机床停机，使用气枪清除刀具上的切屑。

（4）零件检测　零件检测是零件整个生产过程的重要环节，是保证零件质量，优化加工工艺的主要依据。零件检测主要步骤有：制作检测用的 LAYOUT 图如图 2-2-76 所示，也就是对所有需要检测的项目进行编号的图样；制作检测用空白检测报告如图 2-2-77 所示，报告包括检测项目、标准、所有量具、检测频率；对零件进行检测并填写报告。

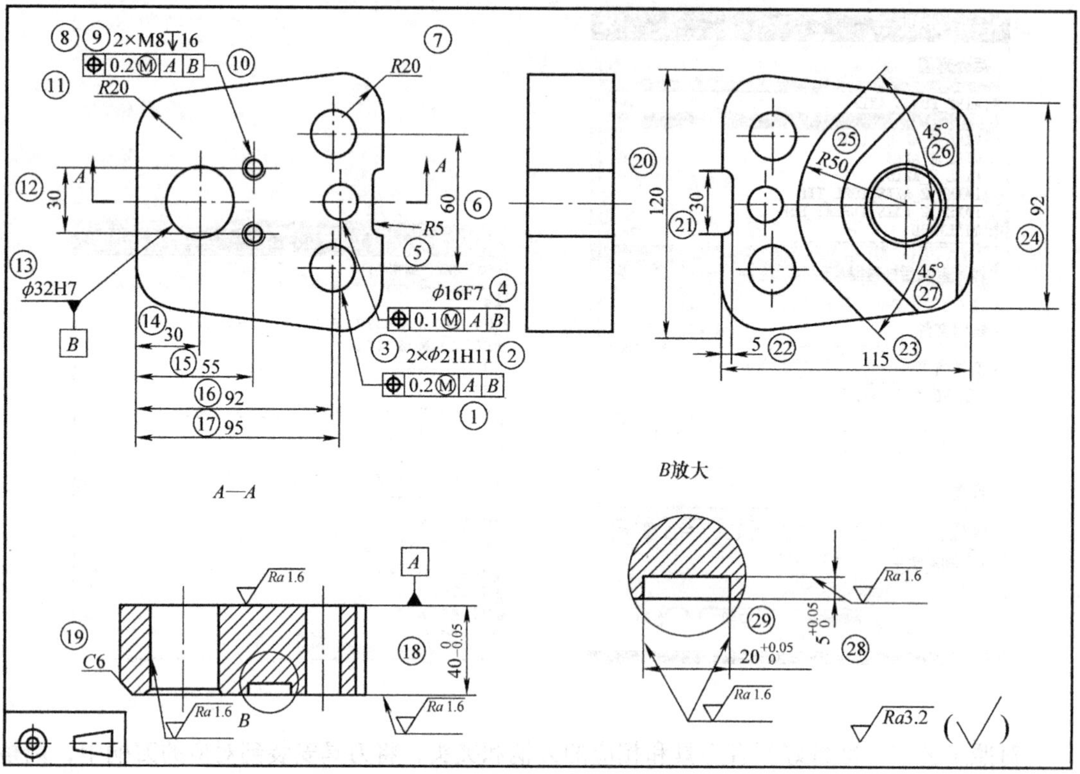

图 2-2-76　LAYOUT 图

（5）编制及完善相关工艺文件　根据加工中的实际情况和检测结果，对零件加工工艺和加工程序进行优化，最大限度地缩短加工时间，提高效率，主要是删除空运行的程序段，并调整切削参数。

2.2.4　专家点拨

1）在立式加工中心加工零件时，如果要加工直径要求比较高的内孔，一般会选用镗孔工艺，用可调式精镗刀加工内孔。

2）镗刀加工内孔时，如果内孔为盲孔或者台阶孔，为了防止损坏镗刀，在镗孔时 Z 向留 0.05mm 左右的余量。

3）在立式加工中心上加工表面时，最好选用的面铣刀直径大于被加工面的宽度，保证一刀就可以加工完成，如面铣刀直径小于被加工面的宽度，就必须走多刀，那表面会留有明显的接刀痕迹。

4）用铣刀加工尺寸要求比较高的特征时，一般选用整体式铣刀，而不是选用可转位式铣刀。

5）所有产品加工都应先编制工艺文件，后编制加工程序。

检测报告(Inspecton Report)									
零件名：滑槽板				零件材料：			送检数量：		
零件号：367513-0				表面处理：			送检日期：		
				测量尺寸(Measurement)					
序号	图样尺寸			测量尺寸(Measuring Size)				测量工具(Measurement Tool)	备注(Remark)
	公称尺寸	上极限偏差	下极限偏差	1#	2#	3#	4#		
1	位置度0.2	/	/					CMM	
2	ϕ21H11	0.13	0					游标卡尺	
3	位置度0.1	/	/					CMM	
4	ϕ16F7	0.034	0.016					内径量表	
5	$R5$	0.25	−0.25					CMM	
6	60.00	0.25	−0.25					游标卡尺	
7	$R20$	0.25	−0.25					CMM	
8	2×M8	/	/					螺纹规	
9	16.00	0.25	−0.25					游标卡尺	
10	位置度0.2	/	/					CMM	
11	$R20$	0.25	−0.25					CMM	
12	30.00	0.25	−0.25					游标卡尺	
13	ϕ32H7	0.025	0					内径千分尺	
14	30.00	0.25	−0.25					游标卡尺	
15	55.00	0.25	−0.25					游标卡尺	
16	92.00	0.25	−0.25					游标卡尺	
17	95.00	0.25	−0.25					游标卡尺	
18	40.00	0	−0.05					千分尺	
19	$C6$	0.25	−0.25					CMM	
20	120.00	0.25	−0.25					CMM	
21	30.00	0.25	−0.25					游标卡尺	
22	5.00	0.25	−0.25					游标卡尺	
23	115.00	0.25	−0.25					游标卡尺	
24	92.00	0.25	−0.25					CMM	
25	$R50$	0.25	−0.25					CMM	
26	45°	0.25	−0.25					CMM	
27	45°	0.25	−0.25					CMM	
28	5.00	0.05	0					深度千分尺	
29	20.00	0.05	0					内测千分尺	
外观　碰伤　毛刺								目测	
是/否　合格									
测量员：				批准人：			页数：		

图 2-2-77　检测报告

2.2.5　课后训练

完成图 2-2-78 所示连接块的加工工艺编制并制作工艺卡，完成零件的加工程序编制并进行仿真加工。

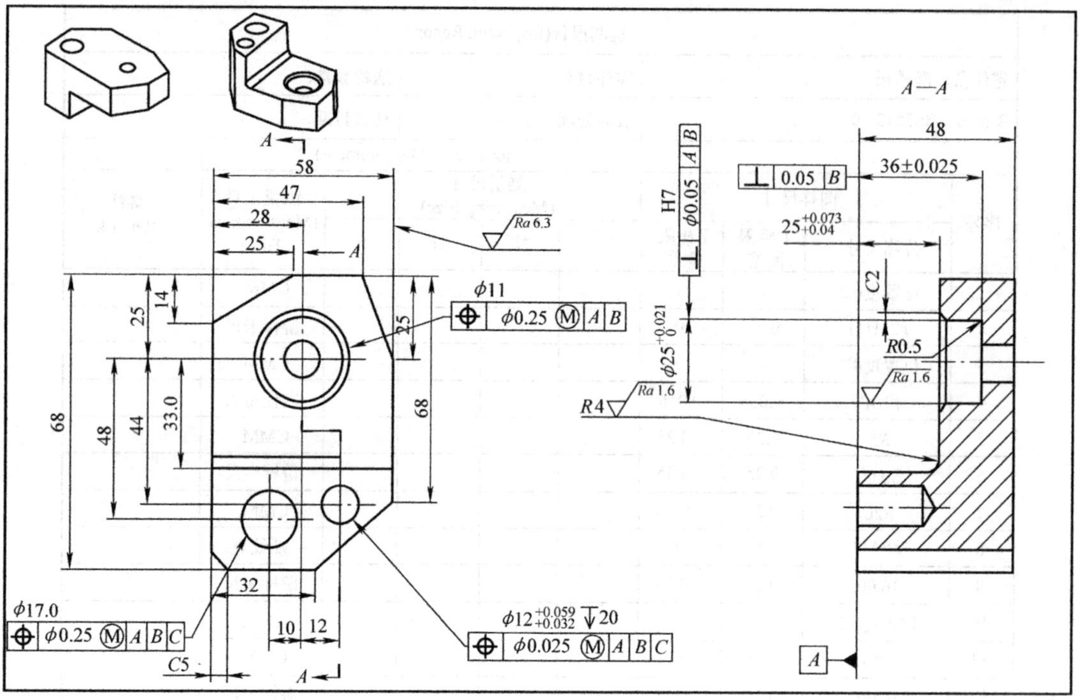

图 2-2-78　连接块[⊖]

项目 2.3　锁紧板的加工与调试

2.3.1　教学目标

【能力目标】 能编制锁紧板的加工工艺
能使用 NX 6.0 软件编制锁紧板的加工程序
能使用立式铣削加工中心加工锁紧板
能检测加工完成的锁紧板

【知识目标】 掌握锁紧板的加工工艺
掌握锁紧板的程序编制方法
掌握锁紧板的加工方法
掌握锁紧板的检测方法

【素质目标】 激发学生的学习兴趣，培养团队合作和创新精神

2.3.2　项目导读

该锁紧板是注塑机中的一个零件，此零件的特点是结构相对复杂，零件整体外形为块状，外轮廓呈异形轮廓，零件的加工精度要求较高。零件上由 U 形槽、孔、螺纹，沟槽、倒角等特征组成，其中孔的加工精度和表面粗糙度要求都比较高，在编程与加工时要特别注意。

2.3.3　项目任务

学生以企业制造工程师的身份投入工作，分析锁紧板的零件图样，明确加工内容和加工

⊖　图样中有不尽符合国家标准之处系企业引进技术内容，仅供参考。

要求，对加工内容进行合理的工序划分，确定加工路线，选用加工设备，选用刀具和夹具，制定加工工艺卡；运用NX软件编制锁紧板的加工程序并进行仿真加工，使用加工中心加工锁紧板；对加工成品进行检测，并根据检测结果对整个加工工艺和加工程序提出修改建议。

1. 制定加工工艺

（1）图样分析　锁紧板零件图样如图2-3-1所示，该锁紧板结构相对复杂，主要由U形槽、孔、螺纹，沟槽、斜角等特征组成。

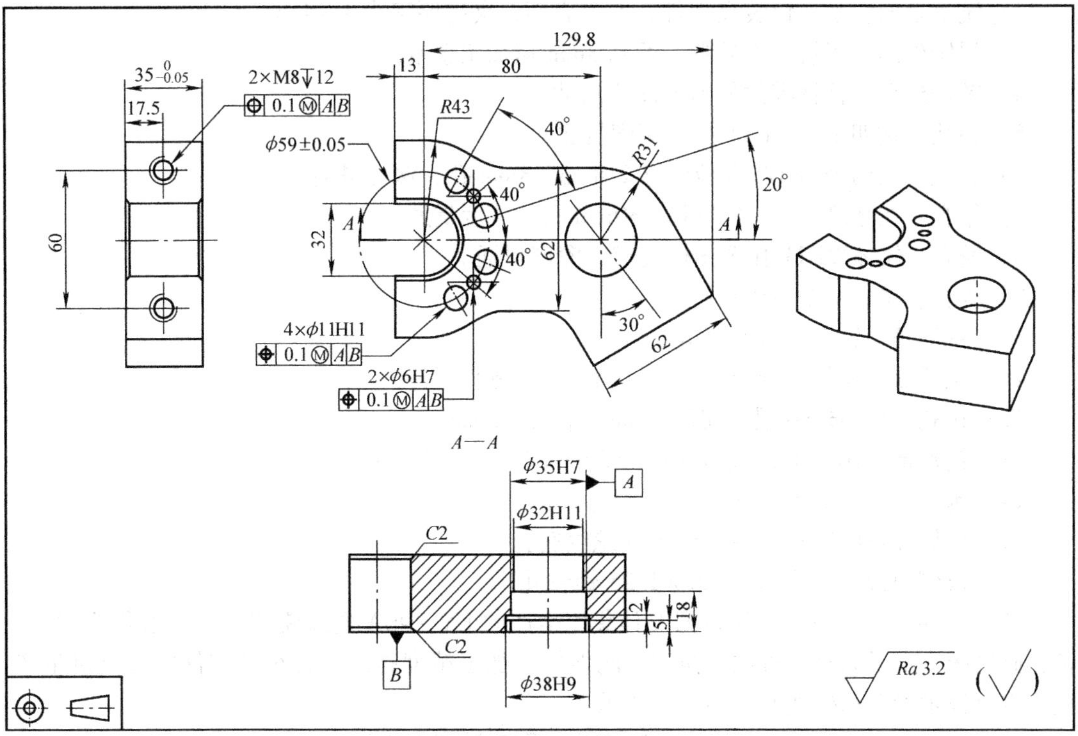

图2-3-1　锁紧板零件图

零件材料为42CrMo。材料硬度要求为28～32HRC，属于中等硬度，可以采用铣削加工。锁紧板主要加工内容见表2-3-1。

表2-3-1　加工内容

内　容	要　求	备　注
外形	零件整体外形，尺寸偏差为±0.25mm	
U形槽	U形槽宽(32±0.25)mm	
4个ϕ11H11孔	孔径为$\phi 11^{+0.13}_{0}$mm，深度为贯通	
2个ϕ6H7孔	孔径为$\phi 6^{+0.018}_{0}$mm，深度为贯通	
ϕ32H11孔	孔径为$\phi 32^{+0.13}_{0}$mm，深度为贯通	
ϕ35H7孔	孔径为$\phi 35^{+0.025}_{0}$mm，深度为(18±0.25)mm	
ϕ38H9沟槽	沟槽直径为$\phi 38^{+0.062}_{0}$mm，宽度为(2±0.25)mm	
2个M8螺纹孔	螺纹规格M8×1.25，有效深度为(12±0.25)mm	
斜角	2个C2倒角	
零件总高	零件总高为$35^{0}_{-0.05}$mm	
表面粗糙度	所有加工面表面粗糙度为Ra3.2μm	
位置度	2个M8螺纹孔相对基准A、B的位置度公差为0.1mm；4个ϕ11H11孔相对基准A、B的位置度公差为0.1mm；2个ϕ6H7孔相对基准A、B的位置度公差为0.1mm	

此锁紧板的主要加工难点为 ϕ35H7 孔和 ϕ6H7 孔的直径尺寸和表面粗糙度，上下表面的表面粗糙度以及沟槽的加工。

（2）制定工艺路线 此零件分三次装夹，毛坯留有一定的夹持量，正面一次加工完成，保证位置度；然后反身装夹，把夹持部分铣掉，保证总高；最后零件竖起装夹加工两个螺纹孔。由于选用了较好的刀具系统，所以在钻孔前不必先钻中心孔。

1）备料。42CrMo 块料，150mm×110mm×40mm。

2）铣上表面。平口钳装夹零件，铣上表面，夹持厚度为 3～4mm。

3）粗铣外形。粗铣零件外形，留 0.3mm 精加工余量。

4）精铣外形。精铣零件外形至图样尺寸。

5）钻孔。钻四个 ϕ11H11 孔，深度贯通。

6）钻孔。在两个 ϕ6H7 孔位置钻 2 个 ϕ5.8mm 孔，深度贯通。

7）钻孔。在 ϕ32H11 孔位置钻 ϕ30mm 孔，深度贯通。

8）铣孔。铣 ϕ32H11 孔至图样要求，深度贯通。

9）铰孔。精铰两个 ϕ6H7 孔。

10）铣倒角。铣 U 形槽口倒角。

11）铣反面。零件反身装夹，铣反面，保证零件总厚。

12）铣孔。铣 ϕ35H7 孔至 ϕ34.5mm，深度 18mm。

13）铣沟槽。用 T 形刀铣 ϕ38mm×2mm 沟槽至图样尺寸。

14）镗孔。精镗 ϕ35H7 孔至图样尺寸。

15）钻侧面螺纹底孔。钻 ϕ6.8mm 螺纹底孔。

16）攻侧面螺纹。攻两个 M8×1.25 螺纹孔。

（3）选用加工设备 选用杭州友佳集团生产的 HV－40A 立式铣削加工中心作为加工设备，此机床为水平床身，机械手换刀，刚性好，加工精度高，适合小型零件的大批量生产，机床主要技术参数和外观如表 2-3-2 所示。

表 2-3-2 机床主要技术参数和外观

主要技术参数		机床外观
X 轴行程/mm	1000	
Y 轴行程/mm	520	
Z 轴行程/mm	505	
主轴最高转速/（r/min）	10000	
刀具交换形式	机械手	
刀具数量	24	
数控系统	FANUC MateC	

（4）选用毛坯 零件材料为 42CrMo。材料硬度要求为 28～32HRC，属于中等硬度，可以采用铣削加工。根据零件尺寸和机床性能，并考虑零件装夹要求，选用 150mm×110mm×40mm 的块料作为毛坯。毛坯如图 2-3-2 所示。

（5）选用夹具　零件分三次装夹，加工顶面时，以毛坯作为基准，选用平口钳装夹，零件左侧面与平口钳左侧对齐，零件高度方向伸出量为36mm，装夹示意图如图2-3-3所示。加工零件底面时，采用已经加工完毕的外形作为定位基准，由于零件的外形不规则，所以在零件装夹位置增加2个垫块，保证零件装夹牢固，装夹示意图如图2-3-4所示。加工侧面螺纹孔时，采用钳口加高的平口钳装夹，为保证侧面螺纹孔的位置度，在零件上2个ϕ11mm孔内装入2个ϕ11mm的销，装夹示意图如图2-3-5所示。

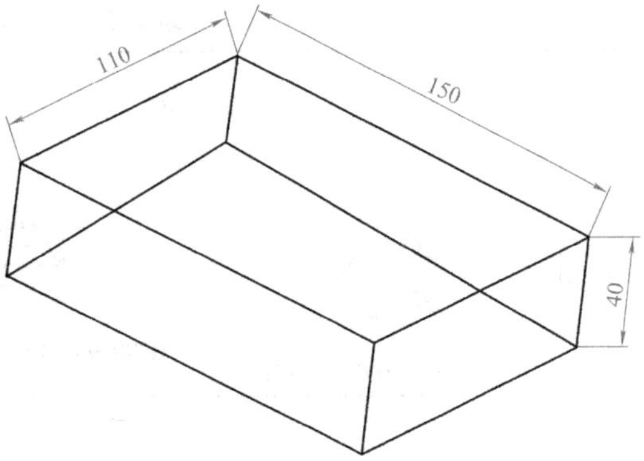

图2-3-2　毛坯

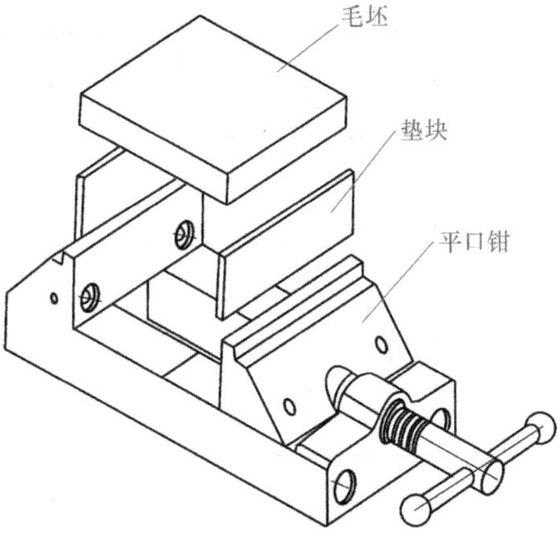

图2-3-3　加工顶面装夹

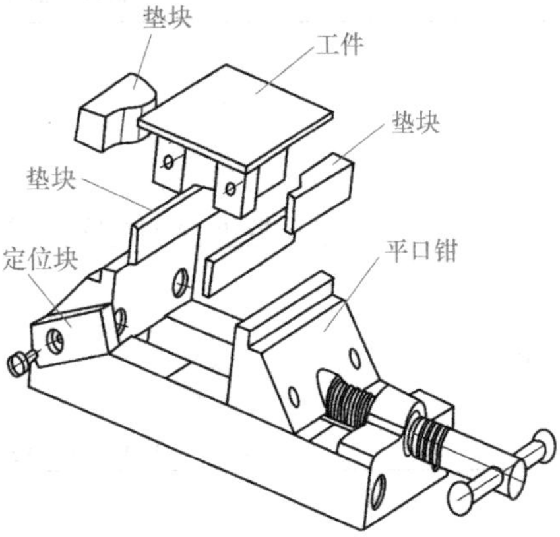

图2-3-4　加工底面装夹

（6）选用刀具和切削用量　选用SANDVIK刀具系统，查阅SANDVIK刀具手册，选用刀具和切削用量，见表2-3-3。

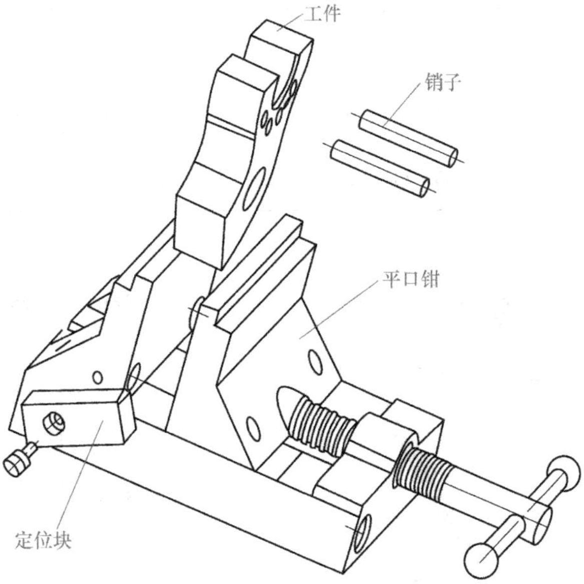

图2-3-5　加工侧面装夹

表 2-3-3 刀具和切削用量

工序	刀号	刀具规格	加工内容	转速/(r/min)	切深/mm	进给速度/(mm/min)
加工顶面	T01	 R290－100Q32－12L 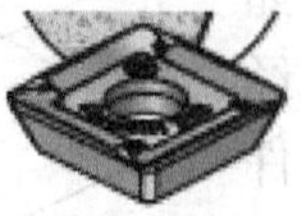 R290. 90－12T320M－PM	铣面	3800	2. 5	1500
	T02	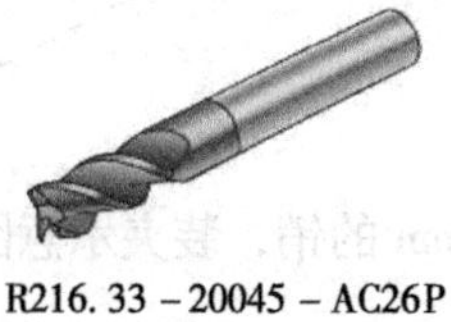 R216. 33－20045－AC26P	粗铣外形	4500	2	1200
	T03	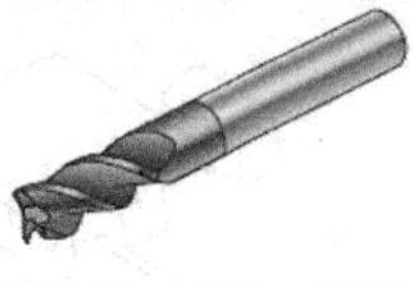 R216. 33－12045－AC26P	精铣外形	5000	5	1500
	T04	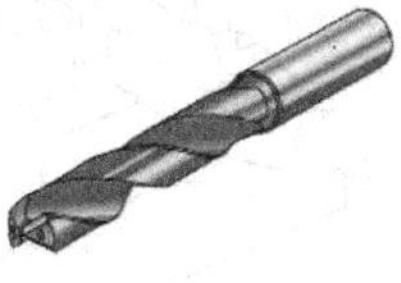 R840－1100－30－A0A	钻孔	800		240
	T05	 R840－0580－30－A0A	钻孔	1200		360
	T06	 R840－3000－30－A0A	扩孔	500		80
	T07	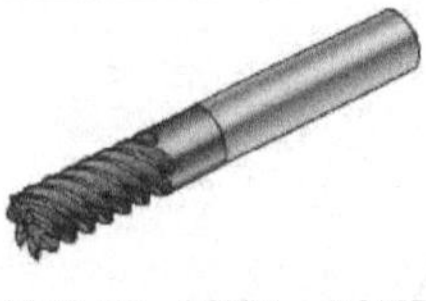 R215. 36－16050－AC13L	铣孔	3800	3	1500
	T08	 Φ6H7	铰孔	500		50

（续）

工序	刀号	刀具规格	加工内容	转速/(r/min)	切深/mm	进给速度/(mm/min)
加工顶面	T09	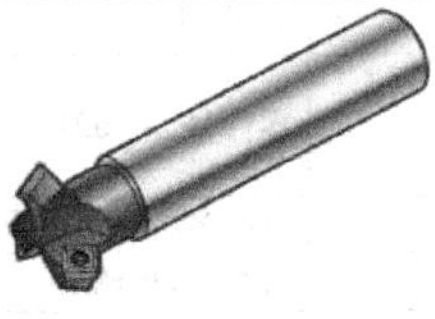 R215. 64 - 12A20 - 4512	铣倒角	2500		300
加工底面	T01	 R290 - 100Q32 - 12L 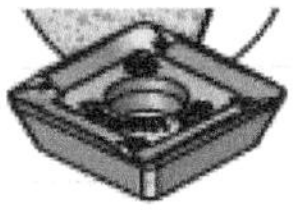 R290. 90 - 12T320M - PM	铣面	3800	2. 5	1500
	T10	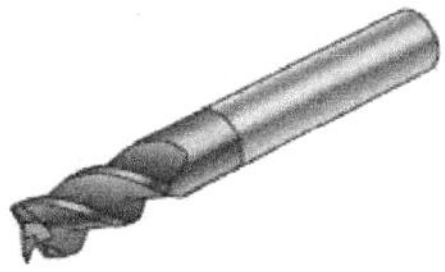 R216. 33 - 16045 - AC26P	铣孔	4000	5	1500
	T11	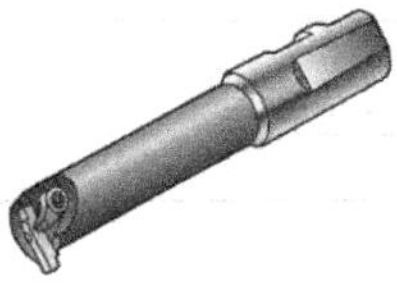 R331. 91 - 032 - 3 - 028	铣沟槽	2000		400
	T12	 392. 410 37A - 63 12 063B	镗孔	1600		340
加工侧面	T13	 R840 - 0680 - 30 - A0A	钻孔	1800		360
	T14	 M8 × 1. 25	攻螺纹	1000		1250

（7）制定工艺卡　以一次装夹作为一个工序，制定加工工艺卡，见表2-3-4 ~ 表2-3-7。

表 2-3-4　工序清单

零件号: 476214-0		工艺版本号:	工艺流程卡_工序清单			
工序号	工序内容	工位	页码: 1		页数: 4	
001	备料	外协	零件号: 476214		版本: 0	
002	加工顶面	加工中心	零件名称: 锁紧板			
003	加工底面	加工中心	材料: 42CrMo			
004	加工侧面(程序手工编制)	加工中心	材料尺寸: 150mm×110mm×40mm			
005			更改号	更改内容	批准	日期
006						
007			01			
008						
009						
010			02			
011						
012			03			
013						
拟制:	日期:	审核:	日期:	批准:	日期:	

表 2-3-5　加工顶面工艺卡

零件号: 476214-0		工序名称: 加工顶面		工艺流程卡_工序清单
材料: 42CrMo	页码: 2		工序号: 02	版本号: 0
夹具: 平口钳	工位: 加工中心		数控程序号: 476214-01.NC	

刀具及参数设置

刀具号	刀具规格	加工内容	主轴转速/(r/min)	进给速度/(mm/min)
T01	R290-100Q32-12L, R290.90-12T320M-PM	铣上表面	3800	1500
T02	R216.33-20045-AC26P	粗铣外形	4500	1200
T03	R216.33-12045-AC26P	精铣外形	5000	1500
T04	R840-1100-30-A0A	钻孔	800	240
T05	R840-0580-30-A0A	钻孔	1200	360
T06	R840-3000-30-A0A	扩孔	500	80
T07	R215.36-16050-AC13L	铣孔	3800	1500
T08	ϕ6H7铰刀	铰孔	500	50
T09	R215.64-12A20-4512	铣倒角	2500	300

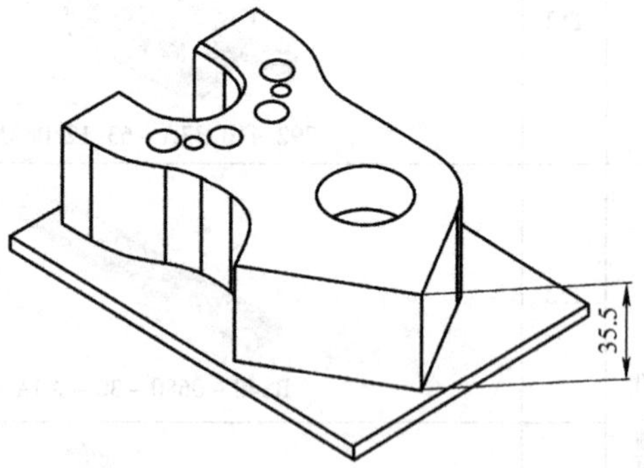

其余尺寸参阅零件图，锐边加0.3倒角

02					
01					
更改号	更改内容		批准	日期	
拟制:	日期:	审核:	日期:	批准:	日期:

表 2-3-6　加工底面工艺卡

零件号: 476214-0	工序名称: 加工底面	工艺流程卡_工序清单	
材料: 42CrMo	页码: 3	工序号: 03	版本号: 0
夹具: 平口钳	工位: 加工中心	数控程序号: 476214-02.NC	

刀具及参数设置

刀具号	刀具规格	加工内容	主轴转速/(r/min)	进给速度/(mm/min)
T01	R290-100Q32-12L, R290.90-12T320M-PM	铣表面	3800	1500
T10	R216.33-16045-AC26P	铣孔	4000	1500
T11	R331.91-032-3-028	铣沟槽	2000	400
T12	392.410 37A-63 12 063B	镗孔	1600	340

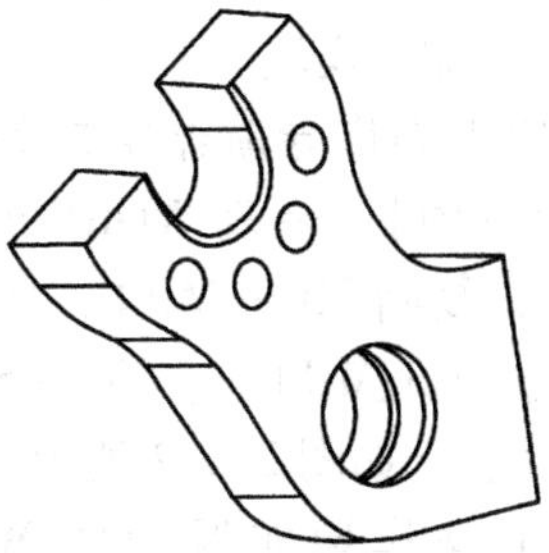

所有尺寸参阅零件图, 锐边加0.3倒角

02					
01					
更改号	更改内容		批准	日期	
拟制:	日期:	审核:	日期:	批准:	日期:

表 2-3-7　加工侧面工艺卡

零件号: 476214-0	工序名称: 加工侧面	工艺流程卡_工序清单	
材料: 42CrMo	页码: 4	工序号: 04	版本号: 0
夹具: 平口钳	工位: 加工中心	数控程序号: 476214-03.NC(采用手工编程)	

刀具及参数设置

刀具号	刀具规格	加工内容	主轴转速/(r/min)	进给速度/(mm/min)
T13	R840-0680-30-A0A	钻螺纹底孔	1800	360
T14	M8×1.25丝锥	攻螺纹	1000	1250

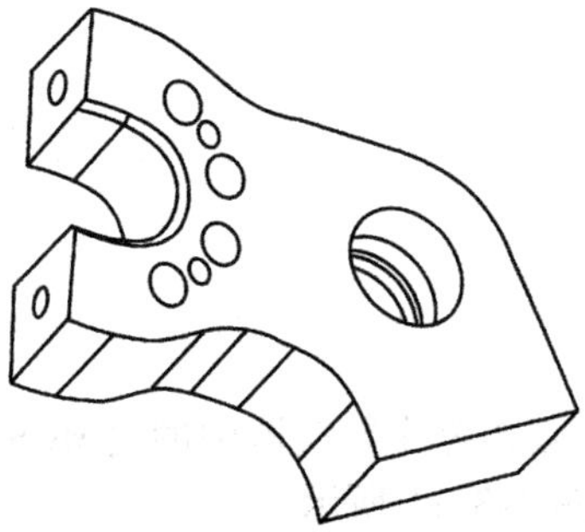

所有尺寸参阅零件图, 锐边加0.3倒角

02					
01					
更改号	更改内容		批准	日期	
拟制:	日期:	审核:	日期:	批准:	日期:

2. 编制加工程序

（1）编制加工零件顶面的NC程序

1）单击【开始】/【所有应用模块】/【加工】，弹出加工环境设置对话框，CAM会话配置选择cam_general；要创建的CAM设置选择mill_planar，如图2-3-6所示，然后单击【确定】，进入加工模块。

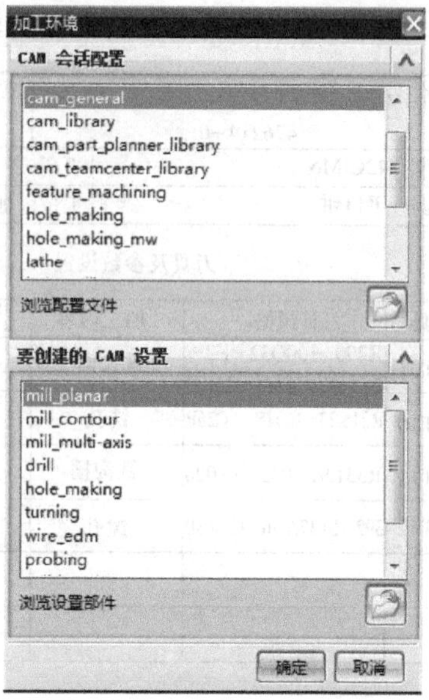

图2-3-6　加工环境设置

2）在加工操作导航器空白处，单击鼠标右键，选择【几何视图】，更改WORKPIECE和MCS_MILL的父子关系，复制MCS_MILL，然后粘贴，将MCS_MILL更名为MCS_MILL_1，将MCS_MILL_COPY更名为MCS_MILL_2，如图2-3-7所示。

3）双击操作导航器中的WORKPIECE，弹出WORKPIECE设置对话框，如图2-3-8所示。

4）单击【指定部件】，弹出部件选择对话框，选择图2-3-9所示为部件，单击【确定】，完成指定部件。

5）单击【指定毛坯】，弹出毛坯选择对话框，选择几何体，选择毛坯（在建模中已经建好，在图层2中），如图2-3-10所示。单击【确定】完成毛坯设置，单击【确定】完成WORKPIECE设置。

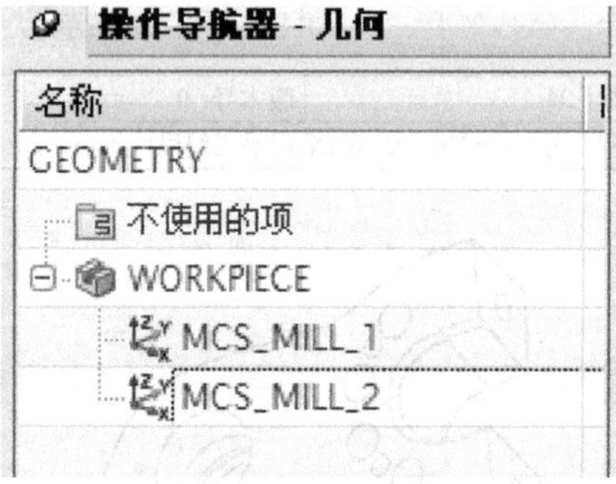

图2-3-7　几何视图选择

图2-3-8　WORKPIECE设置

6）双击操作导航器中的【MCS_MILL_1】，弹出加工坐标系对话框，设置安全距离为50，如图2-3-11所示。

7）单击毛坯上表面，单击【确定】，如图2-3-12所示，单击【确定】。同样的方法设置MCS_MILL_2，选择表面为毛坯的下表面，完成加工坐标系设置。

8）创建刀具1。在加工操作导航器空白处，单击鼠标右键，选择【机床视图】，单击菜单条【插入】，单击【刀具】，弹出创建刀具对话框，如图2-3-13所示。类型选择为mill_planar，刀具子类型选择为MILL，刀具位置为GENERIC_MACHINE，刀具名称为T1D50，单击【确定】，弹出刀具参数设置对话框。

9）设置刀具参数如图2-3-14所示，直径为50，底圆角半径为0，刀刃为2，长度为75，刀刃长度为50，刀具号为1，长度补偿为1，刀具补偿为1，单击【确定】，完成创建刀具。

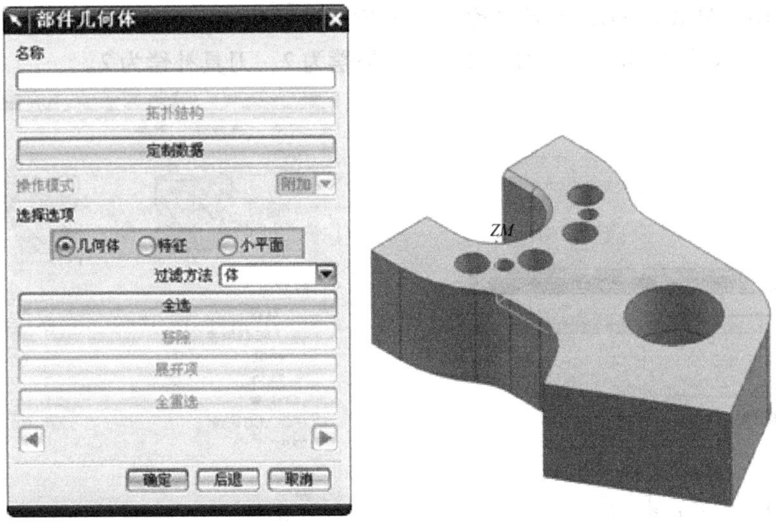

图 2-3-9　指定部件

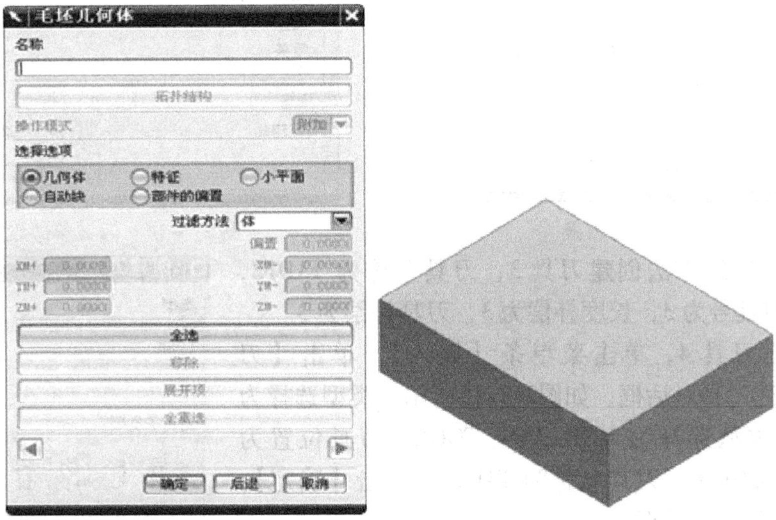

图 2-3-10　毛坯设置

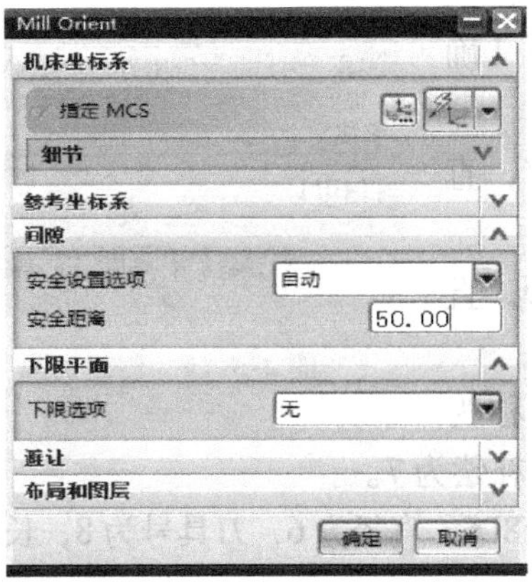

图 2-3-11　加工坐标系设置

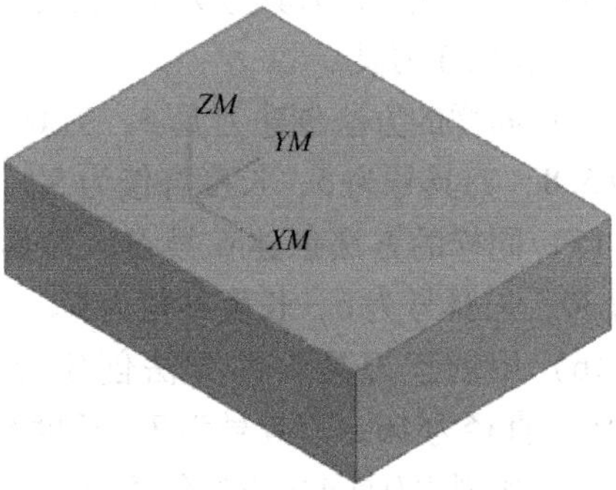

图 2-3-12　加工坐标系设置

10）用同样的方法创建刀具2，类型选择为 mill_planar，刀具子类型选择为 MILL，刀具位置为 GENERIC_MACHINE，刀具名称为 T2D20，直径为20，底圆角半径为0，刀刃为2，长度为75，刀刃长度为50，刀具号为2，长度补偿为2，刀具补偿为2。

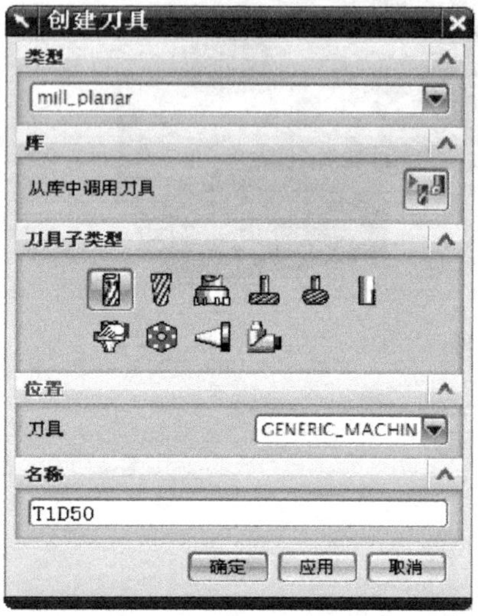

图2-3-13　创建刀具

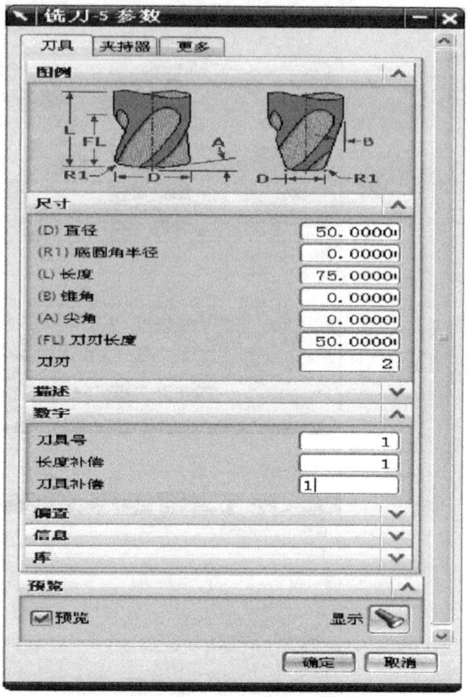

图2-3-14　刀具参数设置

11）用同样的方法创建刀具3，刀具名称为 T3D12，直径为12，刀具号为3，长度补偿为3，刀具补偿为3。

12）创建刀具4，单击菜单条【插入】，单击【刀具】，弹出创建刀具对话框，如图2-3-15所示。类型选择为 drill，刀具子类型选择为 DRILLING_TOOL，刀具位置为 GENERIC_MACHINE，刀具名称为 T4D11，单击【确定】，弹出刀具参数设置对话框。

13）设置刀具参数如图2-3-16所示，直径为11，长度为50，刀刃为2，刀具号为4，长度补偿为4，单击【确定】，完成创建刀具。

14）同样的方法创建刀具5，刀具名称为 T5D5.8，直径为5.8，刀具号为5，长度补偿为5。

15）同样的方法创建6号刀，刀具名称为 T6D30，直径为30，刀具号为6，长度补偿为6。

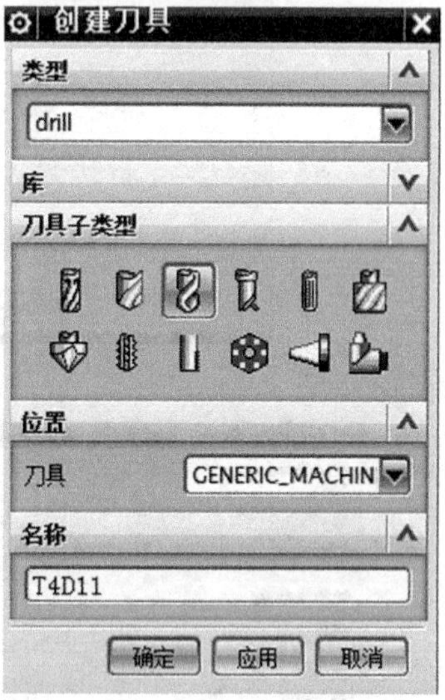

图2-3-15　创建刀具

16）用创建刀具1的方法创建刀具7，刀具名称为 T7D16，直径为16，刀具号为7，长度补偿为7，刀具补偿为7。

17）用创建刀具4的方法创建刀具8，刀具名称为 T8D6，直径为6，刀具号为8，长度补偿为8。

18）用创建刀具1的方法创建刀具9，刀具名称为T9D12，直径为12，锥角为45，刀刃长度为5，刀具号为9，长度补偿为9，刀具补偿为9。

19）用创建刀具1的方法创建刀具10，刀具名称为T10D16，直径为16，刀具号为10，长度补偿为10，刀具补偿为10。

20）创建刀具11。单击菜单条【插入】，单击【刀具】，弹出创建刀具对话框，如图2-3-17所示。类型选择为mill_planar，刀具子类型选择为T_CUTTER，刀具位置为GENERIC_MACHINE，刀具名称为T11D32－28，单击【确定】，弹出刀具参数设置对话框。

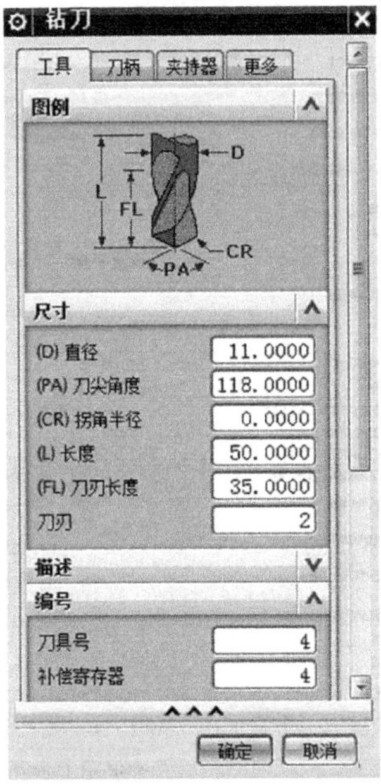

图2-3-16　刀具参数设置

图2-3-17　创建刀具

21）设置刀具参数如图2-3-18所示，直径为32，刀刃长度为2，柄直径为28，刀具号为11，长度补偿为11，刀具补偿为11，单击【确定】，完成创建刀具。

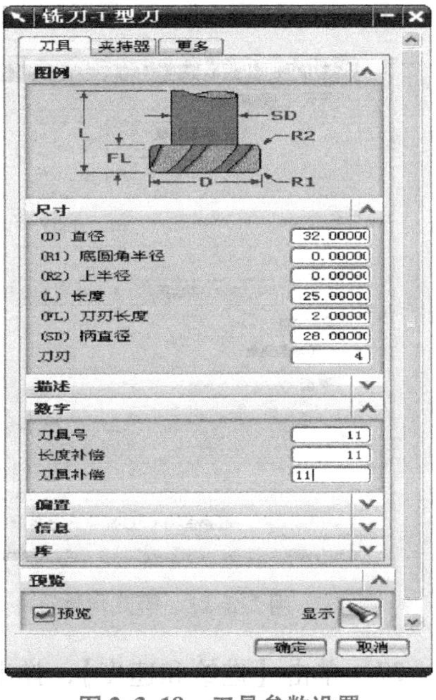

图2-3-18　刀具参数设置

22）用创建刀具1的方法创建刀具12，刀具名称为T12D35，直径为35，刀具号为12，长度补偿为12，刀具补偿为12。

23）在加工操作导航器空白处，单击鼠标右键，选择【程序视图】，单击菜单条【插入】，单击【操作】，弹出创建操作对话框，类型为mill_planar，操作子类型为FACE_MILLING，程序为PROGRAM，刀具为T1D50，几何体为WORKPIECE，方法为MILL_FINISH，名称为FACE_MILLING，如图2-3-19所示，单击【确定】，弹出操作设置对话框，如图2-3-20所示。

24）单击【指定面边界】，弹出指定面几何体对话框，如图2-3-21所示，选择曲线边界模式，平面设置为手工，弹出平面对话框，如图 2-3-22 所示，选择对象平面方式，选取图 2-3-23 所示的平面，系统回到指定面几何体对话框，选择底部面的 4 条边，如图 2-3-24 所示，单击【确定】，完成指定面边界。

25）设置刀轴为 +ZM 轴，如图 2-3-25 所示。

26）切削模式为往复，步距为刀具直径的 75%，毛坯距离为 5，每刀深度为 2.5，最终底部余量为 0，如图 2-3-26 所示。

图 2-3-19　创建操作

图 2-3-20　平面铣操作设置

图 2-3-21　面几何体

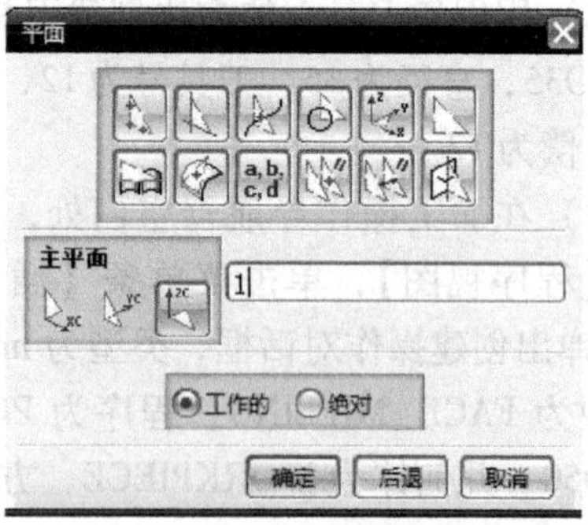

图 2-3-22　平面定义

27）单击【进给和速度】，弹出对话框，设置主轴速度为 3800，设置进给率为 1500，如图2-3-27所示。单击【确定】完成进给和速度设置。

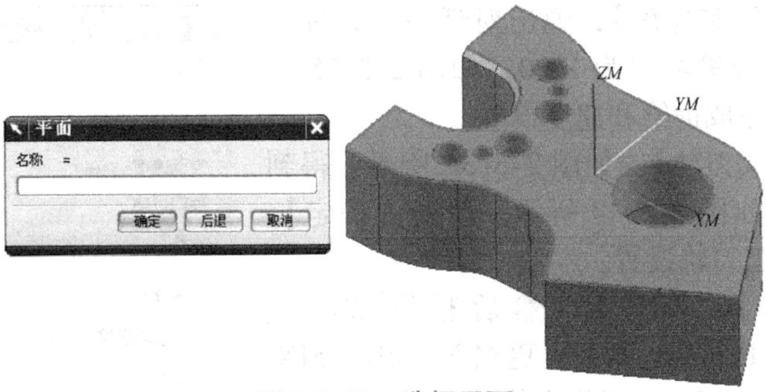

图 2-3-23 选择平面

28）单击【生成刀轨】，如图 2-3-28 所示，得到零件的加工刀轨，如图 2-3-29 所示。单击【确定】，完成零件顶面加工刀轨设置。

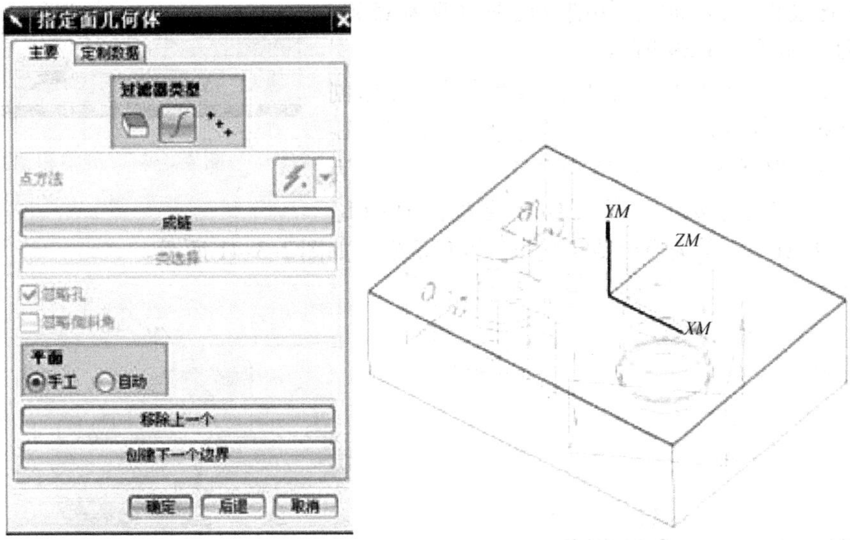

图 2-3-24 选择曲线

图 2-3-25 设置刀轴

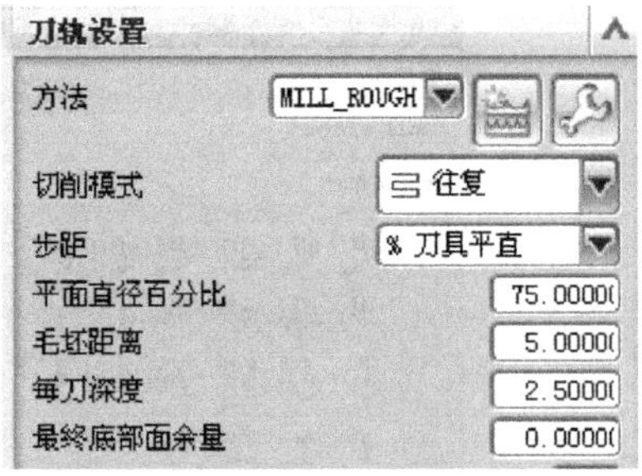

图 2-3-26 刀轨设置

29）单击菜单条【插入】，单击【操作】，弹出创建操作对话框，类型为 MILL_CONTOUR，操作子类型为 CAVITY_MILL，程序为 PROGRAM，刀具为 T2D20，几何体为 MCS_MILL_1，方法为 MILL_ROUGH，名称为 MILL_ ROUGH，如图 2-3-30 所示，单击【确定】，弹出操作设置对话框，如图2-3-31所示。

30）全局每刀深度设置为2，如图 2-3-32 所示，设置部件余量为0.3，如图 2-3-33 所示。

31）单击【切削层】，设置切削层如图 2-3-34 所示。

32）单击【进给和速度】，弹出对话框，设置主轴速度为4500，设置进给率为1200，如图2-3-35所示。单击【确定】完成进给和速度设置。

33）单击【生成刀轨】，如图2-3-36所示，得到零件的加工刀轨，如图2-3-37所示。单击【确定】，完成零件侧面粗加工刀轨设置。

34）复制MILL_ROUGH，然后粘贴MILL_ROUGH，将MILL_ROUGH_COPY更名为MILL_FINISH，双击MILL_FINISH，选择指定修剪边界，选择图2-3-38所示的圆，刀具更改为T3D12，切削模式更改为配置文件，全局每刀深度更改为5，部件余量更改为0，主轴速度更改为5000，切削进给率更改为1500，生成加工刀轨如图2-3-39所示。

35）单击菜单条【插入】，单击【操作】，弹出创建操作对话框，类型为DRILL，操作子类型为DRILLING，程序为PROGRAM，刀具为T4D11，几何体为MCS_MILL_1，方法为DRILL_METHOD，名称为DRILL_1，如图2-3-40所示。系统弹出钻孔操作设置对话框，如图2-3-41所示。

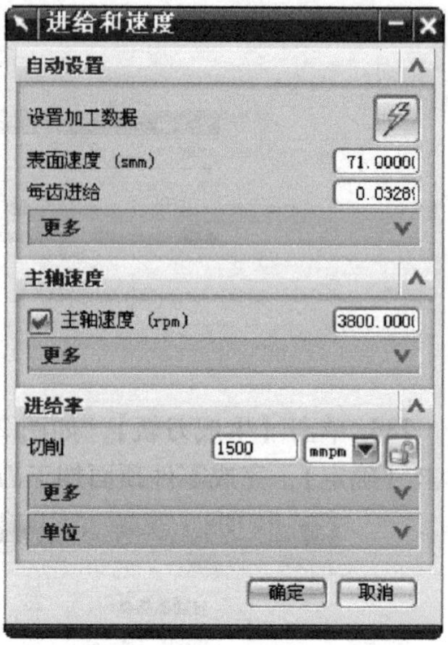

图2-3-27　进给和速度

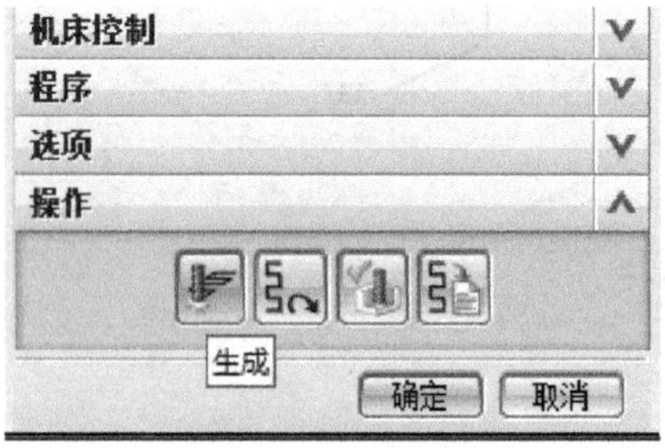

图2-3-28　生成刀轨

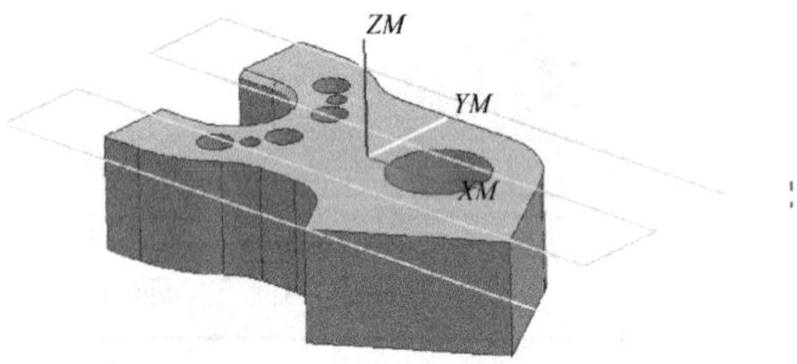

图2-3-29　加工刀轨

图2-3-30　创建操作

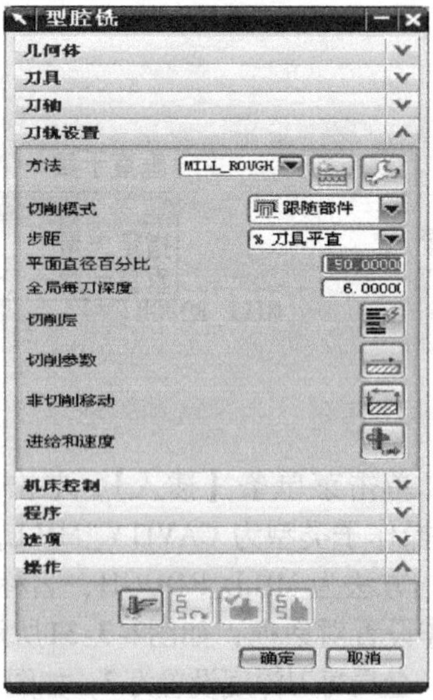

图2-3-31　型腔铣操作设置

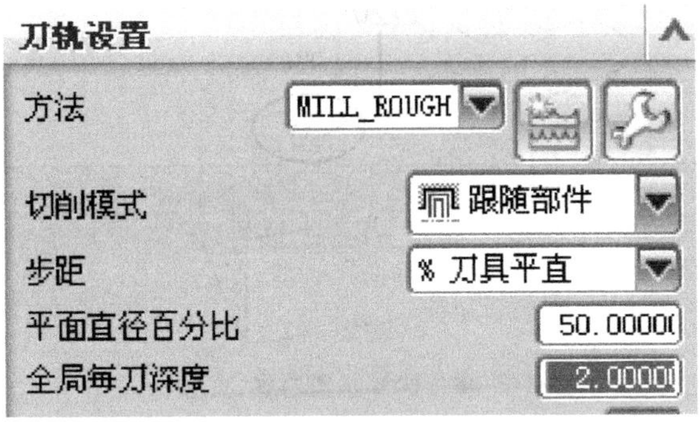

图 2-3-32　全局每刀深度设置

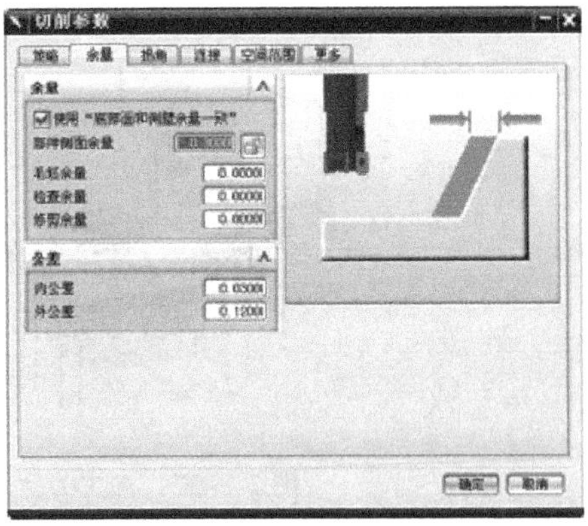

图 2-3-33　部件余量设置

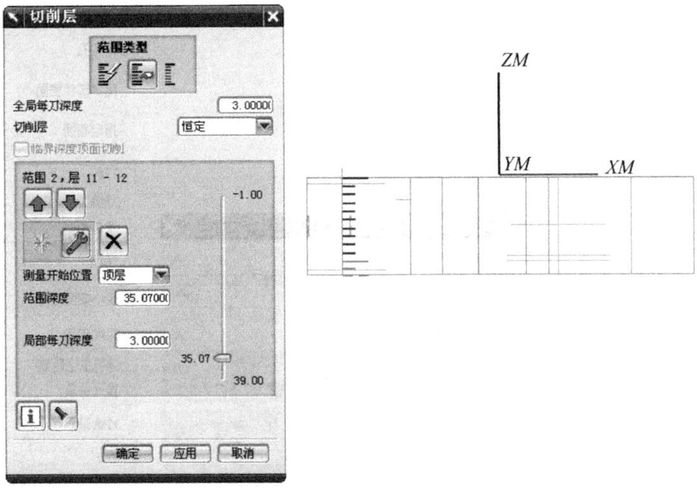

图 2-3-34　设置切削层

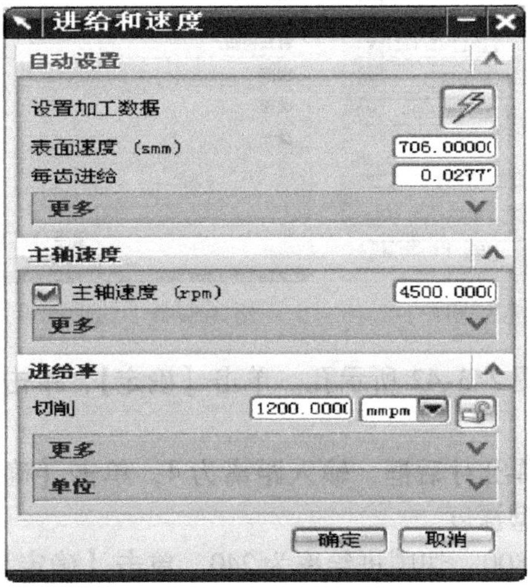

图 2-3-35　进给和速度

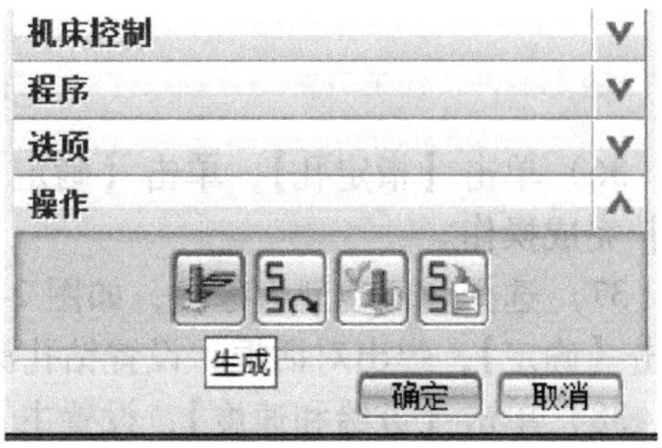

图 2-3-36　生成刀轨

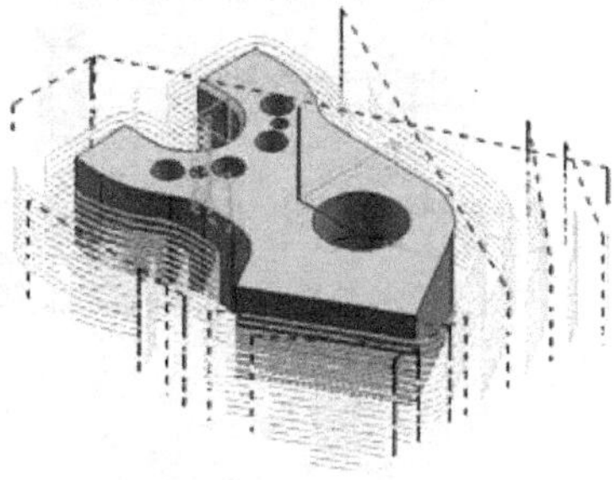

图 2-3-37　加工刀轨

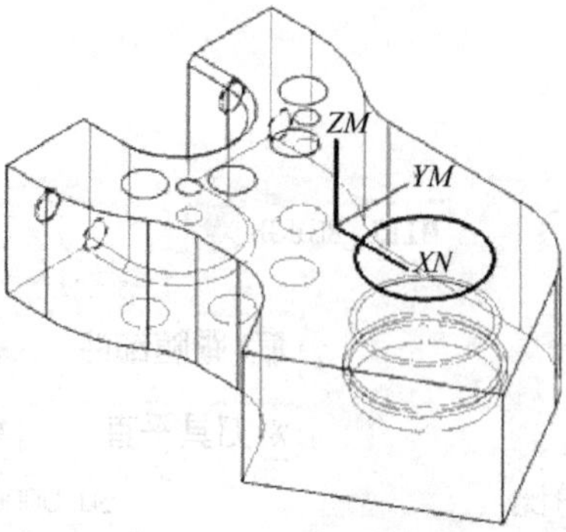

图 2-3-38　选择修剪边界

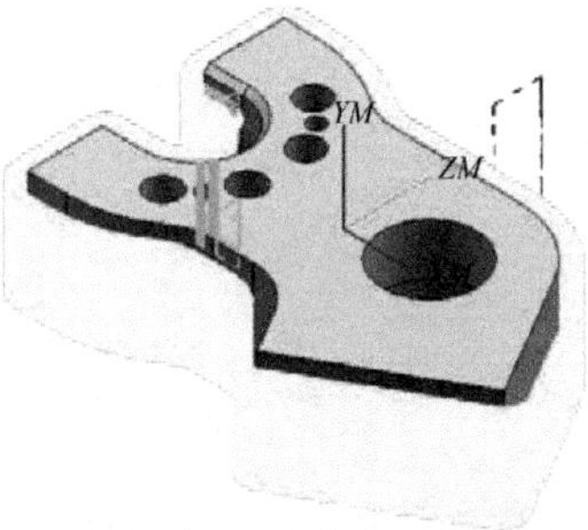

图 2-3-39　加工刀轨

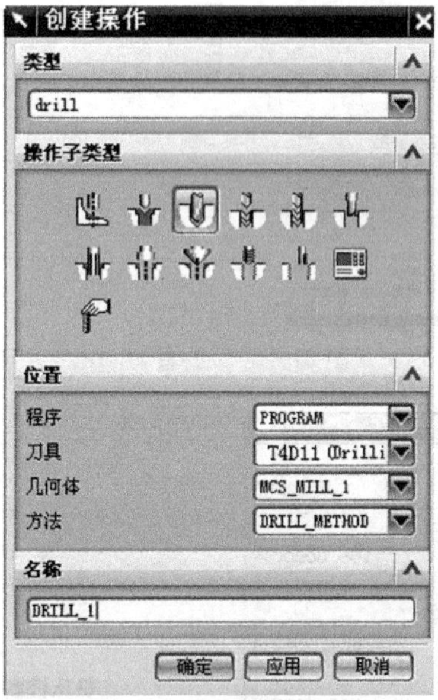

图 2-3-40　创建操作

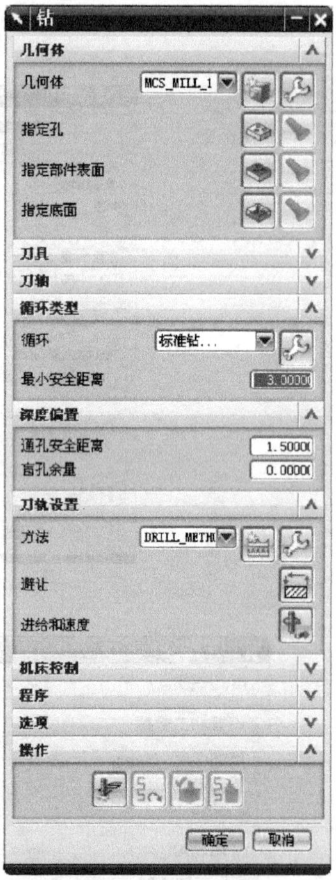

图 2-3-41　钻操作设置

36）单击【指定孔】，单击【确定】，选择图 2-3-42 所示孔。单击【确定】，单击【确定】完成操作。

37）选择循环类型为啄钻，如图 2-3-43，弹出对话框，输入距离为 4，单击【确定】，单击【确定】，弹出对话框，设置钻孔深度为模型深度。

38）单击【进给和速度】，设置主轴速度为 800，切削进给率为 240，单击【确定】，完成操作。单击【生成刀轨】，得到零件的加工刀轨，如图 2-3-44 所示。单击【确定】，完成钻孔刀轨创建。

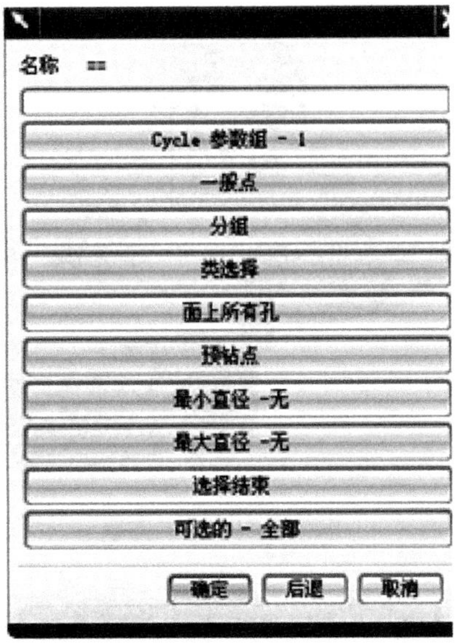

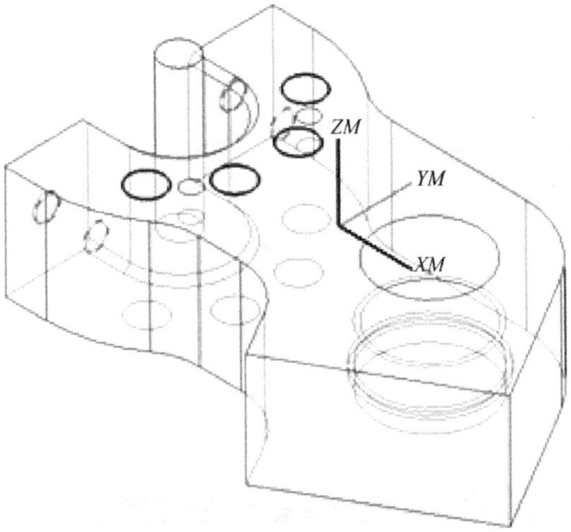

图 2-3-42　孔选择

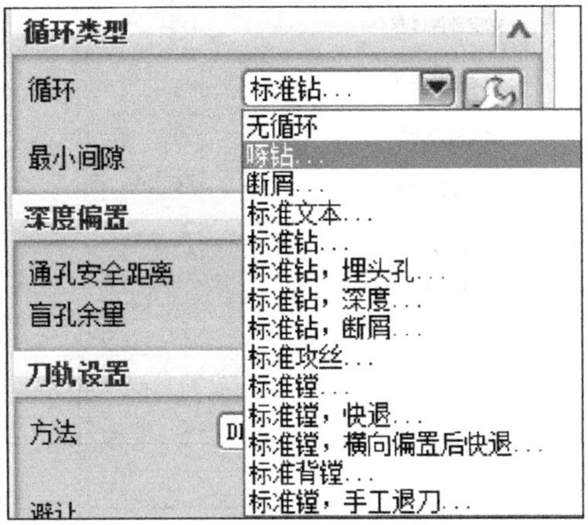

图 2-3-43　循环类型

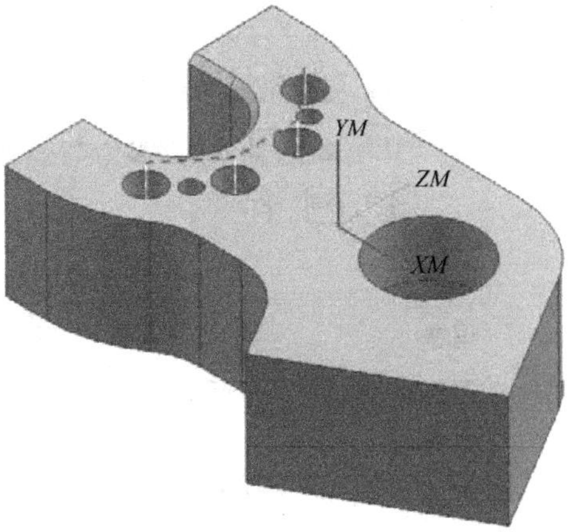

图 2-3-44　钻孔刀轨

39）复制 DRILL_1，然后粘贴 DRILL_1，将 DRILL_1_COPY 更名为 DRILL_2，双击 DRILL_2，将刀具更改为 T5D5.8，重新选择直径为 6 的孔，主轴速度更改为 1200，进给率更改为 360，单击【确定】，生成加工刀轨如图 2-3-45 所示。

40）复制 DRILL_1，然后粘贴 DRILL_1，将 DRILL_1_COPY 更名为 DRILL_3，双击 DRILL_3，将刀具更改为 T6D30，重新选择直径为 32 的孔，主轴速度更改为 500，进给率更改为 80，单击【确定】，生成加工刀轨如图 2-3-46 所示。

41）在加工操作导航器空白处单击菜单条【插入】，单击【操作】，弹出创建操作对话框，类型为 mill_planar，操作子类型为 PLANAR_MILL，程序为 PROGRAM，刀具为 T7D16，几何体为 MCS_MILL_1，方法为 MILL_FINISH，名称为 MILL_FINISH_1，如图 2-3-47所示，单击【确定】，弹出操作设置对话框，如图 2-3-48 所示。

42）单击【指定部件边界】，设置部件边界如图 2-3-49 所示。

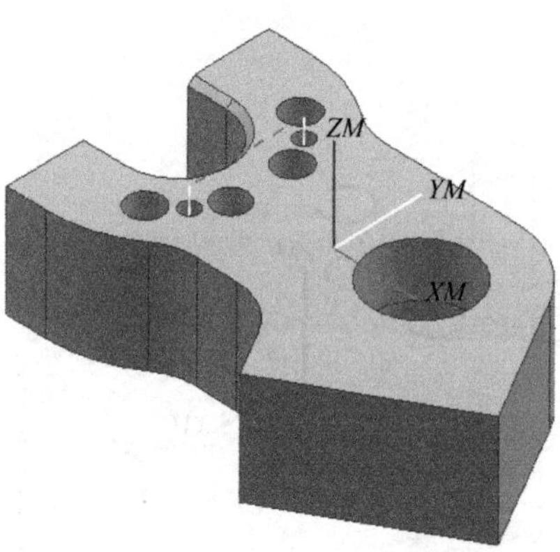

图 2-3-45　加工刀轨

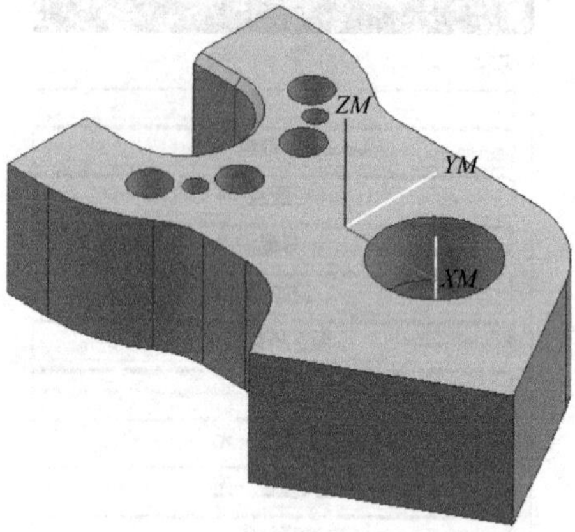

图 2-3-46　加工刀轨

图 2-3-47　创建操作

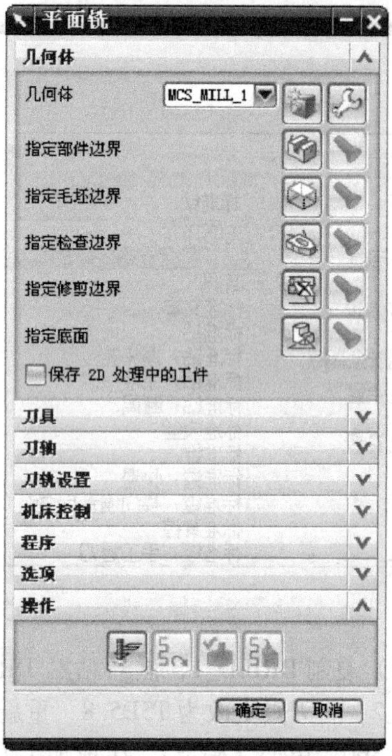

图 2-3-48　平面铣操作设置

43）单击【指定底面】，设置底面如图 2-3-50 所示。

44）切削模式为配置文件，步距为刀具直径的 50%，如图 2-3-51 所示。

45）单击切削层，设置每刀切削深度为 3，如图 2-3-52 所示。

46）单击【进给和速度】，弹出对话框，设置主轴速度为 3800，设置进给率为 1500，如图2-3-53所示。单击【确定】完成进给和速度设置。

47）单击【生成刀轨】，如图 2-3-54 所示，得到零件的加工刀轨，如图 2-3-55 所示。单击【确定】，完成零件加工刀轨设置。

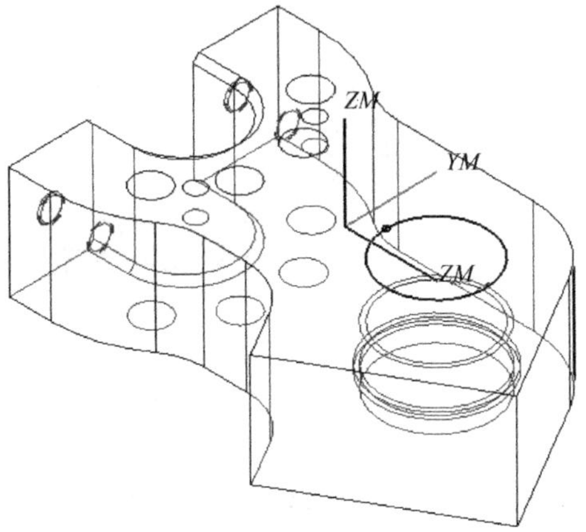

图 2-3-49　部件边界

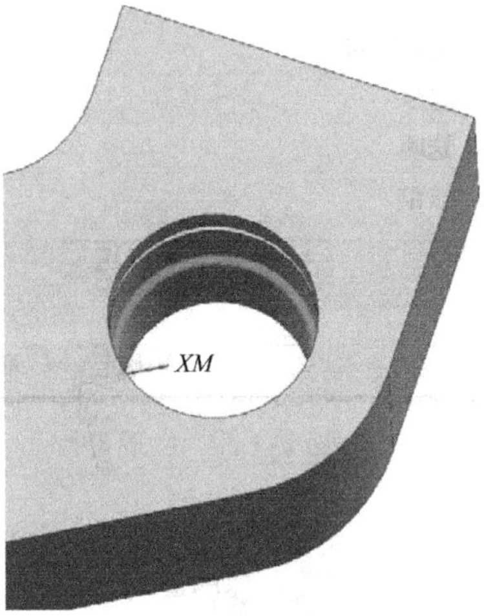

图 2-3-50　指定底面

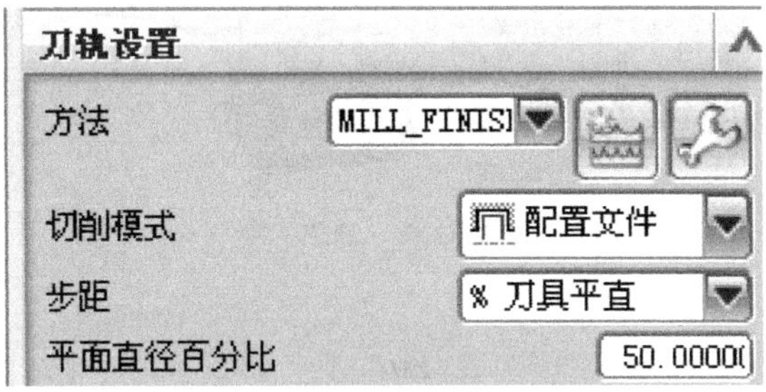

图 2-3-51　刀轨设置

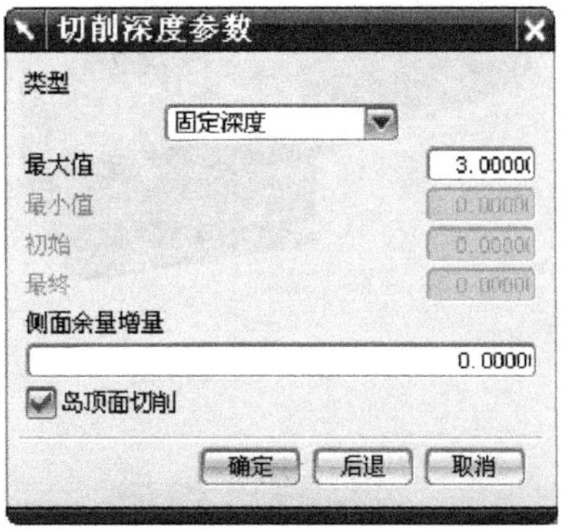

图 2-3-52　每刀切削深度

图 2-3-53　进给和速度

48）复制 DRILL_2，然后粘贴 DRILL_2，将 DRILL_2_COPY 更名为 DRILL_4，双击 DRILL_4，将刀具更改为 T8D6，主轴速度更改为 500，进给率更改为 50，单击【确定】，生成加工刀轨如图 2-3-56 所示。

49）复制 MILL_FINISH，然后粘贴 MILL_FINISH，将 MILL_FINISH_COPY 更名为 MILL_FINISH_2，双击 MILL_FINISH_2，将刀具更改为 T9D12，重新选择加工面为斜角面，全局每刀深度更改为 0.2，主轴速度更改为 2500，进给率更改为 300，单击【确定】，生成加工刀轨如图 2-3-57 所示。

（2）编制加工零件底面的 NC 程序

1）复制 FACE_MILLING，然后粘贴 FACE_MILLING，将 FACE_MILLING 更名为 FACE_MILLING_1，双击 FACE_MILLING_1，更改几何体为 MCS_MILL_2，更改面边界如图 2-3-58 所示。生成加工刀轨如图 2-3-59 所示。

图 2-3-54　生成刀轨

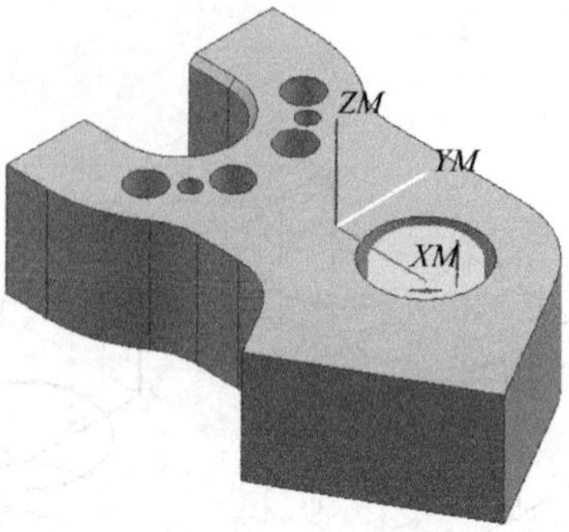

图 2-3-55　加工刀轨

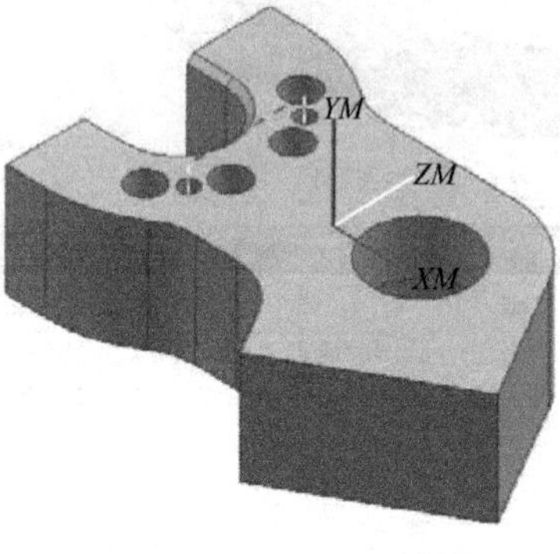

图 2-3-56　加工刀轨

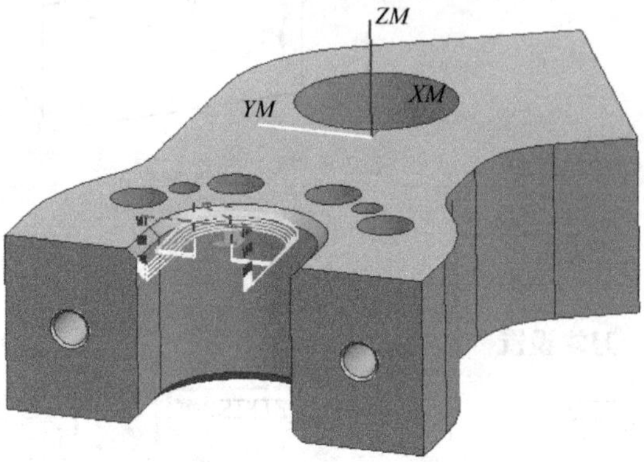

图 2-3-57　加工刀轨

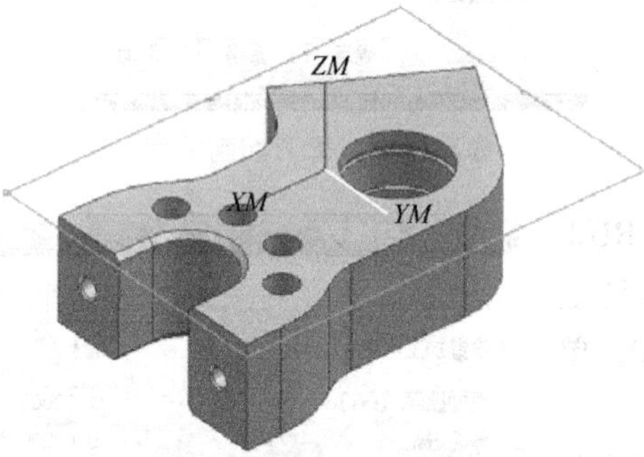

图 2-3-58　更改面边界

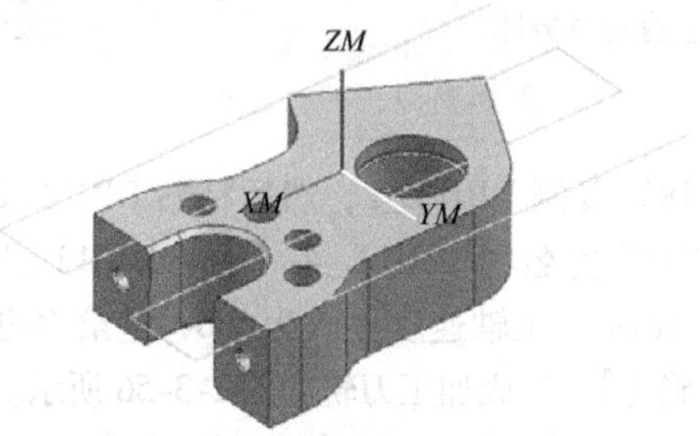

图 2-3-59　加工刀轨

2）复制 MILL_FINISH_1，然后粘贴 MILL_FINISH_1，将 MILL_FINISH_1_COPY 更名为 MILL_ROUGH_1，双击 MILL_ROUGH_1，更改几何体为 MCS_MIILL_2，更改刀具为 T10D16，重新选择直径为 35 的圆，重新选择底面，部件余量更改为 0.5，主轴速度更改为 4000，进给率更改为 1500，生成加工刀轨如图 2-3-60所示。

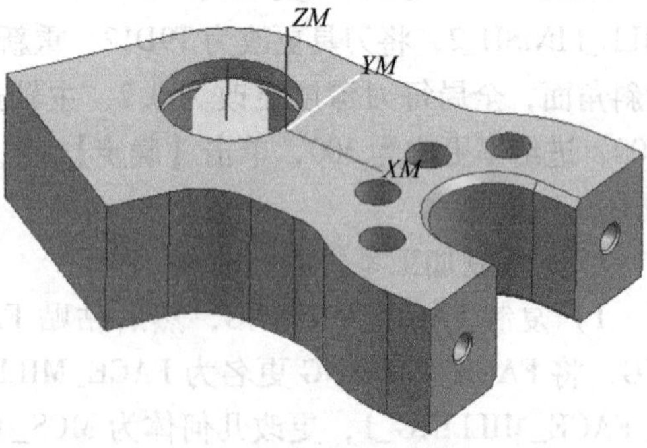

图 2-3-60　加工刀轨

3）复制 MILL_ROUGH_1，然后粘贴 MILL_ROUGH_1，将 MILL_ROUGH_1_COPY

更名为 MILLL _ FINISH _ 3，双击 MILLL_FINISH_3，重新选择部件边界如图 2-3-61 所示，重新选择底面如图 2-3-62 所示，将刀具更改为 T11D32 –28，部件余量更改为 0，点击指定非切削移动，选择进刀类型为插削，如图 2-3-63 所示，将主轴速度更改为 2000，进给率更改为 400，生成加工刀轨如图 2-3-64 所示，单击【确定】，完成操作。

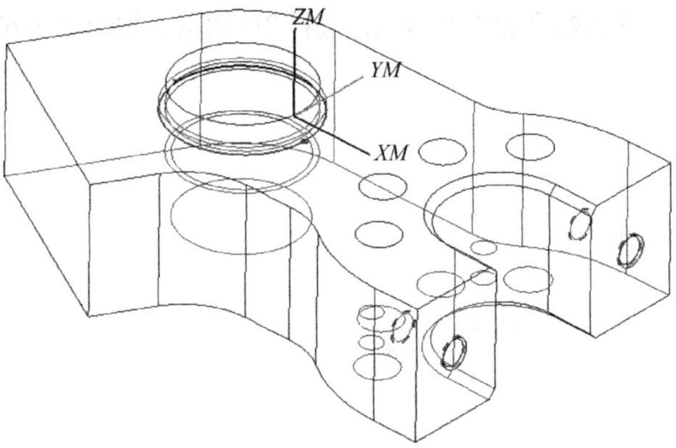

图 2-3-61　选择部件边界

4）复制 DRILL _ 3，然后粘贴 DRILL_3，将 DRILL_3_COPY 更名为 DRILL_4，双击 DRILL_4，更改几何体为 MCS_MILL_2，更改刀具为 T12D35，循环模式更改为标准镗。重新选择 ϕ35 圆，设定主轴转速为 1600，进给率为 340，生成加工刀轨如图 2-3-65 所示。单击【确定】，完成操作。

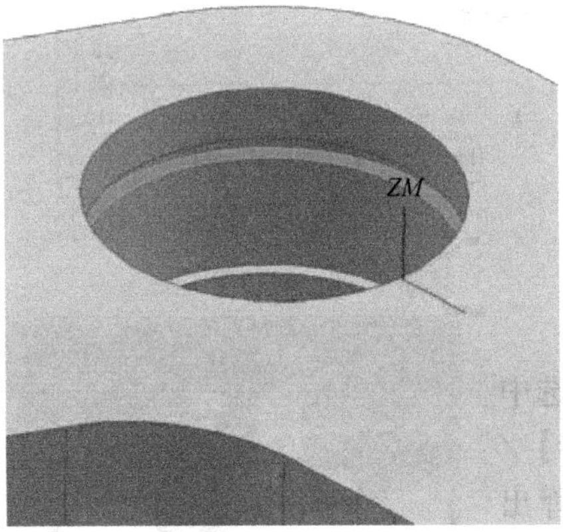

图 2-3-62　指定底面

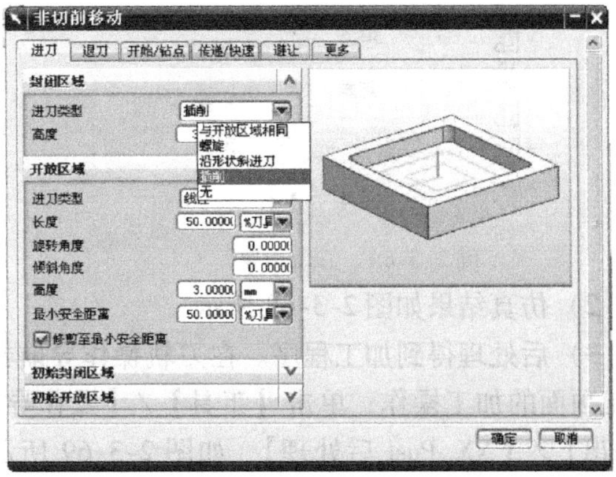

图 2-3-63　选择进刀类型为插削

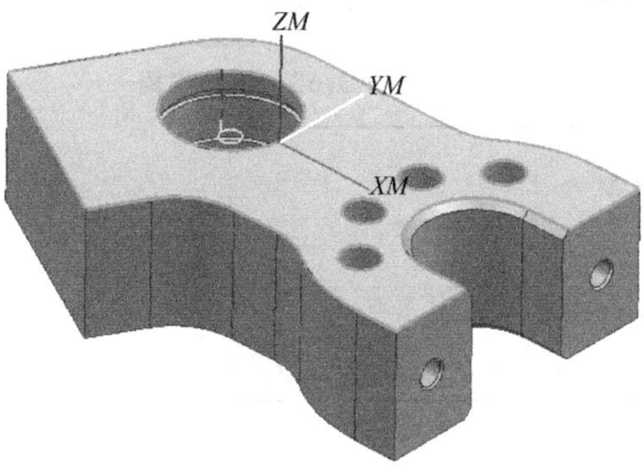

图 2-3-64　加工刀轨

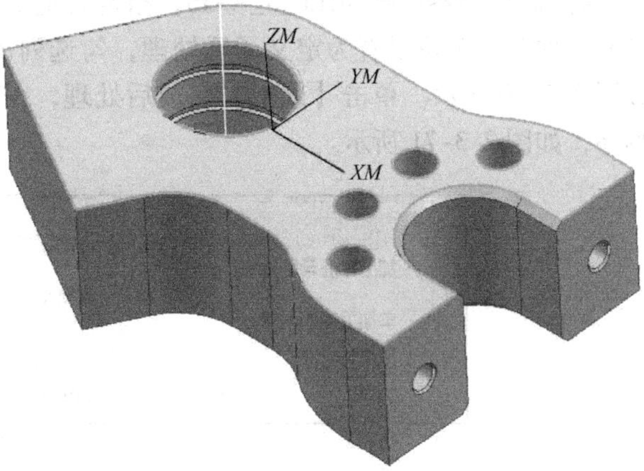

图 2-3-65　加工刀轨

（3）仿真加工与后处理

1）在操作导航器中选择 PROGRAM，单击鼠标右键，选择刀轨，选择确认，如图2-3-66所示。弹出仿真加工对话框，选择2D动态，如图2-3-67所示。单击【确定】，开始仿真加工。

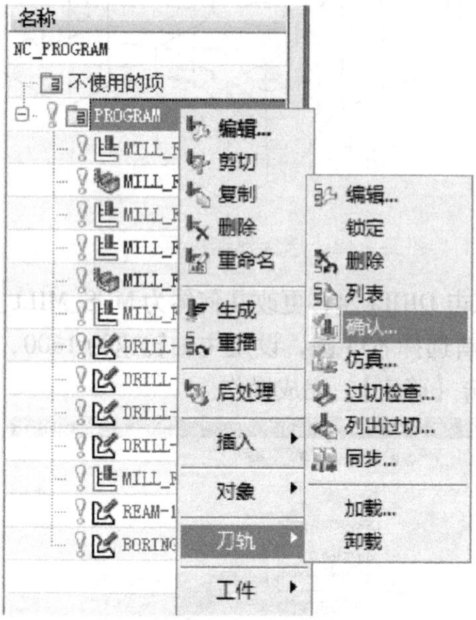

图2-3-66 刀轨仿真

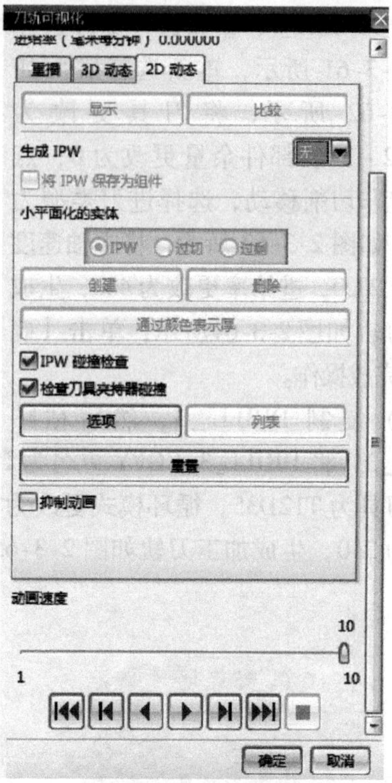

图2-3-67 刀轨可视化

2）仿真结果如图2-3-68所示。

3）后处理得到加工程序。在刀轨操作导航器中选中加工顶面的加工操作，单击【工具】/【操作导航器】/【输出】/【NX Post后处理】，如图2-3-69所示，弹出后处理对话框。

4）后处理器选择MILL_3_AXIS，指定合适的文件路径和文件名，单位设置为定义了后处理，勾选列出输出，如图2-3-70所示。单击【确定】完成后处理，得到加工程序，如图2-3-71所示。

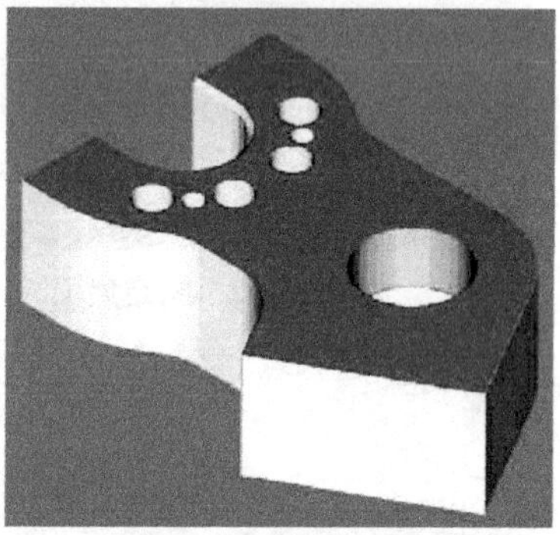

图2-3-68 仿真结果

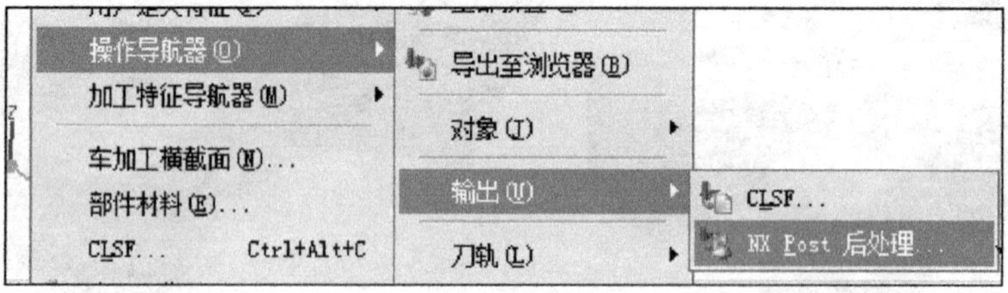

图2-3-69 后处理命令

3. 零件加工

（1）加工准备　按照设备管理要求，对加工中心进行检查，确保设备完好，特别注意气压油压是否正常。对加工中心通电开机，并将机床各坐标轴回零，然后对机床厂进行低转速预热。

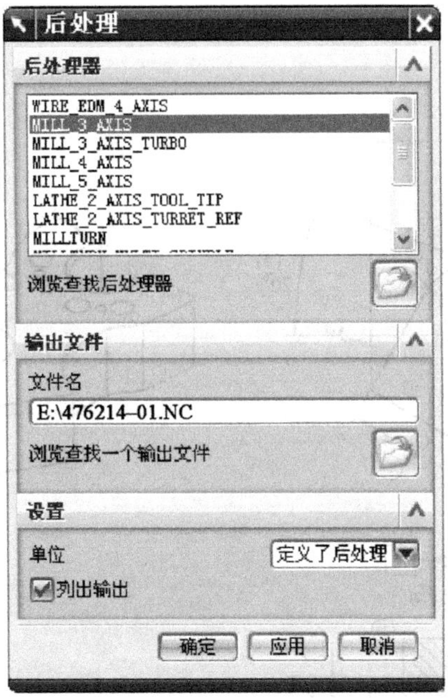

图 2-3-70　后处理

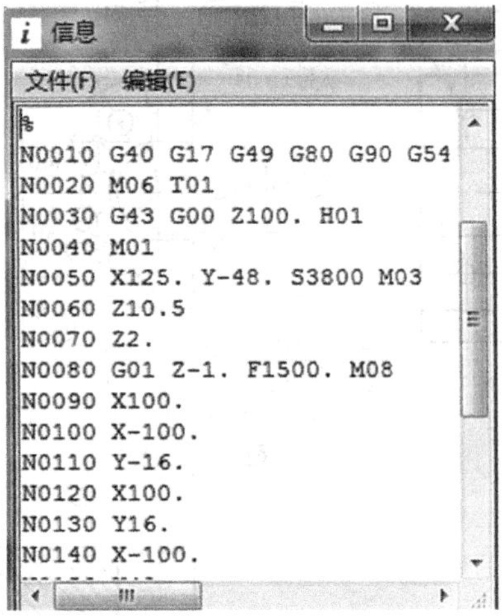

图 2-3-71　加工程序

对照工艺卡将平口钳安装到机床工作台，并校准平口钳定位钳口与机床 X 轴平行，然后用压板将平口钳压紧固定。

对照工艺卡，准备好所有刀具和相应的刀柄和夹头，将刀具安装到对应的刀柄，调整刀具伸出长度，在满足加工要求的前提下，尽量减少伸出长度，然后将装有刀具的刀柄按刀具号装入刀库。对于镗刀，要使用对刀仪进行预调整。对于 T 形槽刀要进行直径、厚度的检测。

加工顶面时，零件安装伸出长度要符合工艺要求。伸出太长，加紧部分就变少，容易在加工中松动；伸出太短会造成加工时刀具碰到平口钳。零件下方必须有垫块支撑，零件左右位置可以与平口钳一侧齐平，保证每次装夹的位置基本一致。

加工底面时，必须保证零件定位面和平口钳接触面之间无杂物，防止夹伤已加工面，装夹时要保证垫块固定不动，否则加工出来的零件上下面会不平行。左右位置要靠紧定位块，确保每次装夹位置完全一致。

对每把刀进行 Z 向偏置设置，要使用同一表面进行对刀，使用寻边器进行加工原点找正，并设置相应数据。

(2) 程序传输　在关机状态使用 RS232 通信线连接机床系统与计算机，打开计算机和数控机床系统，进行相应的通信参数设置，要求数控系统内的通信参数与计算机通信软件内的参数一致。

(3) 零件加工及注意事项　对刀和程序传输完成后，将机床模式切换到自动方式，按循环启动键，即可开始自动加工，在加工过程中，由于是首件第一次加工，所以要密切注意加工状态，有问题要及时停止。加工完一件后，待机床停机，使用气枪清除刀具上的切屑。

(4) 零件检测　零件检测是零件整个生产过程的重要环节，是保证零件质量、优化加工工艺的主要依据。零件检测主要步骤：制作检测用的 LAYOUT 图如图 2-3-72 所示，也就是对所有需要检测的项目进行编号的图样；制作检测用空白检测报告如图 2-3-73 所示，报告包括检测项目、标准、所用量具、检测频率；对零件进行检测并填写报告。

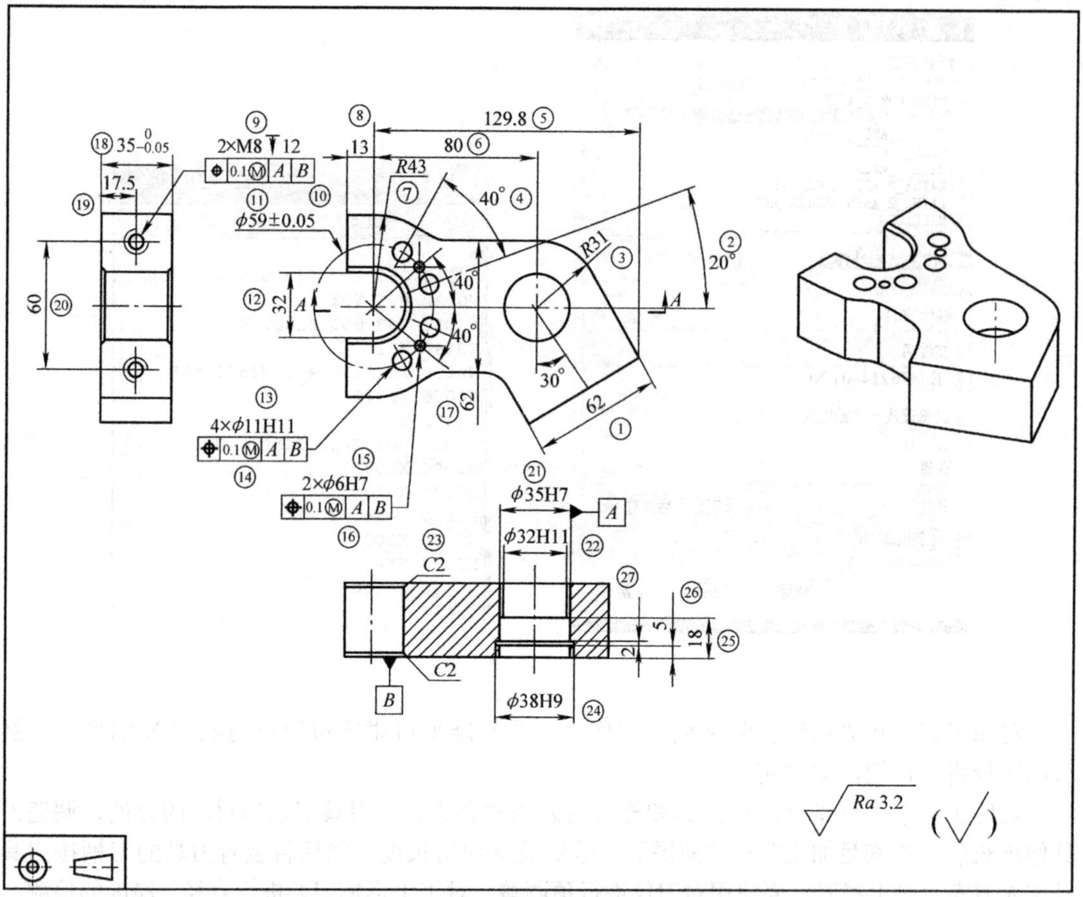

图 2-3-72　LAYOUT 图

（5）编制及完善相关工艺文件　根据加工中的实际情况和检测结果，对零件加工工艺和加工程序进行优化，最大限度地缩短加工时间，提高效率，主要是删除空运行的程序段，并调整切削参数。

2.3.4　专家点拨

1）在加工中心中镗高精度内孔时，一般使用对刀仪对镗刀进行预调整，留 0.2～0.3mm 余量，进行镗削，然后对孔直径进行测量，根据测量结果，调整镗刀直径，再次运行镗削程序。

2）使用T形刀加工沟槽时，由于刀具刃口直径大于刀柄直径很多，所以在编程时要特别注意进刀和退刀的设置，以防发生干涉。

3）在加工45°倒角时，如果尺寸不大（小于5mm）可以采用倒角刀直接加工，如果尺寸比较大，可以采用加工曲面的方式来加工。

4）对于产品而言，一个特征或尺寸不合格则整个产品就不合格，所以要不断提高质量意识。

2.3.5　课后训练

完成图2-3-74 所示零件的加工工艺编制并制作工艺卡，完成零件的加工程序编制并仿真。

检测报告(Inspection Report)									
零件名:锁紧板				零件材料:			送检数量:		
零件号:476214-0				表面处理:			送检日期:		
				测量(Measurement)					
序号	图样尺寸			测量尺寸(Measuring Size)				测量工具(Measurement Tool)	备注(Remark)
	公称尺寸	上极限偏差	下极限偏差	1#	2#	3#	4#		
1	62.00	0.25	−0.25					游标卡尺	
2	20°	0.25	−0.25					CMM	
3	*R*31	0.25	−0.25					CMM	
4	40°	0.25	−0.25					CMM	
5	129.80	0.25	−0.25					CMM	
6	80.00	0.25	−0.25					游标卡尺	
7	*R*43	0.25	−0.25					CMM	
8	13.00	0.25	−0.25					CMM	
9	2×M8	/	/					螺纹规	
10	位置度0.1	/	/					CMM	
11	ϕ59	0.05	−0.05					CMM	
12	32.00	0.25	−0.25					游标卡尺	
13	ϕ11H11	0.11	0					游标卡尺	
14	位置度0.1	/	/					CMM	
15	2×ϕ6H7	0.012	0					内测千分尺	
16	位置度0.1	/	/					CMM	
17	62.00	0.25	−0.25					游标卡尺	
18	35.00	0	−0.05					千分尺	
19	17.50	0.25	−0.25					游标卡尺	
20	60.00	0.25	−0.25					游标卡尺	
21	ϕ35H7	0.025	0					内径量表	
22	ϕ32H11	0.16	0					游标卡尺	
23	*C*2	0.25	−0.25					游标卡尺	
24	ϕ38H9	0.062	0					内沟槽卡尺	
25	18.00	0.25	−0.25					游标卡尺	
26	5.00	0.25	−0.25					游标卡尺	
27	2.00	0.25	−0.25					游标卡尺	
外观 碰伤 毛刺								目测	
是/否 合格									
测量员:				批准人:			页数:		

图 2-3-73 检测报告

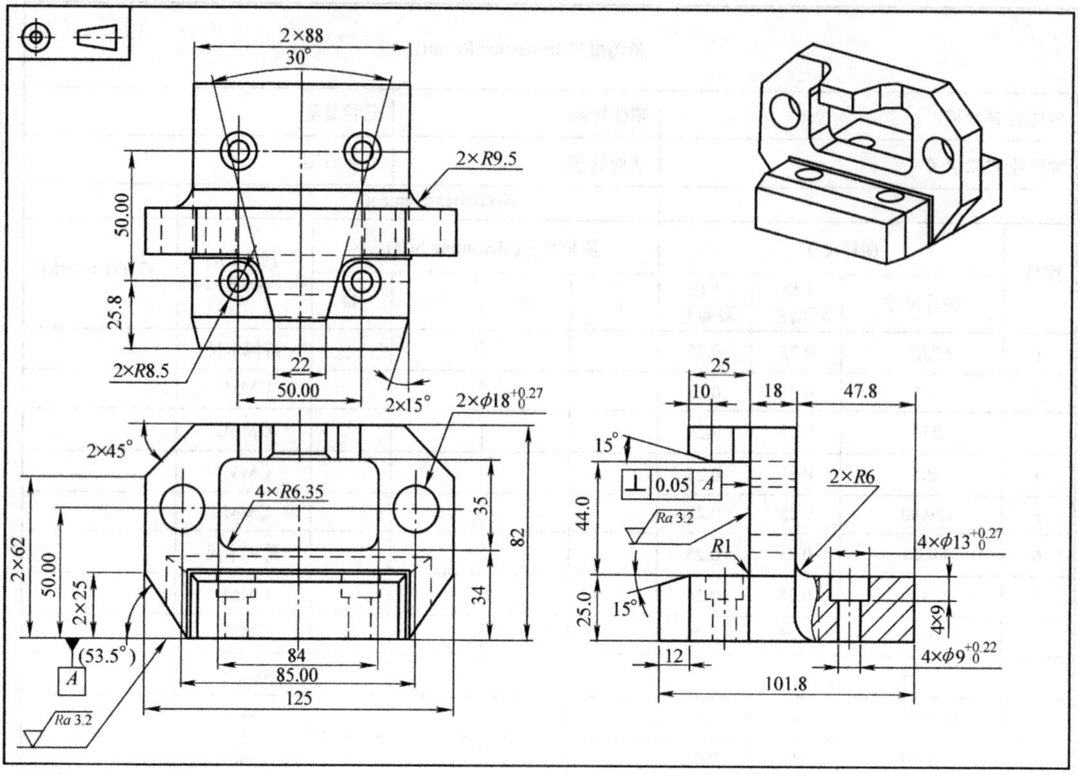

图 2-3-74 安装板[⊖]

⊖ 图样中有不尽符合国家标准之处系企业引进技术内容，仅供参考。

模块3　车铣综合零件加工与调试

学前见闻　北京精雕——将专注进行到底

项目 3.1　锁紧螺钉的加工与调试

3.1.1　教学目标

【能力目标】能编制锁紧螺钉的加工工艺
能使用 NX 6.0 软件编制锁紧螺钉的加工程序
能使用数控车床和加工中心加工锁紧螺钉
能检测加工完成的锁紧螺钉

【知识目标】掌握锁紧螺钉的加工工艺
掌握锁紧螺钉的程序编制方法
掌握锁紧螺钉的加工方法
掌握锁紧螺钉的检测方法

【素质目标】激发学生的学习兴趣，培养团队合作和创新精神

3.1.2　项目导读

该锁紧螺钉是注塑机中的一个零件，此零件的特点是结构比较简单，零件整体外形为螺钉状，零件前端为螺纹，后端为手柄，零件的加工精度要求不高。零件由螺纹、沟槽、圆柱、圆弧面等特征组成。

3.1.3　项目任务

学生以企业制造工程师的身份投入工作，分析锁紧螺钉的零件图样，明确加工内容和加工要求，对加工内容进行合理的工序划分，确定加工路线，选用加工设备，选用刀具夹具，制定加工工艺卡；运用 NX 软件编制锁紧螺钉的加工程序并进行仿真加工，使用数控车床和加工中心加工锁紧螺钉，对加工成品进行检测，并根据检测结果对整个加工工艺和加工程序提出修改建议。

1. 制定加工工艺

（1）图样分析 锁紧螺钉零件图样如图 3-1-1 所示，该锁紧螺钉结构相对简单，主要由螺纹、沟槽、圆柱、圆弧面等特征组成。

零件材料为 6061 铝合金，加工性能好，变形小。锁紧螺钉主要加工内容见表 3-1-1。

此锁紧螺钉的主要加工难点为螺纹部分和前面把手部分无法在同一机床完成，需要车铣综合加工。

（2）制定工艺路线 此零件分两次装夹，选用棒料做毛坯。第一次使用数控车床完成螺纹、沟槽、把手外圆的加工；第二次使用加工中心完成球面、开口槽、圆角的加工。

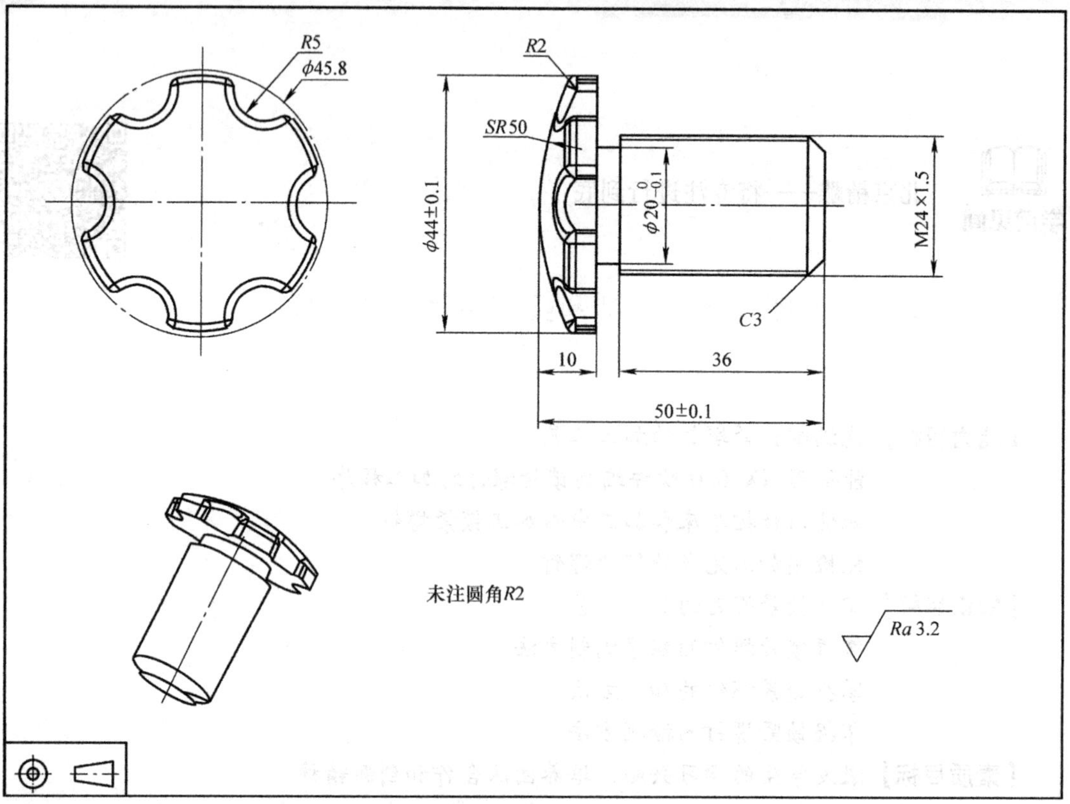

图 3-1-1 锁紧螺钉零件图

表 3-1-1 加工内容

内 容	要 求	备 注
M24 ×1.5 螺纹	螺纹规格 M24 ×1.5；螺纹长度（36 ±0.25）mm	
外沟槽	槽底直径 $\phi 20_{-0.1}^{0}$ mm，槽宽（4 ±0.25）mm	
ϕ44 外圆	外圆直径为（ϕ44 ±0.1）mm	
*SR*50 球面	半径为 50mm	
*R*5 开口槽	槽口半径为 *R*5mm，中心圆直径为 ϕ45.8mm	
总长	总长为（50 ±0.1）mm	
圆角	未注圆角 *R*2mm	
倒角	1 个 *C*3 倒角	
表面粗糙度	所有加工面表面粗糙度值为 *Ra*3.2μm	

1）备料。6061铝合金棒料，ϕ45mm×1000mm。

2）车螺纹。自定心卡盘装夹，车外圆、沟槽、螺纹。

3）切断。零件切断，总长留1mm余量。

4）铣球面。自定心卡盘+辅助夹具装夹，加工球面、开口槽、圆角。

（3）选用加工设备　本零件需要选用数控车床和加工中心两种加工设备。数控车床选用杭州友佳集团生产的FTC－10斜床身数控车床作为加工设备，此机床为斜床身，转塔刀架、液压卡盘，刚性好、加工精度高，适合小型零件的大批量生产，机床主要技术参数和外观见表3-1-2。

表3-1-2　机床主要技术参数和外观

主要技术参数		机床外观
最大车削直径/mm	240	
最大车削长度/mm	255	
X轴行程/mm	120	
Z轴行程/mm	290	
主轴最高转速/(r/min)	6000	
通孔、拉管直径/mm	56	
刀具位置数	8	
数控系统	FANUC 0i Mate－TC	

加工中心选用杭州友佳集团生产的HV－40A立式铣削加工中心作为加工设备，此机床为水平床身，机械手换刀，刚性好，加工精度高，适合小型零件的大批量生产，机床主要技术参数和外观见表3-1-3。

表3-1-3　机床主要技术参数和外观

主要技术参数		机床外观
X轴行程/mm	1000	
Y轴行程/mm	520	
Z轴行程/mm	505	
主轴最高转速/(r/min)	1000	
刀具交换形式	机械手	
刀具数量	24	
数控系统	FANUC MateC	

（4）选用毛坯　零件材料为6061铝合金，加工性能好，变形小，特别适合高速切削。根据零件尺寸和机床性能，并考虑零件装夹要求，选用直径45mm长度为1000mm的棒料作为毛坯。

（5）选用夹具　零件分两次装夹，加工右端螺纹时，以棒料毛坯作为基准，选用自定心卡盘装夹，零件伸出量为60mm，装夹简图如图3-1-2所示。加工左端把手时，采用已经加工完毕的螺纹作为定位基准，选用自定心卡盘+螺纹套筒装夹，装夹简图如图3-1-3所示。在加工时为保证零件不从螺纹孔中松动，走刀方式必须选用顺时针。

（6）选用刀具和切削用量　选用SANDVIK刀具系统，查阅SANDVIK刀具手册，选用刀具和切削用量，见表3-1-4。

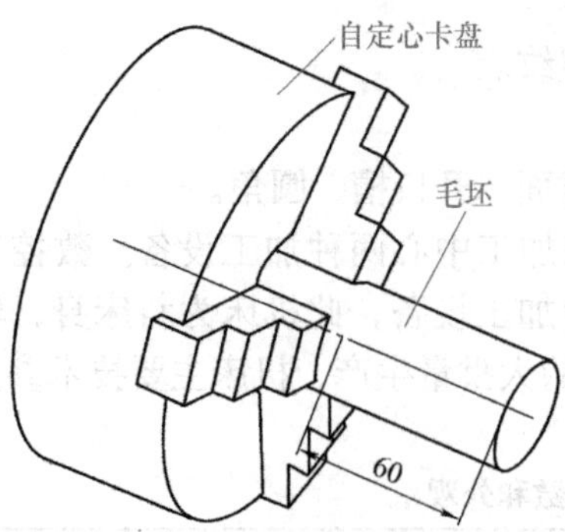

图 3-1-2　车削装夹

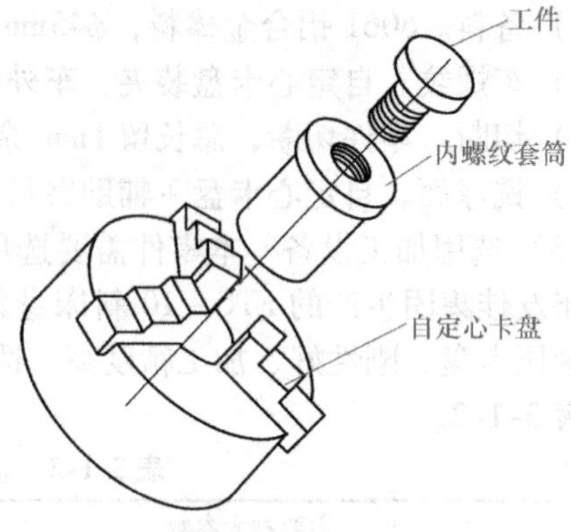

图 3-1-3　铣削装夹

表 3-1-4　刀具和切削用量

工序	刀号	刀具规格		加工内容	转速/(r/min)	切深/mm	进给速度或进给量
车加工	T01	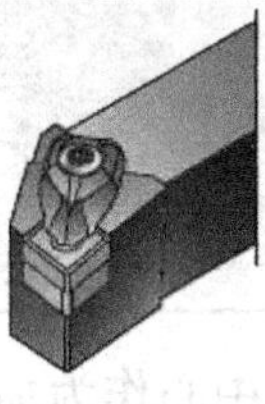 DCLNL2020M09	 CCMT090404 - PF	车外圆，端面	1500	2	0.1 mm/r
	T02	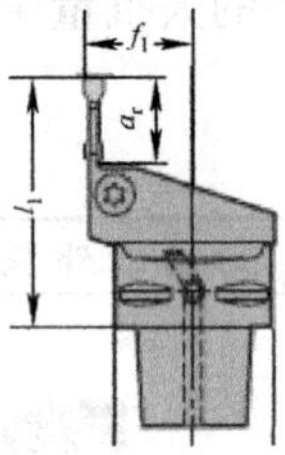 C6 - RF123G20 - 45065B	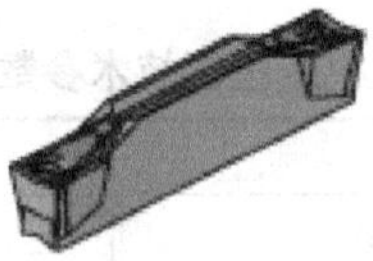 N123G2 - 0300 - 0001 - CF	切槽，切断	1000		0.15 mm/r
	T03	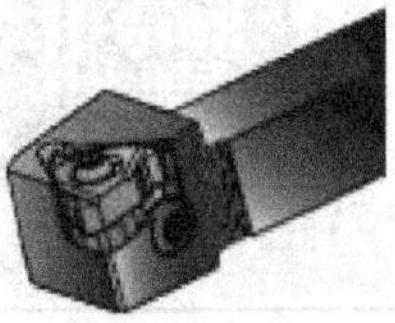 266RFG - 2525 - 22	 266RG - 22MM02A250E	车外螺纹	800		1.5 mm/r
铣加工	T01	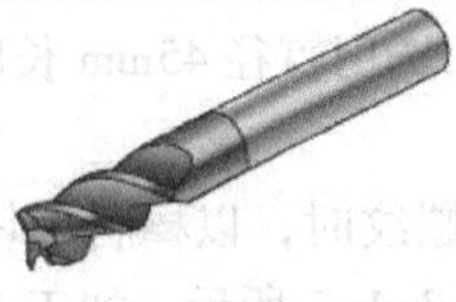 R216.33 - 10045 - AC26P		粗铣球面，铣开口槽	4000	0.5	1500 mm/min
	T02	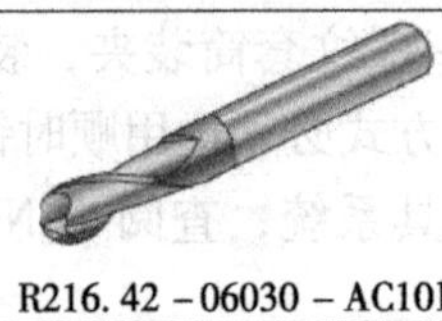 R216.42 - 06030 - AC10P		铣球面、圆角	5200		1800 mm/min

（7）制定工艺卡　以一次装夹作为一个工序，制定加工工艺卡，见表3-1-5～表3-1-7。

表3-1-5　工序清单

零件号: 287693-0		工艺版本号: 0	工艺流程卡_工序清单			
工序号	工序内容	工位	页码:1		页数:3	
001	备料	外协	零件号: 287693		版本:0	
002	车右端	数控车床	零件名称: 锁紧螺钉			
003	铣左端	加工中心	材料: 6061铝合金			
004			材料尺寸: ϕ45mm×1000mm棒料			
005			更改号	更改内容	批准	日期
006						
007			01			
008						
009			02			
010						
011			03			
012						
013						

拟制:	日期:	审核:	日期:	批准:	日期:

表3-1-6　车右端工艺卡

零件号: 287693-0	工序名称: 车右端	工艺流程卡_工序单	
材料: 6061铝合金	页码:2	工序号:02	版本号:0
夹具: 自定心卡盘	工位: 数控车床	数控程序号: 287693-01.NC	

刀具及参数设置

刀具号	刀具规格	加工内容	主轴转速/(r/min)	进给量/(mm/r)
T01	DCLNL2020M09, CCMT090404-PF	车外圆、端面	1500	0.1
T02	C6-RF123G20-45065B, N123G2-0300-0001-CF	切槽	1000	0.15
T03	266RFG-2525-22, 266RG-22MM02A250E	车螺纹	800	1.5
T02	C6-RF123G20-45065B, N123G2-0300-0001-CF	切断	1000	0.15

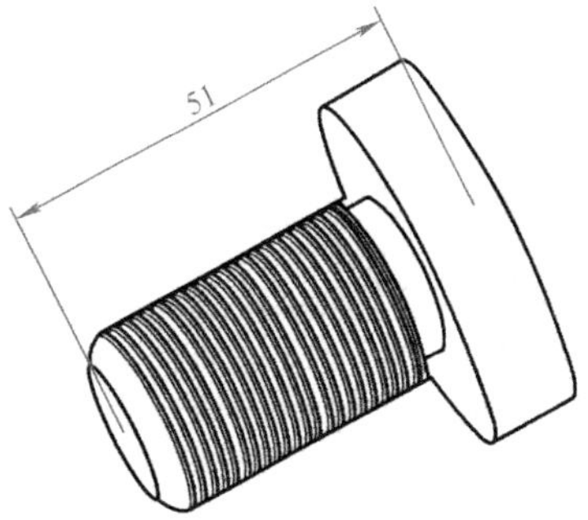

锐边加0.3倒角

02			
01			
更改号	更改内容	批准	日期

拟制:	日期:	审核:	日期:	批准:	日期:

表 3-1-7　铣左端工艺卡

零件号: 287693-0		工序名称: 铣左端		工艺流程卡_工序单	
材料: 6061铝合金		页码: 3	工序号:03		版本号:0
夹具: 自定心卡盘		工位: 加工中心	数控程序号: 287693-02.NC		

刀具及参数设置				
刀具号	刀具规格	加工内容	主轴转速/(r/min)	进给速度/(mm/min)
T01	R216.33-10045-AC26P	球面粗加工,开槽	4000	1500
T02	R216.42-06030-AC10P	球面精加工	5200	1800
T03				
T04				
T05				

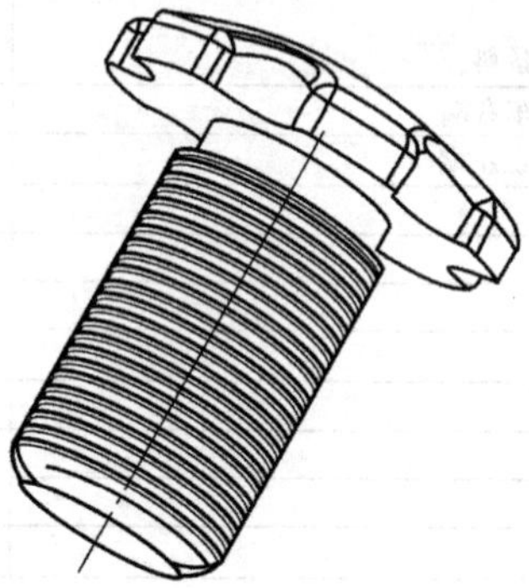

锐边加0.3倒角

02			
01			
更改号	更改内容	批准	日期

拟制:	日期:	审核:	日期:	批准:	日期:

2. 编制加工程序

(1) 编制加工零件右端的 NC 程序

1) 单击【开始】/【所有应用模块】/【加工】，弹出加工环境对话框，CAM 会话配置选择 cam_general；要创建的 CAM 设置选择 turning，如图 3-1-4 所示。然后单击【确定】，进入加工模块。

2) 在加工操作导航器空白处，单击鼠标右键，选择【几何视图】，如图 3-1-5 所示。

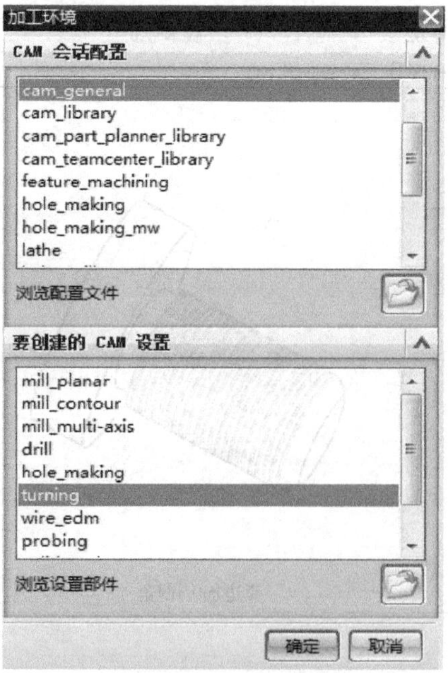

图 3-1-4　加工环境设置

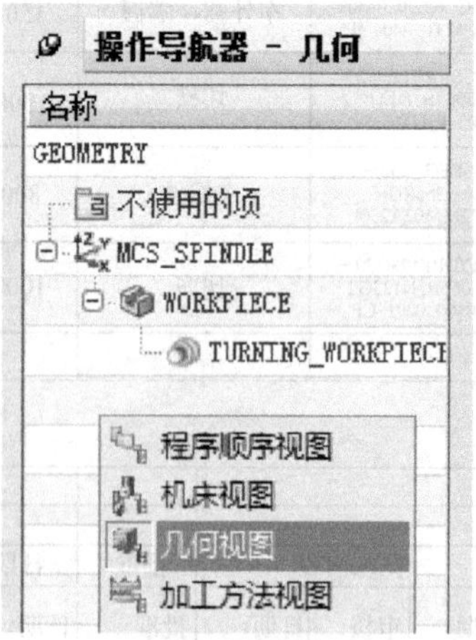

图 3-1-5　操作导航器

3）双击操作导航器中的【MCS_SPINDLE】，弹出加工坐标系对话框，指定平面为 XM－YM，如图3-1-6所示。将MCS_SPINDLE更名为MCS_SPINDLE_R。

4）单击【指定MCS】中的CSYS会话框，弹出对话框，然后选择参考坐标系中的选定的CSYS，选择71图层中的参考坐标系，单击【确定】，使加工坐标系和参考坐标系重合，如图3-1-7所示。再单击【确定】完成加工坐标系设置。

5）指定平面为XM－YM，如图3-1-8所示。

6）双击操作导航器中的WORKPIECE，弹出WORKPIECE设置对话框，如图3-1-9所示。将WORKPIECE更名为WORKPIECE_R。

7）单击【指定部件】，弹出部件选择对话框，选择图3-1-10所示的部件，单击【确定】，完成指定部件。

8）单击【指定毛坯】，弹出毛坯选择对话框，选择图3-1-11所示圆柱为毛坯（该圆柱在建模中预先建好，在图层2中）。单击【确定】完成毛坯选择，单击【确定】完成WORKPIECE设置。

图3-1-6 加工坐标系设置（一）

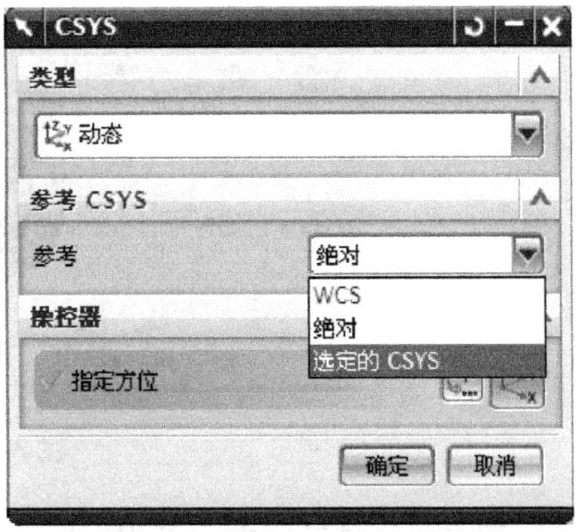

图3-1-7 加工原点设置

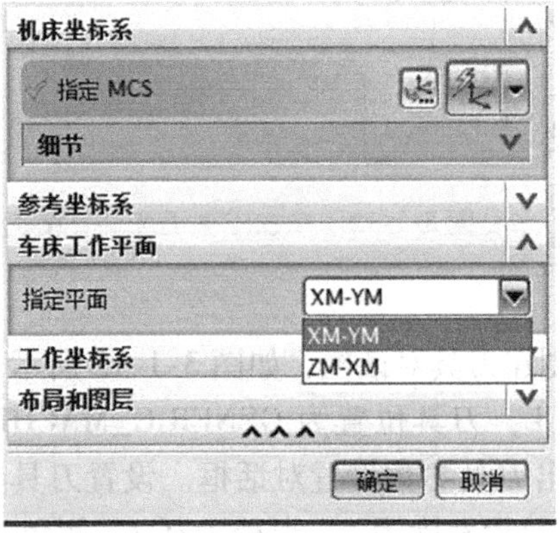

图3-1-8 加工坐标系设置（二）

图3-1-9 WORKPIECE设置

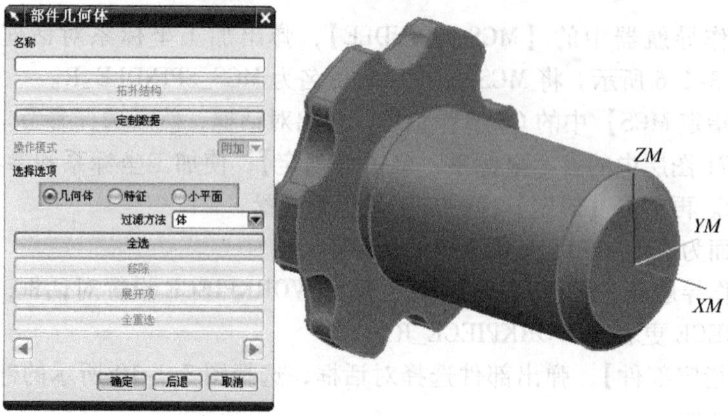

图 3-1-10　指定部件

图 3-1-11　毛坯设置

9）双击操作导航器中的 TURNING_WORKPIECE，自动生成车加工截面和毛坯截面，如图3-1-12所示。

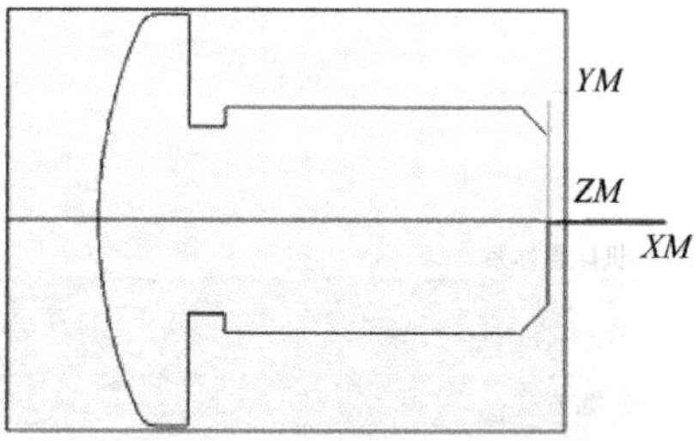

图 3-1-12　车加工截面和毛坯截面

10）在加工操作导航器空白处，单击鼠标右键，选择【机床视图】，单击菜单条【插入】，单击【刀具】，弹出创建刀具对话框，如图 3-1-13 所示。类型选择为 turning，刀具子类型选择为 OD_80_L，刀具位置为 GENERIC_MACHINE，刀具名称为 OD_ROUGH_TOOL，单击【确定】，弹出刀具参数设置对话框。设置刀具参数如图 3-1-14 所示，刀尖角度为 80，方向角度为 5，刀具号为 1，单击【确定】，完成创建刀具。

11）单击菜单条【插入】，单击【刀具】，弹出创建刀具对话框，如图 3-1-15 所示。类型选择为 turning，刀具子类型选择为 OD_GROOVE_L，刀具位置为 GENERIC_MACHINE，刀具名称为 OD_GROOVE_TOOL，单击【确定】，弹出刀具参数设置对话框。设置刀具参数如图 3-1-16 所示，方向角度为 90，刀片长度为 12，刀片宽度为 4，半径为 0.2，侧角为 2，尖角为 0，刀具号为 2，单击【确定】，完成创建刀具。

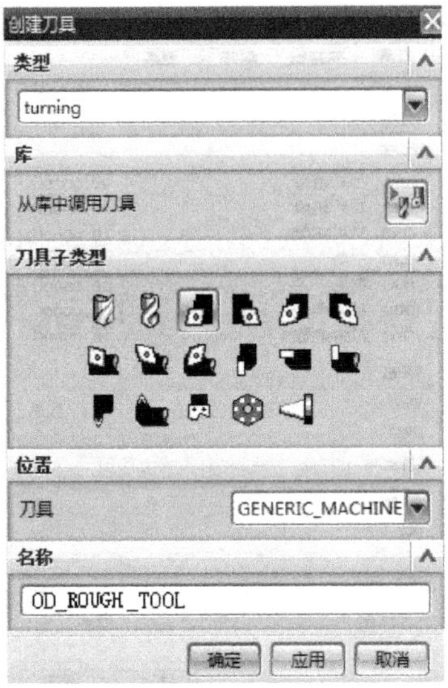

图 3-1-13　创建刀具（一）

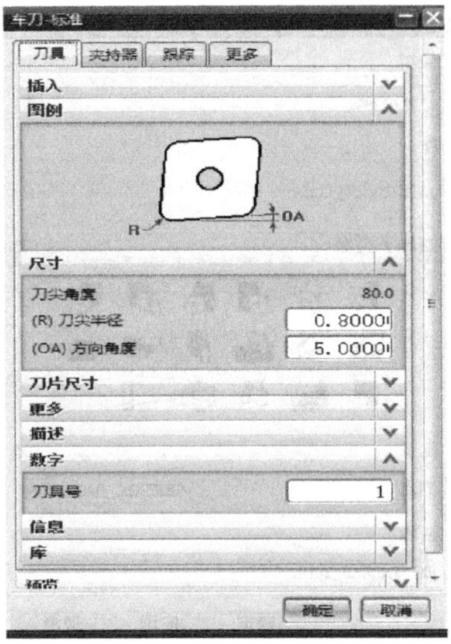

图 3-1-14　刀具参数设置

图 3-1-15　创建刀具（二）

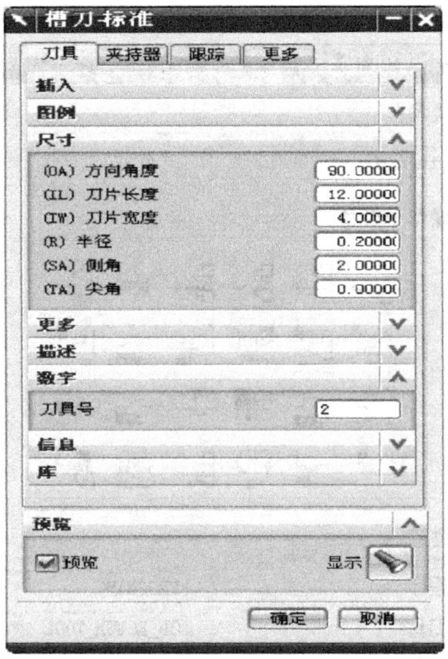

图 3-1-16　刀具参数设置

12）单击菜单条【插入】，单击【刀具】，弹出创建刀具对话框，如图 3-1-17 所示。类型选择为 turning，刀具子类型选择为 OD_THREAD_L，刀具位置为 GENERIC_MACHINE，刀具名称为 OD_THREAD_TOOL，单击【确定】，弹出刀具参数设置对话框。设置刀具参数如图 3-1-18 所示，方向角度为 90，刀片长度为 20，刀片宽度为 10，左角为 30，右角为 30，刀尖半径为 0，刀具号为 3，单击【确定】，完成创建刀具。

13）在加工操作导航器空白处，单击鼠标右键，选择【程序视图】，单击菜单条【插入】，单击【操作】，弹出创建操作对话框，类型为 turning，操作子类型为 ROUGH_TURNING_OD，程序为 PROGRAM，刀具为 OD_ROUGH_TOOL，几何体为 TURNING_WORKPIECE，方法为 METHOD，名称为 ROUGH_TURNING_OD_R，如图 3-1-19 所示，单击【确定】，弹出操作设置对话框，如图 3-1-20 所示。

图 3-1-17　创建刀具（三）

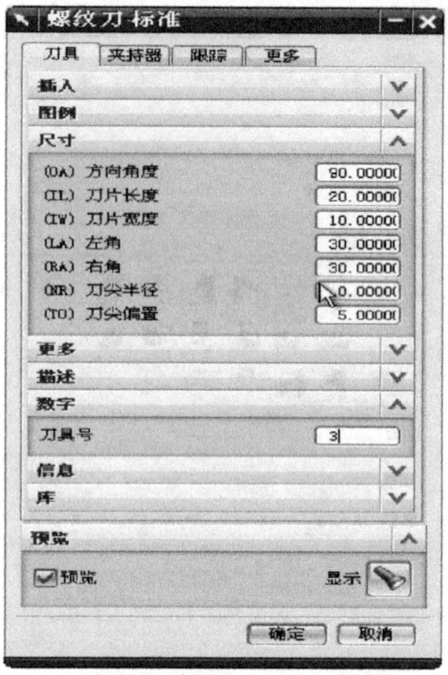

图 3-1-18　刀具参数设置

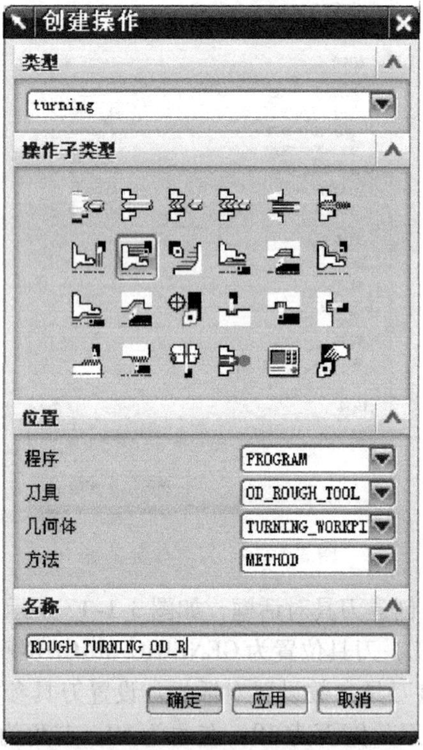

图 3-1-19　创建操作

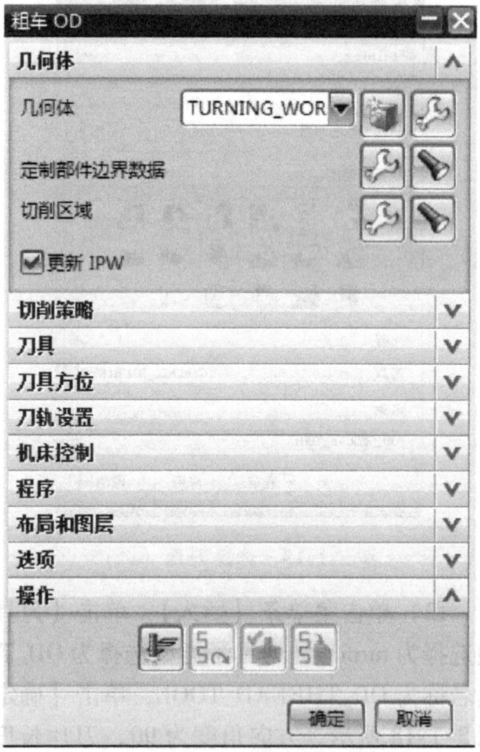

图 3-1-20　粗车 OD 操作设置

14）单击【刀轨设置】，方法为 METHOD，水平角度为 180，方向为向前，切削深度为变量平均值，最大值为 2，最小值为 1，变换模式为根据层，清理为全部，如图 3-1-21 所示。

15）单击【切削参数】，单击【策略】，设置最后切削边缘为 5，如图 3-1-22 所示，设置面余量为 0，径向余量为 0，如图 3-1-23 所示，单击【确定】，完成切削参数设置。

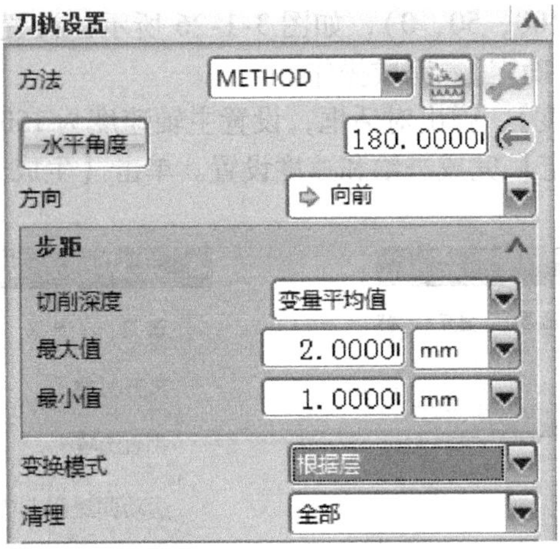

图 3-1-21　刀轨设置

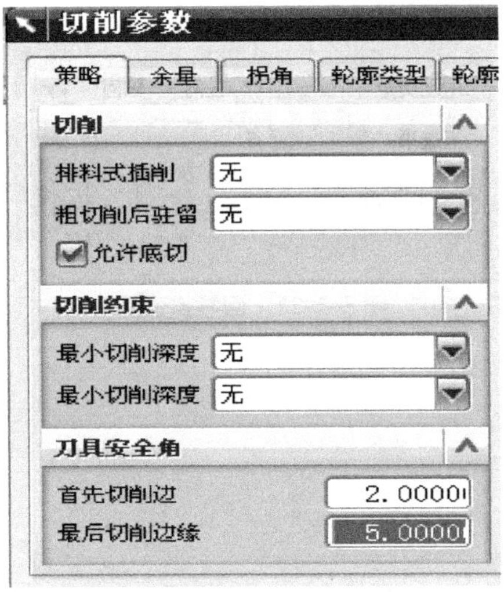

图 3-1-22　策略设置

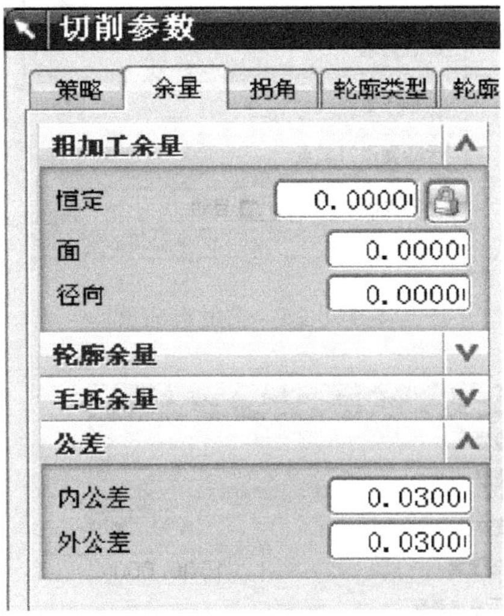

图 3-1-23　余量设置

16）单击【非切削移动】，弹出对话框，进刀设置如图 3-1-24 所示，退刀设置如图 3-1-25所示，单击【确定】，完成操作。

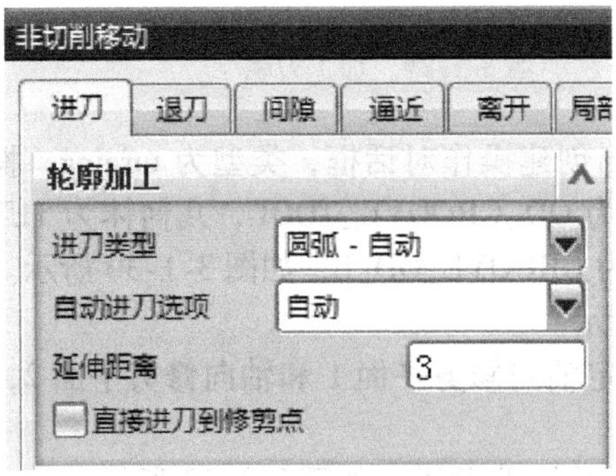

图 3-1-24　进刀设置

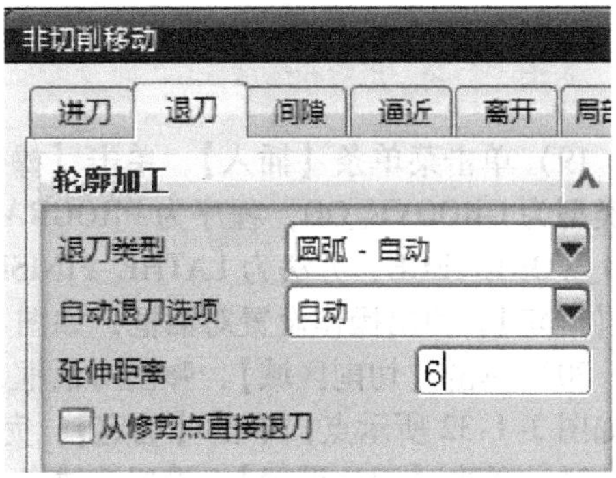

图 3-1-25　退刀设置

17）设置出发点为（100，50，0），如图3-1-26所示；设置回零点为（100，50，0），如图3-1-27所示。单击【确定】，完成操作。

18）单击【进给和速度】，弹出对话框，设置主轴速度为1500，设置进给率为0.1，如图3-1-28所示。单击【确定】完成进给和速度设置。单击【生成刀轨】，得到零件的加工刀轨，如图3-1-29所示。

图3-1-26　出发点设置

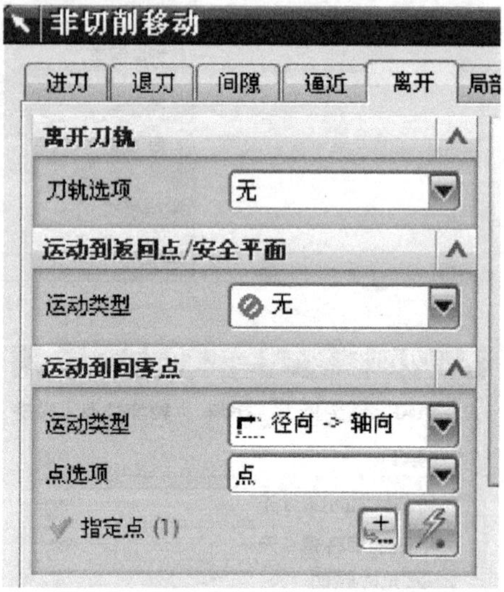

图3-1-27　回零点设置

图3-1-28　进给和速度

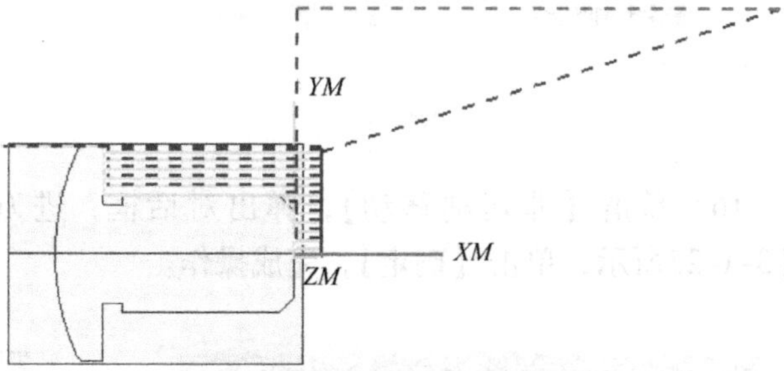

图3-1-29　加工刀轨

19）单击菜单条【插入】，单击【操作】，弹出创建操作对话框，类型为turning，操作子类型为GROOVE_OD，程序为PROGRAM，刀具为OD_GROOVE_TOOL，几何体为TURNING_WORKPIECE，方法为LATHE_FINISH，名称为GROOVE_OD_L，如图3-1-30所示。单击【确定】，弹出操作设置对话框，如图3-1-31所示。

20）单击【切削区域】，弹出对话框，分别指定轴向修剪平面1和轴向修剪平面2，指定如图3-1-32所示点，单击【确定】，完成操作。

21）单击【刀轨设置】，设置步进角度为180，方向为前进，如图3-1-33所示。

22）单击【非切削移动】，弹出对话框，进刀设置如图3-1-34所示，退刀设置如

图 3-1-35所示，单击【确定】，完成操作。

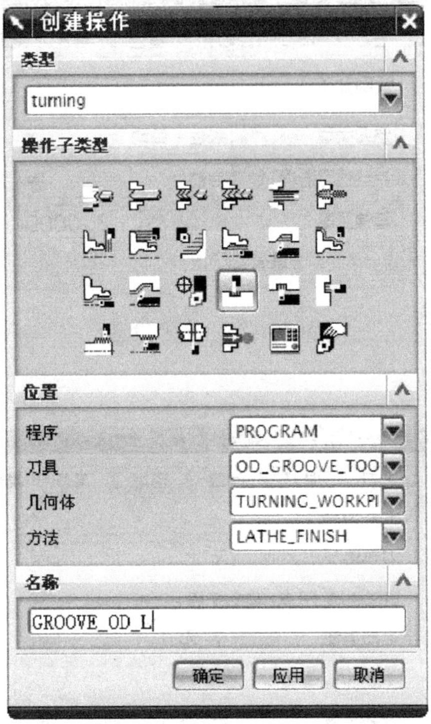

图 3-1-30　创建操作

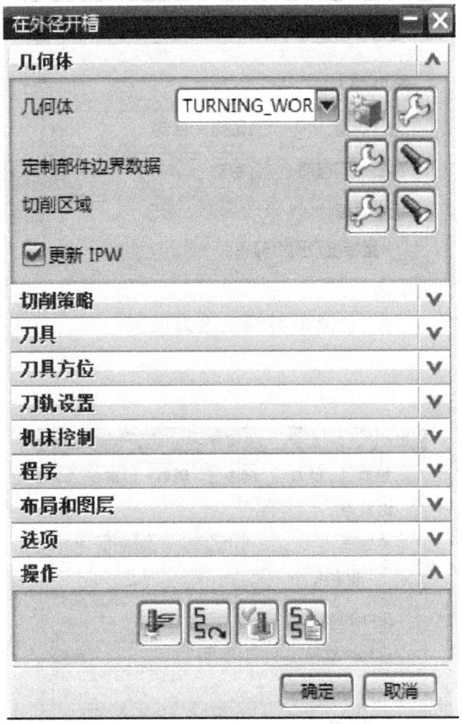

图 3-1-31　切槽操作设置

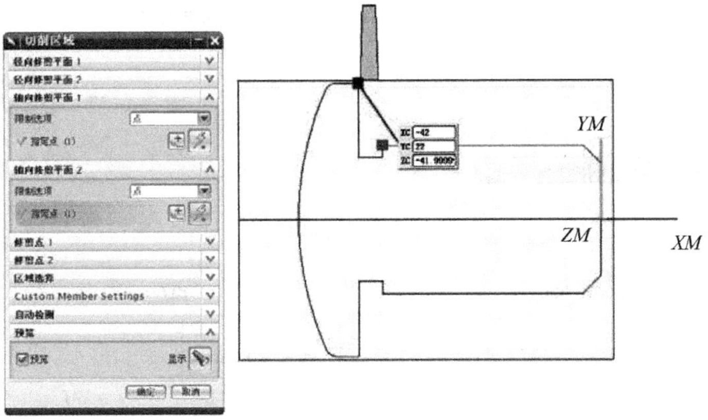

图 3-1-32　切削区域

23）设置出发点为（100，50，0），如图 3-1-36 所示；设置回零点为（100，50，0），如图 3-1-37 所示。单击【确定】，完成操作。

24）单击【进给和速度】，弹出对话框，设置主轴速度为 1000，设置进给率为 0.15，如图3-1-38所示。单击【确定】完成进给和速度设置。单击【生成刀轨】，得到零件的加工刀轨，如图 3-1-39 所示。

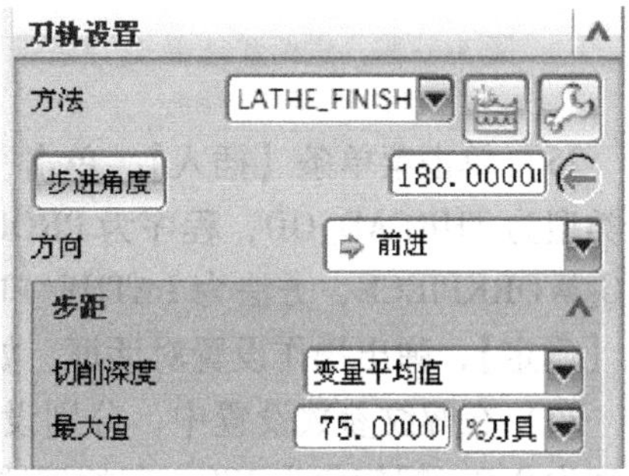

图 3-1-33　刀轨设置

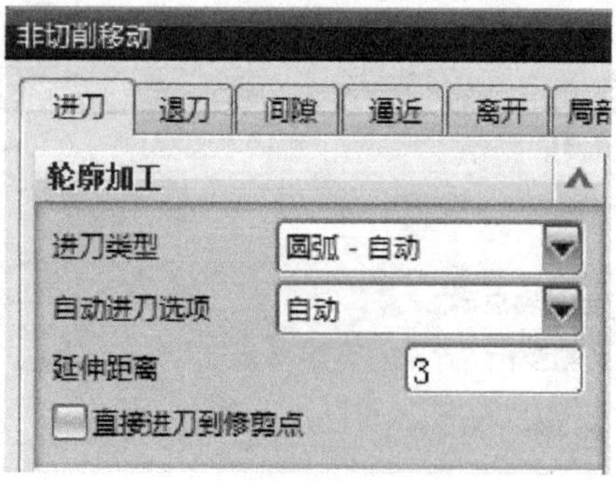

图 3-1-34　进刀设置

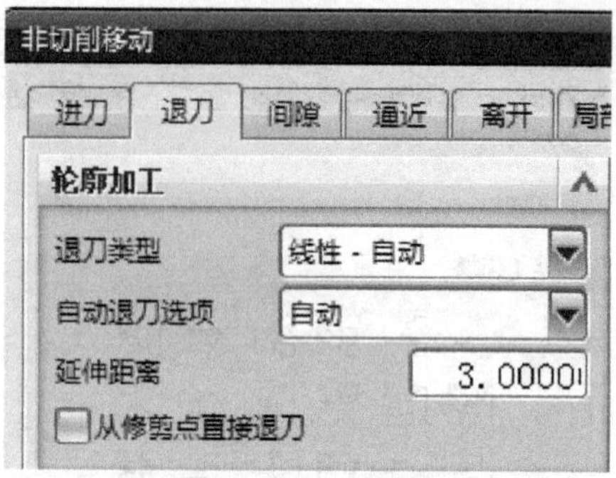

图 3-1-35　退刀设置

图 3-1-36　出发点设置

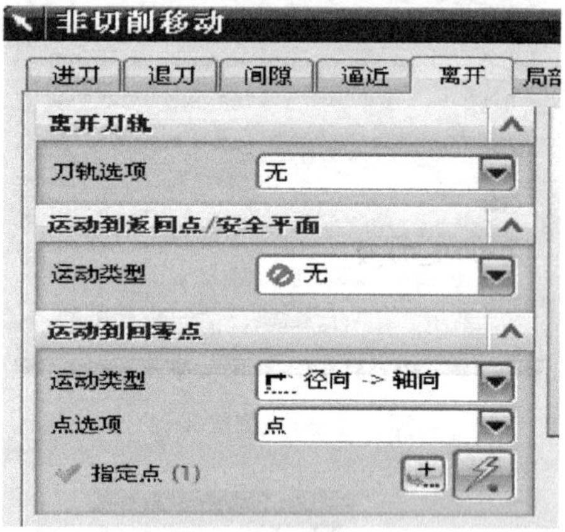

图 3-1-37　回零点设置

图 3-1-38　进给和速度

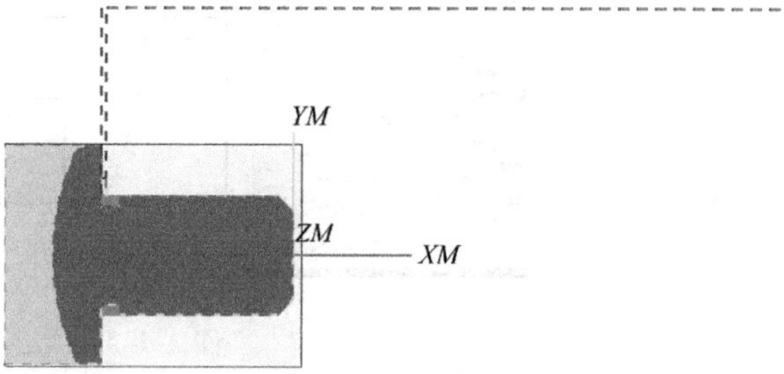

图 3-1-39　加工刀轨

25）单击菜单条【插入】，单击【操作】，弹出创建操作对话框，类型为 turning，操作子类型为 THREAD_OD，程序为 PROGRAM，刀具为 OD_THREAD_TOOL，几何体为 TURNING_WORKPIECE，方法为 LATHE_FINISH，名称为 OD_THREAD_L，如图 3-1-40 所示，单击【确定】，弹出操作设置对话框，如图 3-1-41 所示。

26）在螺纹参数设置中，分别设定螺纹顶线和终止线，深度选项为深度和角度，设置深度为 0.9，螺旋角为 180，起始偏置为 5，终止偏置为 2，如图 3-1-42 所示。

图 3-1-40　创建操作

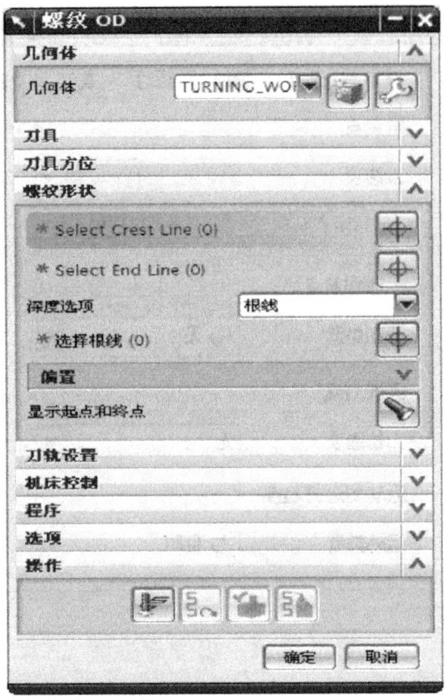

图 3-1-41　螺纹 OD 操作设置

27）单击【刀轨设置】，切削深度为恒定，深度为 0.2，切削深度公差为 0.01，螺纹头数为 1，如图 3-1-43 所示。

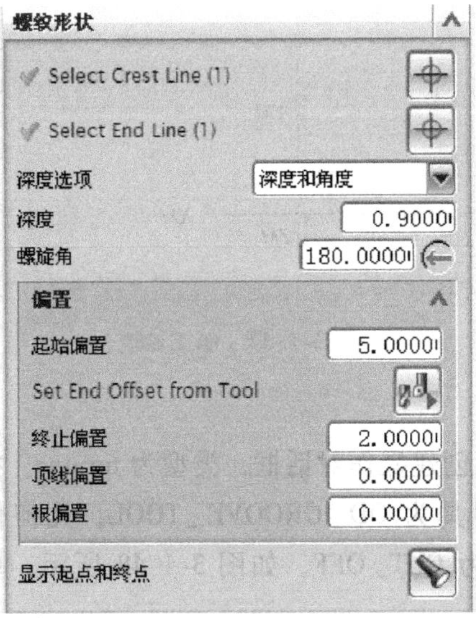

图 3-1-42　螺纹参数设置

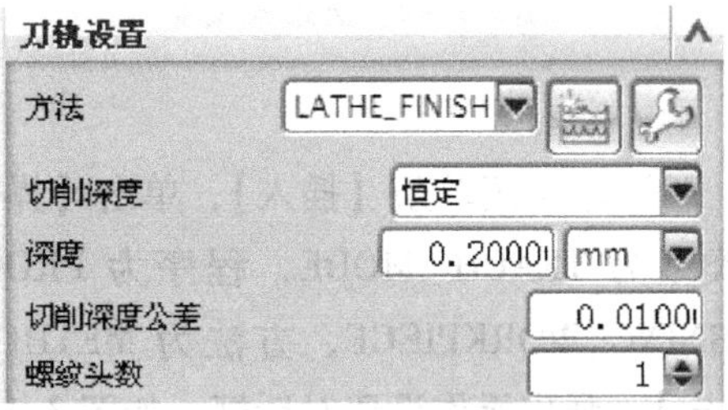

图 3-1-43　刀轨设置

28）设置出发点为（100，50，0），如图 3-1-44 所示；设置回零点为（100，50，0），如图 3-1-45 所示。单击【确定】，完成操作。

29）单击【进给和速度】，弹出对话框，设置主轴速度为 800，设置进给率为 1.5，如图3-1-46所示。单击【确定】完成进给和速度设置。单击【生成刀轨】，得到零件的加工刀路，如图 3-1-47 所示。

图 3-1-44 出发点设置

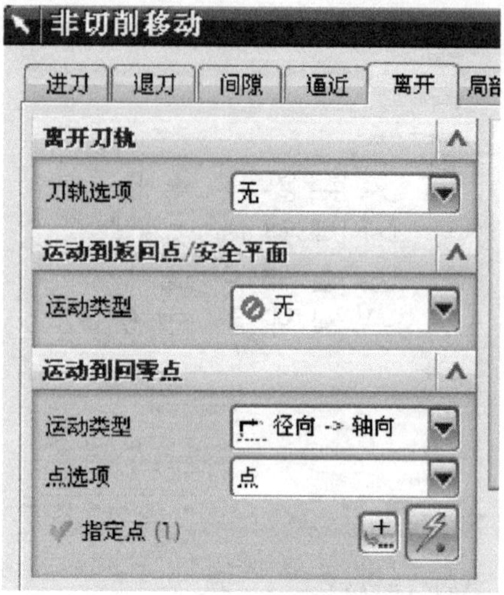

图 3-1-45 回零点设置

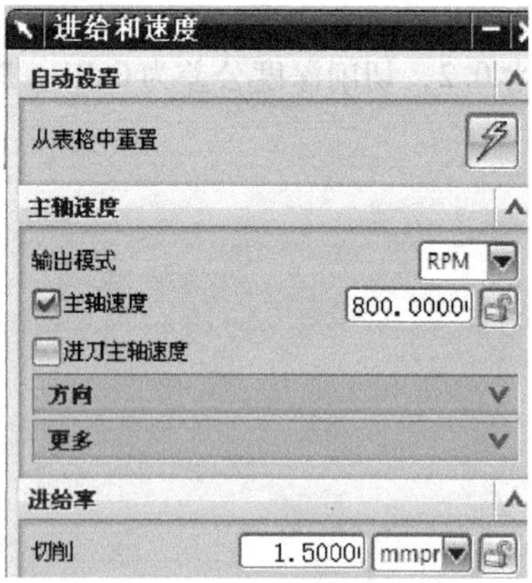

图 3-1-46 进给和速度

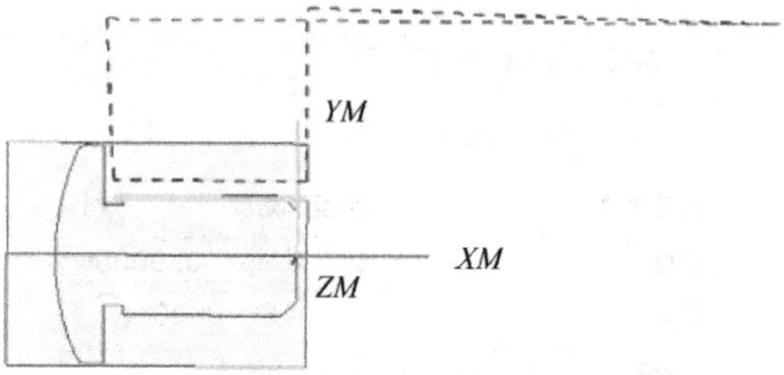

图 3-1-47 加工刀轨

30）单击菜单条【插入】，单击【操作】，弹出创建操作对话框，类型为 turning，操作子类型为 TEACH_MODE，程序为 PROGRAM，刀具为 OD_GROOVE_TOOL，几何体为 TURNING_WORKPIECE，方法为 METHOD，名称为 CUT_OFF，如图 3-1-48 所示；单击【确定】，弹出操作设置对话框，如图 3-1-49 所示。

31）单击【快速运动】，弹出快速运动对话框，如图 3-1-50 所示，设置点为（－52，30，0）；单击【线性进给运动】，弹出线性进给运动对话框，如图 3-1-51 所示，设置点为（－52，0，0）；单击【线性快速】，设置点为（－5，30，0），结果如图 3-1-52 所示。

32）单击【进给和速度】，弹出对话框，设置主轴速度为 1000，设置进给率为 0.15，如图3-1-53所示。单击【确定】完成进给和速度设置。单击【生成刀轨】，得到零件的加工刀轨，如图 3-1-54 所示。

图 3-1-48　创建操作

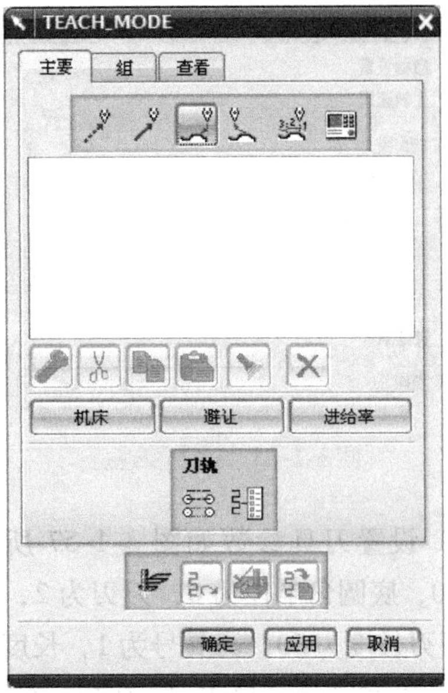

图 3-1-49　切断操作设置

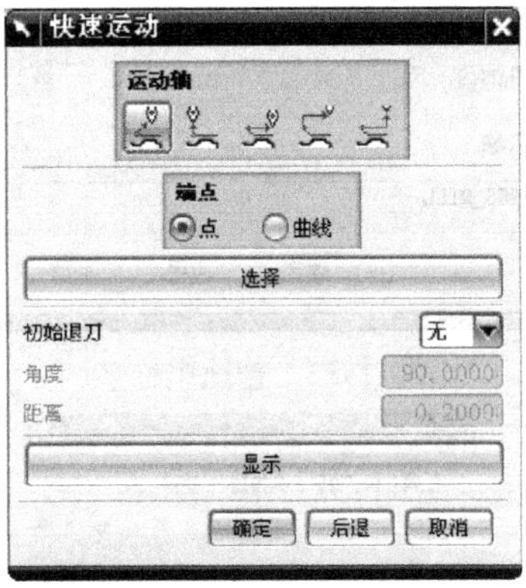

图 3-1-50　快速运动

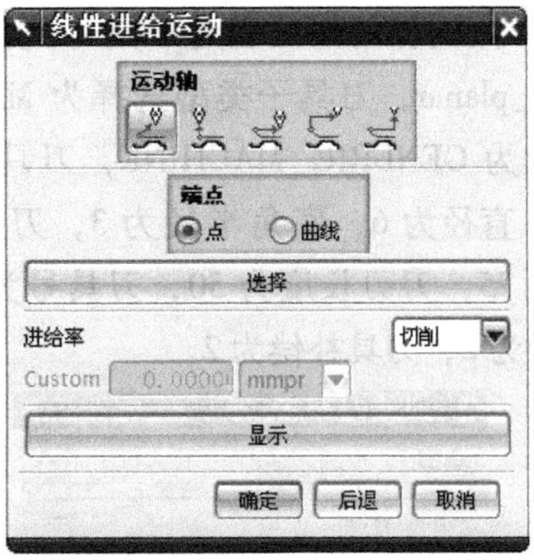

图 3-1-51　线性进给运动

(2) 编制铣削零件左端的 NC 程序

1) 选择 WORKPIECE，然后单击鼠标右键，选择【插入】/【几何体】，类型选择 mill_planar，几何体子类型选择 MCS，名称为MCS_MILL，如图 3-1-55 所示。

2) 在加工操作导航器空白处，单击鼠标右键，选择【机床视图】，单击菜单条【插入】，单击【刀具】，弹出创建刀具对话框，如图 3-1-56 所示。类型选择为 mill_planar，刀具子类型选择为 MILL，刀具位置为 GENERIC _ MACHINE，刀具名称为 T1D10，单击【确定】，弹出刀具参数设置对话框。

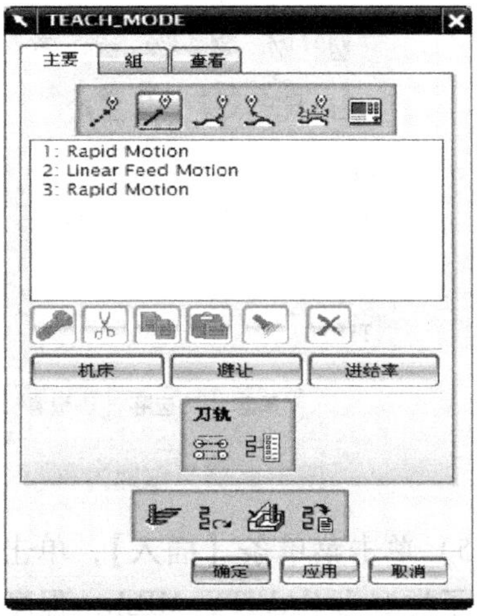

图 3-1-52　切槽设置

图 3-1-53　进给和速度

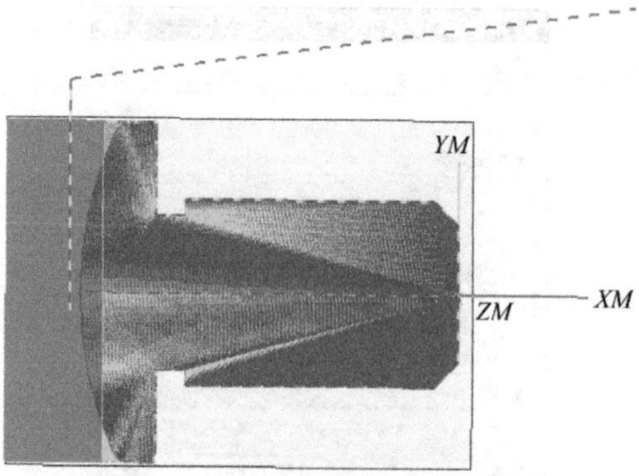

图 3-1-54　加工刀轨

3）设置刀具参数如图 3-1-57 所示，直径为 10，底圆角半径为 0，刀刃为 2，长度为 75，刀刃长度为 50，刀具号为 1，长度补偿为 1，刀具补偿为 1，单击【确定】，完成创建刀具。

图 3-1-55　创建坐标系

4）用同样的方法创建刀具 2，类型选择为 mill_planar，刀具子类型选择为 MILL，刀具位置为 GENERIC_MACHINE，刀具名称为 T2D6，直径为 6，底角半径为 3，刀刃为 2，长度为 75，刀刃长度为 50，刀具号为 2，长度补偿为 2，刀具补偿为 2。

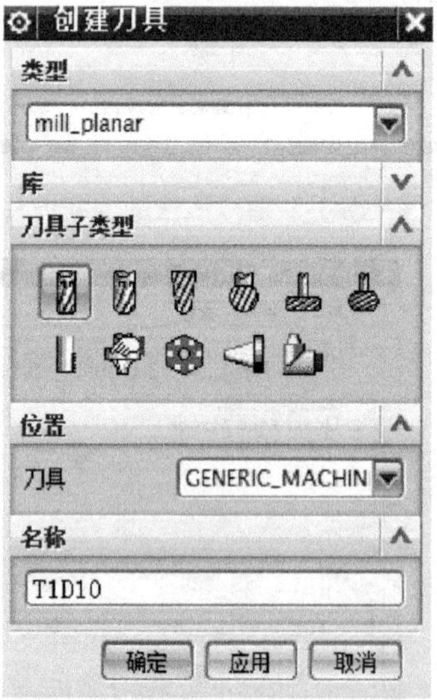

图 3-1-56　创建刀具

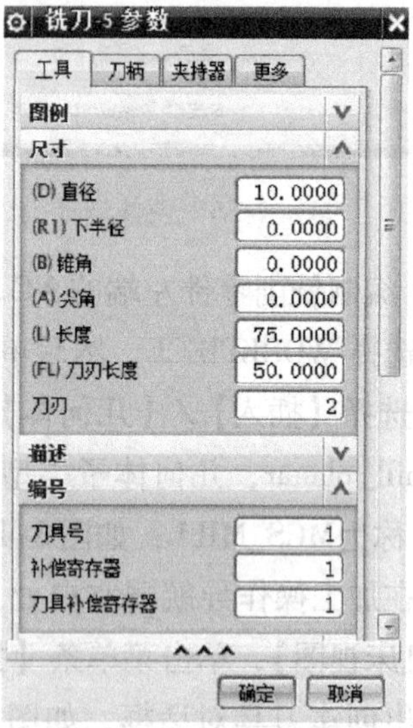

图 3-1-57　刀具参数设置

5）单击菜单条【插入】，单击【操作】，弹出创建操作对话框，类型为 mill_contour，操作子类型为 CAVITY_MILL，程序为 PROGRAM，刀具为 T1D10，几何体为 WORKPIECE，方法为 MILL_ROUGH，名称为 MILL_ROUGH，如图 3-1-58 所示，单击【确定】，弹出操作设置对话框，如图 3-1-59 所示。

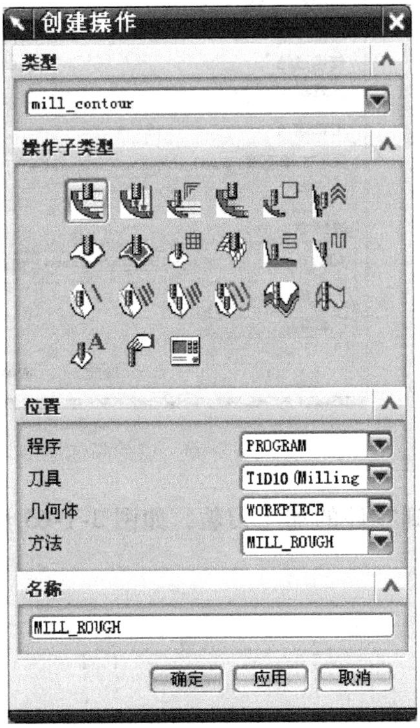

图 3-1-58　创建操作

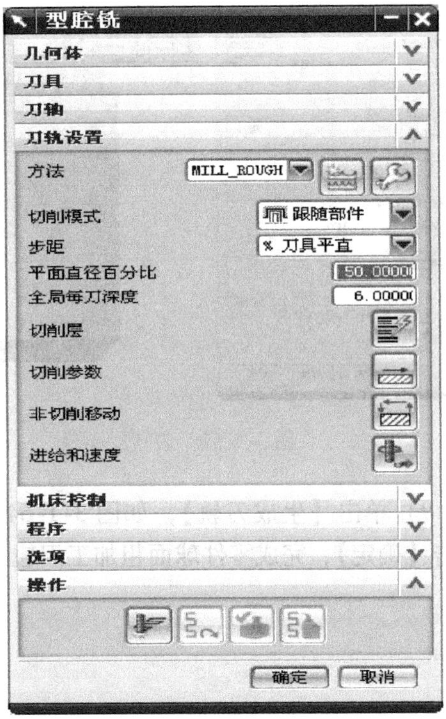

图 3-1-59　轮廓铣操作设置

6）全局每刀深度设置为 0.5，如图 3-1-60 所示，设置部件余量为 0.5，如图 3-1-61 所示。

图 3-1-60　全局每刀深度设置

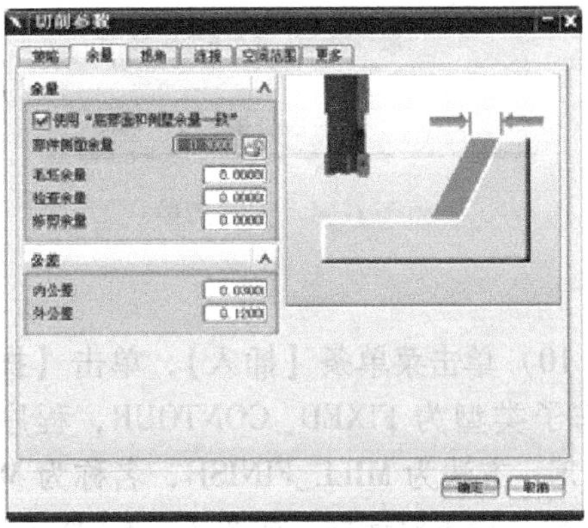

图 3-1-61　部件余量设置

7）单击【切削层】，设置切削层如图 3-1-62 所示。

8）单击【进给和速度】，弹出对话框，设置主轴速度为 4000，设置进给率为 1500，如图3-1-63所示。单击【确定】完成进给和速度设置。

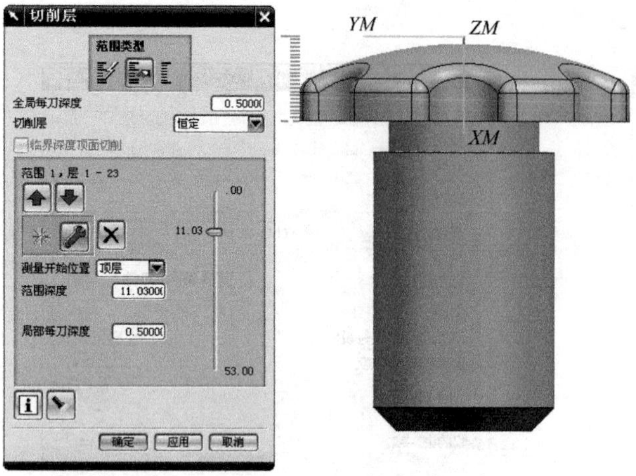

图 3-1-62　设置切削层

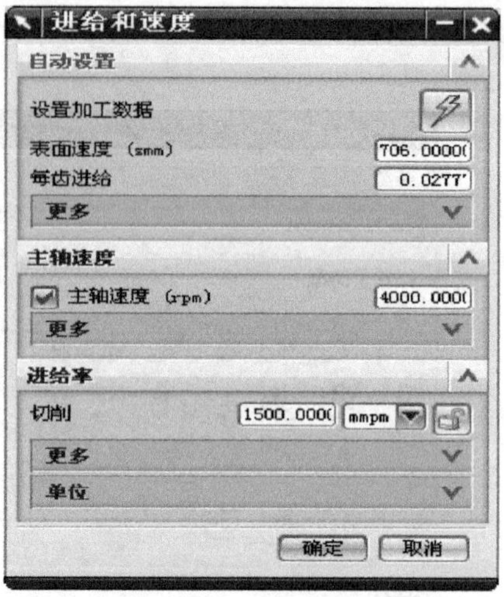

图 3-1-63　进给和速度

9）单击【生成刀轨】，如图 3-1-64 所示，得到零件的加工刀轨，如图 3-1-65 所示。单击【确定】，完成零件球面粗加工刀轨创建。

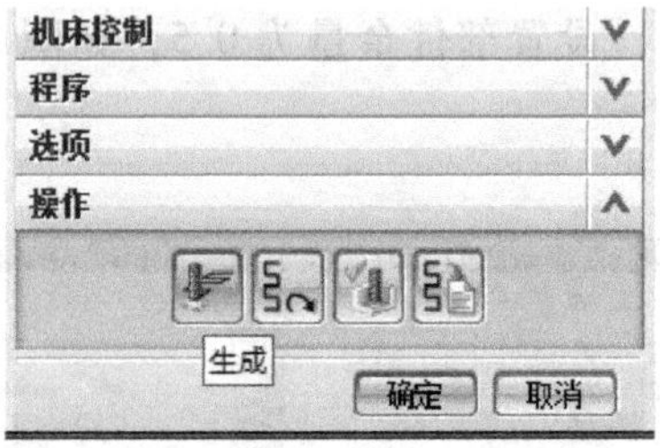

图 3-1-64　生成刀轨

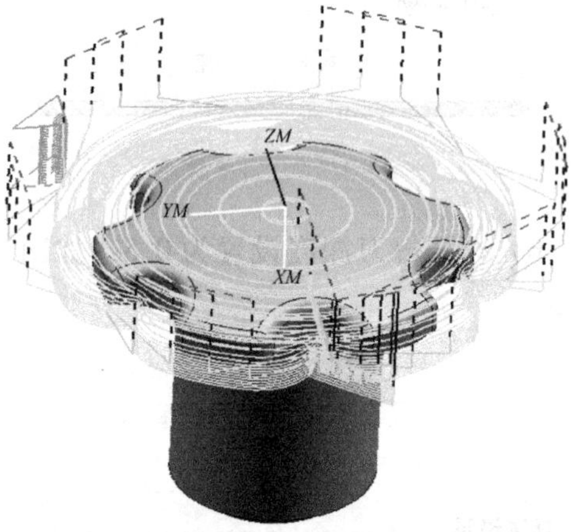

图 3-1-65　加工刀轨

10）单击菜单条【插入】，单击【操作】，弹出创建操作对话框，类型为 mill_contour，操作子类型为 FIXED_CONTOUR，程序为 PROGRAM，刀具为 T2D6，几何体为 WORKPIECE，方法为 MILL_FINISH，名称为 MILL_FINISH_1，如图 3-1-66 所示；单击【确定】，弹出操作设置对话框，如图 3-1-67 所示。

11）单击【指定切削区域】，选择图 3-1-68 所示的面。驱动方法设置为区域铣削，如图 3-1-69 所示。系统弹出区域铣削驱动方法对话框，如图 3-1-70 所示，切削模式为跟随周边，切削方向为顺铣，步距为恒定 0.2，切削角为 90。

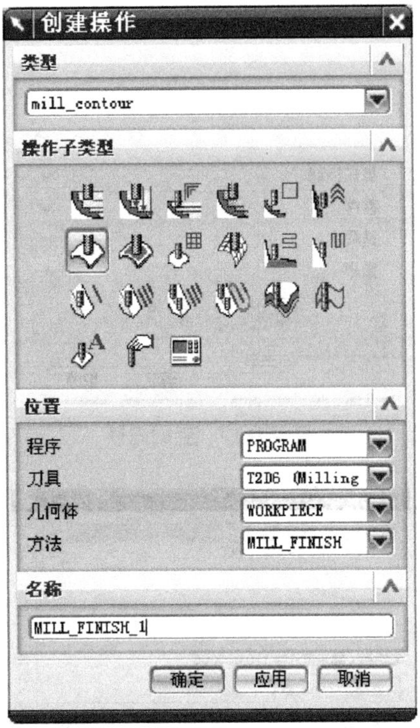

图 3-1-66　创建操作

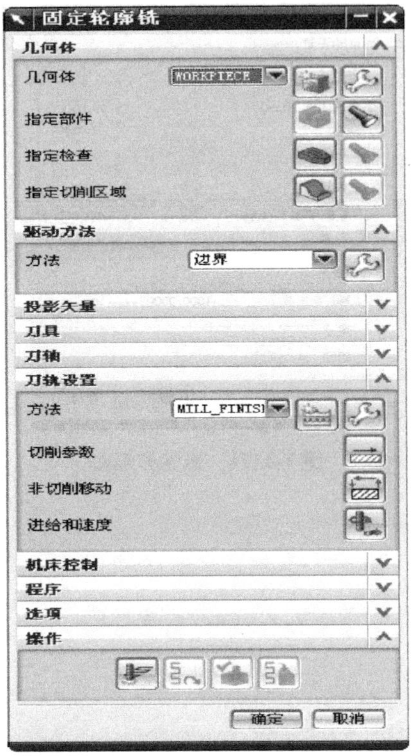

图 3-1-67　固定轮廓铣操作设置

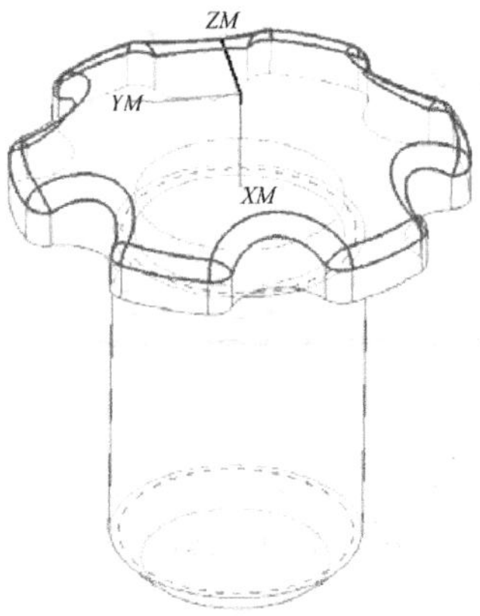

图 3-1-68　切削区域

图 3-1-69　驱动方法

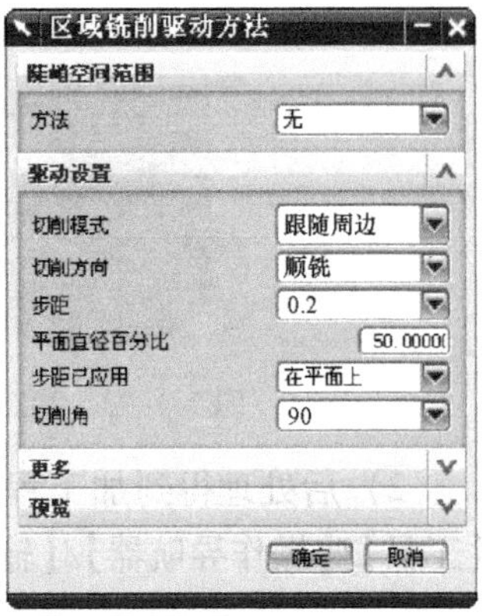

图 3-1-70　区域铣削驱动方法

12）单击【进给和速度】，弹出对话框，设置主轴速度为 5200，设置进给率为 1800，如图 3-1-71 所示。单击【确定】完成进给和速度设置。

13）单击【生成刀轨】，如图 3-1-72 所示，得到零件的加工刀轨，如图 3-1-73 所示。单击【确定】，完成零件球面精加工刀轨的创建。

（3）仿真加工与后处理

1）在操作导航器中选择所有车削加工操作，单击鼠标右键，选择刀轨，选择确认，弹出刀轨可视化对话框，选择 3D 动态，如图 3-1-74 所示。单击【确定】，开始仿真加工。

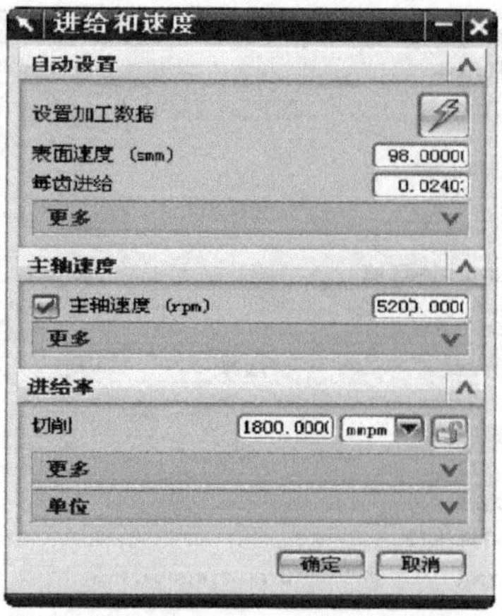

图 3-1-71　进给和速度

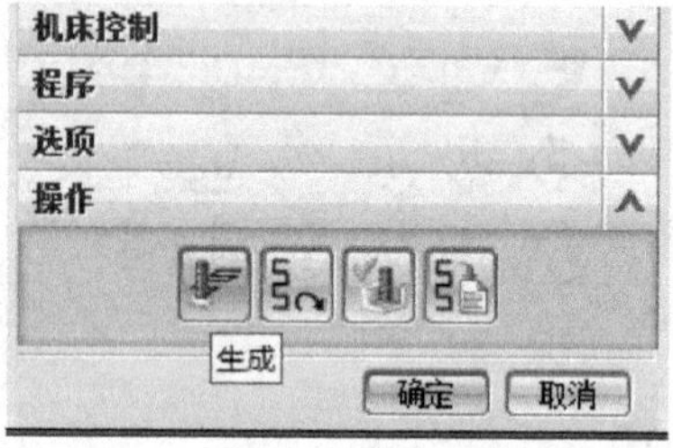

图 3-1-72　生成刀轨

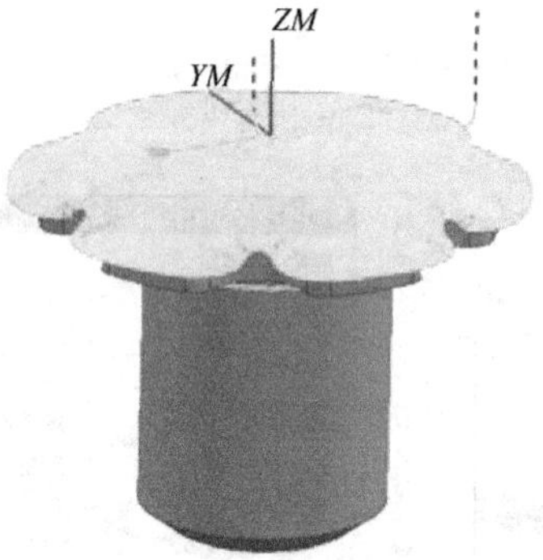

图 3-1-73　加工刀轨

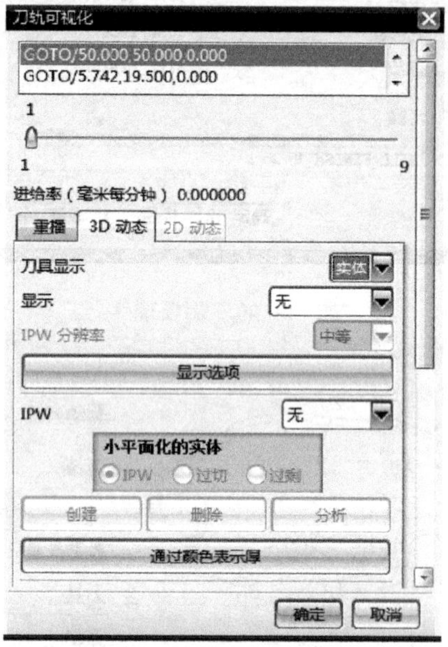

图 3-1-74　刀轨可视化

2）后处理得到加工程序。在刀轨操作导航器中选中加工零件右端的加工操作，单击【工具】/【操作导航器】/【输出】/【NX Post 后处理】，如图 3-1-75 所示，弹出后处理对话框。

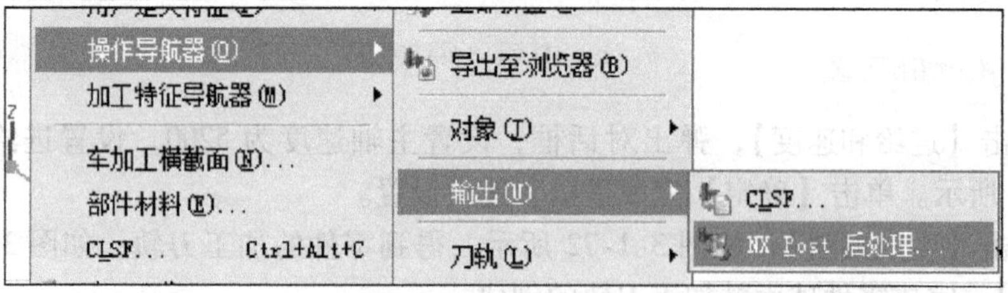

图 3-1-75　后处理命令

3）后处理器选择 LATHE_2_AXIS TOOL_TIP，指定合适的文件路径和文件名，单位设置为公制/部件，勾选列出输出，如图 3-1-76 所示，单击【确定】完成后处理，得到车削零件右端的 NC 程序，如图 3-1-77 所示。

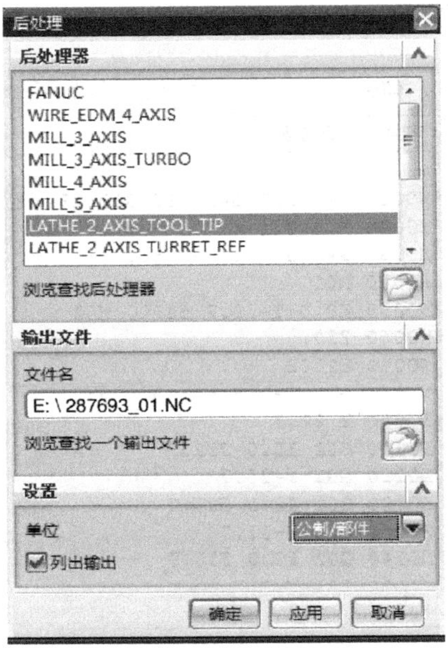

图 3-1-76　后处理

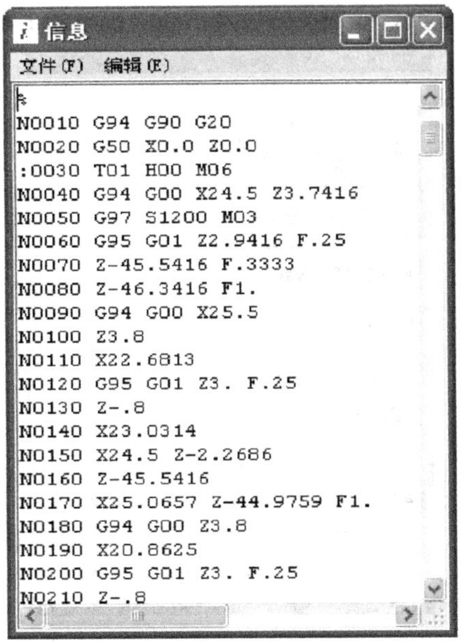

图 3-1-77　加工程序

4）后处理得到加工程序。在刀轨操作导航器中选中铣削加工零件左端的加工操作，单击【工具】/【操作导航器】/【输出】/【NX Post 后处理】，如图 3-1-78 所示，弹出后处理对话框。

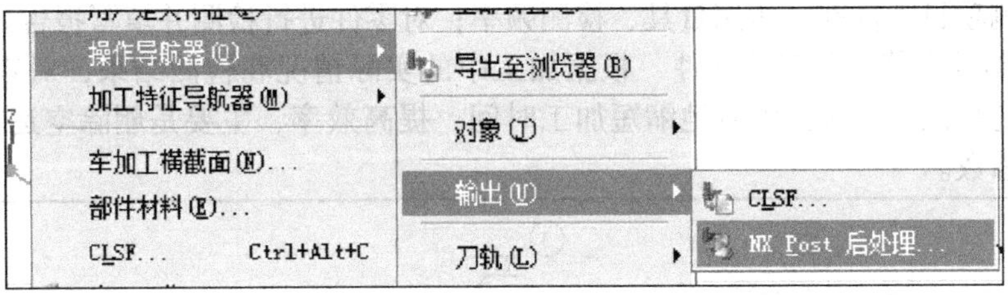

图 3-1-78　后处理命令

5）后处理器选择 MILL_3_AXIS，指定合适的文件路径和文件名，单位设置为定义了后处理，勾选列出输出，如图 3-1-79 所示。单击【确定】完成后处理，得到铣削零件左端的 NC 程序，如图 3-1-80 所示。

3. 零件加工

（1）加工准备　按照设备管理要求，对加工中心和数控车床进行检查，确保设备完好，特别注意气压、油压是否正常。对设备通电开机，并将机床各坐标轴回零，然后对机床进行低转速预热。车削时按工艺要求将棒料毛坯安装在自定心卡盘上，并确认伸出长度符合工艺要求。铣削时对照工艺卡将自定心卡盘安装到机床工作台并压紧。

对照工艺卡，准备好所有刀具和相应的刀柄和夹头，将车刀按照刀具号安装到数控车床刀架上，并调整刀尖中心与主轴轴线等高。将加工中心刀具安装到对应的刀柄，调整刀具伸出长度，在满足加工要求的前提下，尽量伸出长度短，然后将装有刀具的刀柄按刀具号装入刀库。

（2）程序传输　在关机状态使用 RS232 通信线连接机床系统与计算机，打开计算机和数控机床系统，进行相应的通信参数设置，要求数控系统内的通信参数与计算机通信软件内的参数一致。

（3）零件加工及注意事项　该零件需要车铣综合加工，在车削加工完毕后，要注意保护零件，不允许磕碰零件已加工面。铣削加工时，零件采用螺纹装夹，注意相配螺纹的清洁。

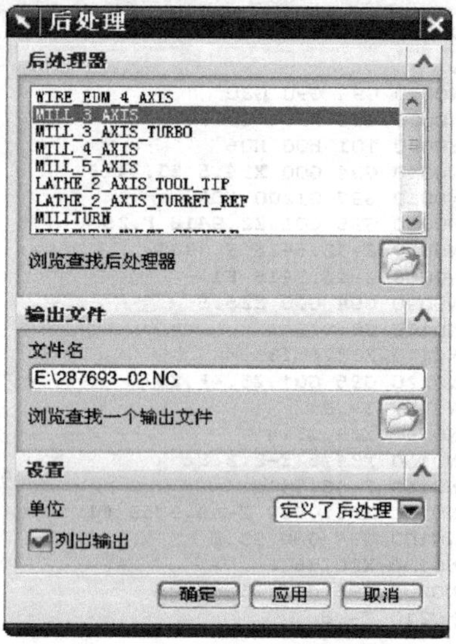

图 3-1-79　后处理

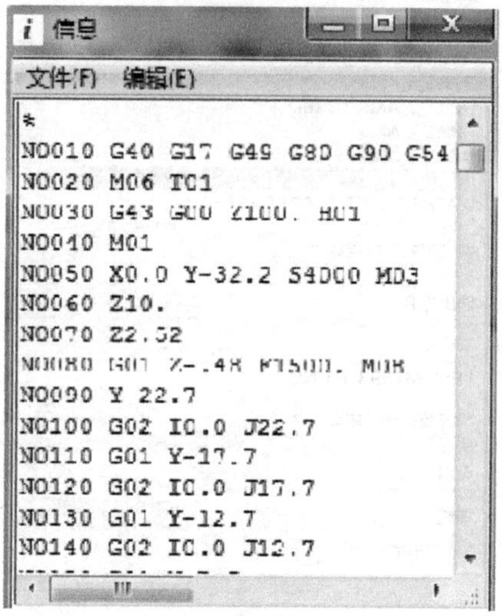

图 3-1-80　加工程序

（4）零件检测　零件检测是零件整个生产过程的重要环节，是保证零件质量、优化加工工艺的主要依据。零件检测主要步骤：制作检测用的 LAYOUT 图，如图 3-1-81 所示，也就是对所有需要检测的项目进行编号的图样；制作检测用空白检测报告，如图 3-1-82 所示，报告包括检测项目、标准、所用量具、检测频率；对零件进行检测并填写报告。

（5）编制及完善相关工艺文件　根据加工中的实际情况和检测结果，对零件加工工艺和加工程序进行优化，最大限度地缩短加工时间，提高效率，主要是删除空运行的程序段，并调整切削参数。

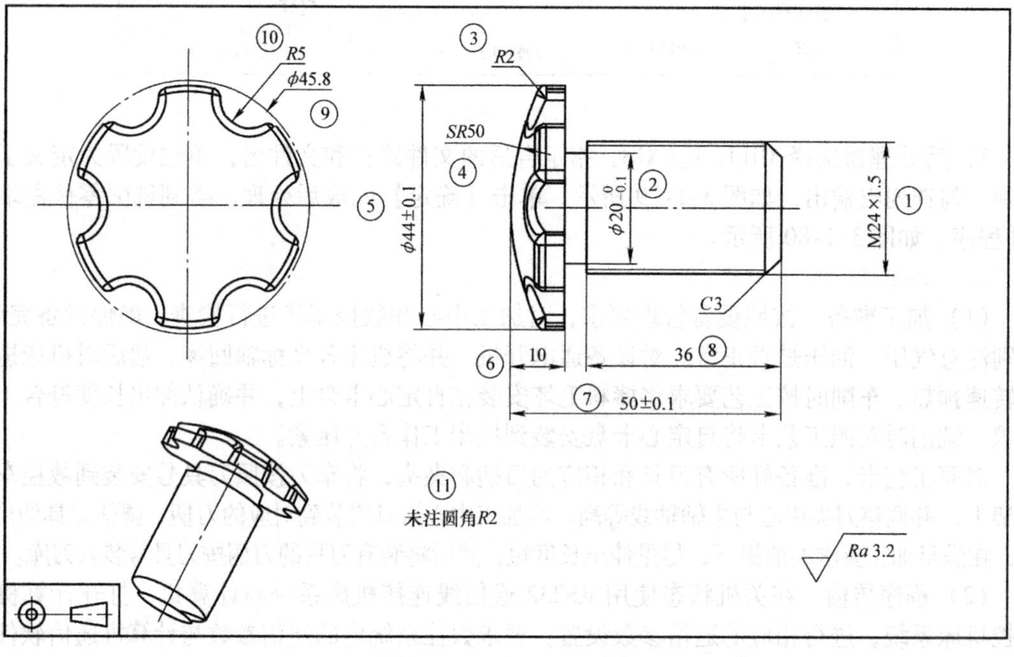

图 3-1-81　LAYOUT 图

<table>
<tr><td colspan="11">检测报告(Inspection Report)</td></tr>
<tr><td colspan="3">零件名:锁紧螺钉</td><td colspan="4">零件材料:</td><td colspan="4">送检数量:</td></tr>
<tr><td colspan="3">零件号:287693-0</td><td colspan="4">表面处理:</td><td colspan="4">送检日期:</td></tr>
<tr><td colspan="4"></td><td colspan="6">测量 (Measurement)</td><td rowspan="3">备注(Remark)</td></tr>
<tr><td rowspan="2">序号</td><td colspan="3">图样尺寸/mm</td><td colspan="4">测量尺寸(Measuring Size)</td><td rowspan="2">测量工具
(Measurement Tool)</td></tr>
<tr><td>公称尺寸</td><td>上极
限偏差</td><td>下极
限偏差</td><td>1#</td><td>2#</td><td>3#</td><td>4#</td></tr>
<tr><td>1</td><td>M42×1.5</td><td>—</td><td>—</td><td></td><td></td><td></td><td></td><td>螺纹规</td><td></td></tr>
<tr><td>2</td><td>ϕ20</td><td>0</td><td>−0.1</td><td></td><td></td><td></td><td></td><td>游标卡尺</td><td></td></tr>
<tr><td>3</td><td>$R2$</td><td>0.25</td><td>−0.25</td><td></td><td></td><td></td><td></td><td>CMM</td><td></td></tr>
<tr><td>4</td><td>$SR50$</td><td>0.25</td><td>−0.25</td><td></td><td></td><td></td><td></td><td>CMM</td><td></td></tr>
<tr><td>5</td><td>ϕ44</td><td>0.1</td><td>−0.1</td><td></td><td></td><td></td><td></td><td>游标卡尺</td><td></td></tr>
<tr><td>6</td><td>10.00</td><td>0.25</td><td>−0.25</td><td></td><td></td><td></td><td></td><td>CMM</td><td></td></tr>
<tr><td>7</td><td>50.00</td><td>0.1</td><td>−0.1</td><td></td><td></td><td></td><td></td><td>游标卡尺</td><td></td></tr>
<tr><td>8</td><td>36.00</td><td>0.25</td><td>−0.25</td><td></td><td></td><td></td><td></td><td>游标卡尺</td><td></td></tr>
<tr><td>9</td><td>45.80</td><td>0.25</td><td>−0.25</td><td></td><td></td><td></td><td></td><td>CMM</td><td></td></tr>
<tr><td>10</td><td>$R5$</td><td>0.25</td><td>−0.25</td><td></td><td></td><td></td><td></td><td>CMM</td><td></td></tr>
<tr><td>11</td><td>$R2$</td><td>0.25</td><td>−0.25</td><td></td><td></td><td></td><td></td><td>CMM</td><td></td></tr>
<tr><td colspan="4">外观 碰伤 毛刺</td><td></td><td></td><td></td><td></td><td>目测</td><td></td></tr>
<tr><td colspan="4">是/否　合格</td><td></td><td></td><td></td><td></td><td></td><td></td></tr>
<tr><td colspan="4">测量员:</td><td colspan="4">批准人:</td><td colspan="3">页数:</td></tr>
</table>

图 3-1-82　检测报告

3.1.4　专家点拨

1）对于既有车削工序又有铣削工序的产品，要特别注意在工序交接过程中对产品表面的保护，不得有划伤、碰伤。

2）车削螺纹时，要选用与螺纹规格（一般是指螺距）相符合的刀片，保证螺纹的加工质量和尺寸的稳定性。

3）对于螺纹的检测，一般选用螺纹规作为检具，但是单件生产时，采购一个螺纹规成本过高，此时可以采用三针测量法来检测螺纹。

4）零件上存在的一些过渡圆角，可以采用目测或者 R 规比对的方式检测，而不需要每个都用三坐标法去检测。

3.1.5　课后训练

完成图 3-1-83 所示零件的加工工艺编制并制作工艺卡，完成零件的加工程序编制并仿真。

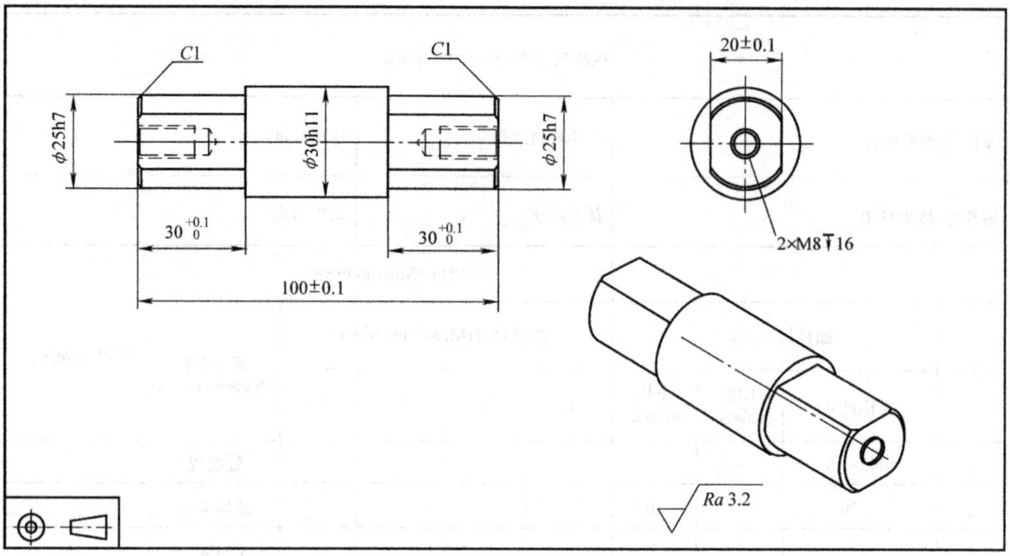

图 3-1-83　连接销

项目 3.2　连接环的加工与调试

3.2.1　教学目标

【能力目标】能编制连接环的加工工艺
能使用 NX 6.0 软件编制连接环的加工程序
能使用数控车床和加工中心加工连接环
能检测加工完成的连接环

【知识目标】掌握连接环的加工工艺
掌握连接环的程序编制方法
掌握连接环的加工方法
掌握连接环的检测方法

【素质目标】激发学生的学习兴趣，培养团队合作和创新精神

3.2.2　项目导读

该连接环是注塑机中的一个零件，零件整体外形为一圆盘状，圆盘中间有一组台阶孔，圆盘端面有一圈圆周孔和一组开口 U 形槽，零件内孔的加工精度要求较高，零件端面上的圆周孔和 U 形槽加工精度一般。零件由外圆、内孔、端面、沉头孔、螺纹孔、U 形开口槽等特征组成。

3.2.3　项目任务

学生以企业制造工程师的身份投入工作，分析连接环的零件图样，明确加工内容和加工要求，对加工内容进行合理的工序划分，确定加工路线，选用加工设备，选用刀具夹具，制定加工工艺卡；运用 NX 软件编制连接环的加工程序并进行仿真加工，使用数控车床和加工中心加工连接环，对加工成品进行检测，并根据检测结果对整个加工工艺和加工程序提出修改建议。

1. 制定加工工艺

（1）图样分析　连接环零件图样如图 3-2-1 所示，该连接环整体结构为一圆盘，主要由外圆、内孔、端面、沉头孔、螺纹孔、U 形开口槽等特征组成。

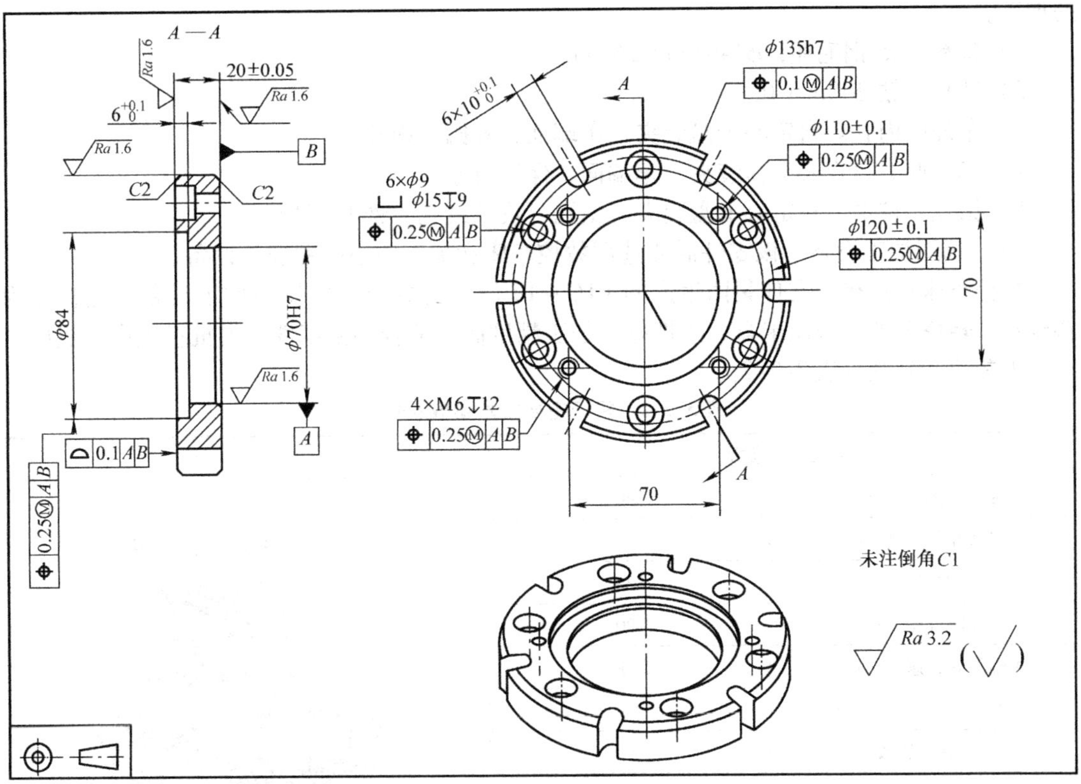

图 3-2-1　连接环零件图

零件材料为 45 钢，属于优质碳素结构钢，加工性能好，加工变形小。连接环主要加工内容见表 3-2-1。

表 3-2-1　加工内容

内　容	要　求	备　注
ϕ135h7 外圆	外圆直径 $\phi135_{-0.04}^{0}$ mm	
ϕ70H7 内孔	内孔直径 $\phi70_{0}^{+0.03}$ mm	
ϕ84 内孔	内孔直径（ϕ84 ±0.25）mm，深度为 $6_{0}^{+0.1}$ mm	
6 个 U 形槽	槽宽 $10_{0}^{+0.1}$ mm，槽深为贯通，中心圆直径为（ϕ120 ±0.1）mm	
6 个沉头孔	沉头孔直径为（ϕ15 ±0.25）mm，深度为（9 ±0.25）mm，孔直径为（ϕ9 ±0.25）mm，深度为贯通	
4 个 M6 螺纹孔	螺纹规格为 M6 ×1，深度为（12 ±0.25）mm	
总厚	总厚为（20 ±0.05）mm	
倒角	2 个 C2 倒角	
表面粗糙度	左右端面的表面粗糙度值为 Ra1.6μm，ϕ135h7 外圆表面粗糙度值为 Ra1.6μm，ϕ70H7 内孔表面粗糙度值为 Ra1.6μm，其他加工面表面粗糙度值为 Ra3.2μm	
位置度	ϕ135h7 外圆相对基准 A、B 的位置度公差为 0.1mm，其他位置度公差为 0.25mm	

此连接环的主要加工难点为 ϕ135h7 外圆直径和 ϕ70H7 内孔，此外端面上的孔和外圆内孔需要使用不同的机床类型加工，需要车铣综合加工。

(2) 制定工艺路线 此零件分三次装夹，第一次使用数控车床完成外圆及内孔的加工，第二次使用数控车床完成零件总厚加工，第三次使用加工中心完成沉头孔、螺纹孔、U 形槽的加工。

1) 备料。45 钢毛坯，ϕ140mm × 26mm。

2) 钻孔。钻 ϕ40mm 孔。

3) 车外圆内孔。自定心卡盘装夹，车端面、外圆、内孔。

4) 车总厚。自定心卡盘装夹，车端面，保证总厚。

5) 钻孔、铣槽。自定心卡盘装夹，钻孔，攻螺纹孔，铣 U 形槽。

(3) 选用加工设备 该零件需要选用数控车床和加工中心两种加工设备。

数控车床选用杭州友佳集团生产的 FTC－10 斜床身数控车床作为加工设备，此机床为斜床身，转塔刀架，液压卡盘，刚性好，加工精度高，适合小型零件的大批量生产，机床主要技术参数和外观见表 3-2-2。

表 3-2-2 机床主要技术参数和外观

主要技术参数		机床外观
最大车削直径/mm	240	
最大车削长度/mm	255	
X 轴行程/mm	120	
Z 轴行程/mm	290	
主轴最高转速/(r/min)	6000	
通孔、拉管直径/mm	56	
刀具位置数	8	
数控系统	FANUC 0i Mate－TC	

加工中心选用杭州友佳集团生产的 HV－40A 立式铣削加工中心作为加工设备，此机床为水平床身，机械手换刀，刚性好，加工精度高，适合小型零件的大批量生产。机床主要技术参数和外观见表 3-2-3。

表 3-2-3 机床主要技术参数和外观

主要技术参数		机床外观
X 轴行程/mm	1000	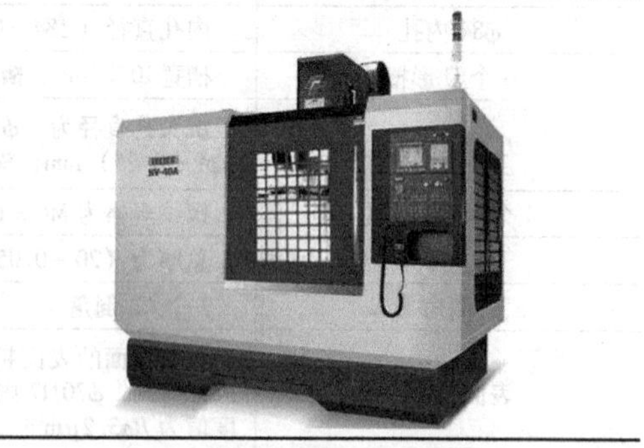
Y 轴行程/mm	520	
Z 轴行程/mm	505	
主轴最高转速/(r/min)	1000	
刀具交换形式	机械手	
刀具数量	24	
数控系统	FANUC MateC	

(4) 选用毛坯 零件材料为 45 钢，属于优质碳素结构钢，加工性能好，加工变形小。根据零件尺寸和机床性能，并考虑零件装夹要求，选用直径为 140mm、长度为 26mm 的毛坯。

（5）选用夹具　零件分三次装夹，加工零件左端时，以毛坯外圆作为基准，选用自定心卡盘和软爪装夹，零件伸出量为21mm，装夹简图如图3-2-2所示。加工零件右端时，采用已经加工完毕的ϕ135h7外圆作为定位基准，选用自定心卡盘和软爪装夹，为保证已经加工完毕的ϕ135h7外圆表面不被夹伤，可以在装夹部位垫铜片，装夹简图如图3-2-3所示。在加工端面上的孔时，采用已经加工完毕的ϕ70H7内孔作为定位基准，选用自定心卡盘和反爪装夹，为保证已经加工完毕的ϕ70H7内孔表面不被夹伤，可以在装夹部位垫铜片，装夹简图如图3-2-4所示。

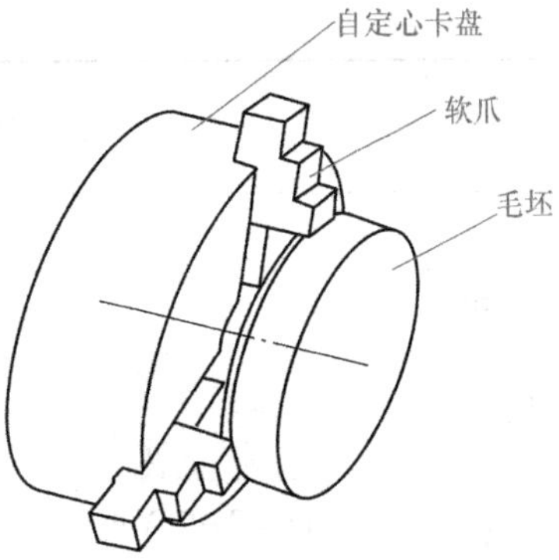

图3-2-2　加工零件左端装夹

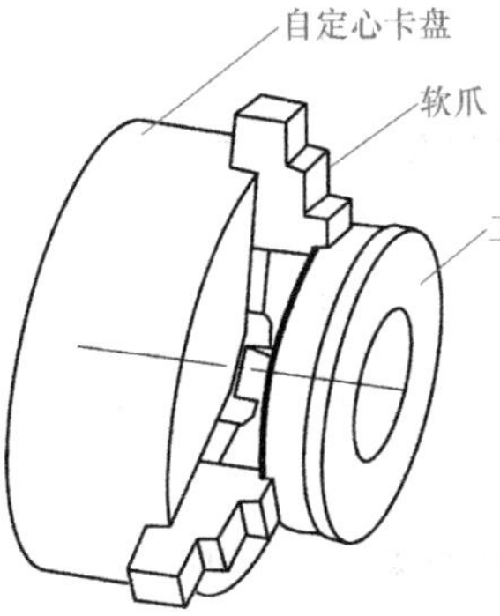

图3-2-3　加工零件右端装夹

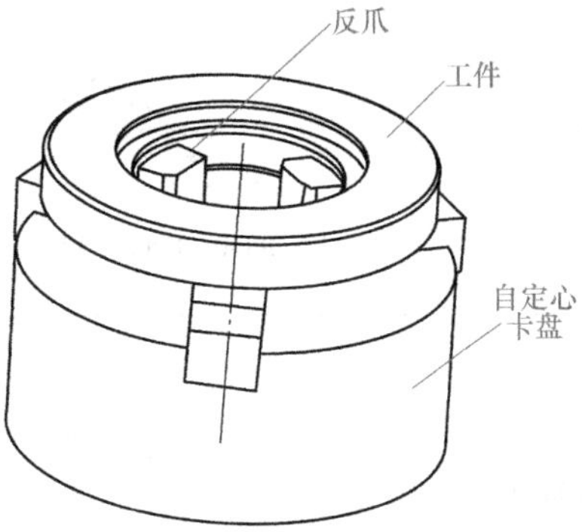

图3-2-4　铣削加工装夹

（6）选用刀具和切削用量　选用SANDVIK刀具系统，查阅SANDVIK刀具手册，选用刀具和切削用量，见表3-2-4。

表3-2-4　刀具和切削用量

工序	刀号	刀具规格		加工内容	转速/(r/min)	切深/mm	进给速度或进给量
加工左端	T01	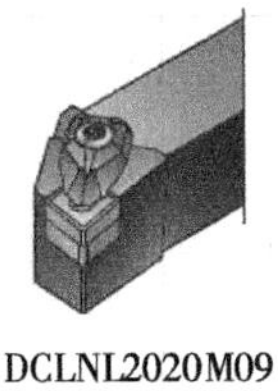 DCLNL2020M09	 CNMG090408 - PR	粗车外圆、端面	600	2	0.25mm/r
	T02		 CCMT090404 - PF	精车外圆、端面	800	0.5	0.1mm/r
	T03	 S20M - SCLCR06	 CNMG060408 - PR	粗车内孔	800	2	0.2mm/r
	T04		 CCMT060404 - PF	精车内孔	1000	0.3	0.1mm/r

（续）

工序	刀号	刀具规格		加工内容	转速/（r/min）	切深/mm	进给速度或进给量
加工右端	T01	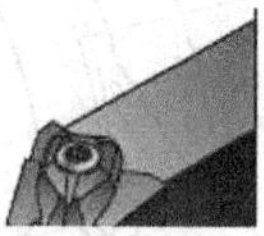 DCLNL2020M09	 CNMG090408 - PR	粗车端面	600	2	0.25 mm/r
	T02		 CCMT090404 - PF	精车端面	800	0.5	0.1 mm/r
钻孔铣槽	T05	 R840 - 0900 - 30 - A0A		钻 ϕ9 孔	1200		300 mm/min
	T06	 R840 - 0500 - 30 - A0A		钻 M6 螺纹底孔	1500		340 mm/min
	T07	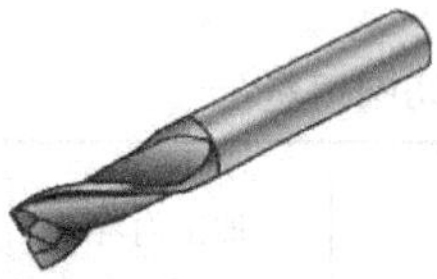 R216.32 - 08030 - AC10P		铣 U 形槽	3200	1.5	800 mm/min
	T08	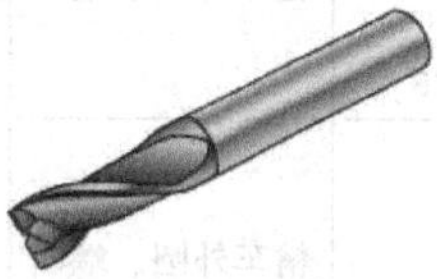 R216.32 - 15030 - AC10P		钻 ϕ15 孔	800		80 mm/min
	T09	 M6×1		攻 M6 螺纹	1000		1000 mm/min

（7）制作工艺卡　以一次装夹作为一个工序，制定加工工艺卡，见表3-2-5～表3-2-8。

表3-2-5　工序清单

<table>
<tr><td colspan="2">零件号:
3817265-1</td><td>工艺版本号:
0</td><td colspan="4">工艺流程卡_工序清单</td></tr>
<tr><td>工序号</td><td>工序内容</td><td>工位</td><td colspan="2">页码:1</td><td colspan="2">页数: 4</td></tr>
<tr><td>001</td><td>备料</td><td>外协</td><td colspan="2">零件号: 3817265</td><td colspan="2">版本: 1</td></tr>
<tr><td>002</td><td>车左端</td><td>数控车床</td><td colspan="4">零件名称：连接环</td></tr>
<tr><td>003</td><td>车右端</td><td>数控车床</td><td colspan="4">材料:45钢</td></tr>
<tr><td>004</td><td>钻孔、铣槽</td><td>加工中心</td><td colspan="4">材料尺寸: φ140mm×26mm</td></tr>
<tr><td>005</td><td></td><td></td><td rowspan="2">更改号</td><td rowspan="2">更改内容</td><td rowspan="2">批准</td><td rowspan="2">日期</td></tr>
<tr><td>006</td><td></td><td></td></tr>
<tr><td>007</td><td></td><td></td><td rowspan="2">01</td><td rowspan="2"></td><td rowspan="2"></td><td rowspan="2"></td></tr>
<tr><td>008</td><td></td><td></td></tr>
<tr><td>009</td><td></td><td></td><td rowspan="2">02</td><td rowspan="2"></td><td rowspan="2"></td><td rowspan="2"></td></tr>
<tr><td>010</td><td></td><td></td></tr>
<tr><td>011</td><td></td><td></td><td rowspan="2">03</td><td rowspan="2"></td><td rowspan="2"></td><td rowspan="2"></td></tr>
<tr><td>012</td><td></td><td></td></tr>
<tr><td>013</td><td></td><td></td><td colspan="4"></td></tr>
</table>

拟制:	日期:	审核:	日期:	批准:	日期:

表3-2-6　车左端工艺卡

<table>
<tr><td colspan="3">零件号:
3817265-1</td><td colspan="2">工序名称:
车左端</td><td>工艺流程卡_工序单</td></tr>
<tr><td colspan="2">材料: 45钢</td><td colspan="2">页码:2</td><td>工序号:02</td><td>版本号:1</td></tr>
<tr><td colspan="2">夹具: 自定心卡盘</td><td colspan="2">工位:数控车床</td><td colspan="2">数控程序号: 3817265-01.NC</td></tr>
<tr><td colspan="5">刀具及参数设置</td><td rowspan="7">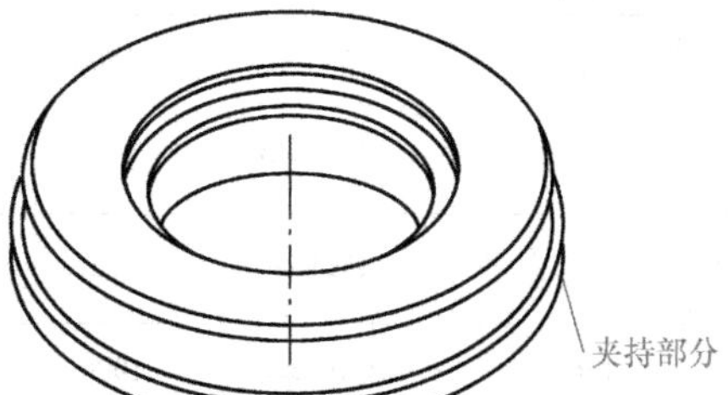
锐边加0.3倒角，其余尺寸参阅零件图</td></tr>
<tr><td>刀具号</td><td>刀具规格</td><td>加工内容</td><td>主轴转速/(r/min)</td><td>进给量/(mm/r)</td></tr>
<tr><td>T01</td><td>DCLNL2020M09,
CNMG090408-PR</td><td>粗车端面、外圆</td><td>600</td><td>0.25</td></tr>
<tr><td>T02</td><td>DCLNL2020M09,
CCMT090404-PF</td><td>精车端面、外圆</td><td>800</td><td>0.1</td></tr>
<tr><td>T03</td><td>S20M-SCLCR06,
CNMG060408-PR</td><td>粗车内孔</td><td>800</td><td>0.2</td></tr>
<tr><td>T04</td><td>S20M-SCLCR06,
CCMT060404-PF</td><td>精车内孔</td><td>1000</td><td>0.1</td></tr>
<tr><td></td><td></td><td></td><td></td><td></td></tr>
</table>

02			
01			
更改号	更改内容	批准	日期

拟制:	日期:	审核:	日期:	批准:	日期:

表 3-2-7　车右端工艺卡

零件号: 3817265-1	工序名称: 车右端	工艺流程卡_工序单

材料:45钢	页码: 3	工序号: 03	版本号:1
夹具: 自定心卡盘	工位: 数控车床	数控程序号: 3817265-0.2.NC	

刀具及参数设置

刀具号	刀具规格	加工内容	主轴转速/(r/min)	进给量/(mm/r)
T01	DCLNL2020M09, CNMG090408-PR	粗车端面	600	0.25
T02	DCLNL2020M09, CCMT090404-PF	精车端面	800	0.1

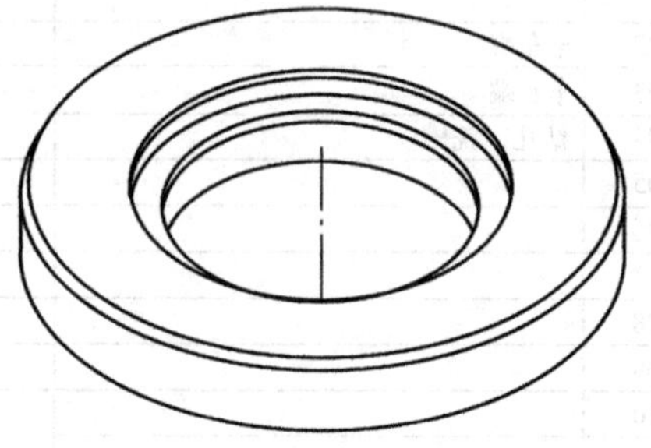

锐边加0.3倒角，其余尺寸参阅零件图

02					
01					
更改号	更改内容		批准	日期	
拟制:	日期:	审核:	日期:	批准:	日期:

表 3-2-8　钻孔铣槽工艺卡

零件号: 3817265-1	工序名称: 钻孔、铣槽	工艺流程卡_工序单

材料:45钢	页码: 4	工序号:04	版本号:1
夹具: 自定心卡盘	工位: 加工中心	数控程序号: 3817265-03.NC	

刀具及参数设置

刀具号	刀具规格	加工内容	主轴转速/(r/min)	进给速度/(mm/min)
T05	R840-0900-30-A0A	钻ϕ9孔	1200	300
T06	R840-0500-30-A0A	钻ϕ5孔	1500	340
T07	R216.32-08030-AC10P	铣U形槽	3200	800
T08	R216.32-15030-AC10P	钻ϕ15孔	800	80
T09	M6×1	攻M6螺纹	1000	1000

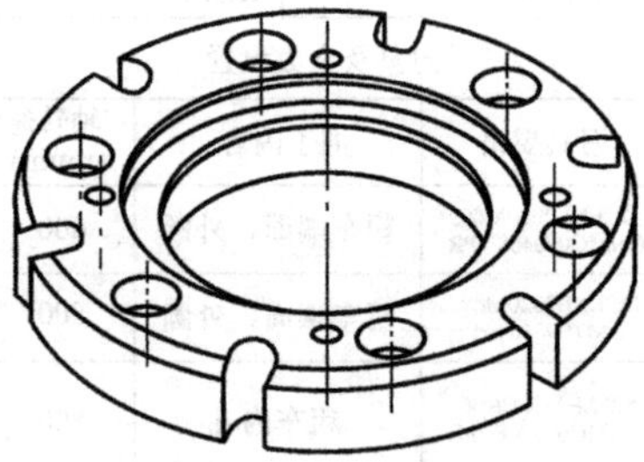

锐边加 0.3倒角，其余尺寸参阅零件图

02					
01					
更改号	更改内容		批准	日期	
拟制:	日期:	审核:	日期:	批准:	日期:

2. 编制加工程序

(1) 编制车削零件左端的 NC 程序

1）单击【开始】/【所有应用模块】/【加工】，弹出加工环境设置对话框，CAM 会话配置选择 cam_general；要创建的 CAM 设置选择 turning，如图 3-2-5 所示，然后单击【确定】，进入加工模块。

2）在加工操作导航器空白处，单击鼠标右键，选择【几何视图】，如图 3-2-6 所示。

3）双击操作导航器中的【MCS_SPINDLE】，弹出加工坐标系对话框，指定平面为 XM－YM，如图 3-2-7 所示。将 MCS_SPINDLE 更名为 MCS_SPINDLE_R。

4）单击【指定 MCS】中的 CSYS 会话框，弹出对话框，然后选择参考坐标系中的选定的 CSYS，选择 71 图层中的参考坐标系。单击【确定】，使加工坐标系和参考坐标系重合，如图 3-2-8 所示。再单击【确定】完成加工坐标系设置。

5）双击操作导航器中的 WORKPIECE，弹出 WORKPIECE 设置对话框，如图 3-2-9 所示。将 WORKPIECE 更名为 WORKPIECE_R。

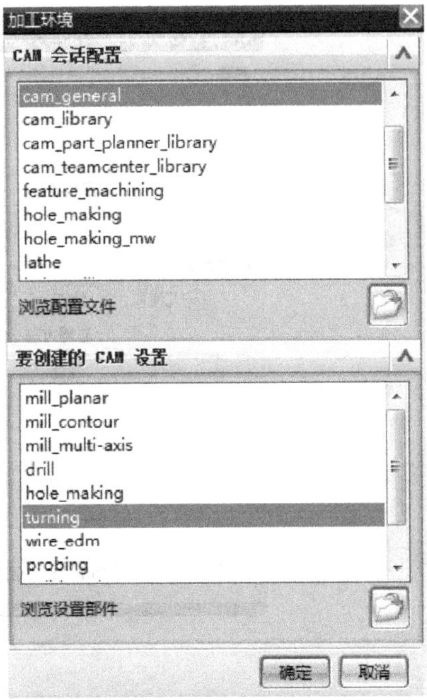

图 3-2-5　加工环境设置

6）单击【指定部件】，弹出部件选择对话框，选择图 3-2-10 所示的部件，单击【确定】，完成指定部件。

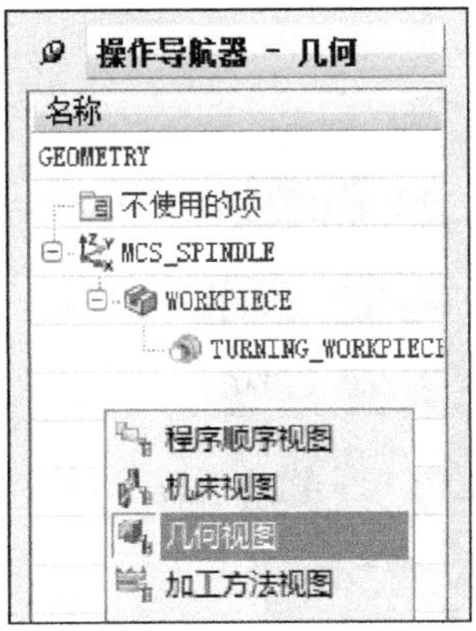

图 3-2-6　操作导航器

图 3-2-7　加工坐标系设置

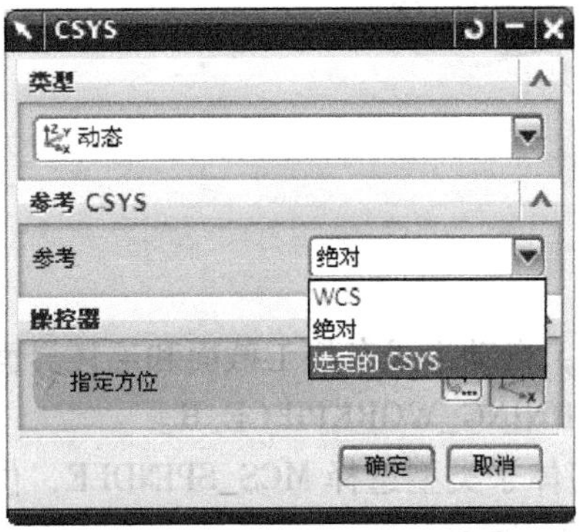

图 3-2-8　加工原点设置

图 3-2-9　WORKPIECE 设置

图 3-2-10　指定部件

7）单击【指定毛坯】，弹出毛坯选择对话框，选择图 3-2-11 所示圆柱为毛坯（该圆柱在建模中预先建好，在图层 3 中）。单击【确定】完成毛坯选择，单击【确定】完成 WORKPIECE 设置。

图 3-2-11　毛坯设置

8）双击操作导航器中的 TURNING_WORKPIECE，自动生成车加工截面和毛坯界面，如图3-2-12所示。将 TURNING_WORKPIECE 更名为 TURNING_WORKPIECE_R。

9）单击【创建几何体】，类型选择 turning，几何体子类型选择 MCS_SPINDLE，位置选择 GEOMETRY，名称为 MCS_SPINDLE_L，如图 3-2-13 所示。

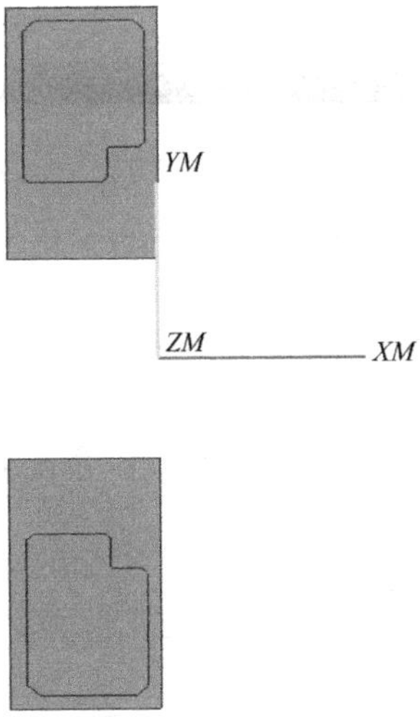

图 3-2-12　车加工截面和毛坯界面

图 3-2-13　创建几何体

10）指定平面为 XM－YM，如图 3-2-14 所示。

11）单击【指定 MCS】中的 CSYS 会话框，弹出对话框，然后选择参考坐标系中的选定的 CSYS，选择 72 图层中的参考坐标系。单击【确定】，使加工坐标系和参考坐标系重合，如图 3-2-15 所示。再单击【确定】完成加工坐标系设置。

图 3-2-14　加工坐标系设置

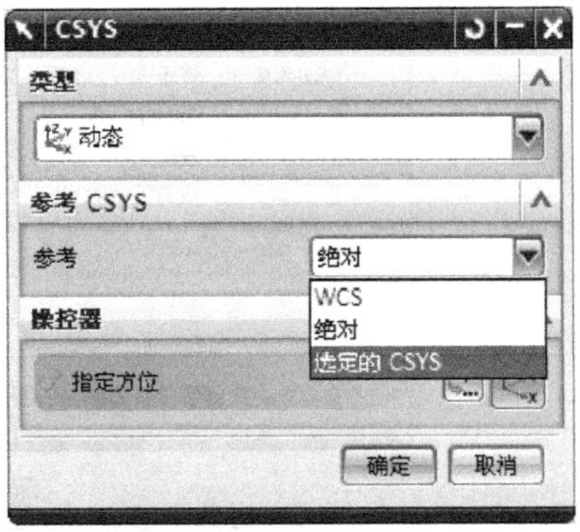

图 3-2-15　加工原点设置

12）更改 WORKPIECE 为 WORKPIECE_L，更改 TURNING_WORKPIECE 为TURNING_WORKPIECE_L，结果如图 3-2-16 所示。

13）双击操作导航器中的 WORKPIECE_L，弹出 WORKPIECE 设置对话框，如图3-2-17 所示。

14）单击【指定部件】，弹出部件选择对话框，选择图层 2 中的部件，如图 3-2-18 所示，单击【确定】，完成指定部件。

15）单击【指定毛坯】，弹出毛坯选择对话框，选择图 3-2-19 所示圆柱为毛坯（该圆柱在建模中预先建好，在图层 3 中）。单击【确定】完成毛坯设置。单击【确定】完成 WORKPIECE 设置。

16）双击 TURNING_WORKPIECE_L，选择指定毛坯边界按钮，弹出选择毛坯对话框，如图 3-2-20 所示。选择从工作区按钮，选择参考位置为左端面中心，目标位置为右端面中心，单击【确定】，结果如图 3-2-21 所示。

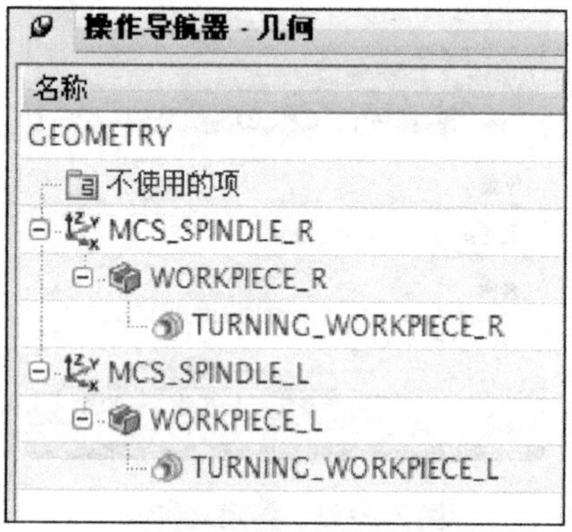

图 3-2-16　设置几何体

图 3-2-17　WORKPIECE 设置

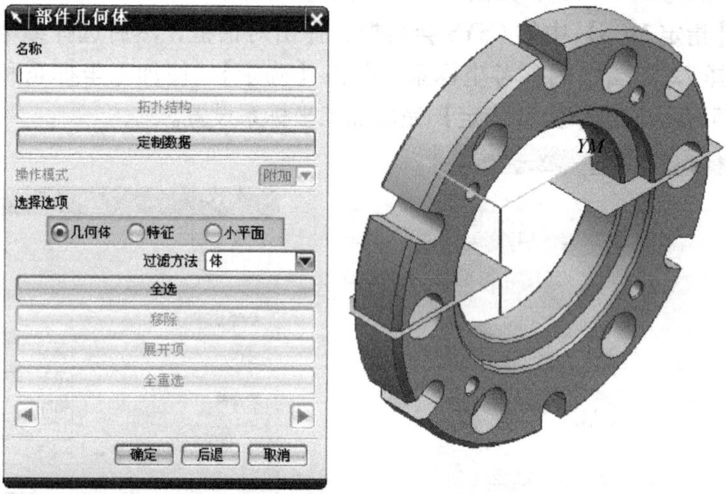

图 3-2-18　指定部件

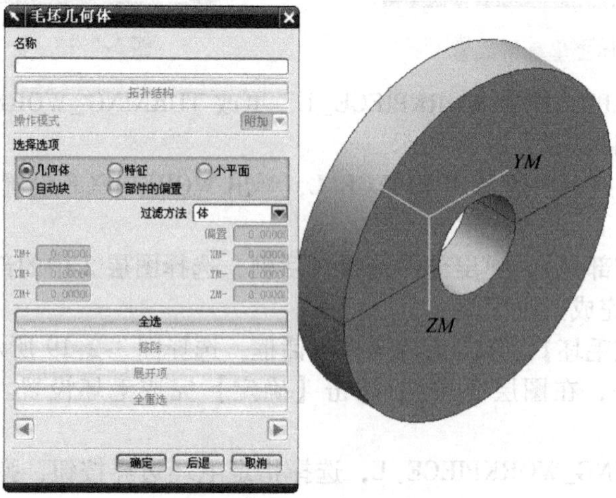

图 3-2-19　毛坯设置

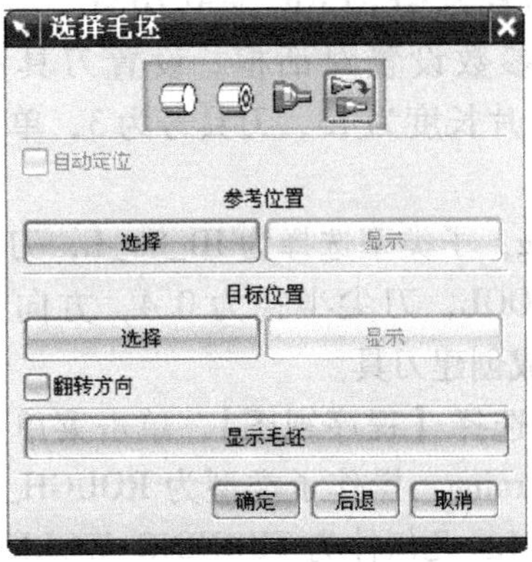

图 3-2-20 选择毛坯

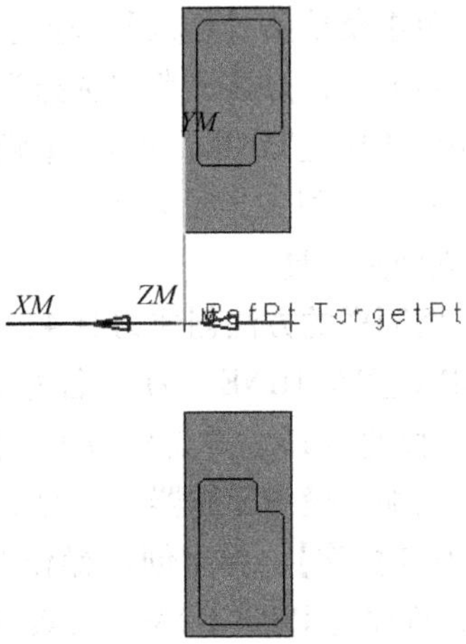

图 3-2-21 设置几何体结果

17）在加工操作导航器空白处，单击鼠标右键，选择【机床视图】，单击菜单条【插入】，单击【刀具】，弹出创建刀具对话框，如图 3-2-22 所示。类型选择为 turning，刀具子类型选择为 OD_80_L，刀具位置为 GENERIC_MACHINE，刀具名称为 OD_ROUGH_TOOL，单击【确定】，弹出刀具参数设置对话框。设置刀具参数如图 3-2-23 所示，刀尖半径为 0.8，方向角度为 5，刀具号为 1，单击【确定】，完成创建刀具。

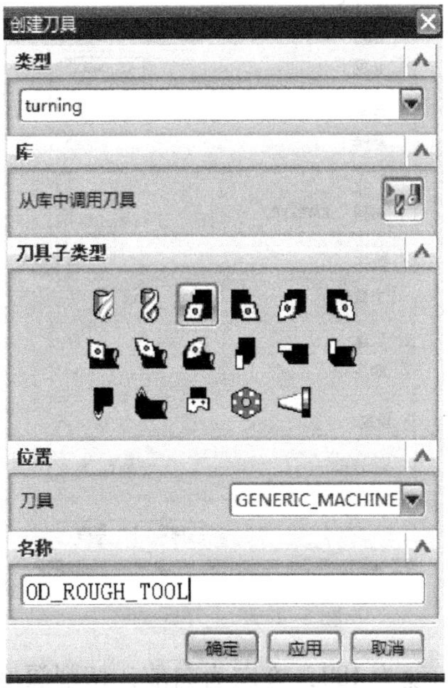

图 3-2-22 创建刀具

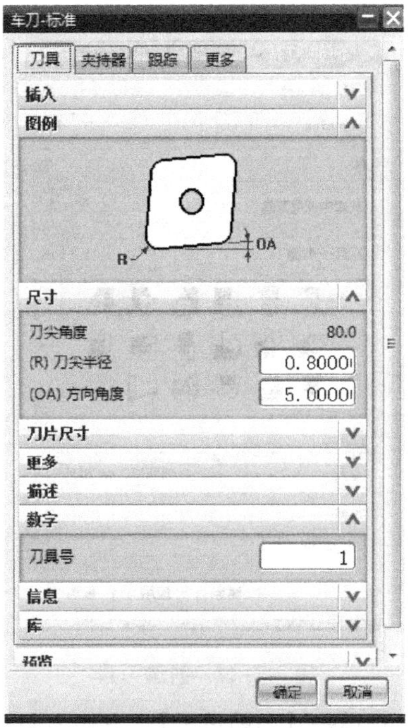

图 3-2-23 刀具参数设置

18）用同样的方法创建刀具 2，类型选择为 turning，刀具子类型选择为 OD_80_L，刀具位置为 GENERIC_MACHINE，刀具名称为 OD_FINISH_TOOL，刀尖半径为 0.4，方向角度为 5，刀具号为 2。

19）单击菜单条【插入】，单击【刀具】，弹出创建刀具对话框，如图3-2-24所示。类型选择为turning，刀具子类型选择为ID_80_L，刀具位置为GENERIC_MACHINE，刀具名称为ID_ ROUGH _TOOL，单击【确定】，弹出刀具参数设置对话框。设置刀具参数如图3-2-25所示，刀尖半径为0.8，方向角度为275，刀片长度为15，刀具号为3，单击【确定】，完成创建刀具。

20）用同样的方法创建刀具4，类型选择为turning，子类型选择为ID_80_L，刀具位置为GENERIC_MACHINE，刀具名称为ID_ FINISH_TOOL，刀尖半径为0.4，方向角度为275，刀片长度为15，刀具号为4，单击【确定】，完成创建刀具。

21）在加工操作导航器空白处，单击鼠标右键，选择【程序视图】，单击菜单条【插入】，单击【操作】，弹出创建操作对话框，类型为turning，操作子类型为ROUGH_TURNING_OD，程序为PROGRAM，刀具为OD_ROUGH_TOOL，几何体为TURNING_WORKPIECE_R，方法为METHOD，名称为ROUGH_TURNING_OD_R，如图3-2-26所示，单击【确定】，弹出操作设置对话框，如图3-2-27所示。

图3-2-24　创建刀具

图3-2-25　刀具参数

22）单击【刀轨设置】，方法为METHOD，水平角度为180，方向为向前，切削深度为变量平均值，最大值为2，最小值为1，变换模式为根据层，清理为全部，如图3-2-28所示。

23）单击【切削参数】，单击【策略】，设置最后切削边缘为5，如图3-2-29所示。设置面余量为0.2，径向余量为0.5，如图3-2-30所示，单击【确定】，完成切削参数设置。

24）单击【非切削移动】，弹出对话框，进刀设置如图3-2-31所示；退刀设置如图3-2-32所示，单击【确定】，完成操作。

25）设置出发点为（100，100，0），如图3-2-33所示；设置回零点为（100，100，0），如图3-2-34所示。单击【确定】，完成操作。

26）单击【进给和速度】，弹出对话框，设置主轴速度为600，设置进给率为0.25，如图3-2-35所示。单击【确定】完成进给和速度设置。单击【生成刀轨】，得到零件的加工刀轨，如图3-2-36所示。

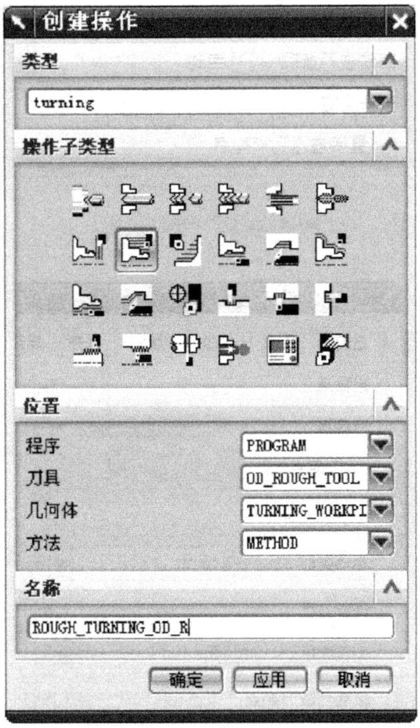

图3-2-26　创建操作

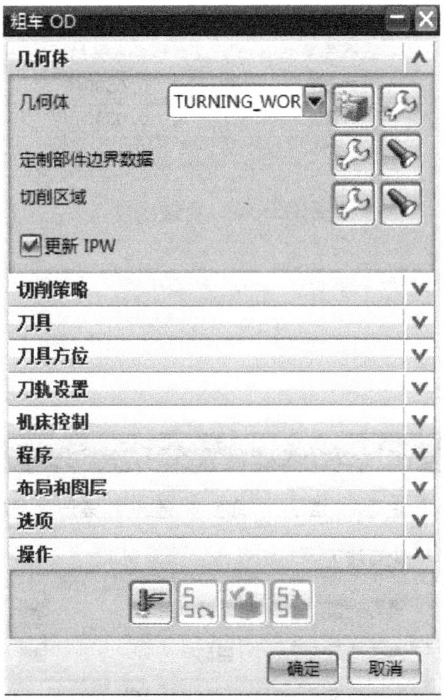

图3-2-27　粗车OD操作设置

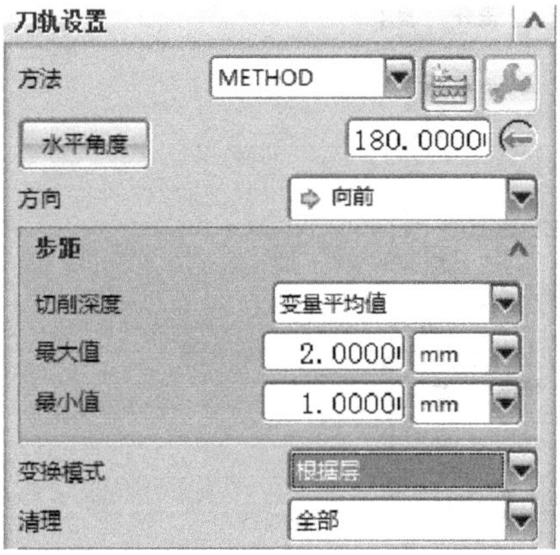

图3-2-28　刀轨设置

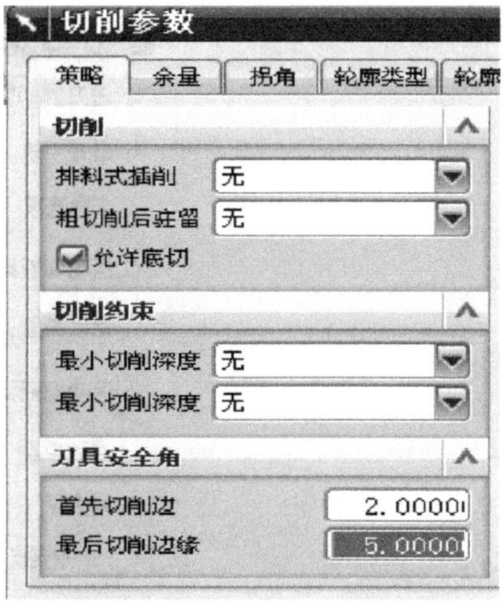

图3-2-29　策略设置

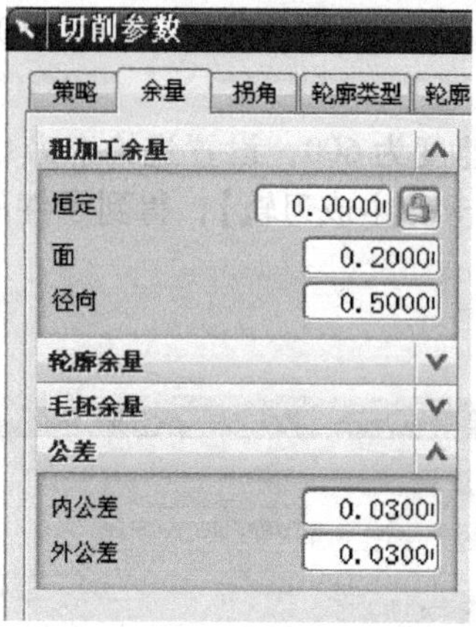

图 3-2-30 余量设置

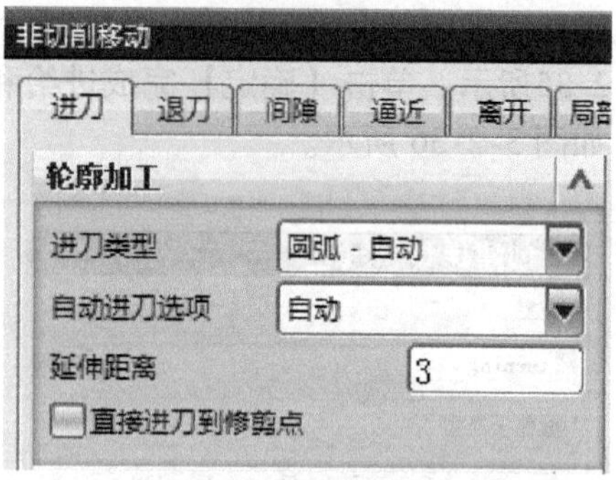

图 3-2-31 进刀设置

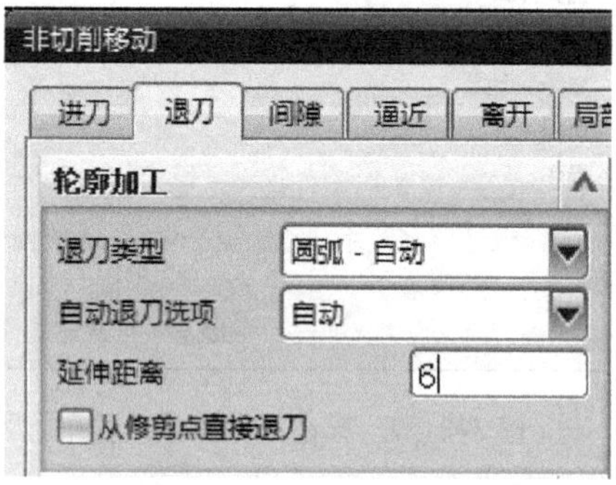

图 3-2-32 退刀设置

图 3-2-33 出发点设置

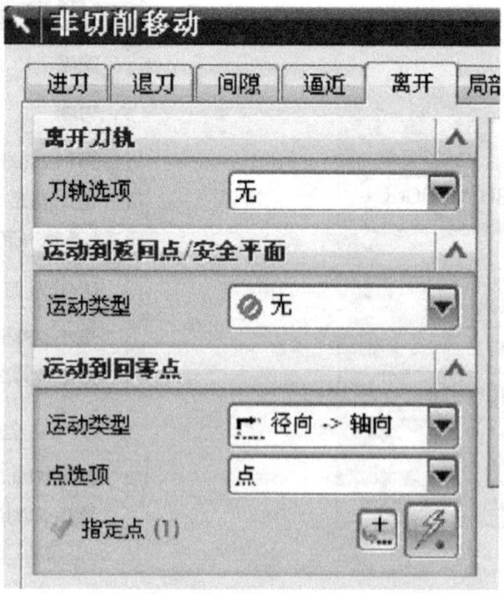

图 3-2-34 回零点设置

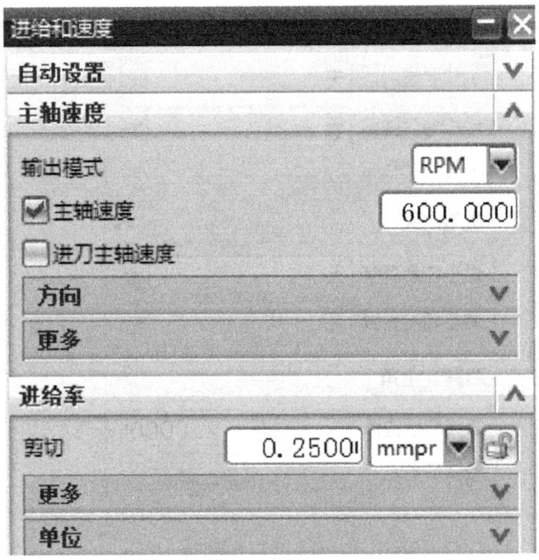

图 3-2-35 进给和速度

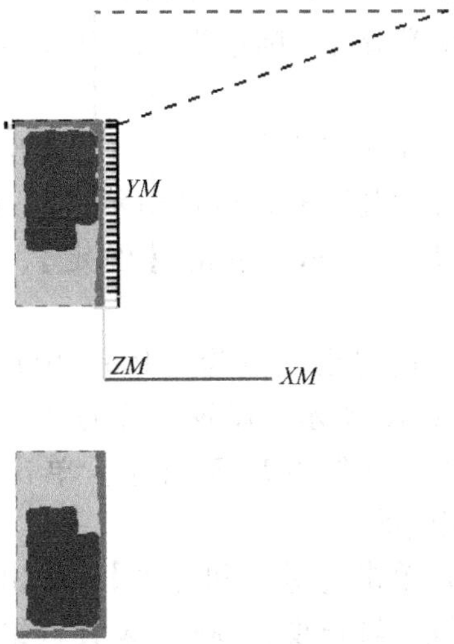

图 3-2-36 加工刀轨

27）单击菜单条【插入】，单击【操作】，弹出创建操作对话框，类型为 turning，操作子类型为 FINISH_TURNING_OD，程序为 PROGRAM，刀具为 OD_FINISH_TOOL，几何体为 TURNING_WORKPIECE_R，方法为 LATHE_FINISH，名称为 FINISH_TURNING_OD_R，如图 3-2-37 所示。单击【确定】，弹出操作设置对话框，如图 3-2-38 所示。

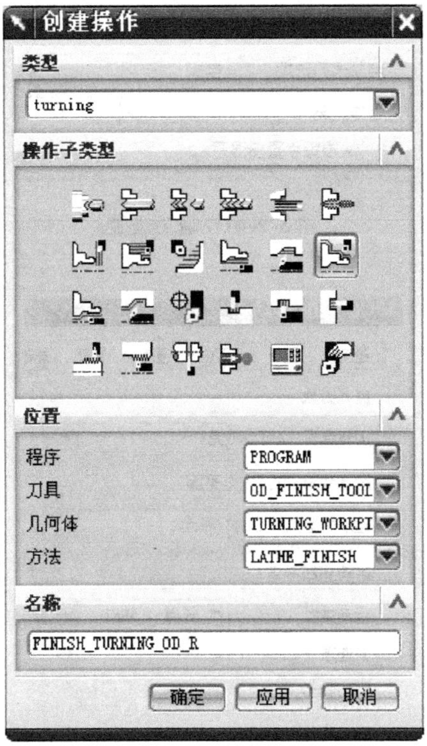

图 3-2-37 创建操作

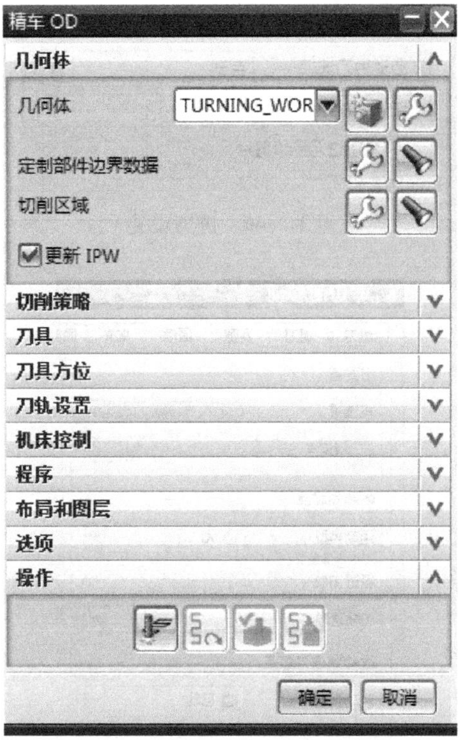

图 3-2-38 精车 OD 操作设置

28）单击【切削参数】，单击【策略】，设置最后切削边为5，如图3-2-39所示。

29）单击【非切削移动】，弹出对话框，进刀设置如3-2-40图所示；退刀设置如图3-2-41所示。单击【确定】，完成操作。

30）设置出发点为（100，100，0），如图3-2-42所示；设置回零点为（100，100，0），如图3-2-43所示。单击【确定】，完成操作。

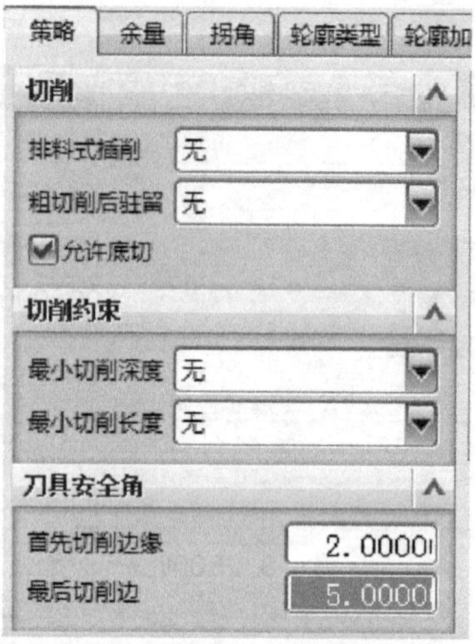

图3-2-39　策略设置

31）单击【进给和速度】，弹出对话框，设置主轴速度为800，设置进给率为0.1，如图3-2-44所示。单击【确定】完成进给和速度设置。单击【生成刀轨】，得到零件的加工刀轨，如图3-2-45所示。

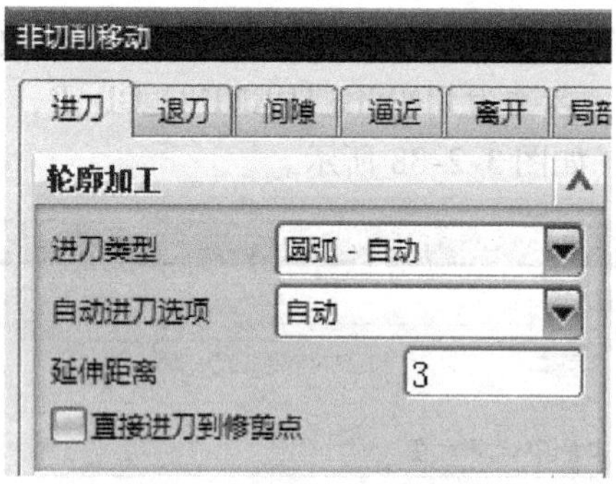

图3-2-40　进刀设置

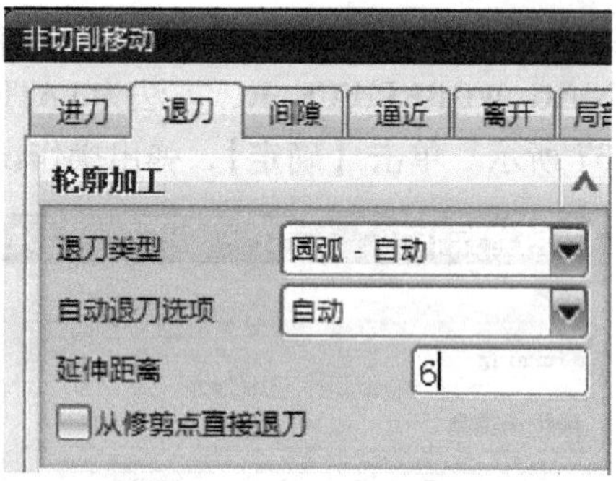

图3-2-41　退刀设置

图3-2-42　出发点设置

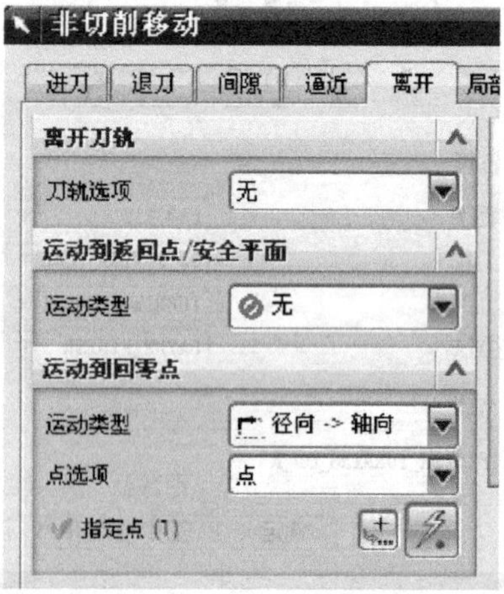

图3-2-43　回零点设置

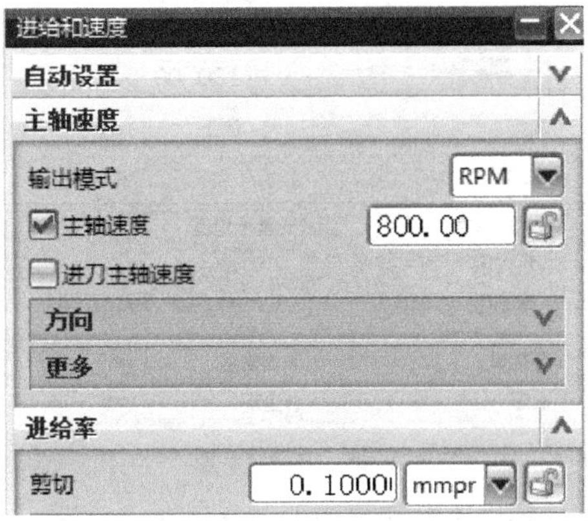

图 3-2-44　进给和速度设置

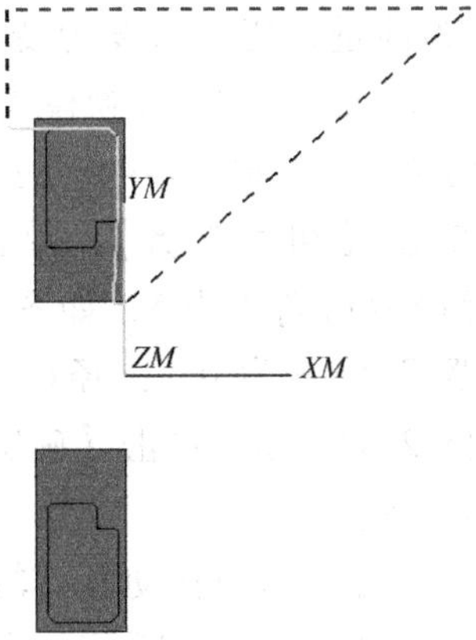

图 3-2-45　加工刀轨

32）单击菜单条【插入】，单击【操作】，弹出创建操作对话框，类型为 turning，操作子类型为 ROUGH_BORE_ID，程序为 PROGRAM，刀具为 ID_ROUGH_TOOL，几何体为 TURNING_WORKPIECE_R，方法为 LATHE_ROUGH，名称为 ROUGH_BORE_ID_R，如图 3-2-46所示。单击【确定】，弹出操作设置对话框，如图 3-2-47 所示。

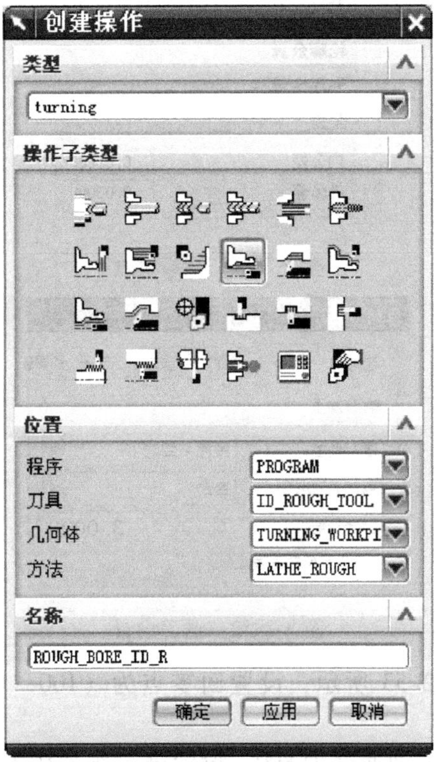

图 3-2-46　创建操作

图 3-2-47　粗镗 ID 操作设置

33）单击【刀轨设置】，层角度为180，方向为前进，切削深度为变量平均值，最大为2，最小为1，变换模式为根据层，清理为全部，如图3-2-48所示。

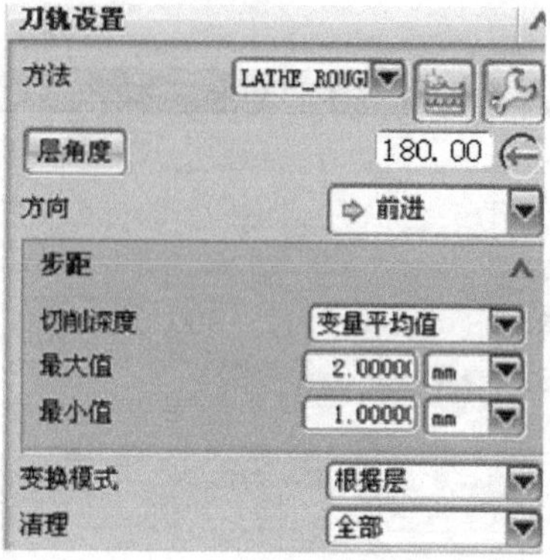

图3-2-48 刀轨设置

34）单击【切削参数】，单击【策略】，设置最后切削边为5，如图3-2-49所示。设置面余量为0.1，径向余量为0.3，如图3-2-50所示。单击【确定】，完成切削参数设置。

35）单击【非切削移动】，弹出对话框，进刀设置如图3-2-51所示；退刀设置如图3-2-52所示。单击【确定】，完成操作。

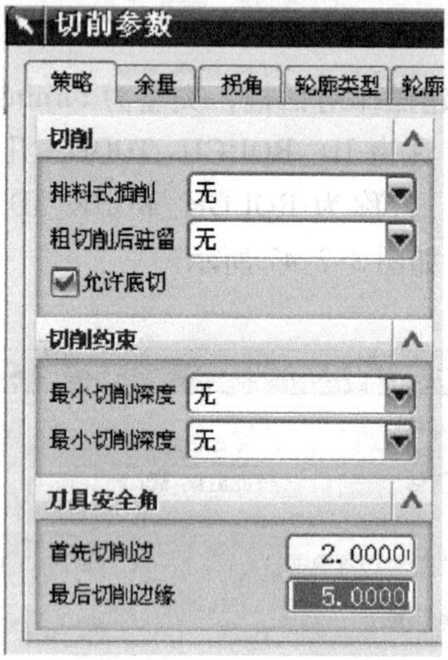

图3-2-49 策略设置

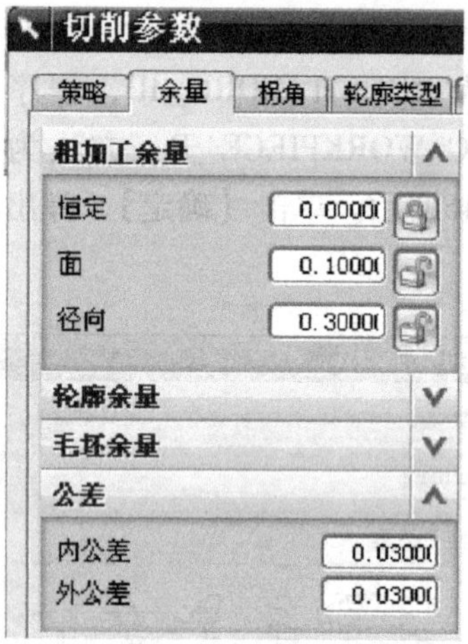

图3-2-50 余量设置

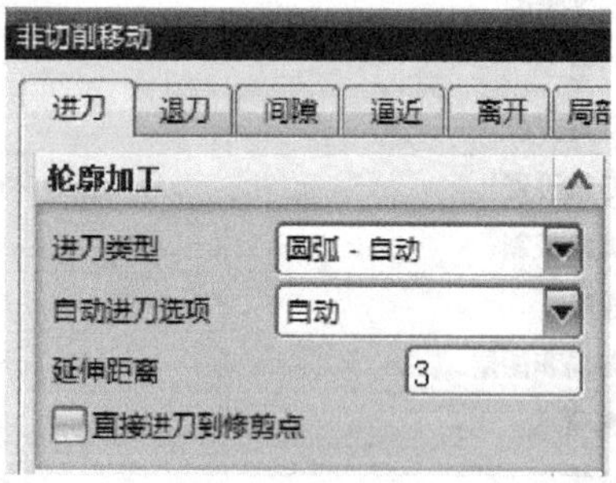

图3-2-51 进刀设置

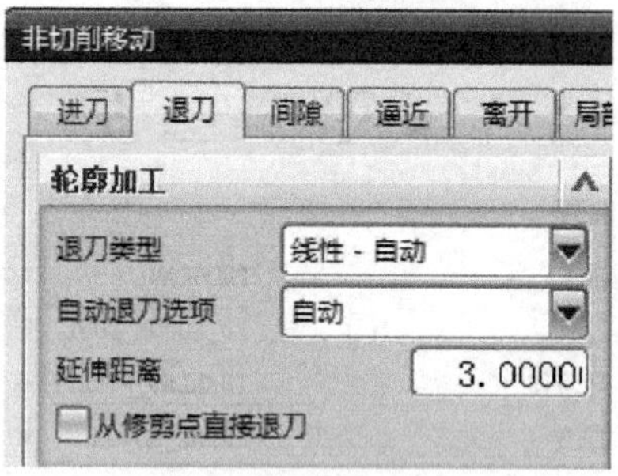

图3-2-52 退刀设置

36）设置出发点为（100，100，0），如图3-2-53所示；设置回零点为（100，100，0），如图3-2-54所示，单击【确定】，完成操作。

37）单击【进给和速度】，弹出对话框，设置主轴速度为800，设置进给率为0.2，如图3-2-55所示。单击【确定】完成进给和速度设置。单击【生成刀轨】，得到零件的加工刀轨，如图3-2-56所示。

图 3-2-53　出发点设置

图 3-2-54　回零点设置

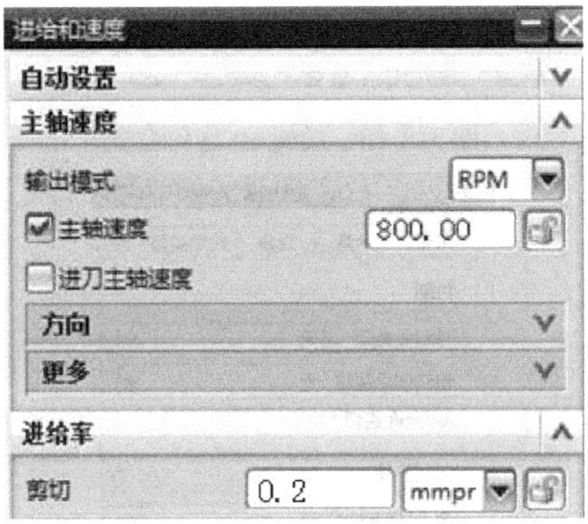

图 3-2-55　进给和速度

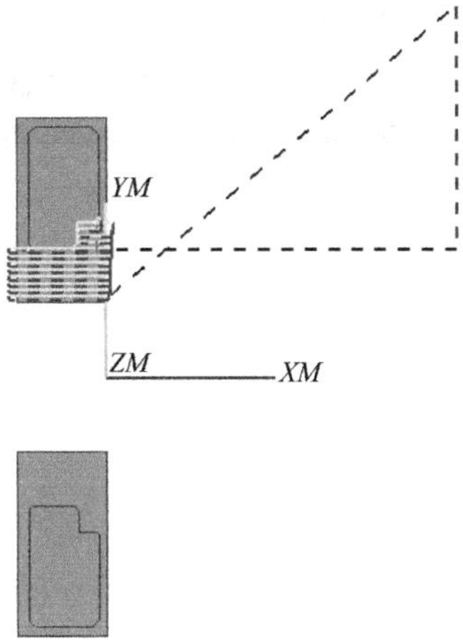

图 3-2-56　加工刀轨

38）单击菜单条【插入】，单击【操作】，弹出创建操作对话框，类型为 turning，操作子类型为 FINISH_BORE_ID，程序为 PROGRAM，刀具为 ID_FINISH_TOOL，几何体为 TURNING_WORKPIECE_R，方法为 LATHE_FINISH，名称为 FINISH_BORE_ID_R，如图 3-2-57所示。单击【确定】，弹出操作设置对话框，如图 3-2-58 所示。

39）单击【刀轨设置】，层角度为 180，方向为前进，清理为全部，如图 3-2-59 所示。

40）单击【切削参数】，单击【策略】，设置最后切削边缘为 5，如图 3-2-60 所示。

41）单击【非切削移动】，弹出对话框，进刀设置如图 3-2-61 所示；退刀设置如图 3-2-62所示。单击【确定】，完成操作。

42）设置出发点为（100，100，0），如图 3-2-63 所示；设置回零点为（100，100，0），如图 3-2-64 所示。单击【确定】，完成操作。

43）单击【进给和速度】，弹出对话框，设置主轴速度为 1000，设置进给率为 0.1，如图 3-2-65 所示。单击【确定】完成进给和速度设置。单击【生成刀轨】，得到零件的加工刀轨，如图 3-2-66 所示。

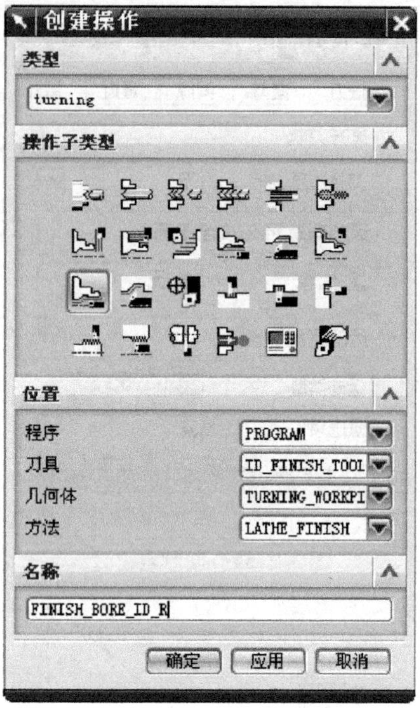

图3-2-57　创建操作

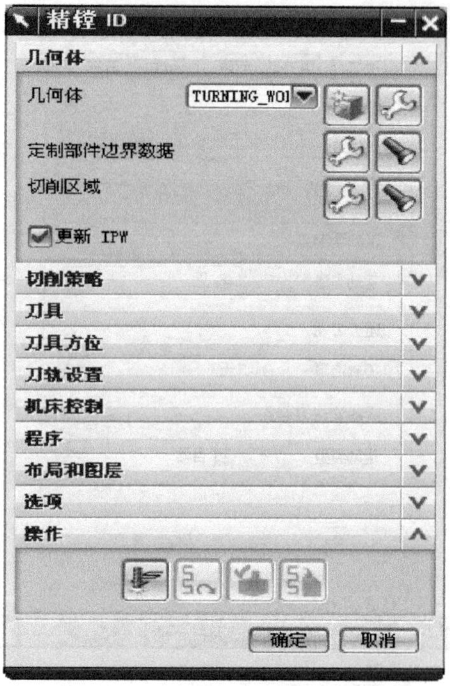

图3-2-58　精镗 ID 操作设置

图3-2-60　策略设置

图3-2-59　刀轨设置

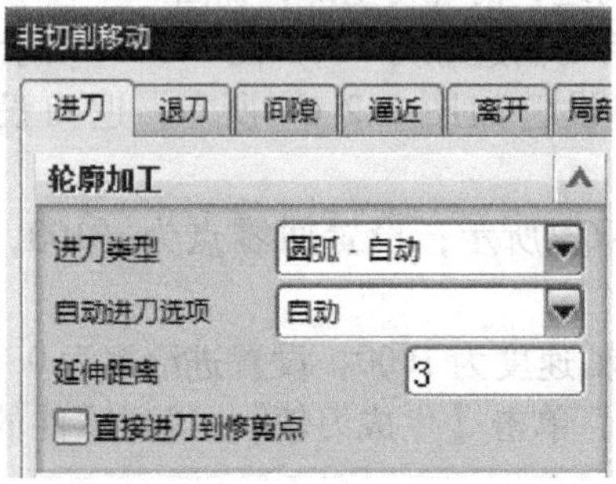

图3-2-61　进刀设置

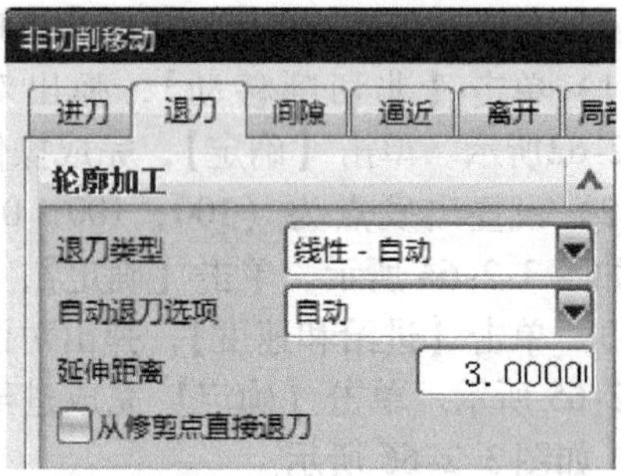

图3-2-62　退刀设置

图 3-2-63　出发点设置

图 3-2-64　回零点设置

图 3-2-65　进给和速度

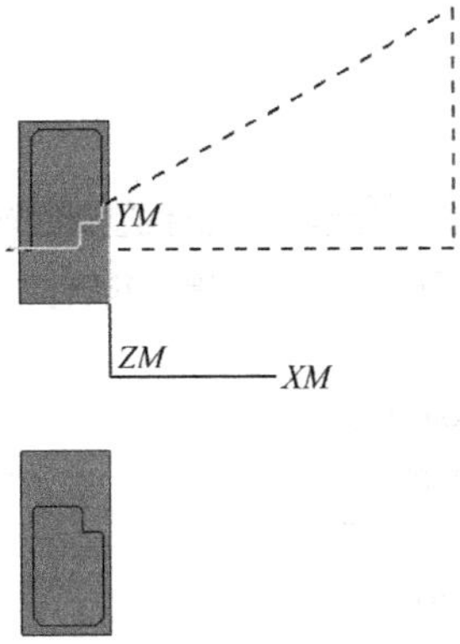

图 3-2-66　加工刀轨

（2）编制车削零件右端的 NC 程序

1）在加工操作导航器空白处，单击鼠标右键，选择【程序视图】，单击菜单条【插入】，单击【操作】，弹出创建操作对话框，类型为 turning，操作子类型为 FACING，程序为 PROGRAM，刀具为 OD_ROUGH_TOOL，几何体为 TURNING_WORKPIECE_L，方法为 METHOD，名称为 ROUGH_TURNING_OD_L，如图 3-2-67 所示。单击【确定】，弹出操作设置对话框，如图3-2-68所示。

2）单击【刀轨设置】，方法为 METHOD，水平角度为 180，方向为向前，切削深度为变量平均值，最大值为 2，最小值为 1，变换模式为根据层，清理为全部，如图 3-2-69 所示。

3）单击【切削参数】，单击【策略】，设置最后切削边缘为 5，如图 3-2-70 所示。设置面余量为 0.2，径向余量为 0.5，如图 3-2-71 所示。单击【确定】，完成切削参数设置。

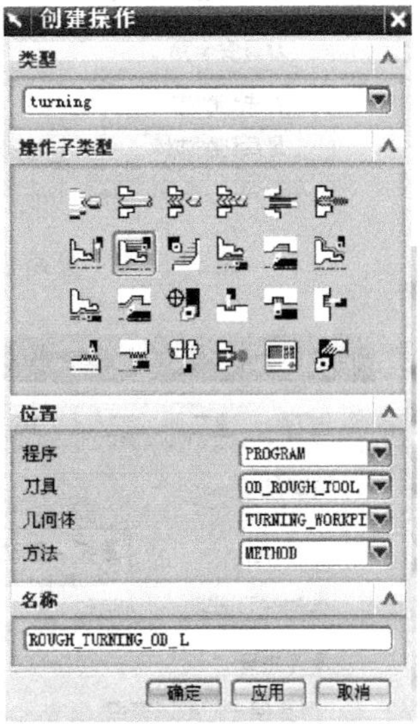

图 3-2-67　创建操作

4）单击【非切削移动】，弹出对话框，进刀设置如图3-2-72所示；退刀设置如图3-2-73所示。单击【确定】，完成操作。

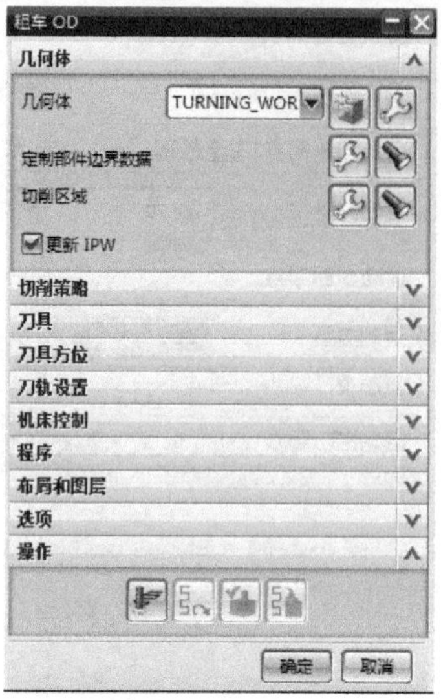

图3-2-68　粗车OD操作设置

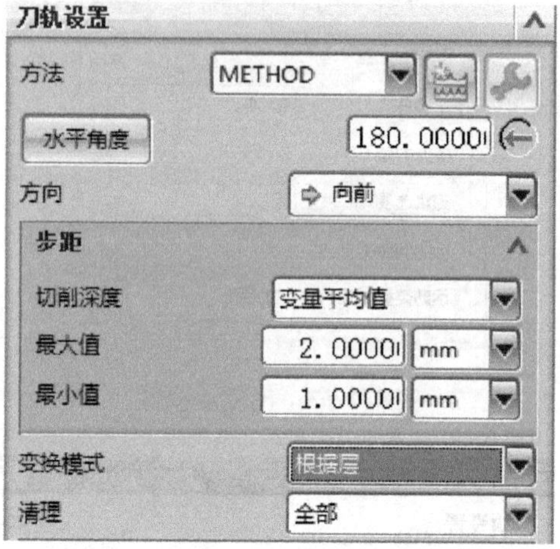

图3-2-69　刀轨设置

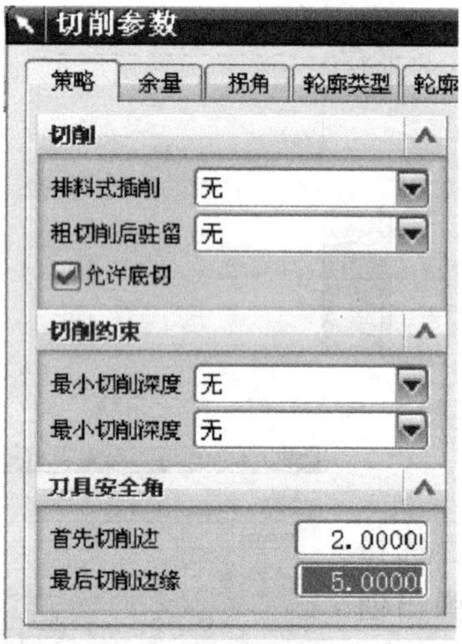

图3-2-70　策略设置

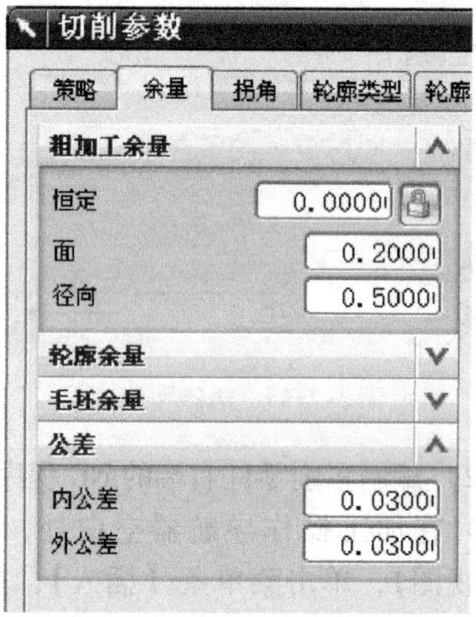

图3-2-71　余量设置

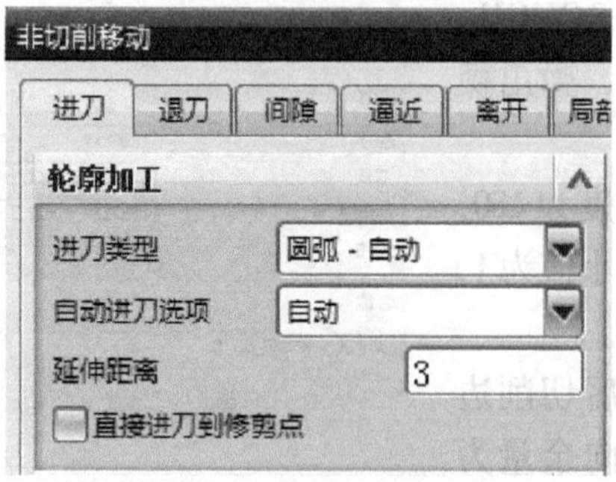

图3-2-72　进刀设置

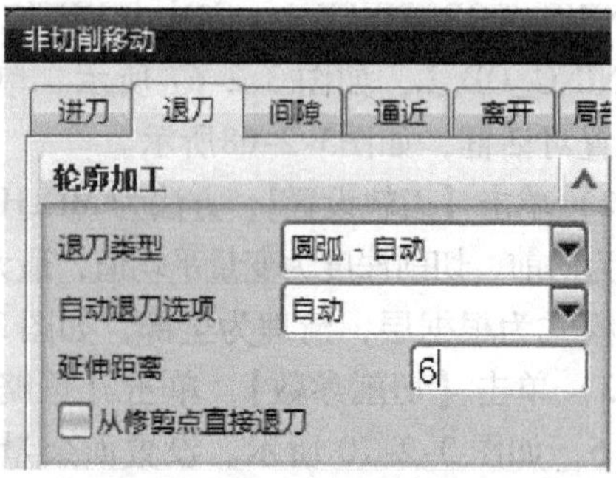

图3-2-73　退刀设置

5）设置出发点为（100，100，0），如图3-2-74所示；设置回零点为（100，100，0），如图3-2-75所示。单击【确定】，完成操作。

6）单击【进给和速度】，弹出对话框，设置主轴速度为600，设置进给率为0.25，如图3-2-76所示。单击【确定】完成进给和速度设置。单击【生成刀轨】，得到零件的加工刀轨，如图3-2-77所示。

7）复制ROUGH_TURNING_OD_L，然后粘贴ROUGH_TURNING_OD_L，将ROUGH_TURNING_OD_L更名为FINISH_TURNING_OD_L，双击FINISH_TURNING_OD_L，更改刀具为OD_FINISH_TOOL，将面余量更改为0，主轴速度更改为800，进给率更改为0.1，单击【生成刀轨】，得到零件的加工刀轨，如图3-2-78所示。

图3-2-74 出发点设置

图3-2-75 回零点设置

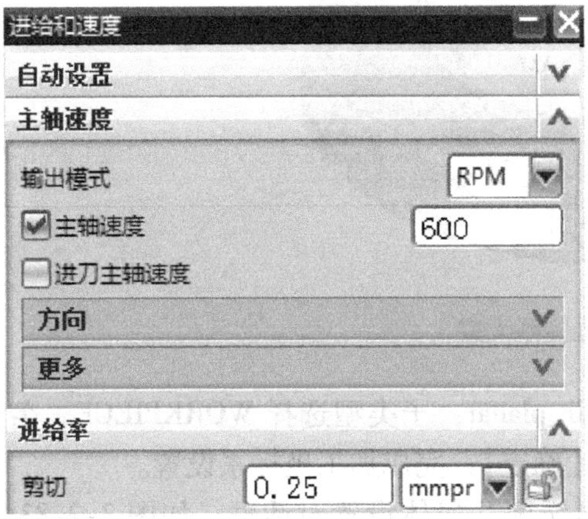

图3-2-76 进给和速度

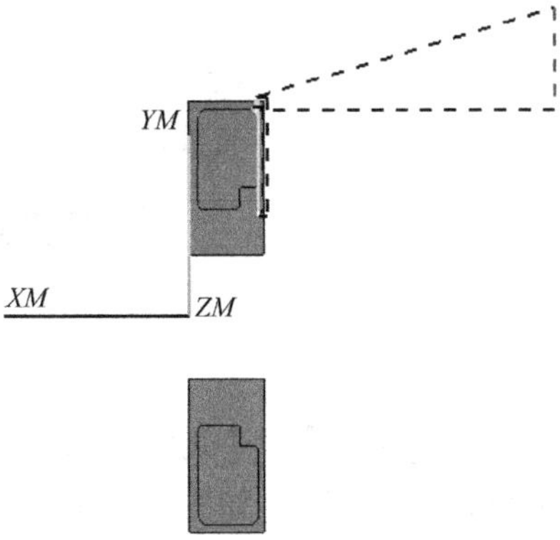

图3-2-77 加工刀轨

（3）编制零件钻孔、铣槽的NC程序

1）选择【插入】/【几何体】，类型选择mill_planar，几何体子类型选择MCS，名称为MCS_MILL，如图3-2-79所示。单击【确定】，弹出加工坐标系设置对话框，设置安全距离为50，如图3-2-80所示。

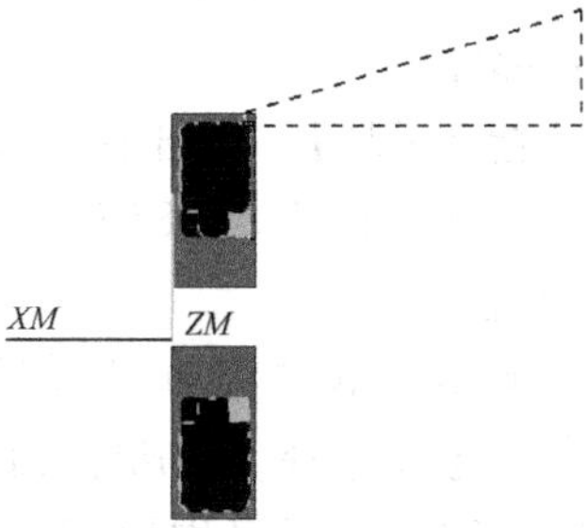

图3-2-78 加工刀轨

2）单击零件上表面，单击【确定】，如图3-2-81所示。

图3-2-79　创建坐标系

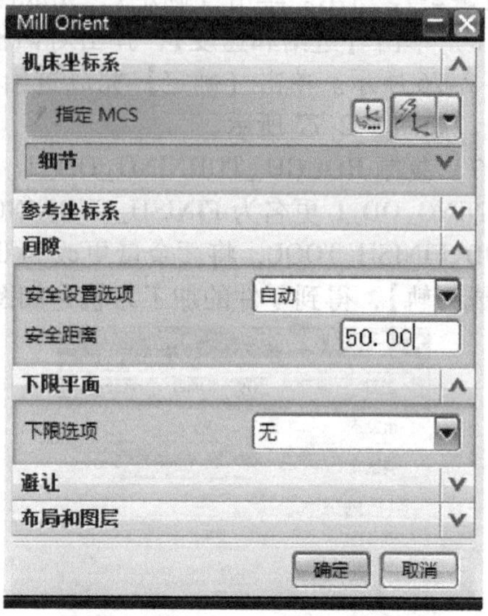

图3-2-80　加工坐标系设置

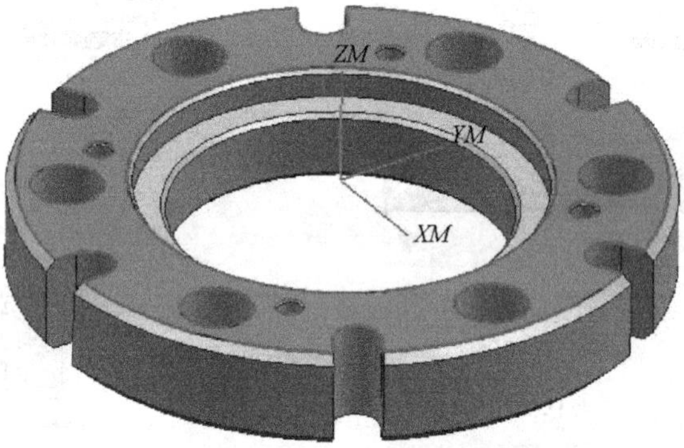

图3-2-81　加工坐标系设置

3）选择【插入】/【几何体】，类型选择mill_planar，子类型选择WORKPIECE，名称为WORKPIECE_MILL，如图3-2-82所示。单击【确定】，完成加工坐标系设置。

4）双击操作导航器中的WORKPIECE，弹出铣削几何体设置对话框，如图3-2-83所示。单击【指定部件】，弹出部件几何体对话框，选择图3-2-84所示几何体，单击【确定】，完成指定部件。

5）单击【指定毛坯】，弹出毛坯选择对话框，选择几何体，选择毛坯（在建模中已经建好，在图层4中），如图3-2-85所示。单击【确定】完成毛坯设置，单击【确定】完成WORKPIECE设置。

6）创建刀具5，单击菜单条【插入】，单击【刀具】，弹出创建刀具对话框，如图3-2-86所示。类型选择为drill，刀具子类型选择为DRILLING_TOOL，刀具位置为GENERIC_MACHINE，刀具名称为T5D9，单击【确定】，弹出刀具参数设置对话框。

图 3-2-82 创建几何体

图 3-2-83 WORKPIECE 设置

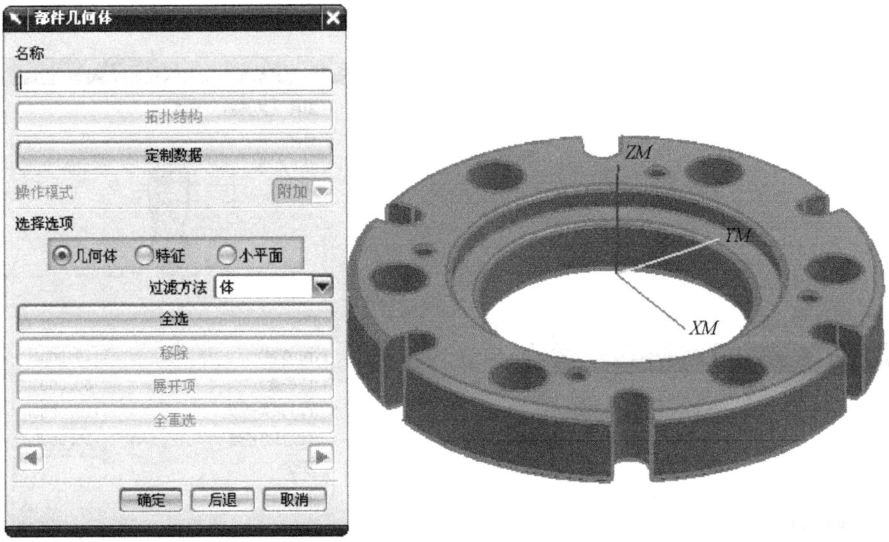

图 3-2-84 指定部件

7）设置刀具参数如图 3-2-87 所示，直径为 9，长度为 50，刀刃为 2，刀具号为 5，长度补偿为 5，单击【确定】，完成创建刀具。

8）同样的方法创建刀具 6，刀具名称为 T6D5，直径为 5，刀具号为 6，长度补偿号为 6。

9）创建刀具 7。单击菜单条【插入】，单击【刀具】，弹出创建刀具对话框，如图 3-2-88 所示。类型选择为 mill_planar，刀具子类型选择为 MILL，刀具位置为 GENERIC_MACHINE，刀具名称为 T7D8，单击【确定】，弹出刀具参数设置对话框。

10）设置刀具参数如图 3-2-89 所示，直径为 8，底圆角半径为 0，刀刃为 2，长度为 75，刀刃长度为 50，刀具号为 7，长度补偿为 7，刀具补偿为 7，单击【确定】，完成创建刀具。

11）同样的方法创建刀具 8，刀具名称为 T8D15，直径为 15，刀具号为 8，长度补偿为 8，刀具补偿为 8。

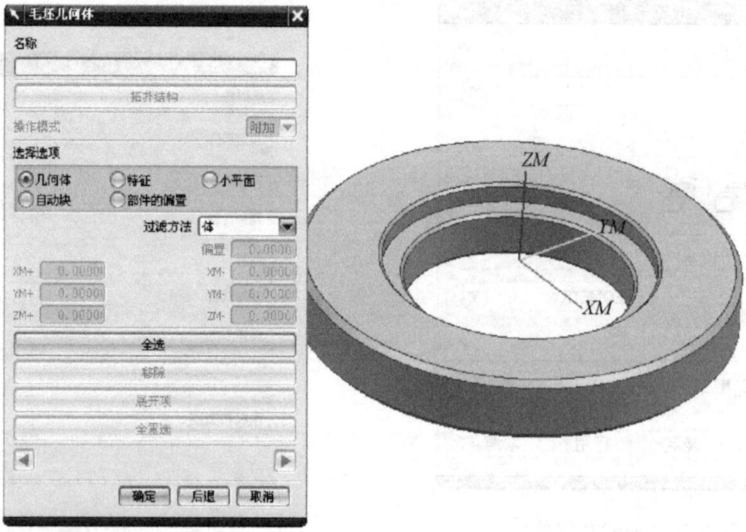

图 3-2-85　毛坯设置

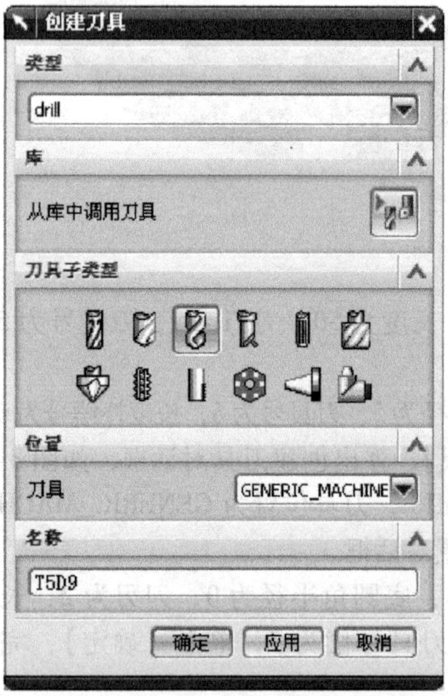

图 3-2-86　创建刀具

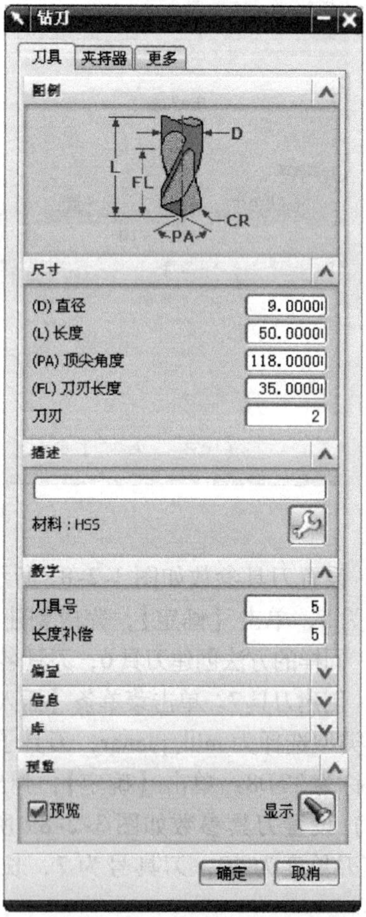

图 3-2-87　刀具参数设置

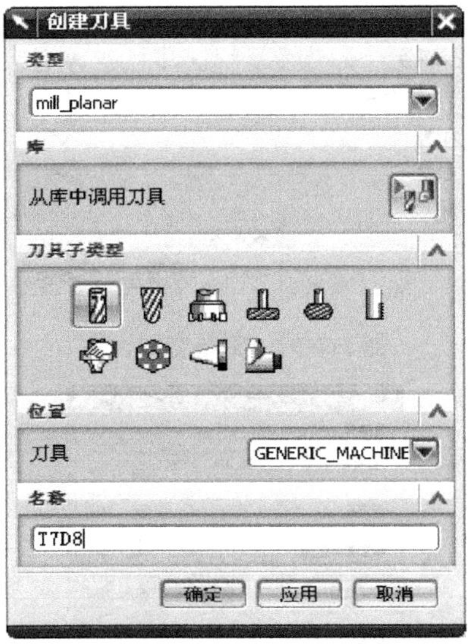

图 3-2-88　创建刀具

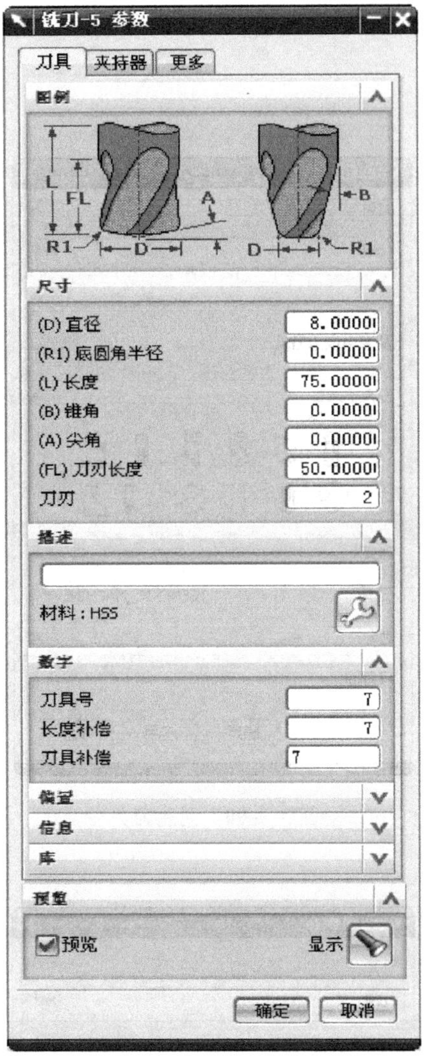

图 3-2-89　刀具参数设置

12）创建刀具 9，单击菜单条【插入】，单击【刀具】，弹出创建刀具对话框，如图 3-2-90所示。类型选择为 drill，刀具子类型选择为 TAP，刀具位置为 GENERIC_MACHINE，刀具名称为 T9M6，单击【确定】，弹出刀具参数设置对话框。

13）设置刀具参数如图 3-2-91 所示，直径为 6，长度为 50，刀刃为 6，刀具号为 9，长度补偿为 9，单击【确定】，完成创建刀具。

14）单击菜单条【插入】，单击【操作】，弹出创建操作对话框，类型为 drill，操作子类型为 DRILLING，程序为 PROGRAM，刀具为 T5D9，几何体为 WORKPIECE_MILL，方法为 METHOD，名称为 DRILL_1，如图 3-2-92 所示。系统弹出钻操作设置对话框，如图 3-2-93所示。

15）单击【指定孔】，单击【确定】，选择图 3-2-94 所示孔。单击【确定】，完成操作。

16）选择循环类型为啄钻，如图 3-2-95 所示。弹出对话框，输入距离为 3，单击【确定】，弹出对话框；输入 1，单击【确定】，弹出对话框；设置钻孔深度为刀肩深度，输入 20。

17）在刀轨设置中，单击【进给和速度】，设置主轴速度为 1200，进给率为 300，单击【确

图 3-2-90　创建刀具

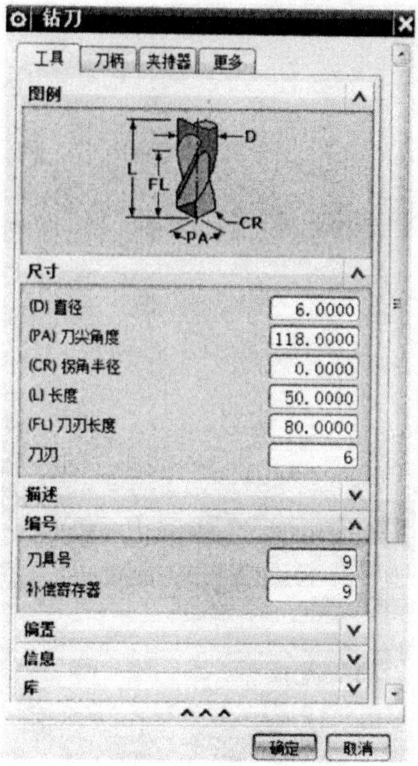

图 3-2-91　刀具参数设置

图 3-2-92　创建操作

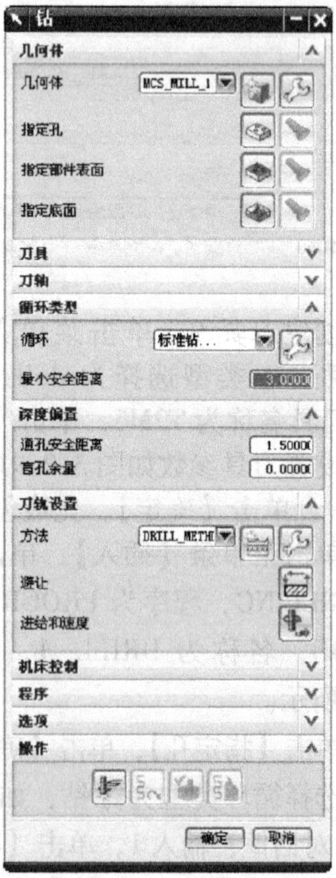

图 3-2-93　钻操作设置

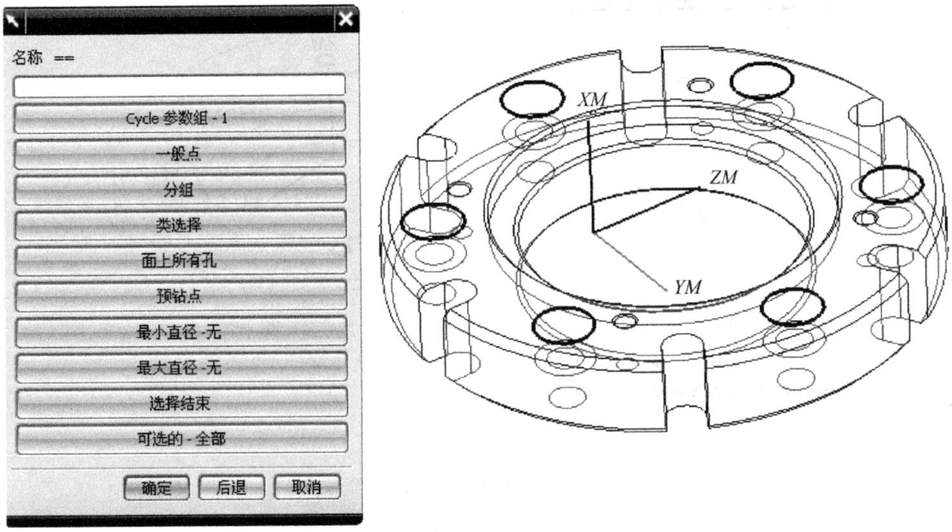

图 3-2-94　指定孔

定】，完成操作。单击【生成刀轨】，得到零件的钻孔刀轨，如图 3-2-96 所示。单击【确定】，完成钻孔刀轨的创建。

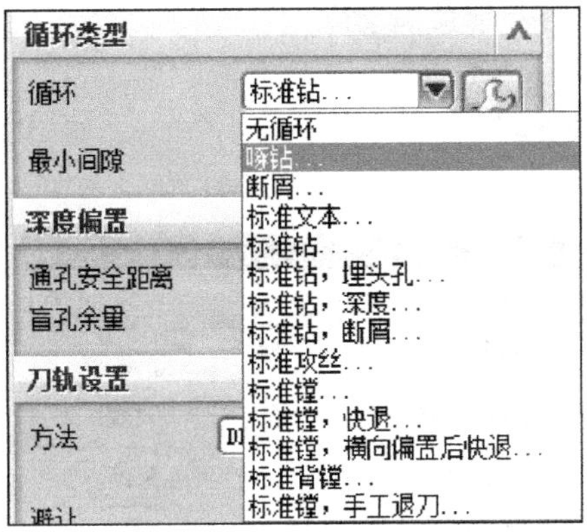

图 3-2-95　循环类型

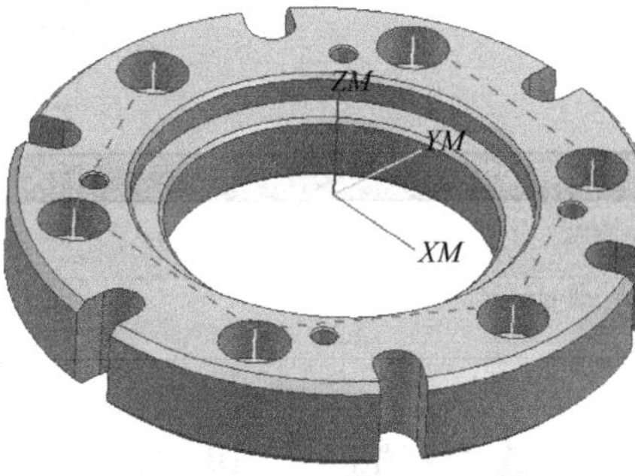

图 3-2-96　钻孔刀轨

18）复制 DRILL_1，然后粘贴 DRILL_1。将 DRILL_1_COPY 更名为 DRILL_2；双击 DRILL_2；将刀具更改为 T6D5，重新选择 M6 螺纹孔，如图 3-2-97 所示。设置啄钻距离为 3，设置钻孔深度为模型深度，将主轴速度更改为 1500，进给率更改为 340，单击【确定】，完成钻孔刀轨的创建，生成刀轨如图 3-2-98 所示。

19）单击菜单条【插入】，单击【操作】，弹出创建操作对话框，类型为 mill_planar，操作子类型为 PLANAR_MILL，程序为 PROGRAM，刀具为 T7D8，几何体为 WORKPIECE_MILL，名称为 MILL，如图 3-2-99 所示。单击【确定】，弹出操作设置对话框，如图 3-2-100 所示。

20）单击【指定部件边界】，弹出边界几何体对话框，如图 3-2-101 所示。在模式中选择【曲线/边】，弹出对话框，类型为开放的，平面选择用户定义，弹出平面对话框，如图 3-2-102所示，选择对象平面方式，选取图 3-2-103 所示的平面，系统回到指定面几何体对话框，选择图 3-2-104 所示的曲线，单击【确定】，完成指定面边界。

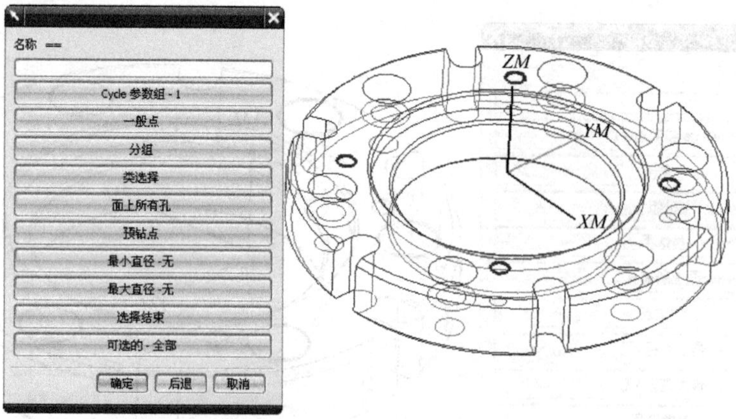

图 3-2-97 指定孔

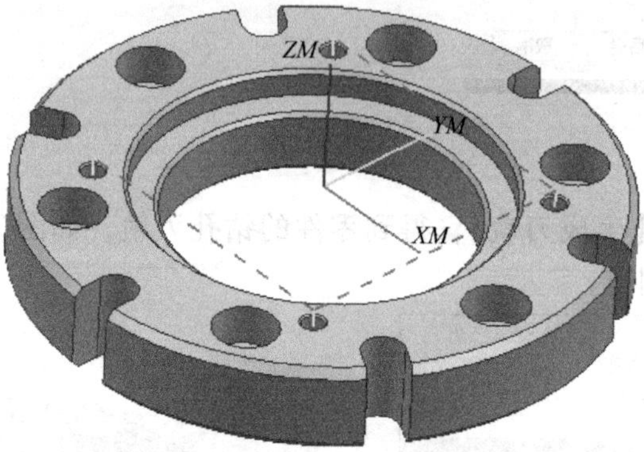

图 3-2-98 生成刀轨

图 3-2-99 创建操作

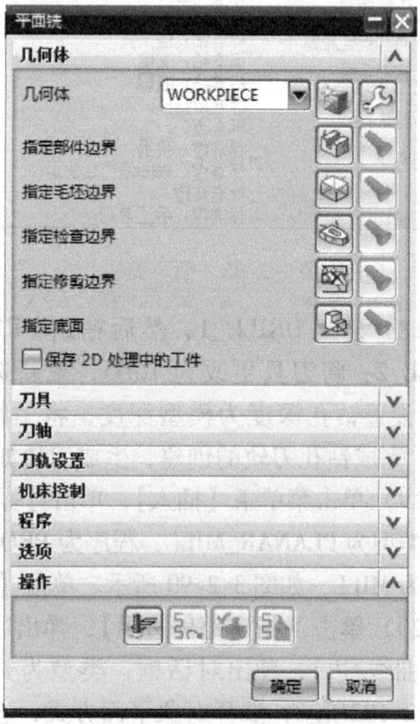

图 3-2-100 平面铣操作设置

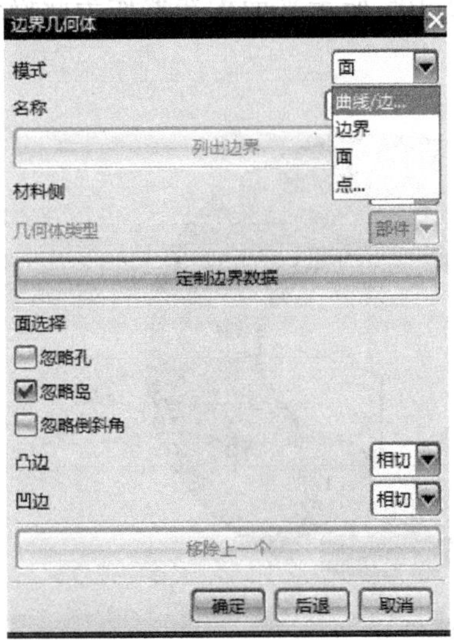

图 3-2-101　边界几何体

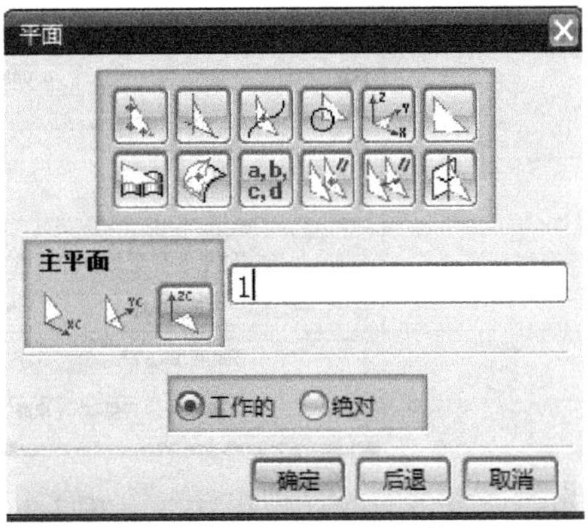

图 3-2-102　平面定义

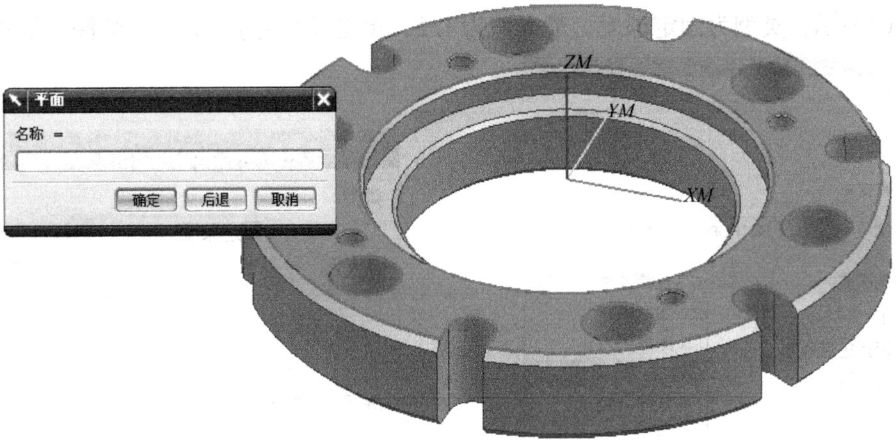

图 3-2-103　选择平面

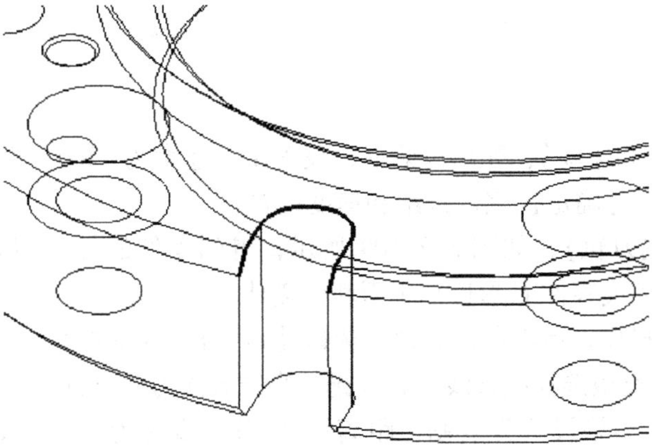

图 3-2-104　选择曲线

21）单击【指定底面】，弹出对话框，选择图 3-2-105 所示平面构造器作为此操作的加工底面。

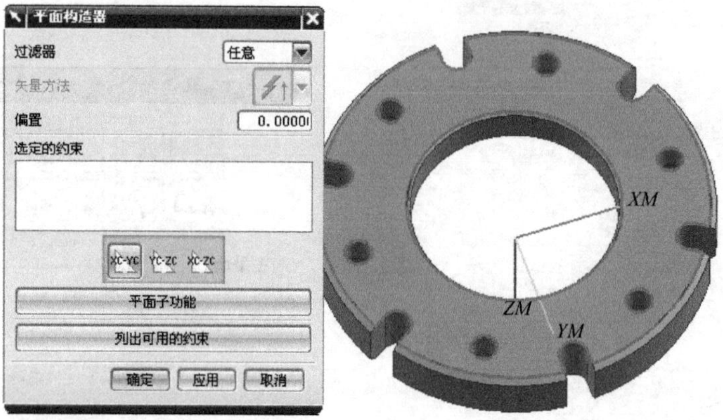

图 3-2-105　设置加工底面

22）如图 3-2-106 所示，设置切削模式为配置文件，单击【切削层】，弹出对话框，如图3-2-107所示，类型为固定深度，最大值为 1.5，单击【确定】，完成切削深度设置。

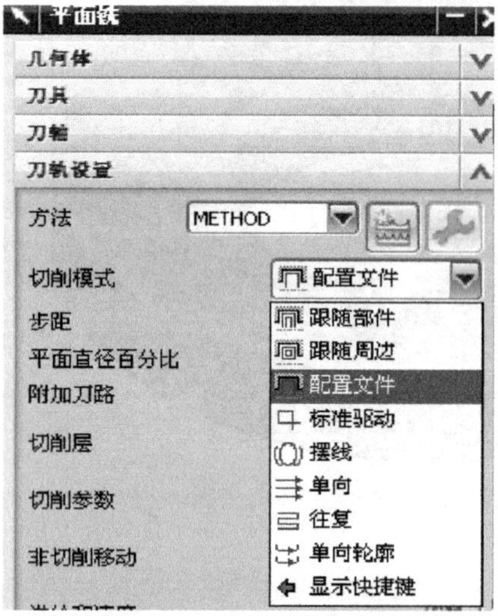

图 3-2-106　刀轨设置

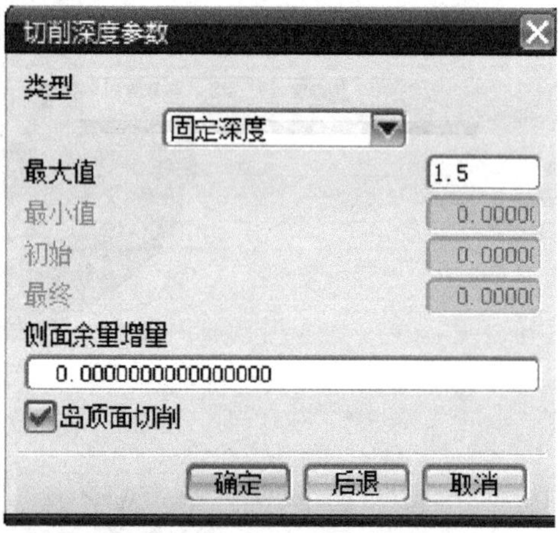

图 3-2-107　切削深度设置

23）单击【进给和速度】，弹出对话框，设置主轴速度为 3200，设置进给率为 800，如图3-2-108所示。单击【确定】完成进给和速度设置。

24）单击【生成刀轨】，如图 3-2-109 所示，得到零件的加工刀轨，如图 3-2-110 所示。单击【确定】，完成零件 U 形槽加工刀轨的创建。

25）选择 MILL 操作，单击鼠标右键，选择【对象】/【变换】，如图 3-2-111 所示，系统弹出变换对话框，类型选择绕直线旋转，选择直线方法为两点方式，选择中间两个圆的圆心，角度设置为 60，结果设置为复制，距离/角度分割设置为 1，非关联副本数设置为 6，如图 3-2-112 所示。单击【确定】，生成变换刀轨结果如图 3-2-113 所示。

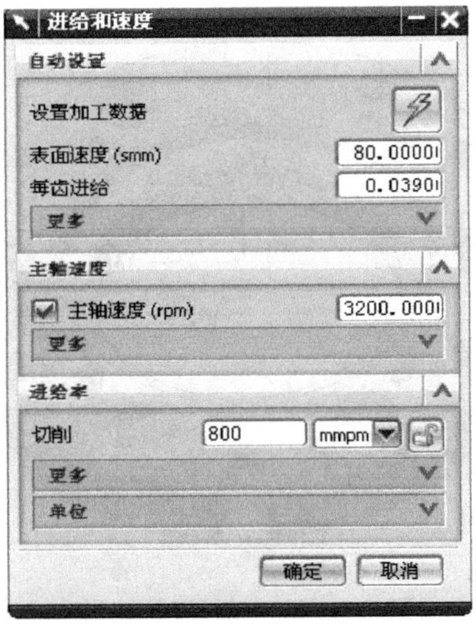

图 3-2-108　进给和速度

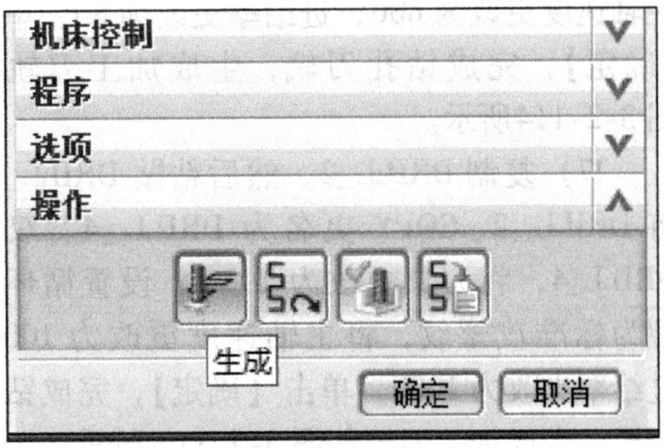

图 3-2-109　生成刀轨

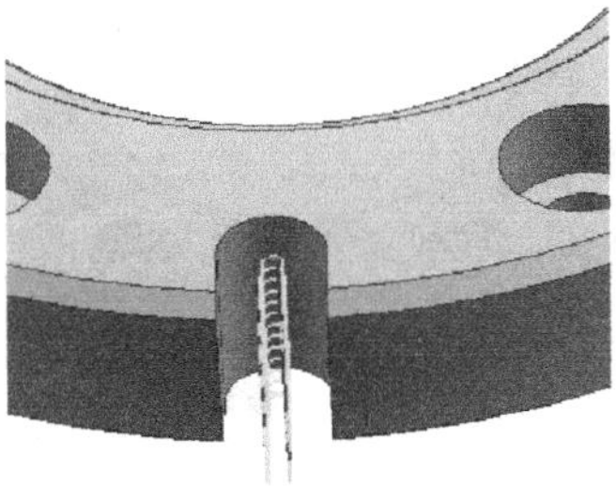

图 3-2-110　加工刀轨

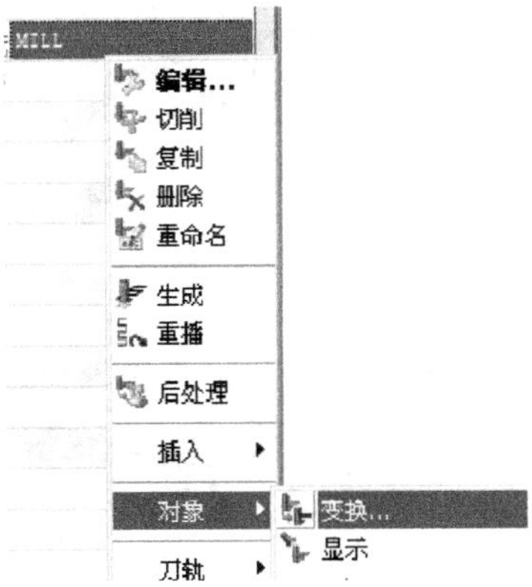

图 3-2-111　选择变换

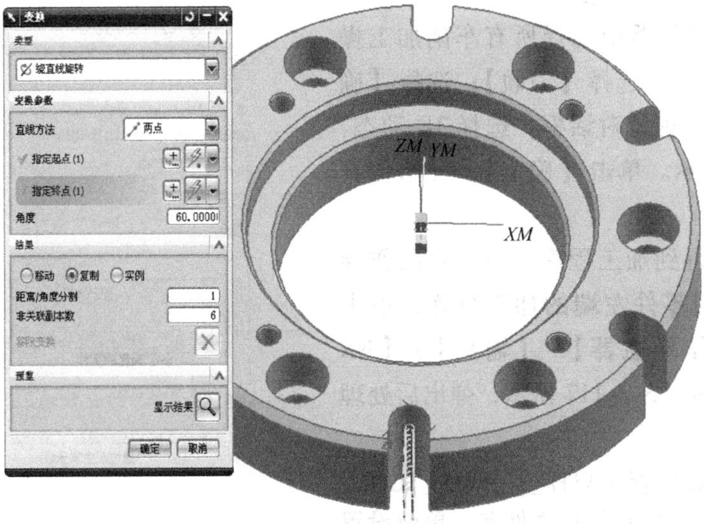

图 3-2-112　变换参数设置

26）复制DRILL_1，然后粘贴DRILL_1；将DRILL_1_COPY更名为DRILL_3。双击DRILL_3，将刀具更改为T8D15，设置循环类型为标准钻，设置钻孔深度为刀肩深度9，将主轴速度更改为800，进给率更改为80，单击【确定】，完成钻孔刀轨，生成加工刀轨如图3-2-114所示。

27）复制DRILL_2，然后粘贴DRILL_2；将DRILL_2_COPY更名为DRILL_4。双击DRILL_4，将刀具更改为T9M6，设置循环类型为标准攻螺纹，将主轴速度更改为1000，进给率更改为1000，单击【确定】，完成钻孔刀轨，生成加工刀轨如图3-2-115所示。

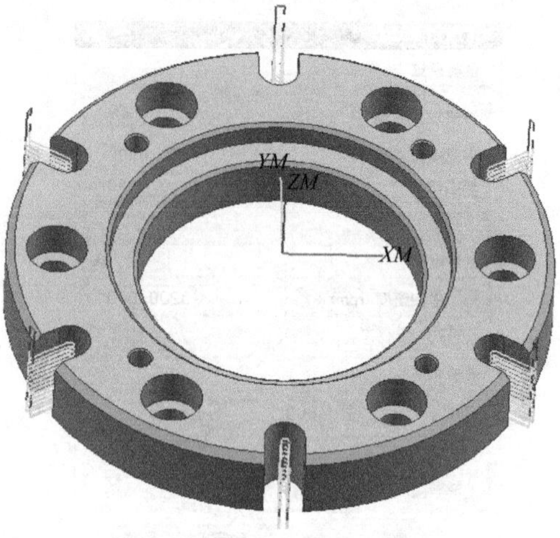

图3-2-113　变换刀轨结果

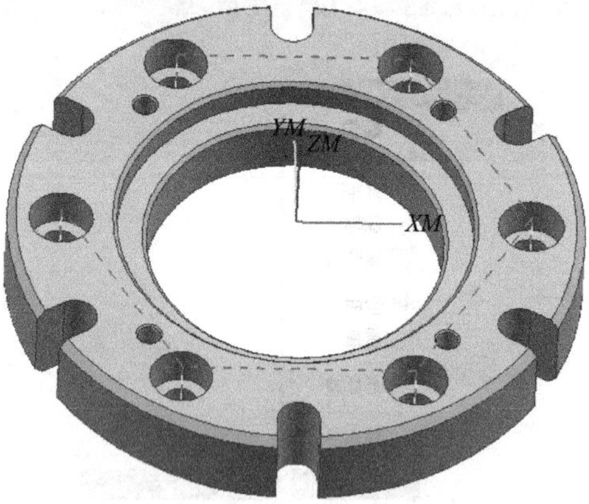

图3-2-114　加工刀轨

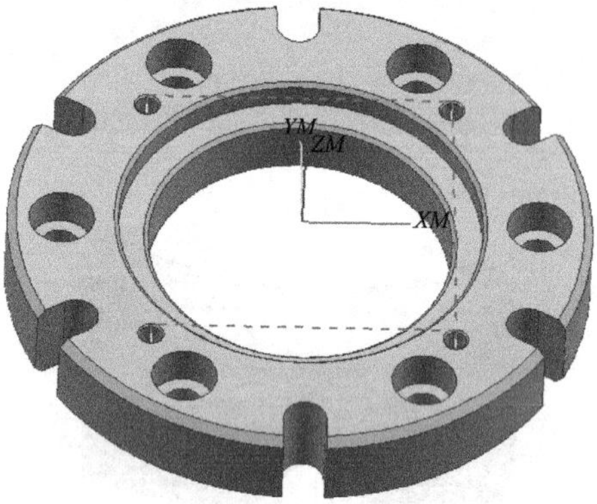

图3-2-115　加工刀轨

（4）仿真加工与后处理

1）在操作导航器中选择所有车削加工操作，点击鼠标右键，选择【刀轨】；选择【确认】，弹出刀轨可视化对话框；选择3D动态，如图3-2-116所示。单击【确定】，开始仿真加工。

2）后处理得到加工程序。在刀轨操作导航器中选中车削零件左端的加工操作，单击【工具】/【操作导航器】/【输出】/【NX Post后处理】，如图3-2-117所示，弹出后处理对话框。

3）后处理器选择LATH_2_AXIS_TOOL_TIP，指定合适的文件路径和文件名，单位设置为公制，勾选列出输出，如图3-2-118所示。

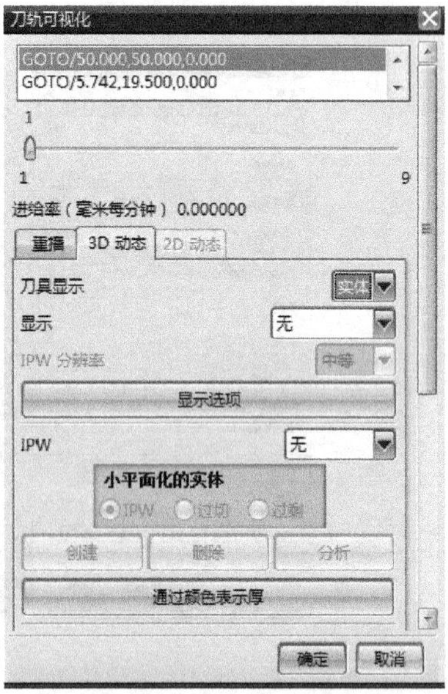

图3-2-116　刀轨可视化

单击【确定】，完成后处理，得到车削零件左端的 NC 程序，如图 3-2-119 所示。使用同样的方法后处理，得到车削零件右端的 NC 程序。

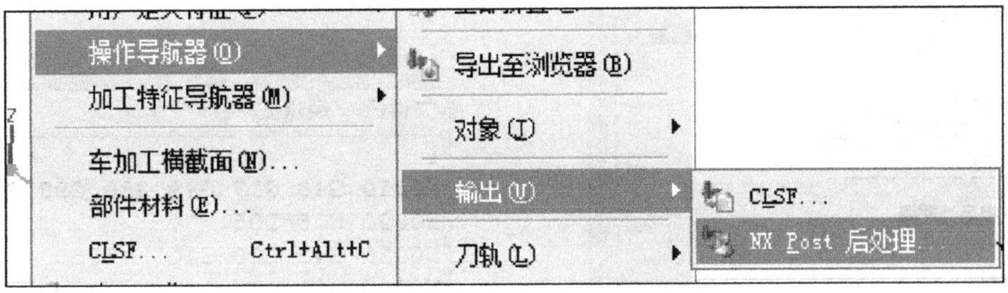

图 3-2-117　后处理命令

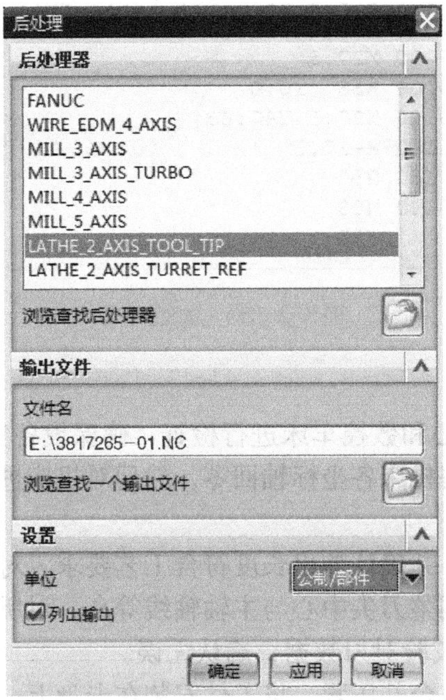

图 3-2-118　后处理

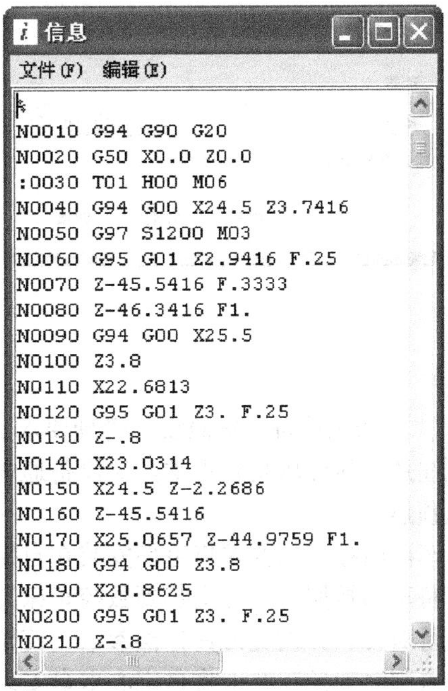

图 3-2-119　加工程序

4）后处理得到加工程序。在刀轨操作导航器中选中铣槽钻孔的加工操作，单击【工具】/【操作导航器】/【输出】/【NX Post 后处理】，如图 3-2-120 所示，弹出后处理对话框。

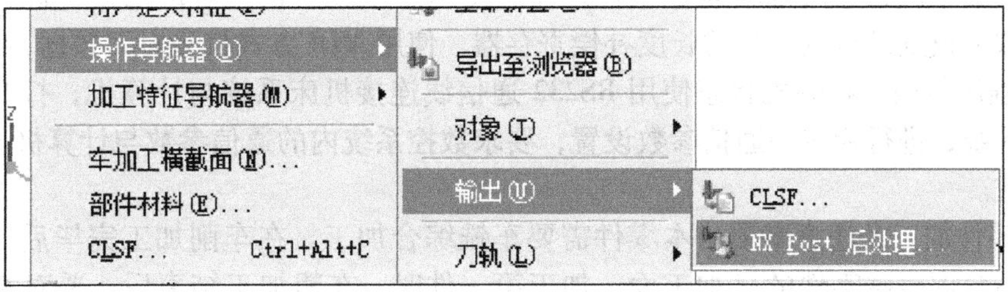

图 3-2-120　后处理命令

5）后处理器选择 MILL_3_AXIS，指定合适的文件路径和文件名，单位设置为定义了后处理，勾选列出输出，如图 3-2-121 所示。单击【确定】，完成后处理，得到 NC 程序，如图 3-2-122 所示。

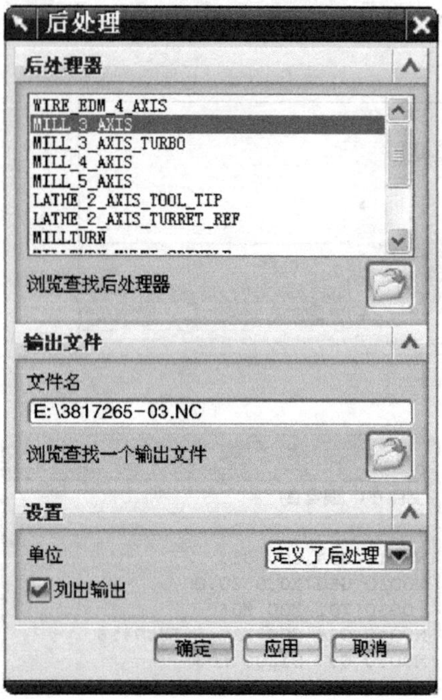

图 3-2-121　后处理

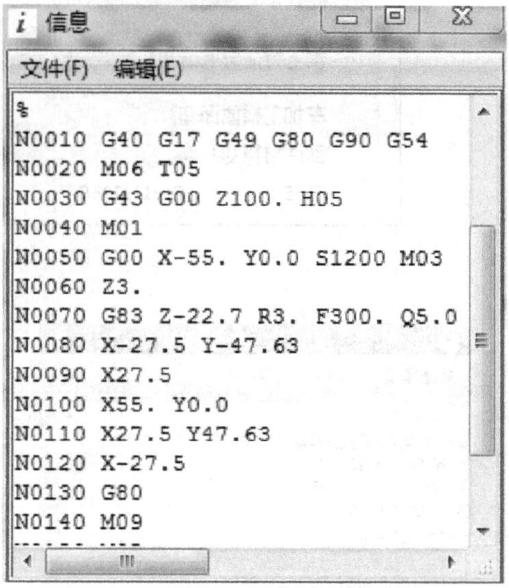

图 3-2-122　加工程序

3. 零件加工

（1）加工准备　按照设备管理要求，对加工中心和数控车床进行检查，确保设备完好，特别注意气压油压是否正常。对设备通电开机，并将机床各坐标轴回零，然后对机床进行低转速预热。

车削时按工艺要求将毛坯安装在自定心卡盘上，并确认伸出长度符合工艺要求。对照工艺卡将车刀按照刀具号安装到数控车床刀架上，并调整刀尖中心与主轴轴线等高，对所有刀具进行对刀，并设置刀具补偿参数，使用 MDI 方式校验对刀数据，确认无误。

铣削时对照工艺卡将自定心卡盘安装到机床工作台并压紧，将工件安装在卡盘上，在卡爪和工件的接触面处垫加铜片保护。对照工艺卡，准备好所有刀具和相应的刀柄和夹头，将刀具安装到对应的刀柄，调整刀具伸出长度，在满足加工要求的前提下，尽量减少伸出长度，然后将装有刀具的刀柄按刀具号装入刀库。使用机械式寻边器对零件的 X、Y 方向进行对刀，并将数据设置进入 G54 坐标系寄存器。使用 Z 轴设定仪，对每把刀具进行 Z 方向对刀，并将数据设置进对应刀具的长度补偿寄存器。使用 MDI 方式校验对刀数据，确认无误。

（2）程序传输　在关机状态使用 RS232 通信线连接机床系统与计算机，打开计算机和数控机床系统，进行相应的通信参数设置，要求数控系统内的通信参数与计算机通信软件内的参数一致。

（3）零件加工及注意事项　本零件需要车铣综合加工。在车削加工完毕后，要注意保护零件，不允许磕碰零件的已加工面。加工第一件时，在粗加工结束后，要对零件进行测量，并修正刀具补偿数据。

（4）零件检测　零件检测是零件整个生产过程的重要环节，是保证零件质量、优化加工工艺的主要依据。零件检测主要步骤有：制作检测用的 LAYOUT 图如图 3-2-123 所示，也就是对所有需要检测的项目进行编号的图样，制作检测用空白检测报告如图 3-2-124 所示。报告包括检测项目、标准、所有量具、检测频率；对零件进行检测并填写报告。

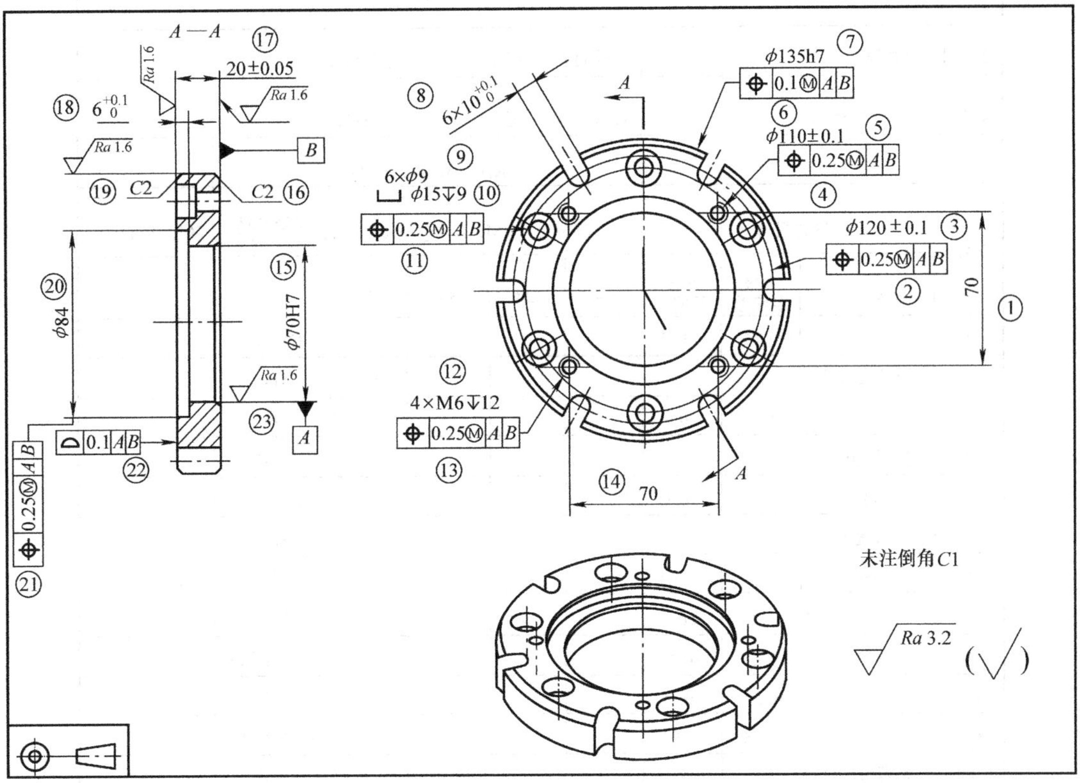

图 3-2-123　连接环 LAYOUT 图

（5）编制及完善相关工艺文件　根据加工中的实际情况和检测结果，对零件加工工艺和加工程序进行优化，最大限度地缩短加工时间，提高效率，并根据调整结果，更新相关技术文件。

3.2.4　专家点拨

1）自定心卡盘是一种应用广泛的通用夹具，不但可以用在车床上，也可以用在铣削加工中心上，自定心卡盘可以使用正爪来夹持外圆，也可以使用反爪来夹持内孔。

2）在铣削加工中心上对圆形零件进行对刀时，可以使用机械式寻边器。使用机械式寻边器对圆形零件进行寻边时，在寻 X 方向时，要保持 Y 轴坐标不变；在寻 Y 方向时，要保持 X 轴坐标不变。

3）在加工此连接环外圆上的 U 形开口槽时，可以采用 ϕ10mm 的刀直接加工，也可以采用比槽宽小的刀加工。采用 ϕ10mm 的刀直接加工的优点是效率高，编程方便；缺点是尺寸由刀具决定，不能通过程序调整。采用比槽宽小的刀加工的优点是尺寸可以由程序决定，调整方便；缺点是效率相对低。

3.2.5　课后训练

完成图 3-2-125 所示零件的加工工艺编制并制作工艺卡，完成零件的加工程序编制并仿真。

检测报告(Inspection Report)									
零件号：连接环			零件材料：　45钢			送检数量:			
零件号：　3817265－1			表面处理：　无			送检日期:			
	测量 (Measurement)								
序号	图样尺寸			测量尺寸 (Measuring Size)				测量工具 (Measurement Tool)	备注 (Remark)
	公差尺寸	上极限偏差	下极限偏差	1#	2#	3#	4#		
1	70.00	0.25	−0.25					CMM	
2	位置度0.25	/	/					CMM	
3	ϕ120	0.1	−0.1					CMM	
4	位置度0.25	/	/					CMM	
5	ϕ110	0.1	−0.1					CMM	
6	位置度0.1	/	/					CMM	
7	ϕ135h7	0	−0.04					外径千分尺	TQC
8	10	0.1	0					带表卡尺	
9	ϕ9	0.25	−0.25					带表卡尺	
10−1	ϕ15	0.25	−0.25					带表卡尺	
10−2	9.00	0.25	−0.05					带表卡尺	
11	位置度0.25	/	/					CMM	
12−1	M6	/	/					M5螺纹规	
12−2	12.00	0.25	−0.25					带表卡尺	
13	位置度0.25	/	/					CMM	
14	70.00	0.25	−0.25					CMM	
15	ϕ70H7	0.03	0					内径千分尺	TQC
16	*C*2	0.25	−0.25					带表卡尺	
17	20.00	0.05	−0.05					千分尺	TQC
18	6.00	0.1	0					带表卡尺	
19	*C*2	0.25	−0.25					带表卡尺	
20	ϕ84	0.25	−0.25					带表卡尺	
21	位置度0.25	/	/					CMM	
22	轮廓度0.1	/	/					CMM	
23	表面粗糙度 *Ra*1.6μm	/	/					比对	
外观　碰伤　毛刺								目测	
是/否　合格									
测量员:				批准人:				页数:	

图 3-2-124　检测报告

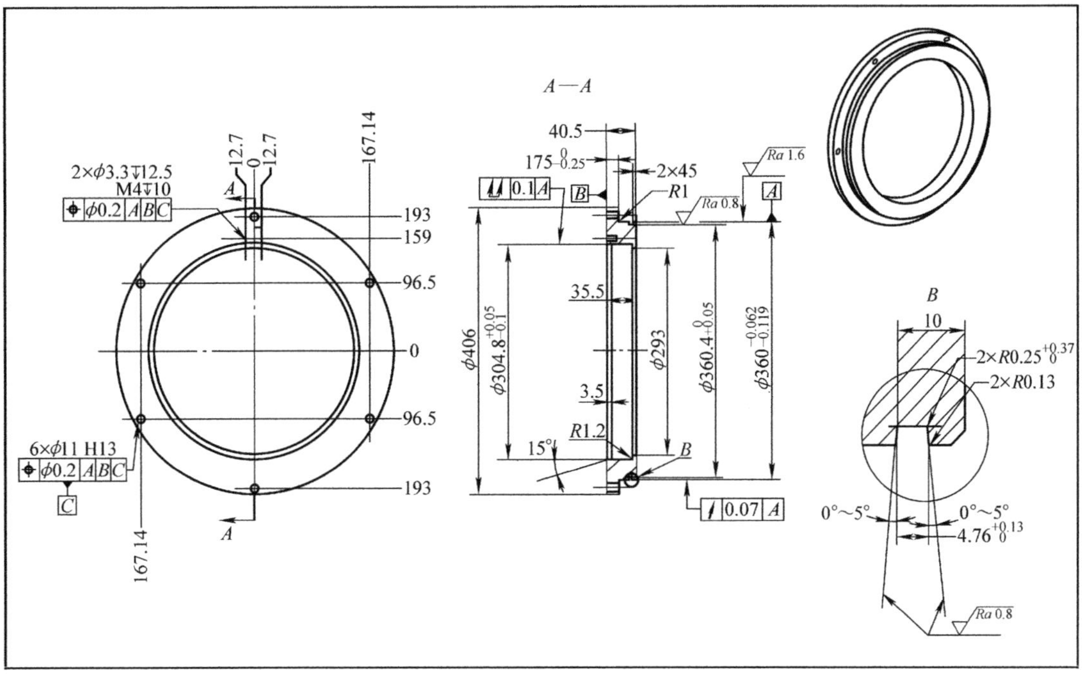

图 3-2-125　法兰环⊖

【项目拓展】

螺旋桨多轴编程与加工

分流叶轮多轴编程与加工

⊖　图样来自企业引进项目，不符合国家标准，仅供参考。

彩图 1　CK6136I 数控车床

彩图 2　FTC-10 斜床身数控车床

彩图 3　HV-40A 立式铣削加工中心